La amenaza biológica

Gian Carlo Delgado

La amenaza biológica

Mitos y falsas promesas de la biotecnología

PLAZA & JANÉS

La amenaza biológica

Primera edición: marzo de 2002

ISBN: 968-11-0531-1

Composición tipográfica: Juan Carlos González

Impreso en México / *Printed in Mexico*

Agradecimientos

Ninguna obra es posible por una sola persona, como bien señaló Marx y después una legión de autores: "el conocimiento no es resultado de un solo individuo". Por eso, todos y todas que en algo hicieron posible el presente libro, pero sobre todo quienes han sido parte fundamental de mi desarrollo y formación, sabrán que a ellos (as) me debo. Sin embargo, resulta necesario mencionar a quienes directamente hicieron posible la realización de este trabajo.

Distintivamente agradezco a John Saxe Fernández, quien mediante su amistad ha compartido conmigo extraordinarias experiencias y enseñanzas, valiosos razonamientos e información, siempre respetuoso de mis hipótesis y métodos de investigación. Ello ha sido incorporado en una u otra medida en el presente libro.

Asimismo, agradezco a Jorge Veraza sus atinadas observaciones y comentarios al capítulo 2 y al Epílogo; a Andrés Barreda a los capítulos 2, 3, 5, 6 y 7; a Luis Arizmendi a los capítulos 3 y 4; a Alejandro Álvarez al capítulo 2 y al Epílogo; y a Silvia Ribeiro de ETC Group, por su tiempo en la lectura del texto y que resultó en la recomendación de *La amenaza biológica*.

Finalmente, es necesario mencionar el apoyo que me ha brindado el Centro de Investigaciones Interdisciplinarías en Ciencias y Humanidades (CEIICH) de la UNAM, como parte del seminario El Mundo Actual; así como el respaldo de la Dirección General de Apoyo al Personal Académico (DGAPA) por medio del proyecto "Territorialización de la Inversión Extranjera Directa", de esa misma institución. Igualmente agradezco el esfuerzo de los editores de Plaza y Janés.

Gracias a ellos y a otros colegas y amigos no mencionados, he desarrollado mi interés por contribuir en la discusión actual sobre las fortalezas y contradicciones del capitalismo de principios del siglo XXI; en este caso, al analizar desde la geoeconomía y la geopolítica lo que, de acuerdo con Mills, se podría llamar "la élite biotecnológica", se da cuenta de las repercusiones sociales del avance de dicha tecnología, buscando siempre dar un sentido a los hechos que conocemos o que podemos encontrar, sin que la ausencia de pruebas contundentes signifique que el razonar juntos no sea también parte muy eficaz del camino para llegar a un estado superior de comprensión de la realidad. Considero que el *lector* es un actor principal, a quien agradezco su interlocución en esta lucha por la conciencia. Juntos efectivamente podemos en este camino, el de los libros y muchos otros, contribuir en la construcción de un mundo mejor.

Septiembre de 2001

Introducción

Actualmente el desarrollo y la innovación tecnológica son impresionantes. Prácticamente todos los días se descubre o se perfecciona algo; de hecho, este proceso ha alcanzado tal maduración, que se asegura que estamos en un nuevo proceso de revolución tecnológica en el que se identifican cuatro frentes: la electroinformática, los nuevos materiales/nanotecnología, las nuevas energías y la ingeniería genética/biotecnología.

Esta investigación se centra en uno de dichos frentes: la *biotecnología*, entendida de la manera más sencilla, como la aplicación comercial de técnicas de ingeniería genética; y que se perfila, hasta ahora, como la más importante dentro de esta nueva revolución, dado que reconfigura lo *estratégico* del espacio al hacer uso de la *biodiversidad* como base para su desarrollo, pero sobre todo por el impacto que tiene en una diversidad de ramas productivas e improductivas.

Igualmente, pretende analizar de fondo este proceso, desenmascarando la naturaleza capitalista del desarrollo tecnológico como parte de la lógica de acumulación de capital y no como parte de la esencia de la tecnología *per se*. Reconoce la función que el desarrollo tecnológico juega como mecanismo de contratendencia de la directriz decreciente de la tasa de ganancia; entonces, es posible ofrecer los elementos teóricos que auxilien a entender la esencia del desarrollo biotecnológico actual, dando cuenta de las consecuencias que se vienen generando y que apuntan a profundizarse y complejizarse. De igual modo y como fin central, analiza las luchas y peleas sociales que ocasiona; sus potencialidades, contradicciones y limitantes.

En otras palabras, se intenta mostrar y criticar la lógica del desarrollo de la biotecnología y las estructuras de poder que la vienen impulsando como una de las formas específicas del desarrollo tecnológico capitalista del siglo XXI.

La investigación coloca en el centro de la discusión la *crítica del desarrollo tecnológico* no sólo en cuanto a la *forma* como se usa la tecnología, sino también de la lógica que la impulsa, demostrando que el desarrollo tecnológico capitalista busca ciertos caminos de "progreso" que impactan de manera peculiarmente explotadora en el sujeto.

Lo anterior alude a lo que bien Jorge Veraza señala cuando escribe que:

> el proceso de hominización arribó al *homo sapiens*, cuya evolución en los últimos 20 mil años ha sido tecnológico-cultural, más que genético biológica. La historia de la tecnología constituye la base del desarrollo de las civilizaciones. Pero éste no carece de problematicidad metabólica, y está cruzado por intensas luchas de clases. Dos motivos por los cuales Marx invitó a llevar a cabo —y la inició— una historia crítica de la tecnología subrayando lo de crítica. A su vez, contenido decisivo de la Crítica de la Economía Política, la crítica fundamental al capitalismo [...] Al globalizarse el capitalismo no sólo dominó integralmente a las fuerzas productivas [...] sino que las requiere desarrollar cada vez más y de modo explotador para que le posibilite mantener y desarrollar su dominio sobre el mundo [...] La extensión de la historia crítica de la tecnología involucra un desarrollo concomitante de lo que se entiende por Crítica de la Economía Política, y por la crítica global del capitalismo y de las civilizaciones.[1]

Asimismo, correlacionado a la centralidad de la critica del desarrollo tecnológico, se considera importante la totalidad del espacio geográfico, debido a que precisamente en él es donde se viene reestructurando el modo en que se emplaza el desarrollo de las fuerzas productivas, incluso las nuevas vetas de riqueza que explota. Ello es fundamental para dar cuenta de que es en el *espacio* donde se juegan las actuales estructuras geoeconómicas y geopolíticas del orbe, en relación con la ubicación de los recursos estratégicos.

En este sentido y dado que son contados los estudios sobre biotecnología que basan su análisis interno desde dicha perspectiva, resulta pertinente y necesario reflexionar así esta problemática, lo que permitirá construir un panorama general de los lineamientos que el capitalismo empieza a tejer para el siglo XXI, el papel que viene apostando la periferia en este nuevo patrón tecnológico, así como de las luchas en busca de caminos alternativos que viene generando el desarrollo de la biotecnología dentro del contexto de lo que se ha categorizado como "globalidad".

En otras palabras, lo que se analiza en esta obra es el carácter estratégico de la biotecnología a partir de una revisión de su impacto en la economía mundial, no sólo para tener clara la dinámica en la cual se está moviendo el capitalismo, sino sobre todo para hacer conciencia de lo que esto implica específicamente para la humanidad. Desde ahí podremos mostrar la posibilidad de reorientar nuestra historia a partir de un patrón tecnológico al servicio del hombre y no del capital, o lo que es lo mismo, a partir de un modo de producción basado en la *reproducción* del hombre y no del valor.

¿POR QUÉ LO ESTRATÉGICO DE LA BIODIVERSIDAD Y LA BIOTECNOLOGÍA?

Si observamos el papel que ha tenido el desarrollo de la tecnología, desde que el capitalismo funda la modernidad —a su modo— hasta nuestros días, se vuelve evidente que el constante progreso tecnológico es un punto estratégico de la dinámica del capital, porque permite que los capitales involucrados en su desarrollo puedan mantener su papel hegemónico dentro del mercado mundial mediante la continua explotación de plusvalía, y en específico bajo su forma de plusvalor extraordinario.

Paralelamente, también se ha modulado una nueva forma de extracción de renta de la tierra, gracias a las tecnologías biogenéticas que la redimensionan. Dicho fenómeno alude a la relación entre desarrollo tecnológico y recursos naturales; tal relación, consecuentemente, los reconfigura como nuevas vetas de riqueza.

Así, en este último patrón tecnológico que se viene perfilando, la biodiversidad figura como un recurso estratégico a explotar, tal y como sucede de manera específica en el caso de la industria biotecnológica, la cual, al igual que el resto de las industrias que hacen uso de ese recurso, reconfigura la *renta de la tierra* a su nueva modalidad de *renta del germoplasma global* como banco de genes a su servicio (renta de la vida).

Por lo anterior, la biotecnología y la biodiversidad —como antesala de la primera— adquieren su carácter geopolítico y geoeconómico:

a) Por su lado, la biodiversidad se ha convertido en un instrumento fundamental de disputa entre los capitales biotecnológicos, ya que a partir de su uso se abre la posibilidad de alterar el sistema alimenticio, la ciencia médica y sus avances, la innovación de armas quimicobiológicas y nuevos materiales, el equilibrio ecológico y el sistema jurídico internacional.

En este sentido, para la explotación de la biodiversidad mundial, y de ahí del desarrollo de la biotecnología dentro de un escenario "globalizado", los capitalistas y los Estados nacionales se ven obligados a construir un sistema de información global que les permita moverse mejor y más rápidamente a través de una visualización del espacio y territorios en los cuales se ha venido y viene materializando la dinámica del capitalismo de principios del siglo XXI. Esto responde al hecho de que el espacio geográfico no es una masa homogénea de agua y tierra, como lo pinta la geografía tradicional; al contrario, la distribución de las diferentes riquezas naturales (minerales, hidrocarburos, agua dulce, biodiversidad) se encuentra concentrada en algunas regiones del planeta.

Es decir, se ha generado una disputa entre los nuevos capitalistas que nacen dentro del carácter apocalíptico del patrón técnico todavía dominante a principios del siglo XXI, y un nuevo patrón tecnológico que se viene dibujando con el avance de nuevas tecnologías, mejor adaptadas al ahorro de energía y al control ecológico.[2]

Entonces los capitales involucrados se ven envueltos en una carrera por monopolizar la mayor diversidad posible de germoplasma, y por lo tanto en una desenfrenada búsqueda, recolección, compra, robo y patente —biopiratería— de la diversidad biológica del planeta (incluso muestras de células y tejidos de seres humanos). Para ello, han montado un *sistema mundial de biopiratería*, a la par de un *sistema mundial de patentes* que les permitan saquear esta riqueza, considerada ahora como estratégica.

b) Además, por el lado de la biotecnología misma, también se puede ubicar una serie de características que muestran su carácter geoeconómico y geopolítico, a partir de visualizar las estructuras de poder de los capitales biotecnológicos, y de los distintos Estados nacionales de los que son originarios, y que de igual manera la impulsan. En este contexto y en contra de la supuesta reducción del papel del Estado en el marco de la *globalización*, en los países del norte (centrales), sobresale desde principios del siglo XX la construcción y complejización permanente de una red industrial que ha permitido el desarrollo de tecnologías de punta. Constituida por agencias y diversos actores gubernamentales, empresas y corporaciones multinacionales y universidades, hoy en día se identifica todo un sistema dedicado específicamente al desarrollo de la biotecnología, siendo en Estados Unidos mucho mayor cuantitativa y cualitativamente que en cualquier otro país (incluyendo la Unión Europea). Así, en la Red Biotecnológica se puede visualizar a los distintos actores involucrados en una u otra medida en los diversos frentes del desarrollo biotecnológico, sus características y peso geoeconómico. Por lo tanto, el análisis de los principales capitales en los frentes más importantes de la biotecnología (el campo, la industria farmacéutica, el proyecto genoma humano y la industria bélica) permite dar cuenta de sus estructuras de poder y de sus contradicciones. Este proceso, visto desde la perspectiva de la geoeconomía y la geopolítica, resulta, sin duda alguna, en la confirmación del carácter estratégico del desarrollo de esta tecnología.

Por lo anterior, es esencial construir un análisis que parta del estudio de los aspectos geoeconómicos y geopolíticos de la biotecnología, que permita mostrar las formas de acumulación, desarrollo y crisis del patrón tecnológico existente, y del proceso de metamorfosis a dicho patrón tecnológico más limpio (que no es otra cosa que su fundamento). Pero además, tal estudio debe permitir desenmascarar a los grupos de poder económico con que el capital está tejiendo el despliegue de la biotecnología, y que a partir de ellos abre las puertas a un nuevo ordenamiento del propio uso de los espacios y territorios, así como de una reestructuración de la división internacional del trabajo y su valor; y desde luego del nivel y actores que impulsan el desarrollo biotecnológico.

Sólo mediante una visión geoeconómica y geopolítica de la biotecnología que dé cuenta del *carácter estratégico*, es que se puede ofrecer un panorama más completo de lo que viene dibujando la lógica del desarrollo tecnológico capitalista, su perversión, contradicciones y límites, así como de las alternativas que se están y que se pueden construir ante ese proceso. En dicho sentido, este libro pretende contribuir al desciframiento de la lógica del capitalismo contemporáneo como instrumento de lucha contra la epidemia del sistema a la que los capitalistas llaman *modernidad*.

Este trabajo está estructurado en cinco partes: 1. Espacio geográfico y el desarrollo tecnológico; 2. Biodiversidad y su estado en crisis; 3. Biopiratería y biopatentes; 4. Desarrollo biotecnológico, y 5. Principales frentes de la biotecnología (*el campo, la industria farmacéutica, el proyecto genoma humano y la industria bélica: el caso de las armas biológicas*).

La primera parte inicia con una discusión teórica de la centralidad del espacio geográfico y su importancia estratégica como instrumento de poder, de modo que logre sustentar el carácter geoeconómico y geopolítico de la investigación, pero que además permita indicar el carácter estratégico de la diversidad biológica como medio que posibilita el desarrollo de la biotecnología.

El capítulo 2 hace una presentación de la estructura del actual patrón tecnológico que se viene desarrollando desde fines de la década de los setenta y principios de los ochenta.

Después, el capítulo 3 (segunda parte) se centra en estudiar el carácter estratégico de la biodiversidad como medio para el desarrollo de la biotecnología, dando cuenta de la actual "crisis ecológica planetaria" y de la centralidad del espacio geográfico como banco de genes.

Así, a lo largo de la tercera parte se da cuenta del proceso de saqueo y apropiación de esta nueva y singular riqueza vista en y desde el *espacio*. Vale adelantar que las regiones con la mayor biodiversidad del planeta, conocidas como regiones de megadiversidad, se concentran en los países periféricos y son precisamente las más importantes a explorar por la industria biotecnológica; sin embargo, no son las únicas. También nos encontramos, tal y como se analiza en esta investigación, con "otros espacios" como los jardines botánicos y los bancos de germoplasma.

En la cuarta y quinta parte, se inicia con la crítica a la tecnología propiamente capitalista, se abre la discusión del estado actual del desarrollo tecnológico y la importancia del empuje de las innovaciones biotecnológicas para el capitalismo, dando cuenta de lo geoeconómico y geopolítico de tal tecnología como parte de las expectativas que abre a los capitales implicados en su desarrollo. Esto se vislumbra, como se mencionó, en la disputa entre los capitalistas del patrón técnico todavía dominante y el de los que nacen en el avance de nuevas tecnologías mejor adaptadas al ahorro de energía y al control ecológico. En este altercado, los nacientes capitales "biotecnológicos" obligan a los viejos capitales "contaminantes" a metamorfosearse (caso de las empresas petroleras, químicas y petroquímicas que están invirtiendo en empresas de ingeniería genética o en investigaciones afines) para poder continuar en el liderazgo que han detentado durante el siglo XX. Así, los capitales "contaminantes" y "biotecnológicos" estratégicamente están involucrados en una carrera por controlar el nuevo universo de explotación de plusvalía que abre este nuevo patrón técnico a través de las múltiples bioindustrias que viene reordenando e inaugurando. En proceso conforme los capitales impulsan el desarrollo de la biotecnología, una nueva visión de lo natural se concreta. Ello sucede cuando el desarrollo tecnológico capitalista logra trasladar ya no los talleres a las fábricas, sino las propias fábricas a la intimidad de los procesos biológicos de los seres vivos, llámese vegetal, animal o humano.

Por lo anterior, la funcionalidad de la biotecnología para el capital, como se mencionó, rebasa una inmensidad de procesos productivos e improductivos que van del tratamiento ambiental, los biomateriales y los transgénicos; hasta los más sofisticados procesos de ingeniería genética como los *biochips*, las medicinas y procesos médicos generados biotecnológicamente o el desarrollo de armas quimicobiológicas.

Así, solamente desde una visualización clara de la importancia del espacio geográfico y a partir del análisis del desarrollo tecnológico y entonces biotecnológico, incluyendo sus estructuras de poder, es que podemos visualizar su trascendencia estratégica para el desarrollo del capitalismo de principios del siglo XXI y sobre todo, nos permitirá criticar a este último de fondo, como punto de partida para coordinar la ampliación de la *conciencia colectiva* y la lucha social planetaria contra su lógica objetiva y subjetivamente depredadora. Donde la *conciencia colectiva*, como *conciencia social total,* se entiende como la humanidad que se piensa desde la perspectiva de la vida de todos y cada uno de sus individuos (Durkheim).[3]

Primera Parte

Dos discusiones fundamentales: el espacio geográfico y el desarrollo tecnológico capitalista

1. El espacio geográfico: un acercamiento general que discute su configuración estratégica

La geografía moderna y la concepción del espacio geográfico

La crisis funcional de la geografía moderna para el capitalismo

Los estudios de geografía modernos la han caracterizado como un conocimiento de carácter enciclopédico y de ahí como instrumento precientífico. Lacoste acertadamente señalaba que se trata de una

> postura mistificadora de gran amplitud, cuya función es impedir el desarrollo de una reflexión política sobre el *espacio* para enmascarar las estrategias espaciales de quienes detentan el poder [...] Hoy más que nunca, son argumentos de tipo geográfico los que impregnan lo esencial del discurso político, refiérase a los problemas regionalistas o a nivel planetario.[1]

Así, la nueva geografía o geografía cuantitativa —que en muchos de los casos afecta más al lenguaje que a los contenidos y al método específico— satisface las nuevas necesidades territoriales, y de ahí espaciales, del capitalismo, olvidándose por completo de criticar, por lo que en definitiva, se supedita y subordina a la lógica de los centros de poder (objetivado en los famosos *Sistemas de Información Geográfica*).[2]

No es casual que Lacoste señale que los geógrafos necesitan reflexionar para medir, y no medir para reflexionar. Este hecho explica la lógica misma con la que la geografía (como disciplina científica y como profesión) es sometida por el capitalismo: no piensa al espacio desde el individuo, sino desde su objetividad y funcionalidad para la extracción de plusvalía (de ahí que los geógrafos sean relegados a cuantificar el *stock* objetivo del espacio), olvidando por completo al sujeto y desde luego censurando cualquier crítica a la lógica del estudio del espacio geográfico. Lo anterior se visualiza en el absoluto aislamiento de las disciplinas geográficas respecto a los debates más vitales que abordan las ciencias naturales y humanas, yendo de la ecología a la antropología y de la economía a la historia. En realidad, dice Lacoste, la proeza del discurso de la geografía ha consistido en hacer pasar un saber estratégico por un discurso pedagógico o científico totalmente inofensivo, convirtiéndolo en la única geografía de la que conviene hablar.[3]

Massimo Quaini, geógrafo italiano, ha reflexionado sobre este hecho —pensar en la geografía desde el materialismo histórico— como una "geografía de la producción", la cual,

> tradicionalmente ha estado en lugar secundario respecto a la geografía del paisaje y de la forma de la vida (categorías y conceptos que han sido parte de un análisis geográfico que rehúsa enfrentarse con la especificidad de la organización territorial moderna o capitalista).[4]

Si de la geografía de la producción pasamos a la geografía política, encontramos de modo aún más explícito, el proceso idéntico por el cual las leyes geográficas, concebidas como leyes naturales eternas e independientes de la historia, se interpolan de modo tal que encubren totalmente las relaciones sociales burguesas. Estas tendencias no representan otra cosa que las leyes de desarrollo del Estado moderno imperialista. De este modo, Quaini puntualiza que, "a partir de Herodoto la Geografía nace y se desarrolla al servicio de los Estados",[5] antigua función paralela a otra más reciente y que él llama *geografía universitaria*, "cuyo papel ideológico consiste en eludir la reflexión política sobre el espacio y enmascarar las opciones de política territorial de los grupos dominantes".[6]

Así, la geografía moderna (capitalista) ha intentado reducir (y con gran éxito) la reflexión *proletaria* del espacio a su *abstracción de paisaje*, haciéndola miope al pensarlo como fuerza productiva estratégica en donde lo que se juega es la relación del hombre con la naturaleza y del hombre con el hombre. Justamente por esto el capitalismo, para poder medir tales relaciones, tiene que concebir al espacio como mercancía en forma de territorio privado, hecho que permite que el espacio geográfico pase con facilidad de un uso a otro, prescindiendo de sus cualidades naturales e históricas.

Por lo anterior, Quaini señala con justicia que es urgente una

> reapertura de discusiones que con demasiado apresuramiento se han dado por concluidas [...] experiencias históricas como la progresiva expropiación del productor respecto a sus condiciones y a su ambiente de trabajo (más en general, respecto al territorio), y de la lucha consiguiente por una gestión social del territorio y de los recursos, sea a nivel local y regional, sea a nivel estatal y mundial.[7]

El espacio geográfico como fuerza productiva estratégica[8]

Ver el espacio geográfico como fuerza productiva estratégica implica asumirlo no como un problema abstracto (como materia prima), sino a partir del ámbito de la historia universal, que en cuanto generación del hombre por el trabajo humano y devenir de la naturaleza es el único terreno sobre el cual ha sido sensible y visible la esencialidad del hombre y de la naturaleza, donde esta última es precondición de la existencia humana. Esta relación alude a que, desde el momento en que existen hombres y mujeres, la historia de la naturaleza y la de los seres humanos se condicionan recíprocamente.

La tierra entonces es el *objeto general originario del trabajo*, en tanto que ofrece inmediatamente objetos de trabajo y medios de subsistencia. En este sentido, la naturaleza es vista, desde el momento históricamente determinado, por la producción social.

Lo anterior niega la separación de la geografía y la historia y en particular de la historia de la tecnología, porque justamente ésta "revela el comportamiento activo del hombre hacia la naturaleza, como inmediato proceso de producción de su vida, y con ello también el inmediato proceso de producción de sus relaciones sociales vitales y de las ideas que brotan del intelecto".[9]

Es decir, el modo determinado históricamente de la relación de la humanidad con la naturaleza es lo que diferencia a cada forma de producción. Sin excepción del capitalismo, éste muestra su perversa y devastadora forma de relacionarse activamente con la naturaleza, donde a diferencia de las distintas formas de relación precapitalistas, el mundo moderno la concreta al asumir a la producción como fin del hombre, y a la riqueza como fin de la producción ("producir para producir"). Con ello el capital instala su peculiar forma de reconfigurar el espacio como fuerza productiva estratégica para su desarrollo; en este proceso el individuo no sólo modifica "capitalistamente" a la naturaleza exterior, sino también su propia naturaleza, fenómeno que es claramente visible y que ha alcanzado un alto grado de complejidad con el desarrollo de las nuevas biotecnologías.[10]

Así pues, Marx expresa claramente el sentido histórico de esta separación del hombre con la naturaleza, que *constituye el lado negativo o contradictorio de la historia del dominio científico, tecnológico y productivo del capital*.[11]

En este sentido, Andrés Barreda señala que:

> si bien Massimo Quaini en respuesta a Lacoste señalaba la importancia de insertar a la geografía en la perspectiva del materialismo histórico (avance central para el pensamiento geográfico), ello le impide ver cómo ésta se formula como *una gran fuerza productiva estratégica* en la teoría del desarrollo capitalista de la crítica de la economía política, y sobre todo, su vigencia en el análisis del desarrollo contemporáneo.[12]

Por lo anterior, es esencial apuntar la centralidad de la transformación del valor de uso del territorio, en valor de cambio o mercancía, es decir, la instauración de la propiedad privada del espacio; porque la propia naturaleza es ahora vista y asumida desde la lógica de producción del capital. Jorge Veraza correctamente señala este fenómeno:[13]

> la *Nación Capitalista* es necesaria y básicamente una nación territorializada en gracia al carácter preponderantemente tecnológico, objetivo y económico del capital [...] Esta condición básica de la nación capitalista —necesidad de un territorio cualquiera en propiedad del capital para emplazar los medios de producción que monopoliza, y mediante los cuales puede explotar plusvalor a la fuerza de trabajo— se complementa con otra [...] el capital se emplaza concretamente *no* en cualquier terreno sino en territorios *específicos,* con ventajas y desventajas comparativas respecto de otros, lo cual le posibilita una explotación más fácil o de mayor plusvalor en este territorio que en otro [...] (esta última) condición le es extraña a él, pero se topa con ella y la aprovecha al ser lo propio del territorio en tanto valor de uso.[14]

Más aún, Veraza muestra que el capitalismo se ve obligado a un doble arraigo territorial, específicamente tecnológico. Sostiene que:

> esta doble determinación territorial del capital arreglada tecnológicamente lo arraiga para que sea en ese espacio donde explote a la clase obrera, pues, por un lado, los medios de producción son objetos materiales que requieren de un soporte espacial; y por otro lado, las materias primas se encuentran distribuidas de modo heterogéneo en el globo terráqueo y su localización es decisiva para los costos de producción del capital. La tasa de ganancia depende, pues, del *emplazamiento territorial* del capital para explotar plusvalor a la clase obrera.[15]

En este punto, resulta conveniente recuperar más extensamente el análisis que hace Barreda[16] sobre la concepción del propio Marx acerca del espacio geográfico como *fuerza productiva estratégica*. Para él, el concepto de espacio es central para entender de fondo lo que significa para el capital el carácter *estratégico* del espacio y, por ende, de su control. Justamente a partir de ahí es que podremos entender lo que significa el dominio del espacio biótico del planeta a fines del siglo XX.

Correctamente, para Marx —como lo percibe Barreda—, al considerar la totalidad mundial del espacio social, es ahí donde suceden múltiples desplazamientos de contradicciones. Es espacio de referencia en el cual se mide la madurez histórica del sistema capitalista y, con ello, el grado de desarrollo de la totalidad de las fuerzas productivas; y es el lugar material donde necesariamente se ponen en juego los límites objetivos que el capitalismo encuentra para continuarse desarrollando tecnológica y demográficamente, así como para neutralizar sus contradicciones. Este último se refiere al modo en que los problemas del espacio global del mundo funcionan dentro del argumento de *El Capital*, como marco de referencia en torno al cual se mide el espacio de juego de las contradicciones, la madurez y la caducidad del sistema, hecho en donde sobresale el modo en que el desarrollo de las fuerzas productivas se emplaza en el espacio mundial, organizando este mismo territorio como una gran fuerza productiva técnica,[17] que al ser subordinada permite la posibilidad general de control hegemónico sobre la gestión del plusvalor extraordinario. O lo que sería lo mismo para Lacoste cuando escribe "la geografía de los militares y las empresas multinacionales".[18]

Entonces, no se puede medir la historia del sistema capitalista sin tener en cuenta esta mediación en el desarrollo de las fuerzas productivas, técnicas y procreativas. Pero tampoco se puede evaluar la potencia relativa de los centros capitalistas del mundo actual, su hegemonía, su fortaleza y vulnerabilidad, sin incluir el significado estratégico que tiene la posesión y el control del espacio geográfico como fuerza productiva, en las que no sólo se incluye su complejo contenido natural y social, sino también la medida, la forma y la ubicación geográfica de los espacios controlados.

Todo lo anterior nos obliga a revisar el modo en que se redefinen los territorios mundiales y el control de los *Sistemas de Información Geográfica* (GIS), los cuales resultan fundamentales para el capital. No es casual el reciente interés de Estados Unidos en montar un sistema de información geográfica *mundial* correlacionado y vigilado por Washington, y que integra los distintos sistemas de información del planeta.

En ese sentido no es sorprendente que el "State of the World 2000", informe anual del World Watch Institute,[19] dedique casi su totalidad a los avances en la integración de los Sistemas de Información Geográfica en el mundo y la importancia de éstos. Según datos de Molly O'Meara publicados en este mismo informe, el número de satélites dedicados a esa red ha venido creciendo desde 1972, cuando el gobierno de Estados Unidos lanzó el primer satélite para realizar tal tarea (el *Landsat*). Más tarde, en 1986, la Agencia Francesa Espacial también ponía en órbita el Observation de la Terre (SPOT).

Justamente a partir de este momento comienza "formalmente" la carrera por privatizar los espacios satelitales y la misma reconversión de los satélites espías de la guerra fría para realizar una tarea dual (ahora la de formar parte de la red de información geográfica, además de la de espionaje). Recientemente y a partir del desarrollo de satélites de resolución más potente (tecnología AVHRR, Advanced Very High Resolution Radiometer), ya no son sólo los Estados nacionales los que están en la carrera para conformar un sistema global satelital, también han entrado en juego empresas privadas como la OrbImage (Estados Unidos) y la IKONOS Instrument (Estados Unidos). Estas últimas satisfacen el actual crecimiento de la demanda de información geográfica satelital combinada con información geográfica de otra índole —terrestre— proporcionada por empresas privadas que están rastreando la riqueza del planeta. Esta alianza ha sido reforzada gracias a que el 1 de mayo de 2000 el gobierno de Estados Unidos decidió cancelar su edicto sobre la prohibición del uso civil de satélites de tecnología AVHRR. De hecho, en Tasmania los satélites ya están rastreando, en coordinación con equipos humanos y técnicos terrestres, cada metro cuadrado para monitorear la diversidad biológica.[20]

Hoy en día el sistema satelital más grande del mundo corresponde evidentemente a Estados Unidos y consta de una red de al menos 24 satélites de navegación operados por el Departamento de la Defensa de ese país[21] y que desde luego "lo pone a disposición" de los investigadores del mundo. Estados Unidos ha entrenado a más de 200 instituciones en al menos 30 países[22] para que trabajen a través de su sistema de información geográfica (caso de WWF, Conservation International —CI—). En el caso de México, abiertamente se transfirió en 1994 tecnología *software* llamada "ArcView" (programas computacionales) y *hardware* (computadoras y demás equipo) para que el Jardín Botánico y la Facultad de Química, ambos de la Universidad Nacional Autónoma de México, generen hasta el 2003 la base de datos correspondiente a la localización y características generales y particulares de la biodiversidad de las zonas áridas del país. Con la supuesta colaboración con el ICBG (International Cooperative Biodiversity Group), esa información está siendo transferida a la base de datos del gobierno de Estados Unidos, porque en dicho proyecto están involucradas distintas instituciones gubernamentales de ese país, como el Instituto Nacional de Salud (NIH) y el Departamento de Agricultura (USAID).[23]

Geoeconomía y geopolítica, la visión burguesa del espacio

> Es evidente que la concepción del espacio, desde los ojos del capitalismo, está diseñada como instrumento de poder estratégico para su propio desarrollo. He aquí el nacimiento del pensamiento geopolítico y geoeconómico.

La geopolítica y la geoeconomía, inseparablemente entretejidas[24] (dada la íntima relación del hombre con la naturaleza al *transformarla*, y *transformarse* en el proceso de trabajo), aluden a la forma como el capitalismo está pensando el *espacio* para que sea funcional de acuerdo con una lógica propia y con sus distintas *estructuras nacionalistas de poder*,[25] donde estas últimas se juegan la hegemonía mundial.[26] Es decir, son los términos específicos en y con los que el Estado capitalista refleja su concepción del *espacio* y que por lo tanto él mismo inaugura, sin que lo anterior signifique que el Estado precapitalista no la haya tenido desde su peculiar lógica históricamente determinada.

En este sentido, John Saxe-Fernández dice:

> por geopolítica nos referimos al estudio de la influencia de factores como la geografía, la economía y la demografía sobre la política y específicamente sobre la articulación de la política exterior de las naciones.

> Esta aclaración es imprescindible por la carga ideológica que tiene este concepto, profusamente utilizado por los nazis en el desarrollo de su doctrina expansionista en la que se enfatizan las fronteras estratégicas, el *espacio vital*, y las presiones raciales, económicas y poblacionales, para justificar el uso de la fuerza para lograr modificaciones en las delimitaciones territoriales de sus vecinos europeos. Debido a ello los especialistas ingleses de esta temática prefieren usar el término de Geografía Política. La *Geoestrategia* es considerada [...] como una rama de la geografía política o geopolítica, que trata específicamente de la relación de ciertas características geográficas y/o geológicas, [...] con la estrategia. Se centra en el estudio de los factores geopolíticos y estratégicos que tienden a caracterizar una región dada. La noción de *geoeconomía* tiende a ser usada ahora como concepto paralelo al de geopolítica, pero que se centra en las estrategias principalmente de actores no estatales, es decir de la corporación multinacional. Pero como puede apreciarse, [...] la geoeconomía incluye la acción del Estado metropolitano en apoyo a la proyección y los intereses económicos del aparato corporativo, una vinculación presente en las nociones utilizadas por importantes autores y economistas contemporáneos como Harry Maggdoff y Paul Sweezy.[27]

En otras palabras, lo geoeconómico y lo geopolítico se entiende como "el espacio de definición original de la jerarquía que guardan los diferentes territorios en torno de las fuerzas productivas mundiales y sus perspectivas de ampliación",[28] específicamente capitalistas. Esto nos lleva a un replanteamiento crítico de la esencia misma de la geoeconomía y la geopolítica, que aunque muestran su virtud cuando descifran el valor de uso de los territorios y espacios del planeta, también dejan ver su perversión cuando este desciframiento está estructurado desde y para la producción de riqueza —lógica del capitalismo—.

El contexto en y con el que nace el pensamiento geopolítico y geoeconómico mundial es precisamente la expansión del imperialismo. Hecho que se remite desde el florecimiento de los imperios francés e inglés (pangermanismo) cuando el alemán Friedrich Ratzel[29] realizó la obra que todavía sigue influyendo a la *geografía humana*; su "Antropogeografía" estrechamente unida a su "Política de la Geografía".

En este panorama, el término de *geopolitik* (geopolítica) fue empleado por primera vez por el sueco Rudolf Kjellen[30] como contraparte del mismo pensamiento europeo de Ratzel. El concepto fue después retomado por el geógrafo alemán Karl Haushofer,[31] quien como nunca antes, y tal y como en la cita anterior de Saxe-Fernández se describe, demostró la función estratégica de la geografía al hacer uso de la geopolítica y la geoeconomía para idear la expansión nazi en Europa a partir de popularizar la teoría de Mackinder[32] sobre geopolítica mundial.

Pero también, inmediatamente después de la Segunda Guerra Mundial, nos encontramos con la contraparte estadounidense representada en ese momento por Mahan[33] y Spykman,[34] entre otros. Hecho que demuestra sin duda alguna que ambas partes, a partir de la historia y las ciencias físicas, así como de lo económico, político, militar y "diplomático", buscaban visualizar la importancia de los espacios geográficos como mecanismo "pivote" para acceder o mantener la hegemonía mundial.

De esta manera, tal y como la ideología de estrategia estadounidense ha reconocido, la posición geográfica de Estados Unidos no sólo lo obliga a controlar el Océano Pacífico y el Atlántico (Mahan) para preservar su hegemonía, sino también permanentemente, como su *gran estrategia* tiene que perfeccionar el dominio de Norteamérica (expansión de Estados Unidos a la costa del Pacífico y el exterminio de los indígenas estadounidenses), a la vez que se cerciora de que no exista poder capaz de amenazarlo en el propio continente americano. De igual modo, Estados Unidos debe asegurar que ningún poder hemisférico del continente occidental —euroasiático— pueda amenazarlo (doctrina Monroe), para ello es necesario dividir las energías de los últimos en amenazas terrestres, siempre y cuando no penetren a la masa territorial y se abstengan al borde continental (Spykman).[35]

De lo anterior se puede leer que la función que cumple el concepto de *rimland* en la geopolítica de Estados Unidos es central, ya que como Mahan señalaba, por un lado ese país necesita asegurar que ningún retador penetre el borde continental de su territorio. Pero por el otro, como apuntaba Spykman, la debilidad de ese país es poblacional, o sea que no cuenta con suficientes "tropas" para romper el *rimland* de otros Estados nacionales y penetrar a su *heartland* (puntos o zonas focales en la estrategia militar dentro del continente —una de las prioridades de la geopolítica nazi—). Por ello, la importancia del desarrollo tecnológico militar de Estados Unidos para contrarrestar tal debilidad, ha y sigue siendo el punto central de su geopolítica específicamente sintetizada en su actuar diplomático-militar.

En referencia a esto último, retomando el análisis que John Saxe-Fernández[36] hace de la geopolítica estadounidense a partir de discutir la crisis termonuclear, resulta para él obvio que, durante la guerra de Estados Unidos con Corea (1950), los geopolíticos del primer país aprendieron que efectivamente, una vez pasando el *rimland*, su poder era bajo, debido que su ventaja se reducía a lo específicamente tecnológico, quedando en total desventaja en cuanto a lo poblacional. En este sentido, el general McArthur comprobaba ya la teoría de Spykman a raíz de esta experiencia, la cual fue nuevamente verificada en la guerra de Vietnam, e indudablemente se trasluce en el informe de la CIA del 2000.[37]

Saxe-Fernández[38] reconoce que, además del general Douglas McArthur, quien se ubica desde la Segunda Guerra Mundial, ya a fines de la década de los cincuenta, Oskar Morgenstern, Edward Teller y Henry Kissinger comenzaban a colocarse como los "geopolíticos estadounidenses",[39] y en general, ellos sólo recuperan y quedan atrapados en los acercamientos teóricos de Mackinder y Spykman, que reafirman la necesidad de impulsar el poderío tecnológico militar de Estados Unidos dada su desventaja demográfica. En este último punto, Kissinger se une a Teller con un discurso y trabajo oportunista, totalmente empapado de las tendencias de Washington para impulsar la Guerra Fría, al plantear en 1957 que Estados Unidos debe basarse entonces ya no en el soldado, sino en el desarrollo de la tecnología, es decir, del armamento nuclear táctico, bioquímico y bacteriológico. Para ello, Kissinger construye toda una "política de comportamiento" —código de conducta— de las partes que desarrollasen este tipo de tecnología, en el que sugiere que las partes se pondrían de acuerdo para que las guerras nucleares limitadas se contuvieran a lo local para que no llegaran a un nivel de guerra general termonuclear. De ahí y por otra serie de actos genocidas, que la prestigiosa revista *Harper's*[40] de Estados Unidos lo califique hoy en día como "criminal de guerra".

No es sino hasta los noventa, y dada la profundización de la expansión del imperialismo bajo su refinada forma de *globalización*,[41] que las discusiones sobre geopolítica y geoeconomía, han sido puestas sobre la mesa, rompiendo el tabú del uso de dichos términos sólo y exclusivamente en el lenguaje militar y que desde luego siempre han aglutinado lo económico, político, social y militar.

Por todo lo anterior, recuperar la reflexión crítica del espacio geoeconómico y geopolítico que hace Marx es central, como contratendencia al análisis de intelectuales contemporáneos, como el estadounidense George Modelski,[42] el inglés Colin Gray,[43] y el mismo Immanuel Wallerstein,[44] quienes se han olvidado de hacer una crítica de fondo a la lógica que compone el pensamiento geopolítico y geoeconómico, siendo ello una de las razones que los ha llevado a expresar teorías contrapuestas y por lo tanto acríticas de la expansión imperialista.

En este panorama, no es casual que el eje articulador del presente libro parta desde la perspectiva de lo *geoeconómico* y lo *geopolítico*, porque se pretende evaluar cómo el contenido actual de las fuerzas productivas, sintetizado en las biotecnológicas, redefine los propios espacios naturales y sociales del planeta como reales fuerzas productivas estratégicas (capitalistas), y evidencia la interconexión del desarrollo tecnológico y el espacio físico mundial y del complejo espacio social (valorización, explotación, reproducción, lucha de clases). Sólo a partir de aquí y mediante una perspectiva crítica de la geoeconomía y la geopolítica, podemos medir la verdadera potencia de los instrumentos técnicos desplegados por el capital y las ventajas técnicas que implica el disponer de tales herramientas dentro de un emplazamiento determinado para el control material y social de territorios concretos, para finalmente poder repensarnos (como sujeto social) en y desde dicha problemática.

2. El desarrollo tecnológico capitalista: una mirada a la revolución tecnológica de fines del siglo XX y principios del XXI

Modernidad y desarrollo tecnológico capitalista

> Las relaciones burguesas de producción y de cambio, las relaciones burguesas de propiedad, toda esta sociedad burguesa moderna, que ha hecho surgir tan potentes medios de producción y de cambio, se asemeja al mago que ya no es capaz de dominar las potencias infernales que ha desencadenado con sus conjuros [...] (desde principios del siglo XIX) la historia de la industria y del comercio no es más que la historia de la rebelión de las fuerzas productivas modernas contra las actuales relaciones de producción, contra las relaciones de propiedad que condicionan la existencia de la burguesía y su dominación. Basta mencionar las crisis comerciales que, con su retorno periódico, plantean, en forma cada vez más amenazante, la cuestión de la existencia de toda la sociedad burguesa. Durante cada crisis comercial, se destruye sistemáticamente, no sólo una parte considerable de productos elaborados, sino incluso de las mismas fuerzas productivas ya creadas. Durante las crisis la epidemia social, que en cualquier época anterior hubiera parecido absurda, se extiende sobre la sociedad: la epidemia de la superproducción [...] la sociedad se encuentra súbitamente retrotraída a un estado de barbarie momentánea; diríase que el hambre, que una guerra devastadora mundial la han privado de todos los medios de subsistencia [...] ¿Cómo vence esta crisis la burguesía? Preparando crisis más extensas y violentas y disminuyendo los medios de prevenirlas [...] Pero la burguesía no ha forjado solamente las armas que deben darle muerte; ha producido también los hombres que empuñarán esas armas: los obreros modernos, los proletarios.
>
> Karl Marx, *Manifiesto Comunista*

Si bien, Rousseau es el primero en usar la palabra *moderniste* en el sentido que se usará en los siglos XIX y XX, no es hasta principios de esa época, con el trabajo de Marx, que se puede encontrar uno de los análisis más serios y críticos de lo que es la "modernidad". Marx señala que el *mundo moderno*, contexto en el que vivimos y que nace con el capitalismo, surge de la expropiación de los medios de producción, separando a éstos del trabajador.[1] Así, cuando el capitalismo alcanza cierto punto de desarrollo, se ve obligado a desarrollar la tecnología,[2] pero no bastando esto, tiene que ir más allá, hacia la configuración específica de la modernidad, en donde el capital "moderniza" la tecnología para "modernizar" la tecnología, es decir, la desarrolla para incrementar la plusvalía, vía plusvalía relativa[3] y extraordinaria.[4]

Marx da cuenta de que tal especificidad de la modernización tecnológica sirve al capitalismo para lograr el ascenso de la tasa de ganancia a través de desplazar al sujeto trabajador de los medios de producción; ello hace que la masa de capital constante (sistema técnico en funciones) aumente, y el monto de capital variable (fuerza de trabajo activa) decaiga. Así, el ascenso en la tasa de plusvalía se logra por medio de la modernización tecnológica, que genera una tendencia decreciente de la masa de trabajadores en relación con el capital constante. Lo anterior genera la caída de la tasa de ganancia porque el factor sujeto —que es explotado— es cada vez menor respecto del total de la masa de capital. La acumulación de capital empieza a desequilibrarse y estalla una crisis, la cual es enfrentada con una mayor modernización de la tecnología (véase más adelante).

En otras palabras, aunque la caída de la tasa de ganancia no se origina en una disminución absoluta, sino solamente relativa, del componente variable del capital global, en comparación con el componente constante del mismo (medios de producción), en cada mercancia el valor individual disminuye. Como resultado, al aumentar la masa de plusvalía, consecuentemente también se disminuye la tasa de ganancia, ya que hay una reducción relativa del plustrabajo apropiado, en comparación con la masa de trabajo objetivado puesto en movimiento y explotado por el capital social, y por consiguiente también de la masa del plustrabajo apropiado por el capital. Por lo tanto, el ascenso en la tasa de plusvalía hace más lenta la caída de la tasa de ganancia, pero no la detiene.

Entonces, la reconfiguración de la tecnología en la lógica capitalista de producción, como dispositivo que aminora la tendencia decreciente de la tasa de ganancia —mediante la generación de un crecimiento de la tasa de plusvalía—, incluye una contradicción esencial: a su vez genera un decrecimiento de la tasa de ganancia. Esto lleva a una crisis en la acumulación del capital.

Cuando las *crisis capitalistas*[5] estallan, el capital contrarresta sus crisis neutralizándolas en el proceso de acumulación y trasladándolas al proceso de reproducción social, por lo que hay un recrudecimiento de los procesos: a) aumenta la tasa de explotación, b) el capital empieza a expropiar plusvalía a la fuerza de trabajo (quita parte de su salario —sobre explotación—), c) una vez que llega a una crisis de *sobreproducción*, se destruye la tecnología (fuerzas productivas objetivas y subjetivas) con la guerra armada o comercial.

Los capitalistas, entonces, se ven obligados a estimular un crecimiento de la tasa de ganancia que les permita redinamizar la acumulación de capital, mediante una mayor modernización de la tecnología. Es en este sentido que el incesante desarrollo de la tecnología se vuelve necesario para el capitalismo, al igual que una droga es necesaria para su ya adicto consumidor. El capital se ha vuelto adicto a una constante *innovación tecnológica capitalista*,[6] debido a que de ella depende no sólo la explotación de plusvalía, específicamente extraordinaria, sino también que se contrarresta la tendencia decreciente de la tasa de ganancia.[7]

En tal contexto, Bolívar Echeverría apunta:

> tres parecen ser las principales constantes de la historia del capitalismo que han debido ser trabajadas e integradas por la historia de la modernidad: a) la reproducción cíclica, en escala cada vez mayor y en referencia a satisfactores cada vez diferentes, de una "escasez relativa artificial" [...] b) el avance de alcances totalitarios [...] de la subsunción real del funcionamiento de las fuerzas productivas bajo la acumu-

> lación del capital [...] y c) el corrimiento indetenible de la dirección en la que fluye el tributo que la propiedad capitalista paga al dominio monopólico: de alimentar la renta de la tierra pasa a engrosar la renta de la tecnología.[8]

Por todo lo anterior, cuando se ve desde aquí el lugar que el capitalismo ocupa en la historia total de la humanidad, se puede percibir que el desarrollo de la tecnología no cancela la escasez, pero instala el principio que lleva al capitalismo a hacer posible, *pero no real*, el rebasarla. Lo anterior se entiende cuando vemos que la tecnología no se desarrolla para repartir los "beneficios de la modernidad" entre todos los miembros del sujeto social, o sea para la *reproducción del hombre*, sino para incrementar los recursos de la acumulación del capital a partir del empobrecimiento cada vez más agudo del proletariado, es decir, para *reproducir* el valor. De esta manera, en palabras de Luis Arizmendi:

> el capitalismo muestra la virtud y perversión que integran la modernidad específicamente capitalista: *Su virtud*: hacer posible, pero no real, la edificación de las fuerzas productivas abundantes o ilimitadas. Es decir, se abre la posibilidad de una reproducción social que tenga como base al valor de uso y no el valor. *Su perversión*: vivir de traicionar una y otra vez esa posibilidad.[9]

Así, parafraseando a Marx, podemos decir que la crisis no siempre es síntoma de debilidad del capital, sino que funciona como dispositivo que obliga al capitalismo a perfeccionar la modernidad de la tecnología y de ahí su poder. Pero esa misma tecnología crecientemente perfeccionada, usada para la reproducción ya no de valor, sino de sujetos, hace, en la misma proporción en que es usada para asfixiar la vida social, que aumente la posibilidad de la revolución.

En este sentido, una lectura detenida de Marx, y que ha sido hecha por numerosos autores,[10] lleva a confirmar que para él es fundamental que las fuerzas productivas desplegadas por el desarrollo y perfecionamiento del capitalismo pasen a manos de hombres nuevos capaces de resolver las contradicciones de la modernidad reconfigurada por el capital bajo su lógica productivista del valor, y entonces, necesariamente ese proceso tendría que llevar a entender la modernidad como medio de reproducción de la humanidad. Esto nos obliga urgente y directamente a repensar y redefinir el concepto de *modernidad*, que no sólo aclare su versión capitalista, o sea el panorama en el que vivimos, sino que proyecte la modernidad que la mayoría del sujeto social quiere construir. Al respecto, Arizmendi escribe:

> la modernidad, para el discurso crítico-materialista, es el nombre de una época que gira en torno a un proceso permanente de modernización tecnológica. Proceso que, a su vez, funciona como plataforma de la modernización de la estructura material global de la civilización —es decir—, del sistema total de medios de producción, circulación y consumo—. [...] En consecuencia, aunque la modernidad nace con el capitalismo, no se retrotrae históricamente a él; conforma un proceso epocal que perfectamente podría rebasarlo adquiriendo otra forma o modo de existencia —postcapitalista o socialista— no regido por el principio del productivismo depredatorio burgués, sino por el efectivo mejoramiento de la calidad del proceso de reproducción de la vida humana.[11]

En este panorama, dentro de tal proceso hacia un más allá del capitalismo, es necesario ser enemigos y entusiastas de la vida moderna, en una incansable lucha no sólo con las ambigüedades y contradicciones de su versión capitalista, sino también contra las limitantes, que el sistema nos impone. Contexto que, en el caso de los intelectuales, aquellos convertidos en asalariados como parte de la propia industria moderna capitalista,[12] ocupan como bien señala Berman:

> una posición peculiar que genera privilegios especiales, pero también ironías especiales: son beneficiarios de la demanda burguesa de innovación perpetua, que agranda considerablemente el mercado de sus productos y habilidades y a menudo estimula su audacia e inmaginación creativas y les permite escapar de la pobreza crónica en que vive la mayoría de los trabajadores. Por otra parte, puesto que están personal-

> mente involucrados en su obra —a diferencia de la mayoría de los trabajadores asalariados, alienados e indiferentes—, las fluctuaciones del mercado los afectan de manera mucho más profunda. Al venderse al detalle, venden no sólo su energía física, sino su mente, su sensibilidad, sus sentimientos más profundos, sus capacidades visionarias e imaginativas, prácticamente todo su ser [...] Justamente por ello es que ninguno puede ser tan puro o estar tan a salvo de las tramas y contradicciones del mundo moderno. Los intelectuales deben reconocer las profundidades de su propia dependencia —económica y espiritual— del mundo burgués que desprecian. Jamás podremos superar esas contradicciones a menos que nos enfrentemos directa y abiertamente a ellas.[13]

Por lo tanto, si bien el análisis de la modernidad y en particular del desarrollo biotecnológico de principios del siglo XXI no resuelve las contradicciones que impregnan la vida moderna, este volumen es un aporte para la comprehensión de la lógica de la modernidad capitalista, de manera que podamos hacer frente y ajustar las cuentas y superar a las "fuerzas capitalistas", que hacen de la modernidad lo que es. Por ello resulta importante la recuperación y el replanteamiento del concepto marxiano de *modernidad*, cuya piedra angular debe incluir, tal y como lo hace Marx, una postura *política y social* que desmistifique su esencia, al mismo tiempo que dé cuenta de que la modernidad capitalista no es el único camino para construir un *mundo moderno*. Basta replantear la esencia o lógica de la modernidad, para entenderla y construirla desde la perspectiva de la vida de cada uno de los miembros del sujeto social (Durkheim).[14] Sólo así se puede visualizar la modernidad colectivamente construida, la cual se podría definir en palabras marxianas, como la versión proletaria de la modernidad.

La funcionalidad estratégica del desarrollo tecnológico capitalista, una breve historia[15]

Antes que nada, cabe aclarar al lector que este apartado trata de indicar de manera sintética, desde la historia de las revoluciones tecnológicas, la funcionalidad estratégica del desarrollo tecnológico capitalista. Su análisis profundo y detallado, que si bien es fundamental, implicaría volúmenes y nos alejaría de la línea de investigación central del presente libro.

Ahora bien, considerando lo anterior, podemos señalar que si se periodizan las revoluciones tecnológicas a partir de observar el proceso de automatización del trabajo, podemos dar cuenta de que, directamente conectados a las tres grandes crisis del capitalismo, cuatro son los oleajes de desarrollo de la tecnología o Revoluciones Tecnológicas. Tal análisis, presente en la síntesis de Arizmendi,[16] que aquí se retoma y que a su vez suma el trabajo que hace Veraza,[17] permite pensar la historia total del capitalismo desde la conexión de las crisis capitalistas y la ley decreciente de la tasa de ganancia, identificando en el proceso las medidas de subordinación tecnológica del capital para cada una de las revoluciones tecnológicas.

La Primera Revolución Tecnológica (1760-1870) funda e instala el sistema de fábricas automatizadas —motores de vapor para ferrocarriles y buques— haciendo surgir la capacidad de autodeterminación circular de la acumulación capitalista con la producción de máquinas por medio de máquinas para generar expectativas de crecimiento a la explotación productivista de plusvalor extraordinario. Primero en Inglaterra, Bélgica y Francia nordoriental, luego Alemania, Italia, España, el Imperio Austro-Húngaro y parcialmente Rusia.

La Primera Revolución Tecnológica conforma el espacio geoindustrial europeo, pero apenas logrado su cometido se desencadena la primera gran crisis del sistema capitalista (la que estalla en 1870 y se prolonga hasta 1893).[18] A partir de este momento se puede entender a las siguientes revoluciones tecnológicas como mecanismos de contratendencia frente a la caída de la tasa internacional de ganancia.

De esta manera, ante la primera gran crisis capitalista, surge la Segunda Revolución Tecnológica (1882-1930), que desplaza los sistemas instrumentales basados en el motor de vapor, por los sistemas basados en el motor eléctrico y los aviones; se fundan ramas industriales enfocadas a la siderurgia, al petróleo, o a las máquinas eléctricas. Estados Unidos y en menor medida Alemania empiezan a rebasar tecnológicamente a las viejas naciones industriales (Inglaterra y Francia).

La Segunda Revolución Tecnológica trae consigo un perfeccionamiento del taller moderno, porque además de suprimir grandes cantidades de proletarios al mantenimiento del equipo, impuso nuevos ritmos de productividad con una velocidad regulada que garantizó acrecentar la explotación de plusvalor extraordinario y relativo. Asimismo, generalizó nuevas ramas dedicadas a fabricar bienes de consumo durable —aparatos eléctricos como el radio, el refrigerador, máquinas de coser—; permitiendo a la modernidad capitalista rebasar las puertas de la fábrica (terreno propiamente productivo) y atravesar las puertas del ámbito doméstico o del consumo.[19]

Su apogeo concluye hacia la tercera década del siglo XX, cuando estalla la segunda gran crisis moderna (1929-1948). Como producto de ella aparecen la Primera y Segunda Guerra Mundial, que muestran la salvaje necesidad capitalista de devastar fuerzas productivas y humanas para luego, con la reconstrucción, abrir nuevos canales de acumulación sobre los cuales se instalará la Tercera Revolución Tecnológica (1930-1970).

A diferencia de la Primera y Segunda Revolución Industriales, en las que el desarrollo tecnológico fue impulsado principalmente por y desde el sector productivo y luego trasladado a la industria militar, la Tercera Revolución Industrial se caracteriza por haber invertido esta relación y puesto en manos del sector militar el desarrollo tecnológico. Lo anterior indica que la modernización de los sistemas tecnológico-militares es ahora trasladada hacia la reestructuración de los sistemas tecnológico-productivos, pero con crecientes limitaciones. Esto se debe a que el desarrollo tecnológico militar en muchos de los casos se genera para escenarios de guerra que transcurren en ambientes muy exóticos —ambientes de radiación, de alta presión atmosférica, entre otros—[20] y que por lo tanto su aplicabilidad civil es casi o totalmente nula. Otra razón es que la transferencia del desarrollo técnico militar a lo civil está siendo altamente regulada con la filosofía de seguridad nacional, lo que no sólo deja clara la estructura de poder de los distintos Estados nacionales, sino que también produce un freno o acelerador en las aplicaciones civiles, hecho que obviamente responde a la correlación de fuerzas e intereses involucrados, de tal o cual Estado nacional, en determinado momento histórico.

Así, la Tercera Revolución Industrial, con sus ya mencionadas características, entra en juego cumpliendo tres mecanismos estratégicos:

1) Desarrollar la tendencia hacia la automatización del sistema económico no sólo en los países industrializados, sino también en la periferia (*planetarizando* definitivamente la producción de plusvalor extraordinario y relativo). Es decir: se automatiza la producción de materias primas y alimentos, y se reconfigura la división internacional del trabajo, impulsando la modernización dependiente y estructuralmente subdesarrollada de la periferia, trasladando hacia ella la producción maquinizada de bienes de consumo no durable.
2) Se inicia la fuerte automatización del proceso global de trabajo, productivo e improductivo, comenzando con ello la expropiación de la cultura propia del trabajador intelectual, arrebatándosela para objetivarla en un sistema tecnológico computarizado, que permitió dar sus primeras figuras a la información global del proceso capitalista del trabajo: nace la electroinformática.
3) Planetariza el sistema de fábricas automatizadas necesarias para la instalación de la industria maquiladora, dándole proyección mundial a los *bienes de consumo capitalistas*[21] (resultado de esa tecnología).

Ya desde 1970, cuando se inicia la crisis contemporánea, el capital de fines del siglo XX viene explorando cómo potenciarse a partir de la Cuarta Revolución Tecnológica y abrir con ella un nuevo ciclo de auge en la acumulación del capital mundial. En este sentido, el naciente eje tecnológico que viene construyendo el capitalismo, íntimamente ligado a la depredación ecológica de la modernización productivista del sistema tecnológico todavía actual, no sólo responde a la dinámica cíclica de crisis y auge; también, y como anillo al dedo, éste podría permitir a los capitalistas involucrados en su desarrollo por un lado explotar grandes cantidades de plusvalor, y por otro, neutralizar las fuertes contradicciones ecológicas que ha generado (desde luego, no hay que olvidarse de las propias contradicciones que se vienen visualizando entre los propios capitales biotecnológicos).[22]

Tal proceso se vislumbra en la disputa entre los nuevos capitalistas impulsores del avance de tecnologías mejor adaptadas al ahorro de energía y al control ecológico, y los viejos capitales "contaminantes", quienes se ven obligados a "metamorfosearse" —caso de las empresas petroleras, químicas y petroquímicas que están invirtiendo en empresas de ingeniería genética, investigaciones afines, etc.— para poder continuar en el liderazgo que detentaron durante el siglo XX (hecho que muestra claramente las contradicciones de los distintos grupos de poder capitalista).[23] Sin embargo, esta metamorfosis que recientemente se está generando, claramente remueve los intereses de los capitales contaminantes —razón que explica el freno tecnológico que han venido y están imponiendo—. Lo anterior nos indica que es de esperarse un proceso internamente desgarrador para el capital, pero también para la vida misma, ya que atenta alarmantemente contra el límite bioquímico del orbe. Es decir, el dilema se basa en una estructura de poder basada a su vez en un paradigma tecnológico, en donde lo que se apuesta, desde la perspectiva de los capitalistas, es la hegemonía mundial —basada en la correlación de fuerzas de los distintos capitales—; pero desde la perspectiva de la vida, lo que se juega es el planeta mismo. Por ello, es central discutir la esencia misma de las nacientes tecnologías impulsadas por los capitalistas (*tecnologías capitalistas*), pensándolas desde su utilidad para el desarrollo de la humanidad como tal, y entonces desde ahí definir si son humanamente positivas.

En este contexto, se puede decir que se vienen perfilando cuatro ejes en el desarrollo tecnológico de punta para conformar la metamorfosis a este nuevo patrón tecnológico "limpio": 1) la electroinformática/robótica, 2) la ingeniería genética/biotecnología, 3) las nuevas energías, y 4) la exploración de nuevos materiales/nanotecnología. Falta todavía tiempo para que la segunda tome posesión de la primera, por el momento, el desarrollo de la electroinformática-/robótica aún determina al de la ingeniería genética/biotecnología.

El actual proceso de metamorfosis entre dos patrones técnicos de desarrollo

Los cuatro ejes tecnológicos de punta vistos como unidad

Como ya se había señalado, cuatro son los ejes técnicos que viene promoviendo el capitalismo de principios de siglo, hecho *per se* que ha sido señalado por un documento publicado por el *RAND (National Defense Research Institute* sobre *Revolución Tecnológica Global)*,[24] así como por varios autores.[25] Este fenómeno viene provocando dos procesos paralelos: uno de metamorfosis y otro de polivalencia de los capitales.

Por un lado, conforme avanzan las nuevas tecnologías mejor adaptadas al ahorro de energía y al control ecológico, los nuevos capitales que nacen dentro de este inédito patrón tecnológico obligan a los viejos capitales "contaminantes" a cambiar para poder continuar en el liderazgo que han detentado durante el siglo XX. Por el otro lado, los capitales involucrados en el desarrollo de estas nuevas tecnologías (contaminantes y "limpios"), dadas las grandes expectativas que genera el desarrollo científico, buscan diversificarse para construir su hegemonía no sólo en el campo de la investigación, sino simultáneamente en el mercado mundial. Lo anterior se ha venido traduciendo en una maraña de fusiones, adquisiciones totales o parciales, o simplemente alianzas de empresas, universidades, institutos de investigación públicos y privados. Al mismo tiempo, dichos capitales se ven forzados no sólo a construir este predominio en una industria específica, sino a proyectarlo al resto de las industrias relacionadas con los cuatro ejes tecnológicos de punta del naciente patrón técnico. En este sentido, los capitales, y sin olvidar también los Estados nacionales centrales, están construyendo redes industriales que los perfilan hegemónica y simultáneamente en diversos campos del mercado mundial de fármacos, energías, electroinformática, semillas, agroquímicos, químicos y nuevos materiales.[26]

Este fenómeno dual, de polivalencia y metamorfosis de los capitales, es visible tan sólo al revisar a las empresas petroleras como Mobil, Exxon, Conoco, British Petroleum,[27] Shell,[28] entre otras, las cuales están involucradas en la investigación de energías alternas y directamente en la inversión de energía solar. Pero no sólo se interesan en el negocio de las nuevas energías, también están íntimamente "comprometidas" en la investigación de la biodiversidad y el desarrollo de la biotecnología. Conoco es uno de los casos más evidentes, por el intercambio de acciones entre esta compañía y DuPont (la cual, según datos de RAFI,[29] se perfila como la empresa más importante de semillas en el mundo, la cuarta empresa de agroquímicos en el mundo y la 42a. en fármacos).

Además, las petroleras más grandes del mundo han incluido, en sus prospecciones de petróleo, actividades de bioprospección,[30] trabajo que detrás de la imagen de la "protección del medio ambiente por parte de las empresas más contaminadoras del mundo", es vendido a las ONG[31] o empresas privadas que funcionan como intermediarias de las empresas directamente involucradas en el uso comercial de la biodiversidad. También es de suponerse que en los casos como el de Conoco/DuPont o Chevron/Novartis exista una transferencia o cotrabajo en el proyecto de bioprospección. Otro caso es el de la empresa biotecnológica Cetus, la cual en 1970 era financiada por Standard Oil y Shell Oil,[32] quienes ya desde esos años decían que buscaban diversificarse en dicho campo técnico.

Lo anterior evidencia que las características de las nuevas tecnologías apuntan a un "obligado" proceso de metamorfosis del patrón tecnológico que el capitalismo viene impulsando como respuesta a la necesidad de reconvertir las fuerzas productivas altamente devastadoras del medio ambiente (petroleras, químicas), a través de la reconfiguración del complejo productivo capitalista, en uno más limpio y menos destructivo.

En este margen, el capitalismo abre la posibilidad de reestructurar la hegemonía mundial, permitiendo acceder a ésta a algunos capitales contaminantes en proceso de metamorfosis, así como a otros propiamente nacientes dentro de este nuevo patrón tecnológico aún en construcción.

El carácter estratégico de los cuatro ejes tecnológicos de punta dentro de la hegemonía mundial: una visión particular

Las nuevas energías

Dada la creciente crisis ecológica, resultado de la "moderna" industria productivista, el problema al que se enfrenta la dinámica capitalista desde hace varias décadas es el tipo de energía que lo mueve. Si bien el caso del petróleo es inédito, ya que concentra grandes cantidades de energía en poco espacio, con lo que fácilmente los capitalistas pueden regular su producción, distribución y almacenamiento para hacer valer su hegemonía mediando la necesidad energética del proceso reproductivo mundial, éste tiene sus desventajas.

Por un lado, los energéticos fósiles, si bien son muy baratos y controlables, también son finitos y altamente contaminantes, lo que impone a los capitalistas un límite real y totalmente contradictorio a la propia lógica del capital (de crecimiento ilimitado). Por otro lado, también resulta evidente que el creciente desarrollo de las fuerzas productivas técnicas demanda cada vez mayores cantidades de energéticos.[33] Esto ha obligado a los capitalistas a establecer un desarrollo permanente en las técnicas de explotación petrolera, pero de igual modo, dada la intensificación de la crisis ecológica mundial causada por el consumo desmedido de combustibles fósiles,[34] así como de la inminente baja de las reservas de petróleo convencional a nivel global,[35] se ha incrementado el interés por impulsar la búsqueda de nuevas energías capaces de satisfacer la creciente demanda energética de la industria mundial, pero que ante todo cumplan con el prerrequisito cualitativo de ser una energía barata, con larga vida de explotación y potencialmente controlable.

Desde luego, falta señalar que aunque ya se cuenta con la tecnología básica para impulsar un nuevo patrón energético mundial, estas tecnologías están siendo detenidas por los grandes capitales petroleros, químicos, automotrices, por la gran cantidad de intereses que toca al poner en juego su hegemonía. Sin embargo, ante este proceso, la dramática y creciente crisis ecológica exige una forzada transición del patrón energético para las próximas décadas.

En este contexto, los capitales implicados en el desarrollo de nuevas energías, y que casualmente son en su mayoría los mismos petroleros, están precisamente ideando la manera de otorgar cierto control a la generación de éstas, principalmente a la energía proveniente del hidrógeno, pero también a la eólica, la energía solar y la biomasa.[36]

Una de las razones por la que el hidrógeno se perfila como la nueva energía alternativa es que se puede hacer uso de la infraestructura actual del gas natural, pero sobre todo porque, dadas sus características físicas y químicas, permite un amplio margen de monopolio.

No es casual, entonces, que el propio director de la corporación petrolera ARCO (parte de la gigante British Petroleum), Mike Bowlin, en febrero de 1999 haya asegurado: "nos hemos embarcado en el principio de los últimos días de la era del petróleo", discutiendo la necesidad de una conversión a la energía proveniente del hidrógeno. Asimismo, dos meses después, Shell Oil y Daimler-Chrysler anunciaron que pretenden ser el consorcio de punta que haga de Groenlandia la primera economía basada en el hidrógeno. La primera empresa ya abrió la primera *hidrogenería* (el equivalente a una gasolinería) en Hamburgo, Alemania; mientras que la segunda es líder en el desarrollo de motores que funcionan con hidrógeno. Empresas como Daimler-Benz, Ford, General Electric y Toyota están desarrollando tecnología de células de combustión que conviertan el hidrógeno en electricidad.

Sin embargo, paralelamente a la potencialidad del hidrógeno, hasta hoy dominante, nos encontramos con un segundo tipo de energías claves: las que se derivan directa o indirectamente del sol, es decir la energía solar y la eólica.

Para principios de los noventa, impulsado por el desarrollo aeroespacial (NASA), Estados Unidos ya había establecido un corredor de granjas eólicas a lo largo de 12 estados, los cuales actualmente producen cerca de 75% de la energía eólica del mundo. Dinamarca está en el segundo lugar mundial; gracias al impulso que le dio el sector agrícola, produce cerca de 8% de su energía eléctrica y más de 15% de la energía eólica del mundo. Asimismo, países como Alemania, España, Holanda y China comienzan a tener una considerable producción de este tipo de energía dentro de su estructura energética.

En cuanto a la energía solar, las empresas Royal Dutch Shell y Pilkington Solar International están construyendo el complejo solar más grande del mundo en Alemania. También Estados Unidos posee algunos de grandes dimensiones, con los que la K.C. Electric Asociation da servicio público eléctrico a partir de energía solar en Colorado, y la New England Electric System y San Diego Gas & Electric Co. concretan sus proyectos de esta modalidad en Massachussets y California.

Lo anterior apunta a un importante crecimiento justamente de las energías de este segundo eje energético (solar/eólica) respecto del primero en el que se ubica el del hidrógeno, aunque habría que ver qué sucede en las próximas décadas. Según datos de Lester Brown,[37] el crecimiento porcentual actual de producción por tipo de energía se delínea de la siguiente manera: energía eólica: 22%, solar fotovoltaica 16%, petróleo 2%, gas natural 2% y nuclear 1%.

A pesar de estas tendencias y de la urgente necesidad de un cambio del patrón energético mundial, su reconversión está siendo impulsada por las mismas empresas energéticas del actual patrón energético basado en la energía fósil. Ello se debe, como se señalaba, a los enormes intereses que se juegan, lo cual no sólo atenta contra la hegemonía de los actuales capitales energéticos, sino también contra la de la industria automotriz y la petroquímica en general, entre otros capitales.

En este panorama, es de esperarse una transición energética dramática, en la que los capitales petroleros se desangrarán por mantener su actual hegemonía mundial y por lo tanto retardarán en la mayor medida posible la transición energética. En este sentido, son de esperarse continuas inestabilidades del mercado petrolero mundial en las próximas décadas.

La electroinformática[38]

La electroinformática alude a dos tecnologías: una, la microelectrónica (circuitos integrados); y la otra, la informática (procesamiento objetivo de información y conocimientos). De esta manera, la electroinformática incluye el procesamiento de información y conocimientos a través de circuitos integrados.

Impulsada originalmente por la industria bélica, el desarrollo de la electroinformática desde la segunda mitad del siglo XX ha sido punto de convergencia de un conjunto de necesidades relacionadas fundamentalmente con el procesamiento de información o de instrucciones que se desarrollan a partir de los requerimientos de precisión, velocidad, miniaturización (nanotecnología). En este sentido, el impacto más importante ha sido justamente el de la automatización industrial, conformando —a través de la computadora— un control automático programable del conjunto productivo, pero no el único.

Gracias a la introducción de nuevos materiales[39] (como el silicio y el germanio, y muy recientemente algunos compuestos biológicos),[40] el desarrollo de la electrónica ha permitido la invención de chips y microprocesadores, entre otros componentes. Tan sólo los nuevos chips de silicón pueden procesar 200 millones de cálculos en comparación con los 50 millones que realizaban hace cuatro años (1996).

Íntimamente ligados y a medida en que se perfecciona la electrónica y la informática, los avances técnicos son cada vez más sorprendentes; van de las tecnologías CAM, los robots, las máquinas herramienta de control numérico computarizado, los sistemas de manufactura flexible, hasta la actual búsqueda del perfeccionamiento de la inteligencia artificial.

Si bien es cierto que el impacto de la informática ya es muy avanzado, su acelerado perfeccionamiento resulta de una creciente necesidad para el desarrollo de nuevas tecnologías que hacen uso de ella. Por mencionar un ejemplo, el desarrollo de la biotecnología depende del desarrollo de la electroinformática, ya que gracias a ella logra clasificar y ordenar el conocimiento que entrañan los diversos genomas que existen en el orbe. Otro caso es el de la industria aeroespacial, que hace uso del grado de perfección de esta tecnología para diseñar y construir desde aviones hasta transbordadores espaciales.

Hoy en día, la mayoría de los procesos productivos e investigaciones científicas de punta está en uno u otro grado, relacionados con esta tecnología.

Por lo anterior, el actual proceso de perfeccionamiento de esa tecnología se centra específicamente en tres áreas: 1) incremento de la capacidad y velocidad del manejo de datos (perfeccionamiento del microprocesador), 2) miniaturización creciente[41] o lo que se refiere a la nanotecnología aplicada, y 3) búsqueda de inteligencia artificial capaz de aprender, razonar y planear.[42]

No es casual que el desarrollo de la electroinformática sea entonces uno de los ejes del patrón tecnológico, no sólo del actual, sino del que comienza a tejerse. Dentro de éste, los capitales japoneses[43] siguen perfilándose como hegemónicos en la electrónica, pero los estadounidenses[44] lo hacen dentro de la informática, justamente la que "pone" en funcionamiento a la primera, pero sobre todo, la que permite delinear y controlar las aplicaciones de la electroinformática.

Nanotecnología[45] y los nuevos materiales

Los nuevos materiales, llamados también "materiales avanzados", son una reconversión de la industria de los materiales, la cual ya no busca crear aplicaciones comerciales para los ya existentes (haciendo uso de sus propiedades únicas); ahora, en forma radicalmente diferente, esta industria, a partir de la aplicación comercial, "diseña" la arquitectura atómica del nuevo o mejorado material. Es decir, se basa ya no en mezclas entre materiales o químicos al azar, sino en diseños específicos con base en la interrelación de los componentes atómicos y en la manera en que son combinados; es lo que se conoce como nanotecnología, y no es más que resultado de la investigación y desarrollo científico en energía nuclear como una variación del uso del átomo.

La nanotecnología incluye ciencias como la física, química, bioquímica y biología molecular. También hace uso de la ingeniería eléctrica y proteica, investigaciones microscópicas y proximales, diseño de imágenes atómicas y química computacional y, desde luego, de la biotecnología. Si bien ya podemos ver algunas aplicaciones de la nanotecnología, como los nuevos materiales y la electroinformática, aún no se sabe hasta qué punto funcionará, dado que teóricamente son inmensos los horizontes que dibuja, pero al mismo tiempo, las limitantes de su desarrollo todavía son muchas (véase más adelante). No será sino hasta las próximas décadas que los fundamentos teórico-empíricos para su desarrollo estén disponibles para potenciarla gracias al avance de tecnologías y ciencias de las que hace uso.

Nanotecnología. Albert Eintein, como parte de su investigación doctoral, calculó el tamaño de una molécula de azúcar y concluyó que era aproximadamente de un *nanómetro* de diámetro, es decir una mil millonésima de un metro; desde entonces, tal medida es la esencia de lo pequeño.[46]

En ese horizonte temporal, las puertas al mundo de lo ultrapequeño quedaron abiertas; sin embargo, Stix señala en su artículo del *Scientific American*[47] que la definición de nanotecnología es "resbalosa". Según el autor, algunas técnicas de la nanotecnología realmente no son "nano", y más bien manipulan estructuras del tamaño de un micrón (millones de un metro) o mucho más grandes que un nanómetro. Del mismo modo, señala Stix, parte de la nanotecnología no es tecnología, sino involucra investigación básica de estructuras de al menos cien veces más grandes que las de un nanómetro; "en este sentido, Einstein era más un nanocientífico que un tecnologista".[48]

Para él, la definición de nanotecnología más acertada alude a la descripción del nanomundo:

> una frontera extraña entre la *esfera de los átomos individuales y las moléculas* (donde las leyes de la mecánica cuántica gobiernan); y el *macromundo* (donde la mayor parte de las propiedades de los materiales emergen del comportamiento colectivo de billones de átomos, y sus cualidades pueden ir desde el acero más fuerte a la crema de una galleta Oreo.[49]

Además, del abanico de definiciones existentes,[50] todas muy parecidas pero con distintos grados de precisión, hay que señalar una confusión de fondo importante. Se considera que la nanotecnología sólo trabajaba con materia inerte; sin embargo con el avance de la biotecnología y de la misma nanotecnología, esta última se ha visto envuelta en la manipulación atómica de materia viva, lo que ha hecho cada vez más evidente la cercanía de ambas tecnologías. Es de tal dimensión ese empalme, que para resolver técnicamente esta confusión se introdujo, en los últimos años del siglo XX, un nuevo término: la *nanobiotecnología*, para referir concretamente el trabajo conjunto de biotecnólogos y nanotecnólogos: construir aparatos ultraminiaturizados que "imiten" los sistemas biológicos.[51] La *nanobiotecnología*, dadas las limitantes tecnológicas aún existentes en las tecnologías que la conforman, especialmente en la nanotecnología, sólo ha sido mínimamente aplicada en la industria farmacéutica,[52] petrolera y de equipo fotográfico; sin embargo, las expectativas de su desarrollo prometen un sinnúmero de aplicaciones tanto en la rama civil como en la militar (véase más adelante).

Pero, regresando a la *nanotecnología*, entendida en el presente análisis como la capacidad potencial de manipular, organizar, ensamblar, manufacturar y esculpir nuevos materiales y productos en escalas nanométricas, hay que señalar, como bien lo hace Nadal, que:

> las nanotecnologías no son un simple paso en una vía de miniaturización creciente. Constituyen un paradigma tecnológico de una natura-

> leza radicalmente distinta. Las propiedades físicas y químicas de todos los materiales se definen en el nivel de las nanoescalas, de tal modo que las nanotecnologías, al construir objetos desde su escala atómica, permitirán dotarlos de propiedades importantes tales como resistencia a la presión o tensión, temperaturas extremas, ductibilidad, flexibilidad, etcétera. Por eso las nanotecnologías cambiarán la manera en que se producen materiales y artefactos de todo tipo en un futuro cercano [...] [igualmente] permitirán sintetizar materiales de construcción de todo tipo a escala de un nanómetro, con dimensiones controladas a niveles de tolerancia muy finos, ensamblarlos para formar estructuras más grandes, y dotarlos de propiedades especialmente adaptadas para funciones específicas. Por esas razones, las nanotecnologías constituyen una familia de innovaciones radicales, capaces de reordenar el aparato productivo de una economía, destruyendo ramas enteras de la producción, modificando los patrones de la localización geográfica de todo tipo de actividades productivas, y creando nuevas configuraciones en los patrones de inversión, empleo y comercio internacional.[53]

Confirmando lo anterior, según Mihail C. Rocco, oficial de la National Science Foundation de Estados Unidos, la manipulación de estructuras de 100 nanómetros o menos permitirá diseñar y controlar atributos físicos y químicos a escalas de la estructura molecular, para después ser unidas y formar estructuras más largas (conexión entre el nanomundo y el macromundo). Para Rocco, "el intenso interés en el desarrollo y uso de nanoestructuras se debe a la idea de que mejorarán las propiedades eléctricas, químicas, mecánicas y ópticas de los materiales manipulados —al menos en teoría—".[54]

Al respecto, atinadamente señala Stix que el mundo "nano" de Rocco ya existe, y son justamente las aplicaciones "nanotecnológicas" que ya se han comercializado. Por ejemplo, en 1997 se introdujeron cabezas magnetorresistentes, formadas por láminas de menos de un nanómetro de espesor y que sirven para almacenar más información en los discos duros de las computadoras. El IBM Zurich Research Laboratory ha montado puntas nanométricas usadas en los microscopios atómicos en más de mil cavidades (microscópicas) en un solo microchip.[55]

Asimismo, se han desarrollado nanoestructuras como los "escultores" usados en la fabricación de microchips. Uno de los resultados de esas nanoestructuras son los ahora populares nanotubos —cilindros de grafito con características eléctricas inusuales— y los nanocinturones —que sirven para sujetar los nanotubos—.[56]

Como puede deducirse, una de las industrias más beneficiadas ha sido la de la microelectrónica, gracias al desarrollo de nuevos materiales con características inusuales que potencian la capacidad, rapidez y calidad del hardware.

> IBM y Hewlett-Packard tienen programas en nanotecnología aplicada importantes debido a que una vez que la electrónica basada en el silicón llegue a su máxima potencia —probablemente en los próximos 10 a 15 años—, los nanoelectrónicos serán los siguientes. Aun cuando los transistores de escala molecular no se basen en el sistema binario de ceros y unos, como lo hace la generación de los transistores de la era del silicón, los avances en el cómo de su funcionamiento revelarían los secretos de la máquina más pequeña y perfecta: la célula biológica. De hecho, algunas nanoetiquetas hechas del material con el que están compuestos los semiconductores, necesariamente tendrían que detectar la actividad celular, a diferencia de los millardos o billones de transistores que tienen que trabajar al mismo tiempo para funcionar en una nanocomputadora. Una empresa de Estados Unidos, *Quantum Dot*, ya comercializa semiconductores cuánticos como marcadores en experimentos biológicos, en la investigación de nuevos fármacos y pruebas de diagnóstico, entre otras aplicaciones.[57]

De manera similar a la industria microelectrónica, la de los materiales ha logrado crear toda una nueva generación de productos (los nuevos materiales) a través del uso de nanopartículas que perfeccionan sus características, e incluso, como se señaló, diseñando atómicamente nuevos materiales. Por ejemplo, *Nanophase Technologies* vende nanopartículas de óxido de zinc para la producción de bloqueadores solares transparentes (sobre nuevos materiales hablaremos más adelante).

Así, aun considerando que la nanotecnología se encuentra en su infancia, las aplicaciones mencionadas indican concretamente su gran potencial no sólo tecnológico, sino como negocio. Tan sólo las ganancias que el mercado mundial de nanoproductos manufacturados generó en 1997 fueron aproximadamente de cinco mil millones de dólares y se han duplicado cada año.[58] Además, las proyecciones para el 2012 estiman un monto de más de 340 mil millones de dólares para el total de la nanoindustria; mientras que para el 2015, tan sólo las ventas de las nanoindustrias de semiconductores y circuitos integrados alcanzarían la suma de alrededor de 600 mil millones de dólares. Igualmente, en ese mismo año, la industria farmacéutica vendería unos 180 mil millones de dólares en nanoproductos.[59]

Uno de los avances más importantes de la nanotecnología es el desarrollo de nanomotores que, con bajos niveles de consumo de energía, sean el corazón de los tan anhelados *nanorrobots*, que puedan no sólo producir virtualmente cualquier tipo de materia, sino copiar o autorreplicarse a sí mismos (máquinas que producen máquinas a nivel nanométrico), con el objeto, entre otros, de alcanzar escalas de producción económicamente viables; es decir, que conecten la nanofabricación con la macrofabricación. Tales dimensiones de ensamblaje, según una publicación de la RAND, *The Global Technology Revolution*, podrían ser capaces en el futuro próximo de integrar entre cien a diez mil componentes, alcanzando una dimensión total de aproximadamente 10 micrones, por lo que la conexión entre el nanomundo y el macromundo, no será posible, según ese documento, hasta después del 2015.[60] En este panorama, los primeros pasos en el diseño y construcción de nanomotores y nanomáquinas ya se dieron. Carlo D. Montemagno, de la Universidad de Cornell, ha demostrado la posibilidad de construir nanomáquinas primitivas con base en un motor biológico; extrajo un motor rotatorio proteico de una célula bacterial y lo conectó a un nanorrotor. El resultado: un motor-rotor de 11 nanómetros de altura, 750 de largo y 150 de ancho, impulsado por adenosina trifosfato (ATP), que alcanza una velocidad de ocho revoluciones por minuto. Aunque primitiva, demostró su viabilidad.[61]

En este panorama no hay que olvidar, como la mayoría de los especialistas o críticos lo ha hecho, el potencial que tiene la nanotecnología en el sector bélico-militar. Si bien ya en 1986, Drexler en su libro *Engines of Creation*[62] indicaba el peligro que el desarrollo de la nanotecnología podría significar para la humanidad; sólo superficialmente analiza el potencial bélico-militar que implicaría, mistificando con ello el desarrollo tecnológico, al referirse a la tecnología autómata que destruye a la humanidad apoderándose del planeta.

Pero dejando al lector la crítica correspondiente, cabe señalar el potencial bélico-militar de la nanotecnología, considerando que para esto se requiere de un análisis por separado y minucioso y que nos desviaría de este trabajo. Así, sin que lo anterior sea un impedimento, lo que parecen sugerir los programas que realiza el Departamento de Defensa de Estados Unidos, es que el uso militar de la nanotecnología permitiría, si técnicamente es posible, la construcción de cualquier tipo de armamento o instrumental de espionaje o asesinato selectivo o masivo de cualquier dimensión, específicamente las nanométricas, es decir, virtualmente imperceptibles a los sentidos. Ello indica radicalmente nuevas cualidades y escenarios de violencia, subyugación y dominio, dentro y fuera del campo de batalla. Por ejemplo, el uso de nanorrobots en el espionaje y asesinato, la fabricación de nuevos materiales para la fabricación de armas no convencionales y no letales, o para la construcción de medios de transporte (aéreos, marítimos y submarinos, terrestres e incluso espaciales) más sofisticados, son algunos de los potenciales militares de dicha tecnología.

Por el momento, las numerosas posibilidades del desarrollo nanotecnológico, tanto en la esfera civil como en la militar, todavía no son viables, ya que aún se desconocen los principios que rigen los procesos de ensamblaje y fabricación en la nanoescala de producción. Sin embargo, los intereses que ya generan tales posibilidades han captado no sólo la atención de actores gubernamentales y empresariales, sino sobre todo su capital.

No es casual, entonces, que Estados Unidos, la Unión Europea y Japón estén destinando montos parecidos para su investigación y desarrollo. Inglaterra ha establecido un Programa de Enlace en

Nanotecnología, y Francia y Alemania han creado un *Nano valley* o "Corredor de Nanotecnología" en el norte del Rhin.[63]

En el caso de Estados Unidos, ya en junio de 1999, la Casa Blanca filtraba el rumor de que quería incrementar el gasto en nanotecnología hasta tres veces. Al Gore, como senador en 1992, condujo la primera audiencia sobre nanotecnología y ha apoyado su desarrollo desde entonces. En 1997 el Pentágono identificó la nanotecnología como una de las áreas de investigación estratégica; y en 1999 la National Science Foundation (NSF) la anunciaba como una tecnología con grandes promesas. En efecto, el financiamiento federal para el desarrollo de la nanotecnología en universidades (como Harvard, Cornell, MIT, Stanford, Rice y Berkley) e institutos de investigación (públicos y privados) contratistas del Departamento de Defensa, la NASA, y el Departamento de Energía, el Departamento de Estado, el Departamento de Transporte, el Departamento de Tesorería, el Departamento de Agricultura (USDA), entre otras dependencias, pasó de 116 millones de dólares en 1998 a 422 millones en el 2001, con un presupuesto asignado para el 2002 de 518.9 millones.[64]

Con tal presupuesto, el Departamento de Defensa está interesado en desarrollar nanoelectrónicos, optoelectrónicos y magnéticos, así como materiales nanoestructurados y bionanosensores. El Departamento de Energía (DOE) y la NASA desarrollan nanoelectrónicos; la Fundación Nacional de la Ciencia (NSF), nanomateriales; el NIH (Instituto Nacional de Salud), el DOE y la NSF, nanobiotecnología. Además, estas últimas dependencias están encargadas del Army Research Laboratory en Nanociencia y Tecnología, fundado en 2000-2001, para especialización en: sensores y aparatos electrónicos, armamento y nuevos materiales, ciencia de la computación e información, materiales nanoestructurados, tecnologías de nanofabricación, componentes de sensores y simulación del diseño de nanomateriales, entre otras áreas.[65]

Igualmente se pueden ubicar empresas y corporaciones multinacionales involucradas en el avance de la nanotecnología, como: 3M (Estados Unidos), IBM (Estados Unidos), Exxon Mobil (Estados Unidos), Carbon Technologies (Estados Unidos), Gilead

Sciences (Estados Unidos), Nanophase Technologies (Estados Unidos), Intel (Estados Unidos) Alcoa (Estados Unidos), NanoCram (Estados Unidos), NanoFrance (Francia), Nanogen (Estados Unidos), Nanomaterials (Estados Unidos), NanoTech (Estados Unidos), Nanoway Oy (Finlandia), Texas Instruments (Estados Unidos), Toshiba (Japón) y Matsushita (Japón), entre otras.

Hay que señalar que al igual que en el caso de la biotecnología, tal y como se verá a lo largo del presente estudio, la lógica del desarrollo de la nanotecnología no alterará los patrones de desigualdad creciente y concentración de poder; al contrario, éstos se profundizarían. Si bien el análisis a fondo y crítico de los peligros y repercusiones sociales y ecológicas de la nanotecnología requiere igualmente de un estudio por separado, cabe señalar su urgencia no sólo en las esferas de los especialistas en las ciencias exactas y sociales, sino también en las de los múltiples niveles públicos propios del ciudadano ajeno a las primeras.

Los nuevos materiales. Actualmente la búsqueda de nuevos materiales va desde aquellos que almacenan una gran cantidad de información de manera eficiente (aplicación en la electroinformática), fibras o materiales más resistentes y adhesivos para su uso industrial, y la creación de nanomateriales[66] (materiales muy pequeños usados en el mundo de la miniaturización); hasta la de materiales inteligentes que cambian sus propiedades según sus aplicaciones o según las condiciones ambientales (pinturas y cerámicas rediseñadas y nuevos plásticos, entre otros).[67]

En este contexto, los ejes que viene impulsando la industria de los nuevos materiales son dos: el primero se refiere a incluir nuevos atributos a los ya conocidos materiales naturales, como los metales, los *composites* (resultantes de la combinación de varios materiales), polímeros, cerámicas y materiales fotónicos (con capacidad de transmitir luz), porosos o adhesivos. El segundo alude justamente a la búsqueda de nuevos materiales inteligentes que se formen y reconviertan a sí mismos o que reaccionen al medio ambiente que los rodea.

El primer eje de la industria de los nuevos materiales. Las nuevas fibras van desde aplicaciones en la industria textil hasta la fabricación de cables ópticos. Algunos ejemplos de estas nuevas fibras son la 3GT, desarrollada por DuPont, resultado del excremento de una bacteria intervenida genéticamente que convierte glucosa en fibra. Otro ejemplo es el de las *biosedas*, fibras que resultan de alteraciones genéticas en las arañas, y que produce una seda no pegajosa cinco veces más fuerte que el acero y con la capacidad de extenderse en 20% más de su tamaño original sin romperse.

Una de las cualidades más importantes de las fibras desde fines del siglo XX es que soportan que la luz transmita mensajes a través de cables ópticos. Nuevas fibras con cualidades fotónicas permitirán que viaje rápidamente una cantidad creciente de información, que con el desarrollo del chip para procesar la información óptica —mediante cables de fibra óptica que lleven la información directamente alrededor de un chip cristalino a una gran velocidad—, se espera acelerar el proceso de 20 a 80 miles de millones de veces por segundo. La estructura cristalina del nuevo chip es conocida en los laboratorios de investigación como modulador magnético.

Los *nuevos polímeros* se están usando especialmente en el desarrollo de la electroinformática, dada su capacidad de retener información óptica. La información podrá ser guardada como hologramas de varias páginas de información en bloques inorgánicos de cristales ferrosos u otros materiales prediseñados.

Los 3 500 a 4 000[68] ingenieros involucrados actualmente en la creación de *nuevas cerámicas* en el mundo buscan introducir en éstas la capacidad de los cristales de quarzo; convierten una acción mecánica en eléctrica y viceversa, de manera tal que las cerámicas sean aplicables en la construcción automotriz y aeroespacial. Las predicciones, tan sólo para este sector, son de un mercado de cerca de 30 mil millones de dólares anuales para el 2010.

Los *nuevos plásticos* son resultado de híbridos orgánicos/inorgánicos en donde la demarcación entre un mundo y otro se pierde; ello se debe a las actuales investigaciones llevadas a cabo por Cargill-Down Chemical y Monsanto, entre otras empresas, quienes han diseñado genéticamente bacterias y plantas de maíz que transforman la glucosa en plástico.[69] Nuevos plásticos como el *polylactide* (PLA) y el *polietileno terephthalate* (PET) son actualmente usados en la fabricación de botellas y ropa.

Nuevos materiales microporosos como los *zeolites*, usados para separar moléculas, se están diseñando de manera artificial para incrementar esta capacidad o para su uso como moldes para producir nano y microcables. Otras investigaciones se centran en *nuevos materiales con características termoeléctricas*, como pinturas de exterior, que busquen absorber el calor en clima frío y repelerlo en clima caliente.

El perfeccionamiento de la "formación" artificial de *diamantes* tendrá aplicaciones importantes, porque los diamantes naturales tienen ventajas sobre el silicón, dada la velocidad con que viajan los electrones en el chip. Así, es posible que estos diamantes puedan tolerar altos voltajes y temperaturas; el problema radica en que los diamantes artificiales deben de ser perfectamente formados para que tengan esas cualidades, técnica que aún no está disponible, pero sí cercana.

Otros nuevos materiales basados en reacciones químicas ultrarápidas de ondas de calor, resultado de la combinación de diversos metales y otras sustancias como carbón, boro, silicio, aluminio, titanio, nitratos, hidrógeno, oxígeno, colágenos y fosfatos; se están diseñando para diferentes usos. Por ejemplo, como herramientas de corte, abrasivos, lubricantes, conductores y superconductores eléctricos, aislantes, materiales catalíticos y para la industria aeroespacial, entre otros.

El segundo eje de la industria de los nuevos materiales. En el caso de los materiales inteligentes nos enfrentamos con numerosos ejemplos:

Los *sensores inteligentes* permiten, por ejemplo, alertar mediante el cambio del color de las envolturas del periodo de vida de tal o cual producto; o el monitoreo de procesos de la industria petroquímica u otras manufacturas; para el funcionamiento de sistemas de riego, entre otros.

Las *cerámicas actuadoras* cambian su forma en el ala de un avión para reducir las vibraciones o simplemente para mejorar la aerodinámica del avión según distintas velocidades.

Los *materiales con capacidad de recordar* se usan en la instalación de oleoductos o gasoductos, ya que, al tener la capacidad de recordar su tamaño original, pueden encogerse las tuberías con bajas temperaturas, pero cuando son instaladas, la temperatura ambiente les hace "recordar" su tamaño original; ello ahorra espacio y gastos en transportación e instalación. Otra aplicación de estos materiales es en la robótica: imitan la función de los músculos; actualmente los japoneses usan materiales que se muevan y recuerden regresar a su posición original.

Los *metales inteligentes* se usan en herramientas que cambian de forma según el momento de su uso, tal es el caso de los cirujanos, que para limpiar las arterias tapadas usan ciertas herramientas para raspar. Con estas nuevas *herramientas autocorrectivas* logran que entren y salgan rectas de las membranas arteriales, pero que asuman la posición adecuada para raspar dentro de la arteria.

Los *sistemas inteligentes* actualmente se usan únicamente en complejos de seguridad militar, generalmente se componen de sensores y materiales inteligentes, estos últimos activados por los primeros. Otra aplicación corresponde a la medicina, donde se está buscando regular los niveles de azúcar en la sangre de los diabéticos mediante un sensor de azúcar y un dispositivo inteligente que contenga la insulina.

La ingeniería genética / biotecnología

Si bien es cierto que la biotecnología no es nueva, lo que caracteriza a la biotecnología moderna son las técnicas y ciencias de las que hace uso.[70]

Así, por un lado está la ingeniería genética que alude a las técnicas para recombinar el ADN, y por el otro, la propia biotecnología que se refiere a las aplicaciones comerciales de la primera. Lo anterior significa que hablar de biotecnología es hablar de la lógica que mueve el *desarrollo* y las *aplicaciones* de la propia ingeniería genética.

En esta relación entre la ingeniería genética y la biotecnología, mediando encontramos una diversidad de disciplinas. La *Geografía* —del espacio— permite la localización de los recursos bióticos del planeta y las condiciones en que se encuentran (políticas y sociales). La *Electroinformática* permite no sólo el manejo de grandes cantidades de información, como las secuencias de genomas, sino la rápida transferencia de este conocimiento entre la élite científica (generalmente vinculada por el mismo capital o capitales). La *Física* y *Química* como bases teóricas para la manipulación de genes (disposiciones y barreras físicas y químicas del ADN); y otras disciplinas relacionadas con el diseño y producción de instrumentos moleculares y celulares.

Asimismo, la biotecnología establece una íntima relación con las áreas de conocimiento vinculadas a la aplicación que busca, por ejemplo, con la *Medicina* para la elaboración de nuevas sustancias para medicamentos novedosos; con la *Agronomía* para la manipulación de semillas; con la *Geología* y la *Ecología* para mejorar y reparar los ya degradados suelos del orbe; con la *Electrónica* para la fabricación de biochips; con la *Industria Militar* para la fabricación de armas biológicas.

Relación multidisciplinaria de la biotecnología

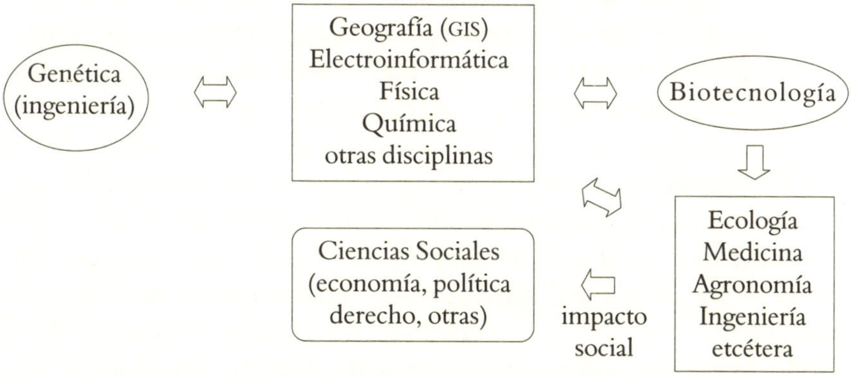

Por todo lo anterior y debido a que la biotecnología hace uso de numerosas disciplinas, y aun cuando en gran medida todavía depende de la *electroinformática*,[71] pero sobre todo, dado que también abre la posibilidad de crear *nuevos materiales*, de ser fundamento para el desarrollo de la nanotecnología, en especial de la nanobiotecnología, y debido a que haría posible la producción comercial de *energía alternativa* (biomasa y biocombustibles), la punta de lanza de los cuatro ejes tecnológicos que componen el patrón tecnológico de principios del siglo XXI es, justamente, el de la biotecnología.

Lo anterior se debe a que la biotecnología, como toda industria estratégica, viene abriendo un nuevo cauce de generación de valor y redimensionando la acumulación de capital, a partir del impacto que tiene en los encadenamientos (productivos e improductivos) hacia atrás, pero sobre todo hacia adelante. Este fenómeno de encadenamiento es muy alto en el caso de la biotecnología. Así, al hacer uso de numerosas ciencias, impacta crecientemente procesos productivos, como la agricultura, la ganadería, la industria farmacéutica, la química, la petroquímica, el tratamiento de residuos, el control de contaminantes y la industria bélica. Ello fomenta una peculiar simbiosis entre el Estado, las corporaciones multinacionales y los centros de investigación (universidades, institutos), en un escenario en el que las políticas nacionales y los lineamientos internacionales tienden a consecuentar a las corporaciones multinacionales y los intereses particulares de ciertos Estados nacionales centrales (caso fuerte el de Estados Unidos). Tal fenómeno se profundiza sobre todo cuando el número de demandantes y oferentes de tales o cuales insumos es muy alto; también cuando se trata de bienes militares y por lo tanto su control es estratégico para la seguridad nacional; y finalmente sucede en los casos en los que se trata de actores con gran potencial de poder económico o político mediante el cual logran influenciar la política para cabildear tal escenario en su favor. En tales circunstancias, de aumento de la competitividad intracapitalista en un área de tecnología de punta estratégica, además de ver las causas y consecuencias del desarrollo tecnológico como lógica capitalista de la reproducción del valor y no de la humanidad, habría que pensar y analizar el avance biotecnológico como una construcción social, resultado de la historia misma, y específicamente de la historia capitalista, pero que contribuye también a determinarla.

Segunda Parte

La biodiversidad como instrumento fundamental de la biotecnología: la coherencia capitalista de la biodiversidad

3. El espacio geográfico como banco de genes, una fuerza productiva estratégica[1]

La biodiversidad,[2] como antesala de las tecnologías del siglo XXI, adquiere su carácter geoeconómico y geopolítico al volverse una riqueza estratégica en disputa entre los capitales, por lo que las regiones que concentran la biodiversidad del planeta, conocidas como regiones de megadiversidad o biorregiones, son precisamente las más importantes a explorar por la industria biotecnológica, por así generalizar a los cuatro ejes del patrón tecnológico en formación, sin embargo, no son las únicas.

En este sentido, cabe señalar que cuatro quintas partes de los recursos biológicos del planeta se encuentran en las tierras y aguas del tercer mundo. Esa región tropical y subtropical del orbe conserva una gran diversidad de organismos vivos en ecosistemas únicos, que van de los bosques lluviosos a tierras de pastizales, y de los manglares a los arrecifes de coral. En otras palabras, la valorización del orbe como banco de genes implica una reconfiguración de la geopolítica y la geoeconomía mundiales de fines del siglo XX.

Lo anterior viene afinando el concepto de espacio, ahora revalorado por el capital según la ubicación de la diversidad biológica (además de los recursos naturales ya considerados estratégicos en las últimas décadas, como el agua —recurso que conforme la crisis ecológica se agudiza, se convierte crecientemente en estratégico—, el petróleo los minerales, etc.). Por ello, resulta central detenerse a analizar, primero, la nueva modalidad de la renta de la tierra, para después describir las principales riquezas biológicas terrestres y marinas del mundo, permitiéndonos valorar su importancia como instrumento fundamental de la biotecnología no porque ésta sea su materia prima (en ese caso sería su objeto de trabajo), sino porque es la principal herramienta con la que logra su propósito (organismos genéticamente modificados, clonaciones).

LA RECONFIGURACIÓN DE LA RENTA DE LA TIERRA: EL VALOR DE LOS RECURSOS GENÉTICOS

Para entender esta nueva forma de la renta de la tierra, o lo que es lo mismo, de esta nueva configuración, hay que partir de la constitución original de la renta de la tierra moderna, considerando el modo capitalista de producción. Así, nos encontramos con que los verdaderos agricultores son asalariados, ocupados por un arrendatario-capitalista, el cual paga al terrateniente (propietario de la tierra que *robó*[3] y que explota en fechas determinadas) una cantidad de dinero fijada por contrato. La renta de la tierra es precisamente la cantidad de dinero pagada por su uso —como precio de monopolio—, sin importar si se paga por tierra cultivable, terreno para construcción, minas o bosques. La renta de la tierra, entonces, presupone la propiedad de determinados individuos sobre determinadas porciones del planeta, en donde la renta es la forma en la cual se realiza económicamente la propiedad privada de la tierra, la forma en la cual se valoriza.[4]

Pero la imagen completa del silogismo[5] de la renta de la tierra capitalista se entiende cuando vemos que está determinada por el desarrollo general de las fuerzas productivas, es decir, cuando se define como excedente por encima de la ganancia media, o sea, por encima de la participación proporcional de todo capital individual en el plusvalor producido por el capital social global.[6]

Desde esta perspectiva, veremos que la tierra, al inicio del desarrollo del capitalismo, era vista como suelo cultivable y los demás accesorios, así como el agua y los bosques; pero conforme el desarrollo histórico de las fuerzas productivas capitalistas ha hecho uso de las distintas riquezas naturales y conforme se incrementa su escasez en el orbe, el carácter de "accesorio" ha sido reconfigurado a carácter "estratégico", reconfigurando no sólo el valor, sino la ubicación espacial de las zonas altamente valiosas.

En este sentido, la modalidad actual de la renta de la tierra a la que me refiero se basa justamente en que el desarrollo general de las fuerzas productivas de fines del siglo XX y principios del XXI hacen uso de la diversidad biológica como materia prima.

No es sino hasta los años recientes que aumenta el valor de las regiones altamente biodiversas y la renta diferencial que éstas generan, que se intensifica con la demanda de biodiversidad por parte de la industria biotecnológica, y entonces las tierras con alta diversidad biológica adquieren un valor único, lo que igualmente amplía su demanda, en cuanto condición de producción competitiva para todos los ramos posibles que abren estas nuevas tecnologías basadas en ese recurso.

Lo anterior no quiere decir que la propia naturaleza como tal esté generando un nuevo valor. Para Marx, cualquiera que sea la forma específica de la renta, en todos sus tipos, es plusvalor, producto de un *plus* de trabajo; renta que en efecto, adquiere su carácter diferencial, dado que las riquezas naturales en sí no están distribuidas homogéneamente en el espacio mundial. Ello genera una diferencia entre la renta obtenida mediante el empleo de dos cantidades iguales de capital y trabajo en una misma cantidad de tierra, pero con diferente ubicación espacial.

Actualmente estamos viviendo un proceso de complejización de la lógica de valorización de la naturaleza, que, impulsado por tecnologías como la ingeniería genética y la biotecnología, ha convertido a la naturaleza en un inmenso banco de genes con un nuevo potencial no sólo para acrecentar el valor de la tierra y el monto de su renta, sino como mecanismo para redinamizar la tendencia decreciente de la tasa de ganancia, a través de la explotación de plusvalía extraordinaria proveniente del desarrollo tecnológico que parte de esta nueva veta de riqueza.[7]

REGIONES MUNDIALES BIOLÓGICAMENTE MEGADIVERSAS

La geografía (ortodoxa) que clásicamente se nos enseña, describe el espacio geográfico como un ente homogéneo en el que los continentes y mares figuran como plastas que no permiten visualizar las características (riquezas y pobrezas) naturales, sociales, económicas que conforman el espacio planetario. En realidad, las biorregiones prioritarias son heterogéneas y concentran la biodiversidad mundial en ciertos puntos a los que se suele llamar zonas de megadiversidad o megadiversas. En las *regiones terrestres*, la biodiversidad se aglutina en las regiones boscosas, principalmente en los bosques y selvas húmedo tropicales. En las *regiones de transición* entre los biomas terrestres y marinos, se ubica el manglar, zona que, por ser justamente de transición entre un medio y otro, concentra una gran diversidad biológica. Y finalmente, las *regiones marinas* acumulan su riqueza biológica en las praderas marinas y los bancos o arrecifes de coral.

Si bien estas regiones megadiversas aglutinan la mayor parte de la diversidad biológica mundial, ello no significa que se conozca el valor comercial de la mayoría de las especies existentes. Al contrario, de esta veta de riqueza, sólo 1.7 millones de especies han sido nombrados y descritos de un total de hasta 100 millones —según estimaciones recientes—.[8] Más de la mitad de éstas son insectos de zonas templadas.

Cada año cerca de 10 mil especies son descubiertas y redescubiertas por la ciencia biológica (muchas de ellas ya conocidas y usadas por comunidades agrícolas e indígenas y que resultan ser "descubiertas"); incluso ecosistemas enteros se están identificando. En las últimas décadas del siglo XX, nuevos grupos de organismos fueron encontrados en ecosistemas como los ventos marinos hidrotermales, descubiertos en la década de los setenta; en profundidades de la corteza terrestre —se cree que la biosfera de microorganismos se extiende kilómetros bajo la corteza terrestre—; y por debajo de los tubos de lava formados por deslaves en Hawaii, descubiertos en la década de los sesenta.[9]

Si se toman en cuenta los millones de especies existentes en el planeta, incluyendo aquellas que aún no son redescubiertas o que permanecen todavía desconocidas, nos encontramos con una diversidad inmensa de genes que las componen. Sin embargo, sólo alrededor de 1% de las especies del mundo ha sido analizada por su potencial valor comercial, trabajo que actualmente realizan las industrias médica, alimenticia, química y otras. Esto nos indica qué tan importante es para estos capitales explorar la biodiversidad mundial; dicho potencial comercial no debe entenderse únicamente en el sentido de las aplicaciones directamente relacionadas a la biotecnología, sino también en la creación de autómatas —*cyborgs*—,[10] piedra angular para tratar de romper las barreras entre la máquina y el organismo vivo. Desde aquí —tal y como Barreda[11] advierte— se puede explicar la fascinación y el horror que han generado estas tecnologías no sólo en el plano de la "naturaleza externa" organizada como tecnología mecánica y química, sino también en el plano de la "naturaleza interna", organizada como tecnología biológica. Ambas, subordinadas al capital, dan como resultado este pavor y encanto, combinación que empieza a terminar, y con razón, con el miedo al planeta como organismo vivo incapaz de sostener una mayor proliferación de la especie humana (Malthus).[12]

Regiones terrestres

La diversidad biológica del planeta se concentra principalmente en un cinturón tropical —específicamente en las selvas húmedo/tropicales— que comprende a América latina, el centro de África, el sudeste asiático, Oceanía y el segmento de islas que forman las Filipinas, Micronesia y Polinesia (mapa 1, en el anexo de este capítulo).

Este cinturón concentra entre 50 y 80 por ciento de la biodiversidad terrestre mundial,[13] pero sobresale la región de América latina, clasificada por Myers[14] como el *epicentro de biodiversidad mundial*. Ello porque conjuga riquezas terrestres y marinas que la ubican como la principal reserva de bosques tropicales (más de 60% de los que aún existen en el mundo) y la segunda reserva marina después de la región de Indonesia. Así, la cuenca amazónica, las Guayanas, parte de Brasil, Surinam y Venezuela concentran la selva tropical más extensa del planeta. Centroamérica, con sólo 0.4% del territorio mundial, concentra 7% de la diversidad biológica del orbe y finalmente México con 1.5% del territorio de todo el planeta alberga entre 10 y 12% de la biodiversidad del globo.

Desde el aspecto geoeconómico y geopolítico, el simple hecho de que América latina sea la primera reserva biológica del mundo resulta en extremo importante porque justamente este espacio se encuentra permeado por el poder de Estados Unidos, no sólo como país hegemónico continental, sino también a nivel mundial. En este sentido, si bien los recursos bióticos del planeta están siendo extraídos en todo el mundo por los capitales internacionales, los específicamente estadounidenses hegemonizan en primer lugar y sin duda su propio espacio "natural" de juego (América), ya que es la única potencia, que para su ventaja, de frente a la competencia inter-capitalista, cuenta con una vasta proyección de fuerza militar sobre áreas ecológicas relevantes como las del sur-sureste de México, Centroamérica y las Amazonas colombiana y peruana. En segundo lugar, el saqueo de recursos bióticos también se centrará en la siguiente reserva más rica del planeta, ubicada en la región del Pacífico que comprende el sur de Asia (Indo-Pacífico).[15] Del otro lado del mundo, esta región, que abarca Nepal, Bangladesh, Birmania, Tailandia, Camboya, Vietnam, Malaya, Sumatra, Borneo, Java y las más de siete mil islas que componen la Faja de Coral y Celebes, se ubica como la segunda reserva terrestre —determinada por su alto grado de endemismos[16] y diversidad biológica—, así como la primera reserva marina del mundo.

Myers y Mittermeier, quienes se han caracterizado recientemente por hacer las publicaciones especializadas en diversidad biológica, justamente porque han sido patrocinados por empresas involucradas directa o indirectamente en la industria biotecnológica,[17] han hecho un análisis[18] sobre los países más diversos del mundo. Sus resultados a nivel global se presentan en los siguientes tres cuadros:

Posición que ocupan los países megadiversos en cuanto a biodiversidad

País	*Aves*	*Mamíferos*	*Reptiles*	*Anfibios*	*Peces dulceacuícolas*	*Mariposas*	*Cicindélidos*	*Plantas superiores*	*Total*
Brasil	3	5	1	4	5	4	3	5	30
Colombia	5	2	3	5	4	3		4	26
Indonesia	1	4	2		3		5	3	18
Perú	4					5			9
México		1	4	2				1	8
China		3		1	1			2	7
Australia			5						5
Ecuador	2			3					5
India							4		4
Venezuela					2	1			3
Bolivia						2			2
Madagascar							2		2
Congo							1		1
Filipinas									0
Sudáfrica									0

Posición que ocupan los países megadiversos en cuanto a endemismos

País	*Aves*	*Mamíferos*	*Reptiles*	*Anfibios*	*Mariposas*	*Cicindélidos*	*Plantas superiores*	*Total*
Indonesia	5	4			5	4	4	22
Brasil	3	2	1	4		3	5	18
Australia	4	5	5	1			1	16
Madagascar			3	3	1	5		12
Colombia	1			5	2		2	10
Filipinas	2	1			4	1		8
México		3	4					7
India			2			2		4
Perú					3			3
Sudáfrica							3	3
China				2				2
Bolivia								0
Congo								0
Ecuador								0
Venezuela								0

Posición que ocupan los 12 primeros países del mundo en biodiversidad y endemismos combinados[19]

País	*Diversidad*	*Endemismos*	*Total*
Brasil	30	18	48
Indonesia	18	22	40
Colombia	26	10	36
Australia	5	16	21
México	8	7	15
Madagascar	2	12	14
Perú	9	3	12
China	7	2	9
Filipinas	0	8	8
India	4	4	8
Ecuador	5	0	5
Venezuela	3	0	3

Regiones de transición: los manglares

Los manglares, áreas de transición entre la biodiversidad terrestre y marina, se caracterizan por ser altamente productivos, ya que reciben agua y nutrientes de mares, ríos y manantiales, añadiendo la energía que reciben de las mareas.

Por lo anterior, el manglar es un ecosistema tolerante a la salinidad del agua[20] y a la brisa marina, donde por una parte están las especies de árboles y arbustos halófitos, y por otra, una comunidad de plantas, incluyendo desde las especies individuales del manglar hasta otros vegetales asociados a los bosques. Su productividad y el intrincado sistema de sus raíces los hace sitios ideales para el desove, apareamiento y protección de estadios juveniles de numerosas especies marinas. Por ejemplo, alrededor de dos mil especies de peces, invertebrados y plantas cubren este hábitat. Al menos 55 especies de árboles y arbustos salino tolerantes cubren cerca de 240 mil kilómetros cuadrados de manglares en el mundo (mapa 2, en el anexo de este capítulo).

Países con las mayores áreas de manglares

País	*km²*	*País*	*km²*
Indonesia	36 000	Honduras	3 000
Brasil	25 000	Camerún	2 720
Australia	11 617	Venezuela	(2 644.8)[a]
Nigeria	9 730	Guinea	2 600
Venezuela	6 736	Gabón	2 500
México	6 600 (4 932.5)[a]	Pakistán	2 495
Malasia	5 700	Guinea-Bissau	2 430
Myanmar	5 171	Belice	2 400
Panamá	4 860	Tailandia	2 240
Colombia	4 400	Ecuador	2 158
Senegal	4 400	Estados Unidos (Golfo de México)	2 050
Papúa N. Guinea	4 116	Panamá	(1 709.4)[a]
Bangladesh	4 050	Ecuador	(1 618.8)[a]
Cuba	4 000 (5 324.5)[a]	Guyana	1 500
India	3 565	Nicaragua	(1 547)[a]
Colombia	(3 417)[a]	Filipinas	1 461
Madagascar	3 207	Honduras	(1 456)[a]
Vietnam	3 200	Surinam	1 150

Fuente: Elaboración propia con datos de: 1) Mittermeier y Myers, 1997; 2) Herrera y Cevallos, 1998.

[a] Las cifras presentadas entre paréntesis son de Loa-Loza y Summan (1994), en Herrera y Cevallos. El resto de datos son de comienzos de la década de los ochenta, proporcionados por Lean y Hinrichsen (1992), en Mittermeier y Myers 1997.

Asimismo, para los capitales biotecnológicos, específicamente para los de la industria farmacéutica, resulta importante rastrear estas regiones, porque ya se han extraído plantas con propiedades medicinales. En el caso de los manglares mexicanos, están el mangle blanco (*Laguncularia racemosa*) con propiedades tónicas y astringentes; el *taabché* (*Rhizophora mangle*) para la cura de la diarrea, disentería, elefantiasis, escorbuto, lepra, úlceras; el *kanché* (*Conocarpus erectus*) para el asma, la bilis, dolor de cabeza, ictericia, reumatismo; *taabché* como antinflamatorio, antidiarreico y como veneno antihemorroides.

Regiones marinas

Las regiones marinas son demasiado complejas no sólo por su importancia como fuente de alimento o por los yacimientos de petróleo y los nódulos de minerales[21] concentrados en algunos puntos, sino también por ser uno de los espacios del planeta con una gran diversidad biológica.

Al igual que la biodiversidad terrestre, la biodiversidad marina se encuentra ubicada en ciertas regiones específicas, como los arrecifes de coral y las praderas marinas (mapa 3, en el anexo de este capítulo). Esto se debe, tal y como Francois Doumenge[22] describe, a que debajo de las aguas que rodean a los continentes corre una topografía compuesta de plataformas, taludes y elevaciones continentales, planicies abisales —abismos marinos—, cordilleras oceánicas, zonas de fractura, fosas, montañas sumergidas, montes marinos, *guyots* —mesetas—, atolones coralinos, cañones y deltas oceánicos profundos, entre los cuales se establecen condiciones específicas de temperatura, evaporación, salinidad, iluminación e intercambios metabólicos de agua y minerales, entre el océano y el magma, así como entre la superficie terrestre y el océano, e intercambios metabólicos de gases y temperatura entre la atmósfera y el agua. Por ello la latitud y las estaciones del año condicionan a su vez diferentes temperaturas del agua, climas y grados de presión atmosférica, así como peculiares corrientes de vientos que coadyuvan a la formación de olas y corrientes marinas, las cuales se combinan con las mareas ocasionadas por la atracción solar y lunar. En tales condiciones sucede la formación de depósitos de sustratos submarinos, bancos de nódulos minerales, bolsas de petróleo y gas, y se crean condiciones ecológicas favorables para el desarrollo de diferentes tipos de vida vegetal y animal.

Las regiones marinas biológicamente diversas se ubican entonces cerca de la plataforma continental, dado que provee de minerales al agua. En sentido parecido a la ubicación de la biodiversidad terrestre, la vida marina se ubica en una relación de cinco a uno en las praderas marinas, dado que el primer eslabón de la cadena alimenticia —las algas verdes— se encuentra a no más de diez metros de profundidad en relación con la penetración de los rayos del sol en el agua. Por todo lo anterior, las praderas marinas corresponden a las regiones de megadiversidad terrestre, y las regiones coralinas a los bosques húmedos tropicales. Así, cerca de 0.3% del total del espacio marino (930 000 km^2)[23] que abarcan los arrecifes de coral, ubicados a lo largo del cinturón tropical del planeta, constituye la segunda reserva biológica más grande del mundo (después de las selvas húmedo-tropicales) y concentra una de cada cuatro especies marinas y alrededor de 65% de las especies marinas de peces. De las regiones coralinas del mundo, las más importantes se ubican en la región Indo-Pacífica y en el Caribe. La primera región supera ampliamente a la segunda en diversidad biológica, con alrededor de cinco mil especies de moluscos y dos mil de peces contra 1 200 y 600 respectivamente.

Sin embargo, también existe todo un sistema biológico en el mar profundo —más de 200 m de profundidad— en donde cabe mencionar bacterias metanogénicas (que producen metano), baro y termotolerantes,[24] crustáceos, anélidos, poliquetos, equinodermos y moluscos, entre otras especies. Resulta tan importante este bioma que la Universidad de Texas y el Bureau of Comerce Fisheries de Estados Unidos le han puesto los ojos ya desde mediados del siglo XX.[25]

De esta manera, las vetas minerales y biológicas que se concentran de manera heterogénea a lo largo y ancho de los espacios marinos son justamente la razón que define cuáles regiones son de interés geoeconómico y geopolítico para el capital mundial, y cuáles no. En este panorama, el mar se perfila como reserva estratégica biótica del planeta, así como fuente de abastecimiento de materias primas orgánicas para la industria química y farmacéutica (fungicidas, analgésicos, auxiliares del diagnóstico, drogas antihemorrágicas).

Por todo lo aquí expuesto, es importante recordar que actualmente las regiones megadiversas del orbe resultan ser el pulmón planetario, reguladoras de lluvias, de la temperatura y el clima, filtro de aguas y albergue de millones de seres vivos; pero también, banco de genes *in situ* para la naciente industria biotecnológica.

Países con las mayores longitudes de arrecifes coralinos

País	*km (comienzo de los ochenta)*	*País*	*km (comienzo de los ochenta)*
Filipinas	22 450	Egipto	1 100
Indonesia	17 500	Cuba	1 046
Fiji	5 360	Sudán	963
Micronesia	3 915	Tailandia	900
Vanuatu	3 792	EUA (Florida)	866
Polinesia francesa	3 788	México	820
Papúa N. Guinea	3 684	Antillas	796
Nueva Caledonia	3 381	Belau	750
Australia	3 000	Tanzania	750
Isla Marshall	2 531	Malvinas	644
Arabia Saudita	1 955	Tonga	628
Bahamas	1 727	Samoa americana	628
Kiribati	1 715	Omán	625
Malasia	1 670	Colombia	500
Japón (nansei shoto)	1 200	Belice	474

Fuente: Lean, Geoffrey y Hinrichsen, 1992.

ANEXO

La importancia política de los mapas

El mapa es la forma de representación geográfica por excelencia, una formalización del espacio que tiene como función la dominación de éste. Fue elaborado en primer lugar por militares y para militares; por ello, el trazado de un mapa implica un cierto dominio político y científico del espacio representado y es un instrumento de poder sobre dicho espacio y sobre las personas que viven en él. No es casual que hasta hoy en día, en un gran número de mapas, y sobre todo los mapas a gran escala, muy detallados, caiga el secreto militar.[26]

En contraste, a quienes de entrada debería interesar el estudio del espacio es a los propios sujetos que viven de y en él, de manera que les ayude a pensar el espacio desde la misma dimensión de la que lo mira la práctica del poder, por lo que es importante que, por lo menos, los sujetos más politizados efectúen un análisis espacial de la crisis subjetiva actual que vivimos en diferentes escalas para ayudar a la toma de conciencia colectiva de los problemas.[27]

Esto es, aquellos que no hayamos aprendido a leer y a utilizar los mapas, al parecernos éstos sin mayor sentido que el que tiene una página escrita para los que no saben leer, podríamos tener falta de interés en entender este singular instrumento de poder, llevándonos no sólo a producir enajenadamente investigaciones sobre el espacio geográfico sin tener la menor idea de su utilidad, también nos convierte en partícipes del fortalecimiento del pensamiento geográfico imperialista, porque éste permite a los grupos de poder tener claro para qué les pueden servir los elementos del conocimiento.[28]

Por todo lo anterior, el trazado y lectura de mapas para criticar la lógica del capitalismo de principios del siglo XXI, reflejada en el desarrollo de la biotecnología, resulta fundamental, no sólo para conocer tácticamente el espacio en que éstas se mueven; también, para emprender contra ellos denuncias críticas y acciones coordinadas (en el tiempo y en el espacio) con mayor eficacia.[29]

Mapa 1. Zonas terrestres de megadiversidad biológica

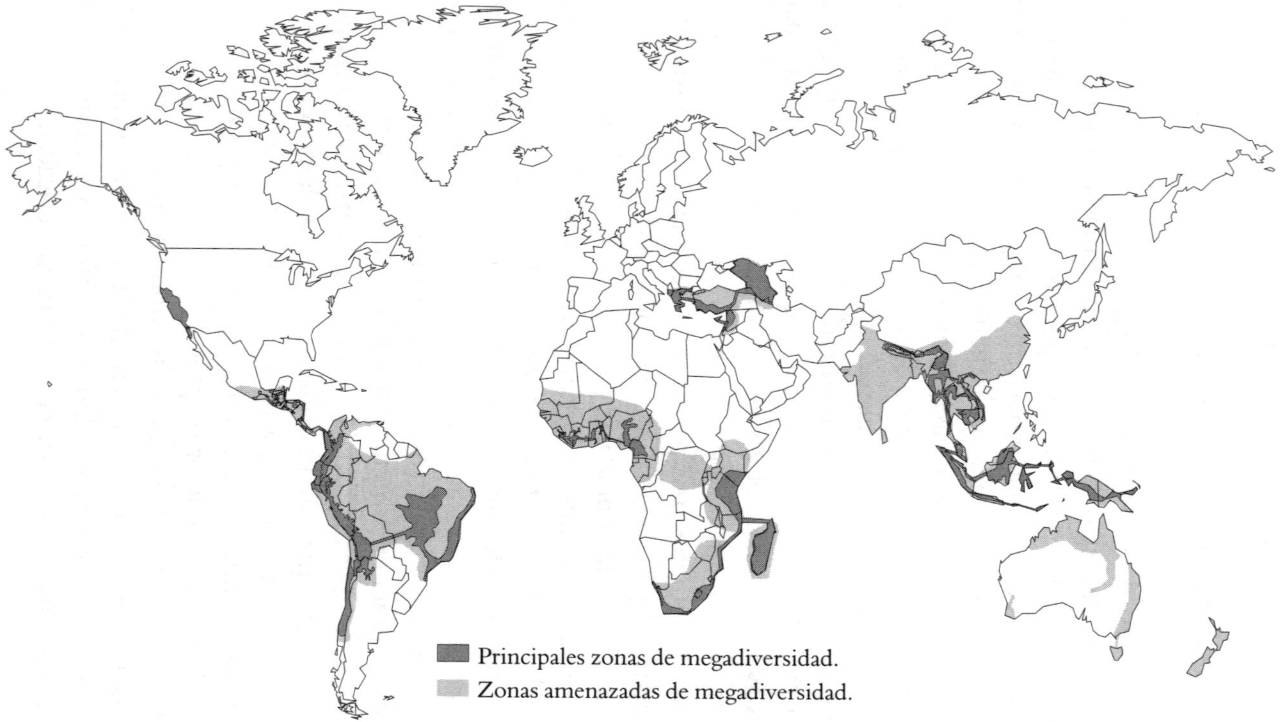

Fuente: Elaboración propia con datos de RAFI, 1999; Myers, 1998 y 2000.

Mapa 2. Principales regiones de manglares y zonas amenazadas

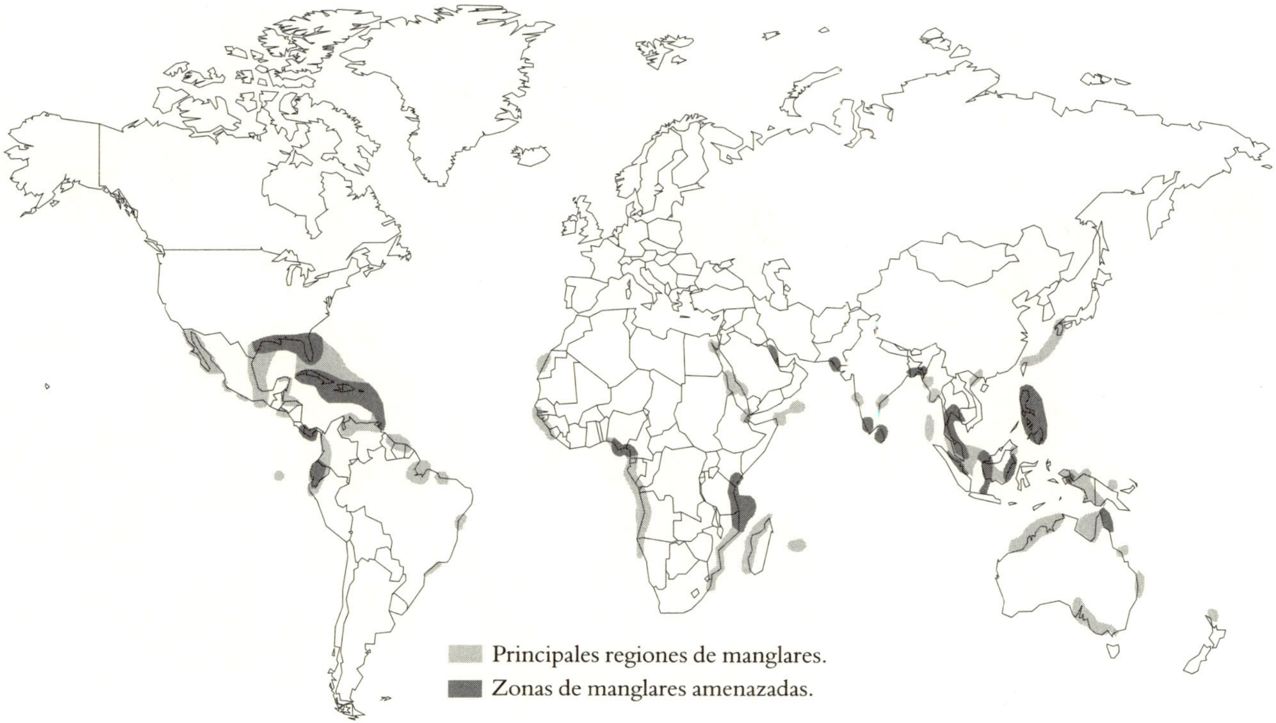

Fuente: Elaboración propia con datos de Lean y Hinrichsen, 1992; y de WCMC (World Conservation Monitoring Centre), Cambridge, Inglaterra, Información de la Conabio sobre manglares.

Mapa 3. Principales regiones coralinas y zonas amenazadas

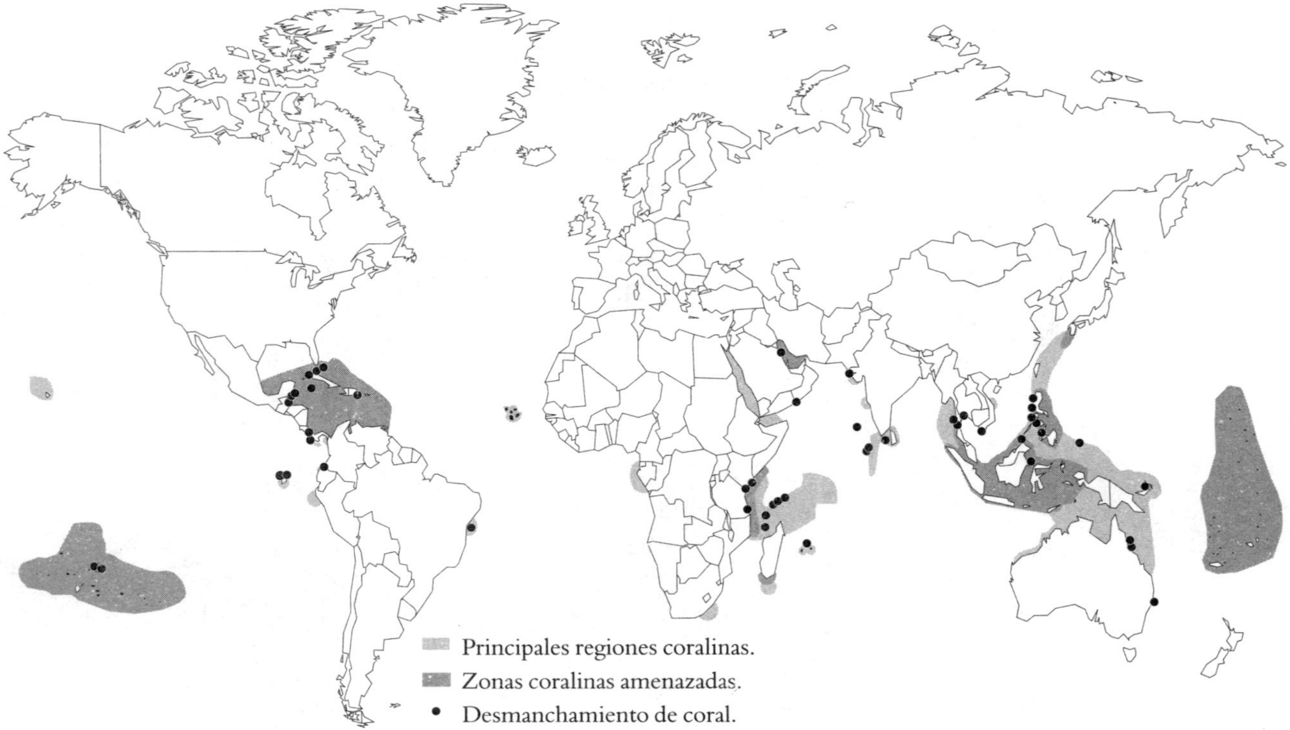

Fuente: Elaboración propia con datos de Lean y Hinrichsen 1992; y del WCMC (World Conservation Monitoring Centre), Cambridge, Inglaterra. IUCN, Áreas Protegidas.

4. La crisis ecológica mundial, una contradicción de la lógica capitalista de desarrollo

> En la historia de la civilización moderna se han venido experimentando radicalmente desequilibrios medioambientales en el metabolismo vital de la naturaleza a nivel planetario, que proyectan dramáticamente el hecho de que definitivamente la crisis económica no puede ser comprendida en todos sus alcances, ni mucho menos contrarrestada, si no se asume como crisis mundial, por lo que también constituye una *crisis ecológica mundial.*[1]

La crisis ecológica, como producto histórico de más de dos siglos de modernización capitalista del sistema de fuerzas productivas tecnológicas, que definen la lógica de la relación del hombre con la naturaleza, no se reduce a generar impactos localizados sobre determinadas zonas del orbe y determinados asentamientos humanos, más bien alcanza una nueva medida cualitativamente negativa porque daña el proceso de reproducción de la vida, además de limitar drásticamente las condiciones geoeconómicas de la acumulación capitalista misma.[2]

Paradójicamente, la crisis ecológica ha sido tratada por el pensamiento económico convencional del siglo XX como un problema de segundo orden.[3] Se le caracterizó como un dilema enteramente ajeno al objeto de estudio de la ciencia económica; sin embargo, la historia de la modernidad ha demostrado que el impacto depredatorio de su esencia productivista, propia del sistema tecnológico capitalista, ha desequilibrado el ecosistema del planeta en una magnitud nunca antes vista en la historia de la humanidad.

En este sentido, "la acumulación capitalista (subjetivada por los capitalistas) enfrenta hoy a la crisis ecológica como uno de sus dilemas estratégicos en tanto que se vuelve una amenaza de gran envergadura".[4] Es un dilema estratégico porque resulta urgente cambiar el patrón tecnológico contaminante por uno más "limpio", sin perder en el intento la *hegemonía mundial*, no sólo de los grandes capitales, sino de los Estados nacionales —y específicamente la de Estados Unidos— (entiéndase por "hegemonía" la capacidad que tiene una potencia u actor económico —como las multinacionales— de influir en el curso de los sistemas económico, político y militar en la dinámica del sistema mundial).[5] Pero, del otro lado de la moneda, la crisis ecológica también es enfrentada por el resto de la población, ya que resulta imprescindible el medio ambiente en cuanto a condición previa de su existencia. No es casual entonces que los movimientos ecologistas en el mundo hayan sido y sean impulsados por el proletariado mundial (correspondiente a la clase media) y no por los propios capitalistas. John Bellamy[6] describe este proceso como "una irreversible crisis ecológica global generada por el capitalismo, donde establecer una relación sustentable con la tierra no es algo imposible si cambiamos las relaciones sociales; es decir, si dejamos atrás el capitalismo".

Pero, regresando a la necesidad de readecuamiento productivo de la acumulación del capital mundializada, es ya reconocida por los representantes de los Estados metropolitanos modernos. No por casualidad el ex vicepresidente de Estados Unidos, Al Gore, publicó un libro[7] en el que insiste, como bien reconoce Arizmendi, en que:

> "el principio central de organización" de la sociedad debe necesariamente asumir y contrarrestar la "crisis ecológica planetaria". Una crisis compleja, de múltiples dimensiones, que ha contaminado —con efectos hasta cierto grado irreparables— tanto los suelos internacionales como los bosques y las aguas mundiales; pero en sus dimensiones más críticas y peligrosas ha depredado la biodiversidad del planeta.[8]

En tal proceso, la lucha entre los capitales contaminantes, dueños de la mayor parte de los principales sectores industriales y financieros, y los capitales más "limpios" consiste, por el lado de estos últimos, en acelerar el proceso de metamorfosis de un patrón tecnológico a otro. Pero por el lado de los primeros, consiste en retrasar lo más posible este cambio inevitable, de manera tal que logren mantener su hegemonía dentro del nuevo patrón tecnológico. Por ello, la industria petrolera —principal mercancía del mercado mundial— torna sus ojos a las investigaciones sobre nuevas energías potencialmente comerciales, a la vez que busca diversificarse en la industria biotecnológica, ya sea de químicos, semillas, fármacos, etcétera.[9]

Demos pues un acercamiento a los problemas ecológicos globales, como el calentamiento global y la destrucción de la capa de ozono, para luego ver los problemas de carácter regional (con impactos de magnitud mundial), como la contaminación y erosión de los suelos y la crisis de reservas de agua dulce. De esta manera, aterrizamos en el problema de la pérdida de biodiversidad, punto nodal de este trabajo.

Sobrecalentamiento

> Aunque cabe colocar incuestionablemente la destrucción de la biodiversidad internacional como una de las dimensiones de mayor nocividad dentro de la crisis ecológica global contemporánea, hay que insistir en que el panorama completo abarca puntos tales como la alteración radical del ecosistema del mundo, consecuencia del sobrecalentamiento del planeta generado ante todo por el proceso de producción/consumo de combustibles fósiles (petróleo, gas, carbón) y por la destrucción de la capa de ozono provocada por residuos modernos (principalmente los Cloroflurocarbonos —CFC— y ahora, sus sustitutos, los Hidrocloroflurocarbonos —HCFC—).[10]

Justo porque, desde hace algunas décadas, la crisis ecológica empezó a poner en peligro las bases naturales de la acumulación capitalista, en 1988, la ONU integró un numeroso equipo de científicos para estudiar el calentamiento global del planeta: el Intergovernmental Panel on Climate Change (Panel Intergubernamental sobre el Cambio Climático —IPCC—). En su primer informe, de mayo de 1990, calculaba que la temperatura del mundo podría elevarse 1°C (1.8°F) para el año 2030 y hasta 3°C (5.4°F) hacia finales del siglo XXI. Estos mismos datos, para noviembre de 1997, ya se habían incrementado medio grado centígrado más; es decir, un incremento en la temperatura global que oscilará entre 1 y 3.5 grados centígrados para fines del siglo XXI. Lo anterior significa que el promedio de calentamiento del planeta, según el IPCC, probablemente será el más alto de los últimos diez mil años.[11] Es tan grave la tendencia a un incremento de esta magnitud que ha propiciado el desarrollo de una nueva ciencia: la *paleoclimatología*. Una disciplina que analiza los cambios climáticos habidos en la historia del planeta.

	1999	2020	2050	2080
Concentración de CO_2 (ppm)	365	441	565	731
Cambio de la temperatura (°C) —sólo gases del efecto de invernadero—	0	1.2	2.1	3.2
Cambio de la temperatura (°C) —gases del efecto de invernadero y aerosoles—	0	1.0	1.6	2.6
Cambio en precipitación (%)	0	1.6	2.9	4.5
Incremento del nivel del mar (cm)	0	10	26	44
Población (millones)	5.266	8.121	9.759	10.672

Fuente: HCCPR (Hadley Centre for Climate Prediction and Research). Centro de investigación del IPCC.

El cambio que más se le asemeja es muy lejano: hace diez mil años, en la era postglacial, la temperatura aumentó apenas 1°C cada 500 años, no cada treinta como podría suceder en el futuro próximo. Según Stephen Schneider,[12] este cálculo, de un aumento 15 veces superior al de la era postglacial, muy probablemente se quede corto.

En el mismo tenor, las investigaciones del Worldwatch Institute concluyen que hacia el 2100 este incremento puede ser no de 3°

sino de 5.5°C, como resultado de los estudios paleoclimáticos más serios —entre los cuales se cuenta Brian Huntley—[13] y que están dando pruebas de tendencias mayores no percibidas por los informes del IPCC por no considerar lo que se denomina como el *factor de retroalimentación* (que genera un impacto circular de sobrecalentamiento mayor debido a que propicia desequilibrios que incrementan los potentes gases de invernadero).[14] No es casual que en los últimos años, fenómenos climatológicos como el Niño y la Niña[15] sean una respuesta ante el creciente calentamiento del orbe, hecho que viene rompiendo con el funcionamiento natural de autorregulación del planeta Tierra.

Actualmente se calcula que desde 1950 hasta el año 2001 se han emitido cerca de 550 gigatoneladas (Gt, miles de millones de toneladas métricas) de dióxido de carbono, de las cuales 472.1 Gt[16] corresponden a los Estados nacionales centrales, con Estados Unidos encabezando la lista con 186.1 Gt, seguido por la Unión Europea (UE) con 127.8 Gt y Japón con 31.2 Gt.[17] De persistir esta dinámica, si se quemaran las 4000 Gt de reservas conocidas de petróleo y carbón, descontando la absorción espontánea de dióxido de carbono que los mecanismos de la naturaleza efectúan,[18] ésta llegaría a tener más de 2000 Gt; eso es más del triple de lo que contiene hoy día, lo que desataría cambios climáticos de consecuencias drásticas e impredecibles.

Pero, al parecer, estas consecuencias podrían empezar a experimentarse mucho antes, ya que, en el momento en que se dupliquen los niveles atmosféricos actuales de dióxido de carbono, la elevada tasa planetaria de sobrecalentamiento desencadenaría la liberación del metano, afirma Huntley, "en principio, desde la turba de la tundra mediante el derretimiento del permafrost" —que, en las regiones frías, es la parte profunda del suelo permanentemente congelada—, y después a través de la descomposición de los vastos depósitos de hidratos de metano debajo de la zona del permafrost y en los sedimentos al fondo del océano Ártico.[19]

> Éste no es el único pero es el principal y más riesgoso factor de retroalimentación, porque el metano generaría un efecto de sobrecalenta-

> miento atmosférico 30 veces superior al del bióxido de carbono. Entonces, el sobrecalentamiento del mundo podría volverse indetenible, desatando, hacia el siglo XXII, climas que no se parecerán en nada a los surgidos desde el Cretáceo (hace más de 100 millones de años).[20]

Las proyecciones de este paleoclimatólogo concluyen que la liberación podría comenzar a suscitarse en el año 2030 de persistir la tasa actual de consumo de combustibles fósiles. De ahí la urgencia de haberlo reducido en 60% en la última década del siglo XX. No haberlo hecho exigirá reducciones mayores en las siguientes décadas del siglo XXI.

En este panorama, son dos los impactos fundamentales del efecto invernadero, de los cuales se derivan decenas de desequilibrios medioambientales a nivel mundial. Por un lado, según el Segundo Informe del IPCC, el sobrecalentamiento del mundo genera un derretimiento de los hielos polares y los glaciares, incrementando peligrosamente el nivel de los mares internacionales, de suerte que se pronostica una elevación que podría oscilar desde 15 a 95 centímetros. Esta elevación inundaría ciertas ciudades y hasta países; tal es el caso de la pérdida total de las Islas Malvinas, Tuvalu y Kiribati, o la inundación de 20% de Bangladesh y 15% de Egipto.[21] Ello implica la reducción el espacio geoeconómico planetario, poniendo en riesgo la vida y bienestar de aproximadamente cien millones de habitantes. Sólo un ascenso de 95 centímetros haría perder a Estados Unidos, el mayor contaminante del orbe,[22] zonas de marismas y tierras secas en una magnitud superior a la dimensión de Massachusetts. Sin embargo, se calcula que para contrarrestar este peligro, le bastaría invertir 1% o —en el peor de los casos, si el escenario fuera más grave en el siglo XXII— hasta 6% de su PIB para crear la infraestructura necesaria de protección.[23]

Además, la pérdida parcial del espacio geoeconómico podría conducir no sólo a la emigración de millones de sujetos en busca de refugio, sino hasta a conflictos militares entre diversos Estados nacionales por el control estratégico de territorios y los cada vez más escasos recursos biológicos e inorgánicos.

Hasta ahora hemos dado un vistazo a la problemática objetiva general del calentamiento global del planeta. En contraparte, veamos las expectativas de salud de la humanidad en relación con las condiciones climáticas cada vez más distorsionadas.

El panorama dibuja un contexto en el que enfermedades ya erradicadas podrían volver a ser una amenaza, debido a las condiciones climáticas desastrosas, a la desequilibrada dieta moderna y a las condiciones insalubres de la mayor parte de la población mundial.[24] Esto no quiere decir que el primer mundo esté exento del problema, mucho menos si lo pensamos, no sólo desde el aspecto biológico y entonces patológico, sino también considerando las grandes olas migratorias que generaría la pérdida de espacio geoeconómico causado por el incremento del nivel del mar a consecuencia del calentamiento global del planeta. Esto es, que las olas migratorias de la periferia a los centros capitalistas significarían también olas migratorias infecciosas.

En general, el cambio del clima acompañado de una creciente radiación ultravioleta, y con ello una disminución del ozono atmosférico, repercutirá en un incremento en deformaciones celulares como las cataratas. También habrá una mayor incidencia de cáncer de piel —incluido el melanoma maligno— y es posible un incremento de importantes enfermedades cutáneas como la lepra, dada la exposición a la luz ultravioleta (referente a la pérdida de la capa de ozono) y porque la expresión de esas enfermedades depende de la respuesta inmune mediada por las células.[25]

Asimismo, las temperaturas altas sobrecargarán el sistema termo-regulador del cuerpo, y en casos graves podría propiciar ataques al corazón. Los cambios climáticos podrán afectar crecientemente el tracto respiratorio de tres modos: efectos estacionales, efectos directos de condiciones específicas del clima y efectos del clima combinados con otros factores ambientales o topográficos. Por lo anterior, numerosas enfermedades confinadas a los trópicos, que están en correlación con la temperatura, en teoría podrían ser transmitidas por el cambio drástico del clima. Tal es el caso de la malaria, el dengue, la disentería, la fiebre amarilla, la encefalitis, la tripanosomiasis, el cólera, infección por hantavirus, leishmaniasis, amibiasis, filariasis, oncocercosis, quistosomiasis y diversas plagas e infestaciones de gusano,[26] añadiendo enfermedades aún desconocidas que podrían aparecer en un futuro, dado el tipo y ritmo de consumo moderno, pero también a causa de "accidentes" ocasionados por la naciente industria biotecnológica.

Lo anterior nos indica, en palabras de Jorge Veraza, que:

> aun más que al capital, al proletariado le interesa existencialmente la gestión del medio ambiente, mientras que al capital sólo por razones técnicas y económicas. La condición radicalmente procreativa del sujeto social proletario implica, para su sobrevivencia, la consideración técnica no falaz de una economía ecológicamente sustentable.[27]

PÉRDIDA DE LA CAPA DE OZONO[28]

La capa de ozono es una zona de la atmósfera de 19 a 48 km por encima de la superficie de la Tierra. En ella se producen concentraciones de ozono de hasta 10 partes por millón (ppm) causadas por la acción de la luz solar sobre el oxígeno. Este proceso lleva muchos millones de años, pero los compuestos naturales de nitrógeno presentes en la atmósfera parecen ser responsables de que la concentración de ozono haya permanecido en un nivel razonablemente estable. En el nivel del suelo, unas concentraciones tan elevadas son peligrosas para la salud, pero dado que la capa de ozono protege la vida del planeta de la radiación ultravioleta, su importancia es inestimable.

Cuando, en 1958, comenzaron a realizarse las primeras mediciones de la concentración de ozono sobre la Antártida, no se asociaba la disminución de la capa de ozono con la emisión a la estratósfera de halocarburos de origen antropogénico. Por ello, los científicos se alarmaron al descubrir, en la década de 1970, que las fluctuaciones en la concentración del ozono estratosférico eran mucho más pronunciadas que las que se esperaban por mediciones y pronósticos previos, como consecuencia del uso de ciertos productos químicos, CFC (compuestos del flúor), usados durante largo tiempo como refrigerantes y como propelentes en los aerosoles.

Durante casi medio siglo, estas sustancias químicas fueron consideradas milagrosas, de una utilidad incomparable para la industria y los consumidores, e inocuas para los seres humanos y el medio ambiente. Inertes, muy estables, no inflamables ni venenosos, fáciles de almacenar y baratos de producir, los CFC parecían ideales para el mundo moderno. No sorprende, entonces, que su uso se haya generalizado más y más. Inventados casi por casualidad en 1928, se les usó al principio como líquido frigorígeno de los refrigeradores. A partir de 1950, han sido usados como gases propulsores en los aerosoles. La revolución informática permitió que se usaran como solventes de gran eficacia, debido a que pueden limpiar los circuitos delicados sin dañar sus bases de plástico. Y la revolución de la comida rápida los utilizó para dar cohesión al material alveolar de los vasos y recipientes desechables.

Al principio se creía que la capa de ozono se estaba reduciendo de forma homogénea en todo el planeta. No obstante, en 1985, investigaciones revelaron la existencia de un gran agujero (disminución del concentrado o de unidades Dobson) centrado sobre la Antártida: 50% o más del ozono situado sobre esta área desaparecía estacionalmente (a partir del mes de octubre). Desde entonces, se empezó a hablar de la presencia de un "agujero de ozono"; mal llamado, ya que se trata en realidad de una disminución en la concentración del ozono, provocada por la incidencia negativa de ciertos compuestos derivados de la actividad industrial.

A más de 15 años, nadie puede ponerlo en duda, los clorofluorocarbonos y los hidroclorofluorocarbonos son los mayores causantes de la degradación de la capa de ozono, parte importante de un sistema natural que controla muchas propiedades biológicas. Al absorber las radiaciones ultravioletas del sol, no sólo evita daños en los organismos vivos, sino también calienta la estratósfera e influye en la regulación de la temperatura del planeta. Este filtro tan delgado es suficiente para bloquear casi todas las dañinas radiaciones ultravioletas del sol. Cuanto menor es la longitud de la onda de la luz ultravioleta, más daño puede causar a la vida, pero también es más fácilmente absorbida por la capa de ozono.

Cualquier daño a la capa de ozono aumentará la radiación UVB, a igualdad de otras condiciones. Sin embargo, esta radiación está también limitada por el ozono troposférico, los aerosoles y las nubes. El aumento de la contaminación del aire en las últimas décadas ha ocultado cualquier incremento de la radiación, pero tal salvaguarda podría desaparecer si los esfuerzos para limpiar la atmósfera tienen éxito. Se han observado aumentos bien definidos de la radiación UVB en zonas que experimentan periodos de intensa destrucción del ozono.

Cualquier aumento de la radiación UVB que llegue hasta la superficie de la Tierra tiene el potencial para provocar daños al medio ambiente y a la vida terrestre. Los resultados indican que los tipos más comunes y menos peligrosos de cáncer de la piel, no melanomas, son causados por las radiaciones UVA y UVB. Considérese entonces que, como indica la *Unidad Europea de Coordinación de la Investigación sobre el Ozono*, en el periodo de diciembre de 2000 a enero de 2001, la pérdida de la capa de ozono, según la región analizada, fue de entre 5 y 10 por ciento por encima de los niveles promedio.[29]

Según los datos actuales[30] una disminución constante de 10% conduciría a un aumento de 26% en la incidencia del cáncer de la piel. Las últimas pruebas indican que la radiación UVB es una causa de los melanomas más raros, malignos y virulentos. La gente de piel blanca que tiene pocos pigmentos protectores es más susceptible al cáncer cutáneo, aunque todos estamos expuestos al peligro.

El aumento de la radiación UVB también provocará un incremento de los males oculares, como las cataratas, la deformación del cristalino y la presbicia. Una reducción de 1% de ozono puede provocar entre 100 mil y 150 mil casos adicionales de ceguera por cataratas, responsable ya de doce a quince millones de personas que sufren este mal en todo el mundo y de problemas de visión para otros 18 a 30 millones. La radiación UVC es más dañina que la UVB para la pérdida de la visión producida por el reflejo de la nieve, pero menos dañina en ocasionar cataratas y ceguera.

La exposición a una mayor radiación UVB podría suprimir la eficiencia del sistema inmunológico del cuerpo humano. Las investigaciones confirman que la radiación UVB tiene un profundo efecto sobre el sistema inmunológico, cuyos cambios podrían aumentar los casos de enfermedades infecciosas con la posible reducción de la eficiencia de los programas de inmunización. La inmunosupresión por la radiación UVB ocurre independientemente de la pigmentación de la piel humana; tales efectos exacerbarían los problemas de salud de muchos países.

El aumento de la radiación UVB además provocaría cambios en la composición química de varias especies de plantas, con una disminución de las cosechas y daños a bosques. Dos tercios de las plantas de cultivo y otras sometidas a pruebas de tolerancia de la luz ultravioleta demostraron ser sensibles a ella. Entre las más vulnerables se incluyeron las de la familia de los guisantes y las habichuelas, los melones, la mostaza y las coles; se determinó también que el aumento de la radiación UVB disminuye la calidad de ciertas variedades del tomate, la papa, la remolacha azucarera y la soya.

De igual manera, la radiación UVB afecta la vida submarina y provoca daños hasta 20 metros de profundidad, en aguas claras. Es muy perjudicial para el plancton, las larvas de peces, los cangrejos, los camarones y similares, al igual que para las plantas acuáticas. Puesto que todos estos organismos forman parte de la cadena alimenticia marina, una disminución de sus números puede provocar asimismo una reducción de los peces. Las investigaciones ya han demostrado que en algunas zonas, el ecosistema acuático está sometido al ataque por la radiación UVB, cuyo aumento podría tener graves efectos.

Los países que dependen del pescado como una importante fuente alimenticia podrían sufrir serias consecuencias. Al mismo tiempo, una disminución en el número de las pequeñas criaturas del fitoplancton marino despojaría a los océanos de su potencial como colectores de dióxido de carbono, contribuyendo así a un aumento de gas en la atmósfera y al calentamiento global consecuente.

La destrucción del ozono estratosférico intensificaría la contaminación fotoquímica en la tropósfera y aumentaría el ozono cerca de la superficie de la Tierra. La contaminación fotoquímica ocurre principalmente en las ciudades donde los gases de escape y las emisiones industriales tienen su mayor concentración. Esto tendría sus propios efectos sobre la salud humana, al igual que sobre las cosechas, los ecosistemas y los materiales de los que dependemos (como los utilizados en la construcción, las pinturas, los plásticos y otras sustancias que son degradadas por la radiación UVB).

La Tierra y sus habitantes tienen mucho en juego en la preservación del frágil escudo de la capa de ozono, pero inconscientemente se ha venido sometiendo a la capa de ozono a ataques subrepticios y sostenidos.

Preocupantes resultan las investigaciones realizadas a principios de 1996 por científicos de más de cincuenta países, reunidos en Ginebra, en el Congreso de la Organización Mundial Meteorológica, quienes llegaron a llamativas conclusiones sobre la pérdida de la capa de ozono. Según esta organización, cada primavera austral se abre un "agujero" en dicha capa sobre la Antártida, tan extenso como Estados Unidos y tan profundo como el Monte Everest. El

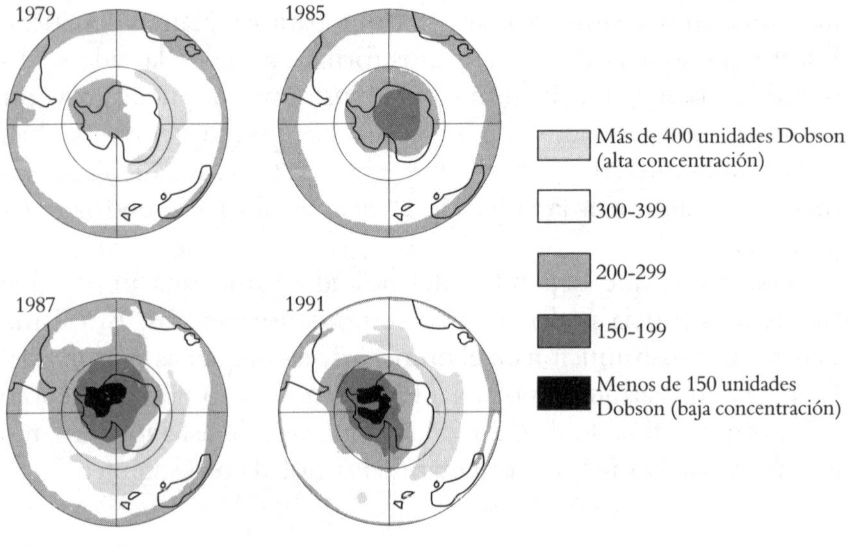

agujero ha crecido casi todos los años, desde 1979. En los últimos años, el agujero ha aparecido cada año, excepto en 1988.

En 1992, cuando el agujero alcanzó su mayor tamaño, la destrucción del ozono alcanzó 60% más que en las observaciones anteriores. El agujero cubría 60 millones de kilómetros cuadrados comparado con la media de 44 millones de kilómetros cuadrados. En 1992, el agujero tuvo presencia durante un periodo más largo, probablemente porque las partículas lanzadas por el volcán Monte Pinatubo aumentaron la destrucción de la capa de ozono. Evaluaciones de la capa de ozono en algunos puestos de observación en 1992 también demostraron la destrucción total de la capa de ozono entre 14 y 20 km de altura.

Nadie sabe cuáles serán las consecuencias del agujero en la capa de ozono, pero la investigación científica exhaustiva no ha dejado dudas en cuanto a la responsabilidad de los CFC. Al parecer, su acción es favorecida por las condiciones meteorológicas exclusivas de la zona, que crean una masa aislada de aire muy frío alrededor del Polo Sur.

La destrucción de la capa de ozono en el hemisferio norte no es menos inquietante que la de la región antártica. Si bien no hay un "agujero del Ártico", debido a ciertos factores meteorológicos, en enero de 1993, la cantidad de ozono en todo el hemisferio norte sobre la franja que va de los 45°a los 65° de latitud norte había disminuido entre 12 y 15 por ciento.

Según un informe de la Comisión de Evaluación Científica (PNUMA),[31] para 1991 se confirmó que el ozono sigue disminuyendo en todas las latitudes, excepto en los trópicos. El descenso general de los niveles de ozono es de alrededor de 3% cada diez años. La disminución de los niveles de ozono en la estratósfera inferior (12 a 23 km sobre la tierra) cada diez años asciende a 10%. En algunos lugares se ha observado un aumento de la radiación UVB, conjuntamente con disminuciones del ozono, esto es, de más de 1% de aumento de UVB por cada disminución porcentual del ozono; modelos actuales elaborados por computadora subestiman la pérdida de ozono, incidentes como las erupciones volcánicas aumentan la pérdida de ozono al intensificar los efectos de los CFC. Se calcula que si las emisiones de los CFC y halones continúan creciendo como en el pasado, la capa de ozono será reducida en 20% en el tiempo de vida de los niños de hoy. Según se estima, sólo la mitad de esta pérdida del escudo protector provocaría en Estados Unidos 1.5 millones más de casos fatales de cáncer de la piel y cinco millones más de cataratas.

SUELOS

> erosionados y esquilmados productivistamente por la gran agricultura capitalista, los suelos internacionales cultivables se encuentran actualmente de moderada a gravemente degradados, generándose una metamorfosis regresiva a desiertos de aproximadamente seis millones de hectáreas anuales en el mundo (desertificación). Un fenómeno de este orden resulta contradictorio para la agricultura moderna porque una explotación salvaje de la naturaleza, si bien incrementa coyunturalmente la tasa de ganancia, debilita y hasta pone en peligro, en ciertas zonas geoeconómicas, la continuidad de la producción agrícola hacia el futuro.[32]

El desarrollo de la industria agrícola "moderna" a partir de fertilizantes artificiales y riego de químicos, ha deteriorado la fertilidad natural de los suelos. En la medida que el agricultor dejó de utilizar fertilizantes como el estiércol y otros naturales —en lugar de regar fertilizantes artificiales con maquinarias rodantes— la estructura del suelo ha comenzado a fracturarse de manera irreversible, incrementando la vulnerabilidad del suelo. Por ejemplo, los alcances de la dimensión del problema son:

— Cada año 24 millones de toneladas de suelo son erosionadas por los agroquímicos utilizados en la agricultura mundial, esto significa suficiente tierra para llenar los carros de un tren de aquí a la luna yendo y viniendo cinco veces. Algunos estudios establecen que las pérdidas por suelo fértil de este tipo de agricultura significan entre 15 y 17 tn por hectárea por año y en años malos pueden llegar hasta las 400 toneladas. Se estima que en Estados Unidos por la aplicación de este esquema de agricultura se ha perdido en los últimos 200 años una tercera parte del mejor suelo fértil de ese país.

— El uso de la maquinaria pesada en las labores de las fincas igualmente ha degradado los suelos. Cada tractor pasa en promedio seis o siete veces sobre la tierra, compactando el suelo y reduciendo así su habilidad para absorber el agua, lo que hace que arrastre el suelo y cause erosión. Este problema, además, ocasiona que en las épocas de sequía los rendimientos de la producción decaigan de manera drástica. Ya en 1980, se estimaba que en Estados Unidos por este problema los agricultores reportaban pérdidas por tres mil millones de dólares.

— El problema de la salinidad alcanza una dimensión inconmensurable, que significa que las tierras irrigadas se conviertan en desiertos salinizados inservibles para la agricultura, se estima que una de cada cinco hectáreas regadas son afectadas por la salinidad de la tierra.[33]

En el mismo sentido, la industrialización de la agricultura a partir del uso de los agroquímicos, como se indicaba, ha perjudicado seriamente los suelos, el agua superficial y la de los mantos acuíferos, además de la contaminación en general del medio ambiente. Se ha comprobado que hay pesticidas como el Ethylene Dibromide, actualmente prohibido en muchos países, que persisten en los suelos por más de 20 años; no obstante, por muchos años fue negado el hecho de que los pesticidas contaminaran por largo tiempo los suelos. En Estados Unidos se estima que 50 millones de personas están en riesgo constante de contaminación por ingerir agua contaminada con pesticidas; en Francia esto ha sido igualmente denunciado, asimismo se ha descubierto que en Inglaterra más de 10 millones de personas reciben agua contaminada. Pesticidas como Alachlor y Atrazine son conocidos por sus efectos en el desarrollo del cáncer.

Por si fuera poco, el panorama global nos indica que con la mundialización capitalista tanto de la gran industria como de la gran agricultura (agroindustria), el daño de mayor impacto se ha trasladado hacia los trópicos. Según el *World Resources Institute*, hasta 1980 se había reducido el área boscosa mundial en 16%, pero tal cifra se ha incrementado hoy en día a 20%. Las cifras de deforestación, asegura el informe, varían de entre 50 mil a 170 mil kilómetros cuadrados por año. Actualmente la desertificación afecta aproximadamente a la sexta parte de la población mundial, a 70% de todas las tierras secas, equivalente a 3 600 millones de hectáreas, y a la cuarta parte de la superficie total de tierras del mundo. Los efectos más visibles de la desertificación, aparte de la pobreza generalizada, son la degradación de 3 300 millones de hectáreas de pastizales, que constituyen 73% de la superficie total de esas tierras y tienen poca capacidad de sustento. La pérdida de fertilidad de los suelos y la degradación de su estructura en cerca de 47% de las tierras secas, que constituyen tierras marginales de cultivo de secano, y la degradación de 30% de las tierras de cultivo de regadío en tierras secas con una gran densidad de población y un gran potencial agrícola (Agenda 21).[34]

AGUA[35]

> La maduración capitalista de la figura actual de la tecnosfera pone en el orden del día la preocupación científico técnica y económica por la biosfera, así como por la dinámica de la hidrósfera, en tanto fundamento último de ambas.[36]

El creciente sobrecalentamiento del planeta llevará a un incremento en fenómenos como grandes inundaciones y sequías de larga duración, lo cual reducirá: a) la calidad del agua, b) la productividad biológica y c) los hábitats de los ríos y lagos de agua dulce. La localización geográfica de regiones húmedas tenderá a modificarse en forma de cambios en la temperatura y precipitación.

Algunos ecosistemas costeros, como pantanos de agua salada, arrecifes de coral, ecosistemas de mangle y deltas de ríos, se encuentran particularmente en una situación de riesgo de cambio climático y estrés. Ello significa que cualquier alteración en estos ecosistemas tendría un impacto en las reservas de agua fresca y biodiversidad, entre otros efectos.

Lo anterior nos lleva a señalar la actual disputa por tal recurso. Si tomamos en cuenta que cerca de 40% de la población mundial depende de los de 214 sistemas fluviales,[37] cada uno de los cuales es compartido por una o más naciones, es de esperarse una serie de conflictos por este vital y singular recurso. De hecho, ya existe un considerable número de disputas interestatales por el control de esos suministros. Las pugnas por agua que podrían desencadenar conflictos bélicos son posibles, ante todo, alrededor de las aguas del Nilo, el Indo, el Ganges, el Jordán y el Éufrates. En América latina, según el IPCC, estos conflictos podrían involucrar a Chile, Argentina, Costa Rica, Panamá y otros países, cuyos territorios tienen que ver con la cordillera de los Andes.

En este panorama, se ha desencadenado una serie de proyectos para monopolizar de manera más eficiente las distintas reservas de agua dulce del planeta. Por mencionar algunos,[38] está el desvío de los ríos de Canadá y Alaska hacia Estados Unidos (un total de 308 km^3) para almacenar 3 500 km^3 de los cuales 61% se utilizaría en Estados Unidos, 19% en México y 21% en Canadá. Otro ejemplo es el proyecto de la URSS (cancelado en 1986) denominado el proyecto del siglo. Consiste en desviar el cauce de los tres ríos más importantes del norte de ese país que desembocan en la vertiente del Ártico, el Irtysh, Ob y Yeniei, desviación de 120 km^3 de agua para la irrigación de 2 200 km de tierras en Asia central. Un caso más es el de China, que tiene proyectado desviar 5% del agua del río Yang-tse hacia las tierras semiáridas ubicadas al noreste de ese país, construyendo un acueducto de mil kilómetros.

La desalinización de agua de mar está representando una fuente de 10 millones de metros cúbicos de agua fresca al día en todo el mundo. En este punto nos encontramos con el proyecto de desalinización de agua más importante del mundo, que se encuentra ubicado en el desierto del Neguev —programa North American Water and Power Alliance presentado en 1964—. O la innovadora pero no despreciable desalinización de agua de los témpanos para abastecer a Estados Unidos, Australia y el desierto de Atacama —alternativa cien veces más barata que la desviación de ríos y la construcción de plantas de tratamiento—.

Preocupante por encima de los mencionados proyectos, resulta el reciente interés de algunas multinacionales por privatizar los espacios geográficos con altas reservas de agua, para después vender el vital recurso a un alto precio —es decir, recordando el concepto de la renta de la tierra en el sentido en el que Karl Marx lo interpreta, ésta se estaría cobrando de la forma más descarada—.

Lo anterior sucede en el caso de la corporación multinacional Monsanto, que ha pasado de controlar gran parte del mercado de químicos y agroquímicos, al de las semillas y fármacos, y ahora está interesada en el agua. De acuerdo con una publicación de Vandana Shiva,[39] los planes de Monsanto en el negocio del agua empezarán en la India y México.[40] Monsanto abiertamente dice que "dadas las crecientes presiones ecológicas, la necesidad de agua y sobre todo agua potable, será creada por el propio mercado", donde *amablemente* Monsanto entraría a satisfacerla.

Por si fuera poco, recientemente, la Organización Mundial de Comercio (OMC)[41] y el Banco Mundial (BM)[42] han estado presionando por la privatización de las reservas de agua. En efecto, el BM ha acordado con Monsanto para que invierta en ese proyecto.[43] Es entonces más que clara la intención de dichas presiones, tal y como dice John Bastin, del Banco Europeo de Reconstrucción y Desarrollo, "el agua será la próxima infraestructura a privatizar".[44]

Lo anterior nos lleva a que la actual intención de privatizar el agua sería cancelar el derecho a la vida, por lo que ante ello se debe luchar para que ésta sea de propiedad colectiva, en donde las industrias, mal llamadas de la vida, como lo es Monsanto, más bien son industrias de la muerte,[45] porque justamente su negocio es atentar contra la vida del hombre, y sobre todo el que está fuera del mercado, o sea el que se encuentra —desempleado— como ejército industrial inactivo.

BIODIVERSIDAD

> Estamos perdiendo 1% del bosque lluvioso cada año, 2% de nuestra diversidad de los cultivos de cereales y 5% de nuestra diversidad de razas de ganado. Setenta por ciento de los arrecifes de coral ya no estarán antes de la mitad del próximo siglo.
>
> *Fundación Internacional para el Desarrollo Rural (RAFI)*

De seguir el actual ritmo de destrucción del medio ambiente, los ecosistemas se verán envueltos en un cambio climático tan rápido que no podrán adaptarse. Especies completas desaparecerán debido a su incapacidad de readaptarse bajo condiciones negativas en un periodo reducido (se cree que la migración de especies vegetales está en el orden de entre cuatro a 200 km por siglo). Como consecuencia de posibles cambios en la temperatura y disponibilidad del agua bajo condiciones del doble de CO_2, una gran parte de las áreas de bosques existentes sufrirá grandes cambios, donde los más drásticos ocurrirán en latitudes altas y los de menor impacto, en los trópicos. En estas últimas habría mayores alteraciones en la productividad y composición de especies, lo que llevaría a una alteración del monto de precipitaciones e incrementaría la evapotranspiración.

Según un estudio de Myers,[46] tan sólo hace ocho mil años alrededor de 40% de la superficie terrestre estaba cubierta de bosques —cerca de seis mil millones de hectáreas—, hoy en día quedan 3.6 mil millones de hectáreas de las cuales cerca de la mitad se encuentra en la selva tropical del Amazonas, zona donde ya se ha perdido más de 13% de su tamaño original y se ha degradado 12% más. Hay que añadir a lo anterior los 14 millones de hectáreas que se pierden cada año, de las cuales 90% ocurre en los trópicos.

En México, 90% de la superficie del bosque tropical ha desaparecido. Una publicación de Cipamex (Consejo Internacional para la Preservación de las Aves, México)[47] señala que 99.4% del bosque antiguo de pino-encino de la Sierra Madre Occidental se ha perdido y se encuentra perturbado como hábitat de plantas y animales. Ello ha provocado la pérdida de diversas especies, entre ellas 40 de aves como la del pájaro carpintero imperial, además de otras cuatro mil especies amenazadas.

Según el informe de la ONU, titulado *State of the Planet 2000*,[48] el hombre ha devastado cerca de 54% de los bosques húmedos; de este porcentaje, 70% ha sido a causa de su reconversión para la agricultura. Esos bosques, que absorben 40% del carbón terrestre, se han perdido casi en su totalidad a excepción de los de Rusia y Canadá. De igual modo, cerca de 20% de las especies de agua dulce han desaparecido en las últimas décadas. Veinticinco por ciento de los mamíferos y 11% de los pájaros en el mundo están en crítico peligro de extinción o son altamente vulnerables.[49]

A estos ritmos de destrucción de la naturaleza que caracterizan al capitalismo, se puede decir que la pérdida de la biodiversidad planetaria está definitivamente sufriendo daños que podrían ser irreversibles. Según el World Watch Institute, se estima que se extinguen diez mil especies al año.[50]

Es de tal magnitud esta devastación, que se calcula que de todas las olas de extinción, esta última ha sido la más rápida y dramática de todas, así como la primera causada por el ser humano y no de manera natural.[51]

Leakey y Lewin escriben:

> Dominante como ninguna otra especie en la historia de la vida en la Tierra, el *Homo sapiens* está a punto de causar una gran crisis biológica, una extinción en masa, el sexto acontecimiento de estas características que habrá ocurrido en los últimos quinientos millones de años. Y nosotros, el *Homo sapiens*, podríamos estar entre los muertos en vida.[52]

Igualmente, los datos ofrecidos por el biólogo australiano Stuart Pimm,[53] quien basado en cálculos hechos por su grupo de investigación asegura que cerca de 50% de la flora y fauna podría estar en vías de extinción en los próximos cien años; afectando con ello a peces, aves, insectos, plantas y mamíferos. Según Pimm, 11% (1 100 especies de 10 000) está al borde de extinguirse, por lo que es dudoso que la mayoría de esas mil cien especies viva para fines del próximo siglo. También afirma que una de cada ocho plantas está en vías de extinción. Esto significa que el *Homo sapiens* sigue mutilando irreversiblemente la historia global de la evolución.

En el caso del mundo marino, existen alrededor de veinte mil especies de peces, más o menos la mitad de ellas se pesca con fines comerciales, pero se capturan en grandes cantidades sólo veintidós. Es más, la mitad de las capturas totales pertenece a sólo cinco grupos —arenques, bacalaos, caballas, carángidos y salmónidos—. El problema, yendo mucho más allá de la captura masiva de peces, es su ritmo,[54] ya que de seguir así pronto podríamos agotar las reservas de peces, no sólo comerciales, sino de otras especies, porque las técnicas de captura también afectan a un gran número de especies marinas, que al no ser comerciales se destinan a la producción de harinas, aceites y fertilizantes —casi un tercio de las capturas mundiales de pescado—.[55]

Este problema ha generado la desaparición de especies endémicas como el cachalote en zonas del Mediterráneo, o la del delfín lisado. La marina camaronera, por ejemplo, en el este de Norteamérica arrasa con cuarenta mil tortugas marinas por temporada (cantidad que se eleva a cincuenta mil en aguas del Mediterráneo), así como la muerte de unas 800 mil aves marinas en los siete mares.[56]

Las causas de la pérdida de los arrecifes de coral son la extracción de caliza para la construcción, para su uso en joyería, la pesca con dinamita, y los cambios de temperatura en las corrientes marinas, que se están generando por el calentamiento global del planeta, a las que son en extremo sensibles, sobre todo cuando sucede en un periodo históricamente tan corto.

Sumado a lo ya mencionado, la contaminación del agua es un factor dinámico en la pérdida de la biodiversidad no sólo marina (pero sí en gran medida), sino también continental. La contaminación del agua dulce y marina es causada por numerosos desechos, los cuales en el caso de la última tienden a concentrarse especialmente en zonas cerradas tales como el Golfo de México o el Mar Mediterráneo, debido a que sus aguas tardan mucho más tiempo en renovarse,[57] y de ello deriva la profunda catástrofe biológica por la cual vienen atravesando específicamente los ecosistemas costeros del planeta.

Aún más, considérese el calentamiento global del planeta, el cual incluye el calentamiento de las aguas oceánicas, factor que modifica su funcionamiento global. Según datos del experimento sobre la Circulación Oceánica Mundial (WOCE), las corrientes marinas, como las aguas profundas del Atlántico, se están calentando desde hace 35 años en 0.1 grados centígrados en la franja comprendida a los mil y tres mil metros de profundidad. Si proyectamos este ritmo de calentamiento para fines del siglo XXI sin tomar en cuenta que las condiciones del nivel de CO_2 seguirán aumentando, la cifra llegaría a 0.4 grados centígrados en la misma franja. Ello significa un cambio drástico, al cual muchas especies marinas no podrán adaptarse, ya sea por el aumento de la temperatura de las aguas o por la reconfiguración del funcionamiento del hábitat marino, durante el cual, debido a los movimientos de las aguas —y con ello el de las especies—, muchas de ellas podrían quedarse sin alimento. Un fenómeno de esta índole sucede en la simbiosis existente entre las algas y los corales, la cual sólo funciona a temperaturas entre 25 y 29 grados. Por encima de ese rango, las algas, que proporcionan el color al coral, mueren (este fenómeno, conocido como desmanchamiento del coral, se ha extendido crecientemente en las últimas décadas).

La depredación de la biodiversidad cumple un efecto contradictorio en la acumulación capitalista. Desplegada para incrementar la explotación, ante todo de plusvalía extraordinaria y relativa, la explotación de los recursos naturales en un inicio permitió el ascenso de la tasa de ganancia, pero ahora cumple una efectividad antifuncional y contradictoria para el capital mundial, puesto que levanta un límite que merma las posibilidades de potenciamiento de las fuerzas productivas, principalmente de las que se sintetizan en la biotecnología y afines, dado que depende de los bancos de información genética plasmados en la biodiversidad del mundo.

Tercera Parte

La biopiratería y la propiedad intelectual como fundamento del desarrollo biotecnológico

5. Hacia un sistema mundial de biopiratería

Hoy en día, la biodiversidad se ha convertido en una riqueza estratégica a explotar, donde lo estratégico se define a partir de su control; ello se debe a que los capitales ponen en juego su hegemonía mundial, proceso en el que tanto los capitales "contaminantes" como los biotecnológicos se ven involucrados en una competencia por controlar esta nueva y singular veta de riqueza. Es decir, se ven envueltos en una carrera por monopolizar la mayor diversidad posible de germoplasma, y por lo tanto en una desenfrenada búsqueda, recolección, compra y robo de la diversidad biológica del planeta y de su conocimiento.[1]

Para lograrlo, las altas cúpulas de las corporaciones multinacionales (CMN)[2] y los Estados nacionales centrales (ENC), representantes de la lógica del capitalismo, vienen montando dos líneas de acción por demás complejas. Por un lado, la construcción de un *Sistema de "Bioprospección" Mundial* constituido por CMN, organismos internacionales, investigadores y Estados nacionales, entre otros actores. Por el otro, resulta necesario desarrollar un *Sistema Mundial de Propiedad Intelectual* que penetre las oficinas de patentes nacionales y que permita en un solo movimiento hacer válida la propiedad privada en todo el mundo.[3] Esto último viene redefiniendo el sistema mundial de Derecho Internacional Público, inaugurando una nueva especialidad, conocida como *Derecho Génico*, que se refiere justamente a los lineamientos legales que establecen un derecho (privado) sobre la vida (refiérase al caso de una persona o de una empresa).

No es casual (como veremos más adelante), la forma, ni el ritmo creciente con el que se realizan los contratos de "bioprospección" en el mundo, así como del empuje por parte de organismos e instituciones nacionales e internacionales (como el Departamento de Defensa de Estados Unidos, la OMC o el ICBG —International Cooperative Biodiversity Group—) para homogenizar, subordinar e integrar las principales oficinas de patentes del planeta, a modo de un sistema internacional único que tenga como centro la Oficina de Patentes de Estados Unidos. En palabras de Flitner:

> El nuevo marco legal puede verse como la materialización de algunos de los elementos centrales del discurso convencional. Pretende una correlación positiva entre la conservación de la biodiversidad, el crecimiento de la industria biotecnológica y la aceleración de la capitalización e integración de las comunidades tradicionales y sus recursos dentro del mercado. De acuerdo con este esquema, los actores principales para salvaguardar el futuro de la biodiversidad son las compañías multinacionales con acuerdos paralelos de bioprospección, y el Banco Mundial —principalmente a través del GEF (Global Environmental Facility)—.[4]

LA BIOPROSPECCIÓN COMO ANTESALA A LA BIOPIRATERÍA: FUNDAMENTO DEL DESARROLLO BIOTECNOLÓGICO

Los proyectos de bioprospección[5] que permiten explorar e investigar selectivamente la diversidad biológica con la finalidad de hallar recursos genéticos y bioquímicos comercialmente valiosos, para luego patentarlos, dependen del conocimiento de las comunidades rurales e indígenas, las cuales desde el precapitalismo han construido una relación íntima con la naturaleza. Este proceso de *apropiación de la biodiversidad y su conocimiento* es conocido como biopiratería.

El término de "biopiratería" fue ideado en 1993 por Pat Mooney, presidente de ETC Group (antes RAFI). En sus palabras:

> los reclamos legales de propiedad sobre los recursos, productos y procesos biológicos que se basan en la innovación, la creatividad y la

> genialidad de la periferia se conocen como actos de "bio-piratería" [...] se refiere a la utilización de los sistemas de propiedad intelectual para legitimizar la propiedad y el control exclusivo de *conocimientos y recursos biológicos* sin reconocimiento, recompensa o protección de las contribuciones de las comunidades indígenas y campesinas [...] por lo anterior, la bioprospección no se puede ver más que como biopiratería.[6]

En este sentido, la biopiratería no sólo como una mera conceptualización analítica, sino como una concepción política, únicamente se puede entender como mecanismo de enriquecimiento capitalista, de acciones ecocidas y antítesis de la sustentabilidad.

Lo anterior se debe a que "no es casualidad, sino causalidad el hecho de que el proceso de custodia y creación de la biodiversidad, por naturaleza colectivo —no solamente comunitario— y basado en el flujo libre del conocimiento y en la posibilidad de esas culturas de vivir como tales",[7] donde justamente éstas poseen un cúmulo de conocimientos de la diversidad biológica que las rodea, que van desde características medicinales-curativas, agroecológicas y otros usos; "luego de más de 10 mil años de su existencia, se requiere instalar como parte de la *normalidad* que el conocimiento generado en las últimas décadas y que se basa en todo el proceso colectivo anterior, puede ser fragmentado, aislado, identificado individualmente, y por tanto patentado, apropiado por una empresa y puesto a la venta al mejor postor".[8]

Consecuencia de la lógica del capitalismo a lo largo de su historia, la cual se ha caracterizado por "un proceso gigantesco de destrucción de las determinaciones en las que han vivido las sociedades del mundo: su magia, su diferencia, el sentido de sí mismas, sus formas de vida comunitaria" (Alejandro Toledo),[9] "ya sea en el proceso que precede a la implantación del modo de producción capitalista en Europa, ya sea en el proceso que lo expande por el mundo" (Andrés Barreda);[10] ha convertido al conocimiento indígena, en un instrumento estratégico para los capitales que rastrean el planeta en busca de sustancias activas y material genético, ya que les facilita y reduce el gasto que ello implica. Las CMN entonces se encuentran en una gran disyuntiva: por un lado necesitan "robar" el conocimiento indígena; y por otro, lidiar con el proceso de exclusión y exterminio de las culturas y comunidades indígenas del orbe, fenómeno que, por donde se vea, ya está resultando contradictorio.

Pero más a fondo, la lógica despilfarradora y destructiva de los capitalistas, totalmente irresponsable[11] y que ha caracterizado la historia del capitalismo, ahora enfrenta dos situaciones complejas. Por un lado es claro que la élite capitalista está persiguiendo, a través de su poder, intereses contradictorios, caso evidente el de los capitales contaminantes y biotecnológicos. Mientras que, por el otro lado se puede constatar que los capitalistas en su conjunto se ven forzados (en el largo y mediano, pero crecientemente en el corto plazo) a dar salida a la crisis global que han generado, de manera que "garanticen", en su lógica, su existencia, mediante un proceso irracional y contradictorio en el que los atomizados capitalistas o grupos de ellos actúan bajo la "racionalidad" de una inmediata valorización de su capital.[12] Ambos factores, frente a los márgenes bioquímicos del planeta y los límites sociales que se vienen agudizando, sitúan al capitalismo en el dilema de su existencia, pero también de la humanidad. Lo anterior resulta indudablemente importante para los sujetos que peleamos por la conciencia, es decir, para los hombres y mujeres revolucionarios, ya que al concretar nuestra relación con la naturaleza y con el resto de sujetos en el proceso de trabajo, somos la sinergia potencial de resistencia que puede dar vida a una armonía ecológico-social.

Dentro de este panorama, recientemente una importante fracción de la clase capitalista está reconvirtiendo el patrón tecnológico social y ecológicamente agresivo en uno menos destructivo, ahorrador de energía y más *limpio,* dentro del ya mencionado marco de correlación de fuerzas entre los capitales biotecnológicos —que abiertamente lo vienen impulsando— y los capitales contaminantes —que intentan detenerlo mientras se apoderan y aseguran una posición hegemónica—. Para ello, y dado que ese patrón tecnológico hace uso de la biodiversidad, ambos grupos de capitalistas necesitan *recuperar* el conocimiento precapitalista de ésta, basado en la ancestral relación del hombre con la naturaleza y que hoy todavía conservan las comunidades agrícolas e indígenas del mundo.[13] Dicha recuperación está siendo mediada con la lógica del capital para que este conocimiento —basado en relaciones comunitarias y armónicas con la naturaleza— le sea redituable.[14]

Por ejemplo, entre 1956 y 1976 el Instituto Nacional de Salud de Estados Unidos (NIH) investigó cerca de 35 mil plantas y animales buscando compuestos contra el cáncer; este programa se descontinuó en 1981 debido a su fracaso en identificar un mayor número de nuevos agentes anticancerosos. Un análisis retrospectivo de este proyecto concluyó que la tasa de éxito de encontrar especies valiosas pudiera haberse duplicado si el conocimiento de la medicina indígena hubiese sido la única información usada para ubicar dichas especies; esto se debe a que es generalmente aceptado que aproximadamente uno de cada diez mil compuestos derivados de la evaluación masiva de plantas, animales y microbios eventualmente resulta ser un fármaco potencialmente rentable.

Con base en la experiencia del NIH, Shaman Pharmaceuticals, Inc., una compañía con sede en el mismo país, ha recolectado numerosas muestras biológicas, hablando con los curanderos indígenas[15] y observándolos trabajar, y ha tenido una tasa de éxito de 50%.[16] Para mayo de 1994, Shaman ya había recolectado 640 plantas, evaluado 471, e identificado 290 extractos que ameritaban investigación adicional.

En este contexto, resultan importantes los nuevos métodos para descubrir compuestos químicos.[17] Los avances en la biología molecular y la disponibilidad de medios de diagnóstico más sofisticados hacen cada vez más rentable para las corporaciones farmacéuticas y de otros rubros desarrollar investigaciones sobre productos naturales, dado que los extractos biológicos son sometidos a rápidos y sofisticados procedimientos de análisis que permiten aislar sustancias químicas que demuestren una actividad específica. Como resultado, el mercado de compra y venta de especímenes biológicos exóticos se está expandiendo rápidamente, el cual se estima en cifras conservadoras, tan sólo dentro de la industria farmacéutica, en alrededor de 30 a 60 millones de dólares al año.[18]

Desde aquí se puede entender la lógica de los derechos de autor, los derechos de mejoradores de plantas (fitomejoradores), las patentes, las marcas comerciales, los diseños industriales y los secretos comerciales, como los principales mecanismos[19] que los capitalistas han venido estableciendo desde los inicios de la modernidad para asegurar el control de las innovaciones tecnológicas y con ello *asegurarse* las ganancias extraordinarias generadas por esta nueva tecnología.

En el mismo tenor se imprime la Convención sobre Diversidad Biológica (CBD), que se acordó en la Cumbre de la Tierra (Río de Janeiro) en 1992 y entró en vigencia en diciembre de 1993. En ella se establece que, "los Estados tienen derechos soberanos sobre sus materiales biológicos, y que tales recursos ya no están *a la libre disposición* de otros. La extracción de dichos recursos del territorio nacional es una violación de los derechos de las personas a través de sus gobiernos".

No obstante, lejos de ser un esfuerzo multilateral para apoyar la conservación y el uso sostenido de la biodiversidad —idea que está vendiendo la CBD—, claramente promueve el concepto de bilateralismo para su acceso privado, bajo la imagen de principios como el de conservación, desarrollo y justicia. Estos contratos o acuerdos bilaterales, conocidos como "acuerdos de bioprospección", efectivamente consolidan el hecho de que la "biodiversidad ya no está a la libre disposición de otros", sino sólo y exclusivamente de algunos. Además, este estatuto "nacionaliza" las miles de muestras provenientes de la periferia que están contenidas en los bancos de germoplasma y jardines botánicos de los ENC y, por lo tanto, las hace patentables en su favor. Todo esto apunta hacia la legitimación del despojo de los recursos genéticos del planeta.

Por ello, la Convención sobre Diversidad Biológica también reconoce "el conocimiento, las innovaciones y las prácticas de las comunidades indígenas y locales", y específicamente "alienta el compartir de manera equitativa los beneficios que resulten de la utilización de dicho conocimiento, innovaciones y prácticas"[20] (artículo 8(j)). Sin embargo, en ese panorama, los capitalistas involucrados en la biotecnología argumentan que, "para que las nuevas biotecnologías sean exitosas, al sector privado y a las empresas transnacionales debe permitírseles proteger sus grandes inversiones en investigación a través de la creación de monopolios que les permitirán controlar el acceso a las invenciones que ellos generan en nuestro interés." Así los abogados de la industria justifican que la ciencia corporativa necesita patentes, marcas y secretos comerciales y derechos de los fitomejoradores (todos los monopolios de la propiedad intelectual) con el fin de salvar al mundo de la hambruna.

Es evidente entonces que más allá de usar la biodiversidad planetaria para el beneficio de la sociedad, que significa el uso no capitalista de ésta;[21] la esencia de estos argumentos es el interés de los capitales biotecnológicos para controlar esta singular riqueza, sea *in situ* o *ex situ*, para poder así perfilarse como capitales hegemónicos en el próximo siglo.

El carácter geopolítico de los jardines botánicos y los bancos de germoplasma

Es de vital importancia diferenciar los canales mediante los cuales las CMN y los ENC vienen controlando la biodiversidad mundial, proceso en el que se pueden apuntar dos tipos de acumulación: *in situ* y *ex situ*. La primera, como da cuenta Barreda desde 1999,[22] alude a la diversidad biológica en su lugar de origen —áreas protegidas y regiones aún no protegidas de gran diversidad biológica o única—. La segunda, denunciada por RAFI en 1996,[23] se refiere a colecciones almacenadas artificial y/o perpetuamente —jardines botánicos y bancos de gemoplasma—.[24]

Con esta última forma de acceso, las CMN y los ENC han venido rompiendo cada vez más sus limitaciones espaciales, mediante el almacenamiento en bancos de germoplasma y jardines botánicos, acrecentando la acumulación de germoplasma libre de limitantes no sólo espaciales, sino además sociales, de interés nacional, ecológicos y de propiedad intelectual. Según su "lógica", también logran dar salida a una contradicción: por un lado preservar la diversidad biológica del planeta *in situ*, aún parcialmente desconocida, y por otro acumular

—*ex situ*— la mayor cantidad de germoplasma ante la creciente destrucción ecológica planetaria (mapa 4, en el anexo de este capítulo).

Dado que este apartado se fija en describir la lógica de acumulación *ex situ* (propiamente de carácter capitalista), me centraré en puntualizar la gran importancia geoeconómica y específicamente de disputa geopolítica que caracteriza a estos espacios —los jardines botánicos y los bancos de germoplasma—, cada vez más intensa y creciente, y que distingue, como nunca antes en la historia del capitalismo, a los últimos años del siglo XX y los primeros del XXI. Posteriormente, en el siguiente apartado, se describe este fenómeno para el caso de la diversidad biológica *in situ* (áreas naturales protegidas), que resulta ser de mucho mayor importancia que la primera, dado que la biodiversidad *ex situ* pierde de vista el perfil de unidad de los ecosistemas, en su sentido bioquímico y social.[25]

Bancos de germoplasma[26]

Los primeros bancos de germoplasma aparecieron dentro del aparato militar de Estados Unidos; de hecho el banco de germoplasma más grande del mundo es justamente el del Instituto de Patología de las Fuerzas Armadas.[27] Fueron los militares quienes comenzaron a investigar y manipular muestras virales y bacteriológicas para el desarrollo de armas. Más tarde, la industria militar estadounidense desarrolló y perfeccionó la secuencia de ADN, introduciéndolo en las investigaciones forenses militares y policiacas de dicho país, momento a partir del cual estos avances tecnológicos se comienzan a filtrar al resto del mundo y consecuentemente se inicia su aplicación en la industria civil, inaugurando con ello la naciente industria biotecnológica ampliamente difundida.

Dentro de este contexto y ante la necesidad de acumular la mayor cantidad de germoplasma posible por parte de la industria ya no sólo militar, sino también biotecnológica, surge la necesidad de crear bancos internacionales de germoplasma, y a medida que se desarrolla la biotecnología, los intentos por privatizar dichos bancos son mayores.

Pero, para "llenar" los bancos de manera rápida y creciente, la industria biotecnológica formalizó el proceso mediante la complejización de las patentes, incluyendo en el "trámite" el depósito del material biológico en "bancos de cultivos", generando con ello un foco geoeconómico y geopolítico, al convertirlo en espacios de especulación y renta. Así, las leyes de patentes de Estados Unidos y de la mayoría de los países requieren que el inventor revele completamente los datos sobre su invento a la oficina de patentes de tal o cual nación. En los casos que involucran nuevos microorganismos, la ley de patentes usualmente requiere el depósito de una muestra en un banco de cultivos de patente acreditado; los bancos de cultivos de patente son regulados internacionalmente por el tratado de Budapest, administrado por la World Intellectual Property Organization (Organización Mundial para la Propiedad Intelectual), con sede en Ginebra, concentrándolos, desde 1981, en sólo 26 instituciones en 15 países, los cuales han sido reconocidos oficialmente como bancos de cultivos para el propósito de procesos de patentes (mapa 5, en el anexo de este capítulo). Estas instituciones contienen los materiales vivientes (microorganismos, genes, semillas, embriones animales, líneas de células animales y humanas) que son la base para prácticamente todas las biopatentes. Los bancos de germoplasma contienen muestras biológicas obtenidas en todo el mundo, mas no causa sorpresa que la abrumadora mayoría de instituciones que preservan estos recursos genéticos está ubicada en los ENC.

Es más, el banco de cultivos en patente más grande del mundo es el American Type Culture Collection (ATCC), ubicado en Rockville, Maryland (Estados Unidos), y fundado en 1925, fue aprobado en 1981 como el primer banco internacional de patentes biológicas. De acuerdo con el ATCC, las oficinas de patentes en todos los países (con la excepción de China) reconocen los depósitos efectuados en éste como satisfactorios de los requerimientos para propósitos de patentes. Ya para diciembre de 1991, el ATCC contenía 41% (17 724 depósitos) de todos los microorganismos depositados a nivel mundial con propósitos de procesar patentes.[28]

Asimismo, podrá notarse que todos los bancos de patentes listados en el siguiente cuadro varían de acuerdo con el tipo de microorganismos que preservan y con el tamaño de las colecciones. Por ejemplo, el Reino Unido alberga siete instituciones separadas para el almacenamiento de bacterias de los alimentos; cultivos de levaduras, animales, algas y protozoarios o bacterias marinas. El Royal Botanic Garden's Millennium Seed Bank (Inglaterra) cuenta con más de cuatro mil especies salvajes de semillas y con cerca de un cuarto de la flora mundial.

Bancos internacionales de cultivos en patente
(información hasta 1994)

Banco	*País*	*Año de formación*
ARS Culture Collection	Estados Unidos	1981
American Type Culture Collection	Estados Unidos	1981
All-Union Institute of Genetics and Industrial Cultivation (VKPM)	Rusia	1987
All-Union Centre of Antibiotics (VNIIA)	Rusia	1987
Aust. Govt. Analytical Laboratories	Australia	1988
Belgian Coordinated Collections (BCCM)	Bélgica	1992
Centraalbureau voor Schimmelcultures	Holanda	1981
Colección Española de Cultivos Tipo	España	1992
Collection Nat. de Cultures... (CNCM)	Francia	1984
Culture Coll. of Algae & Protozoa	Reino Unido	1982
Culture Coll. of Yeasts	Eslovakia	1992
Czech Coll. of Microorganisms	República Checa	1992
Deutsche Sammlung... (DSM)	Alemania	1981
European Coll. of Animal Cultures	Reino Unido	1984
Institute of Biochemistry... (IBFM-VKM)	Rusia	1987
Intl. Mycological Institute	Reino Unido	1983
Korean Cell Line Research Found	República de Korea	1993
Korean Collection for Type Cultures	República de Korea	1990
Korean Culture Centre for Micro	República de Korea	1990
Natl. Bank for Ind. Microorganisms	Bulgaria	1987
Natl. Coll. of Ag. and Ind. Micro	Hungria	1986
Natl. Coll. of Food Bacteria	Reino Unido	1990
Natl. Coll. of Type Cultures	Reino Unido	1982
Natl. Coll. of Yeast Cultures	Reino Unido	1982
Natl. Coll. of Ind. & Marine Bacteria Ltd.	Reino Unido	1982
Natl. Inst. of Bioscience & Human Tech.	Japón	1981

Para subrayar la importancia de los bancos genéticos, bastará con señalar que hoy en día cuentan con más de seis millones de muestras únicas, de las cuales cerca de 500 mil están en la red de Bancos Genéticos del CGIAR[29] (Consultative Group on International Agricultural Research), entre los que cabe señalar el CIMMYT (Centro Internacional para el Mejoramiento del Maíz y del Trigo), el ILRI (Instituto Internacional de Investigación sobre el Ganado) en Kenya, el ICARDA (Centro de Investigación Agrícola de Zonas Áridas) en Siria, el CIP (Centro Internacional de la Papa) en Perú, el CIAT (Centro de Agricultura Tropical de Colombia) el IITA (Instituto Internacional de Agricultura Tropical) en Nigeria, entre otros.

Jardines botánicos

Un estudio de la Asociación Internacional de Jardines Botánicos indica que de los 1 500 jardines botánicos del mundo, cerca de tres cuartas partes están en los ENC y tienen al menos una muestra de aproximadamente la mitad de las plantas vasculares[30] del mundo. Asimismo, mantienen muestras de la gran mayoría de las *accesiones* y *taxones* de los jardines del Sur (por ejemplo géneros y especies).

Jardines botánicos del mundo

	Norte, incluyendo Europa del Este	*Sur*
Número de jardines	70%	30%
Número de accesiones	72%	28%
Número de taxones representados	86%	14%
Colecciones de germoplasma especiales	80%	20%

Fuente: "Empresas farmacéuticas hacen ofertas por las colecciones de los jardines Botánicos del Norte en un Intento de eludir la convención de biodiversidad". RAFI, *Communique*, julio-agosto de 1996.

Si bien todos los jardines botánicos son repositorios de germoplasma, alrededor de la mitad de los jardines está activa en la conservación de germoplasma vegetal a través de la acumulación y reproducción deliberadas de colecciones de un género, especie en particular, u otra aglomeración de taxones útiles para algún propósito en particular (por ejemplo, Hierbas Chinas o Flora de la Selva, Costa Rica).

De acuerdo con un estudio de Hernández Bermejo[31] (secretario general de la Asociación Internacional de Jardines Botánicos), 120 jardines botánicos de los ENC mantienen colecciones conocidas de especies cultivadas (para producción de alimentos, fibra, aceites, y taxones industrialmente útiles), mientras que otros 170 —también del norte— tienen colecciones conocidas de especies medicinales y forestales. Unos 800 jardines adicionales (algunos de los cuales son muy grandes y en su mayoría se ubican en el norte) casualmente no mantienen suficiente documentación sobre sus posesiones para determinar el valor comercial de su germoplasma, además de que contienen numerosas plantas nativas y colecciones de plantas provenientes de la periferia.

No es de extrañar, entonces, que el redescubierto interés de la industria farmacéutica por las colecciones de los jardines botánicos aparezca en un momento en que los jardines en el mundo (especialmente los de Europa del este y los de la antigua Unión Soviética) están teniendo dificultades para encontrar fondos para mantener adecuadamente las colecciones. Ello ha beneficiado a la industria farmacéutica específicamente de Estados Unidos, la cual está invirtiendo en éstos con el acuerdo de acceder a dichas colecciones de germoplasma. Tal es el caso de la empresa American Home Products y de la Universidad de Arizona, que acordaron con la UNAM, de manera clandestina, acceder al Jardín Botánico del Instituto de Biología de esa institución universitaria (véase capítulo 6).

Por todo lo ya expresado, no sobra citar a Armando Bartra[32] cuando dice que "el monopolio *ex situ* de la biodiversidad es socialmente expoliador, económicamente injusto y ecológicamente suicida".

El papel de las Áreas Naturales Protegidas y otras zonas estratégicas en la era de la biotecnología: un banco de genes *in situ*

La importancia de las Áreas Naturales Protegidas (ANP), aun por encima de la de los jardines botánicos y los bancos de germoplasma, se debe de entrada a que la biodiversidad *ex situ* pierde la cualidad de unidad que tiene la *in situ* en cuanto al *oikos* y *autos* de la vida.[33] Ello pareciera irrelevante para la industria biotecnológica, sin embargo, la forma de unidad en la que funciona la naturaleza contiene implícitamente información central para dicha industria, en lo que se refiere a la relación íntima entre las especies y su entorno (las condiciones físicas, químicas y geográficas particulares, la temporada en la que crecen, se desarrollan y mueren, así como la autorregulación de los ecosistemas y de las propias especies, todas ellas importantes en la definición de sus distintas estructuras moleculares).[34]

Pero la piedra angular de la biodiversidad *in situ* para dicha industria radica esencialmente en el conocimiento de las comunidades rurales e indígenas, donde es resultado de la relación histórica con la naturaleza que los rodea[35] y que justamente coincide con las zonas altamente biodiversas del planeta. Los análisis de Conservation International muestran que de los doce centros altamente biodiversos del planeta que ésta propone, nueve también lo son culturalmente. De igual modo coinciden las 233 ecorregiones propuestas por WWF (World Wide Fund for Nature) de las cuales cerca de 80% son habitadas por comunidades indígenas, albergando al menos la mitad de los tres mil grupos indígenas del planeta.

Según datos de Toledo,[36] hoy en día existen alrededor de diez mil ANP en más de 160 países, con una extensión cercana a los 650 millones de hectáreas (5% de la superficie del orbe), pero es de esperarse que entre 12 y 20 por ciento del planeta actualmente habitado por indígenas próximamente sea considerado reserva ecológica. En América latina, al menos 80% de las áreas protegidas está habitada por indígenas. En el caso de México, cerca de 60% de las áreas prioritarias en el centro y sur del país, recomendadas para protegerse o que ya son ANP, está habitada por indígenas. También, cerca de la mitad de las treinta mil comunidades rurales, están localizadas en las diez regiones más ricas del territorio nacional.

Es evidente, entonces, que este conocimiento resulta estratégico para los capitales biotecnológicos, por lo que el diseño reciente de áreas naturales protegidas, que incluyan activamente a las comunidades indígenas y campesinas, permite por un lado conservar las características centrales de la diversidad *in situ*, y por otro abre paso a la privatización (administración y conservación) de los puntos de diversidad biológica del mundo más importantes, dando las condiciones necesarias para que los capitales accedan con mayor facilidad a ella y a su conocimiento; entonces, los capitales involucrados en su uso dependen en un alto grado de la diversidad biológica *in situ*, y por supuesto, tal y como ya se ha apuntado, del conocimiento milenario que han conservado y desarrollado las culturas precapitalistas.

En este panorama, el capitalismo se ve "forzado" a conservar la biodiversidad *in situ*, ya no sólo a causa de la profunda crisis ecológica que ha venido generando, sino además porque el actual patrón técnico que vienen impulsando las CMN involucradas depende igualmente de eso. Con ello podemos desmistificar la idea de la repentina preocupación *per se* de los capitales internacionales por proteger el medio ambiente,[37] visualizando desde aquí cómo es que la mayoría de las ONG, instituciones y organismos internacionales avocados a la conservación y al desarrollo sustentable, involucrados de una u otra forma en el desarrollo biotecnológico, más bien es pantalla del proceso de la explotación depredadora de los recursos del orbe por el capital. Pero, ojo, no es el caso de todas.

Se puede decir entonces, que los capitalistas involucrados en la biotecnología vienen instalando un *Sistema Mundial de Biopiratería* cada vez más complejo en el que se involucra crecientemente a más protagonistas, todos ellos financiados por los grandes capitales del actual patrón tecnológico y del que se viene configurando.

Los primeros protagonistas van desde biopiratas independientes a proyectos de conservación ecológica (base de la pirámide). Después, institutos de investigación, empresas privadas y ONG que pueden trabajar en conjunto[38] o separadas; después veremos a otros intermediarios, como laboratorios privados que obtienen las sustancias activas de las muestras biológicas entregadas por algún otro intermediario (institutos de investigación, biopiratas independientes, comunidades indígenas entre otros). En otros, podemos identificar a las corporaciones biotecnológicas directamente involucradas, quienes al final de la cadena reciben por uno u otro camino lo que "pagaron" en principio para "conservar" el medio ambiente, pago concretado en los montos entregados a ONG, como es el caso espectacular de CI por el número de empresas que la apoyan. Estas últimas sólo dejan administrar sus recursos "invertidos" a los "conocedores", o más bien a los autores intelectuales de la biopiratería.

La cadena de biopiratería

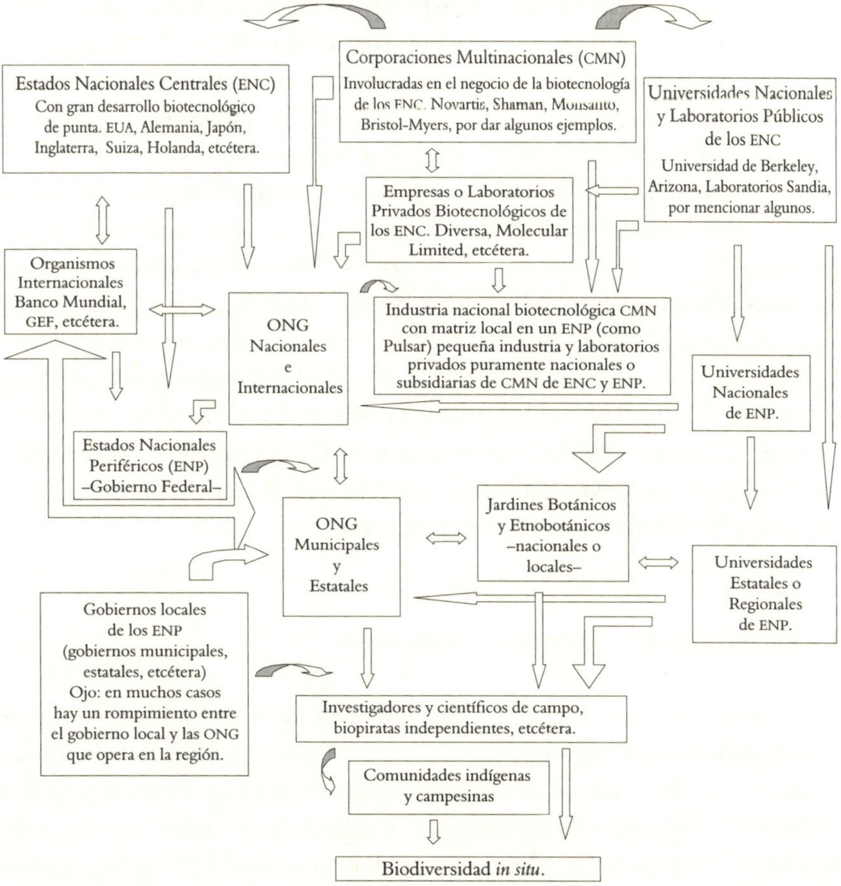

Nota: todos los actores aquí indicados, entre otros, pueden y buscan el acceso directo a las comunidades indígenas y/o a la Biodiversidad. Igualmente es de esperarse complejidades en su interrelación.

Como puede verse, los *nuevos grupos del capital ambientalista*[39] (impulsados por el capital biotecnológico) buscan de múltiples maneras una "alianza" que les permita acceder a la biodiversidad y su conocimiento para hacer uso de ellos y complejizar la creación de la masa y tasa de plusvalía.[40] Pero, dado que el proceso antes descrito no resulta difícil de descifrar, se ha venido promoviendo fuertemente la idea de que la diversidad biológica autopague su conservación.

En México, de las 386 Áreas Naturales Protegidas (entre 7 y 8.5 por ciento del territorio nacional) sólo 123 todavía son responsabilidad de la Federación, el resto está en manos de ONG y el capital privado nacional e internacional. Según datos de algunas publicaciones,[41] tal es el caso de *Los Ajos*, que recibe apoyo del gobierno de Estados Unidos; *El Vizcaíno*, apoyada por el gobierno español y CI, además de CMN como Ford; *Montes Azules*, de CI y empresas privadas como Pulsar; *Río Lagartos*, de Bimbo; *Chinchorro*, de AHMSA; *Izta-Popo*, de Nestlé; *El Golfo de California* y *El Corredor Biológico Mesoamericano*, del GEF-BM (Fondo para el Medio Ambiente Mundial y el Banco Mundial); *La Sierra Gorda*, del GEF-PNUD; *El Triunfo*, del GEF-BM y Grupo Ecológico Sierra Gorda (Patricio Robles Gil íntimamente vinculado a CI); Los *Tuxtlas*,[42] *La Chinantla* y *La Montaña de Guerrero*, del GEF y PAIR; *El Carricito Huichol*, de Pronatura; *Calakmul*, de Unidos para la Conservación y Asociación Sierra Madre; *El Edén, Yum Balám* y la *Alfredo V. Bonfil*, reciben apoyos privados.

El caso peculiar de Conservation International[43]

Conservation International (CI), ONG con base en California, Estados Unidos, tiene en sus manos importantes posiciones geopolíticas en el orbe, con actividades de conservación y bioprospección en más de 23 países del mundo.[44] A cambio de contribuciones "sustanciales" y pagos anuales por regalías que retribuyan los gastos directos e indirectos de los proyectos de bioprospección/biopiratería, CI ha firmado memorándums de entendimiento en los que se compromete a entregar un reporte que permita formular aproximaciones específicas a genomas de germoplasma determinado, y no es de dudarse que también de muestras. También, en caso de que haya una comercialización de las sustancias activas, ha asegurado el cobro de una parte de las ganancias, sin que en ningún momento se mencione el conocimiento indígena, aunque los etnobotánicos echen mano de los mismos al momento de llevar a cabo la bioprospección.[45]

Así, CI tiene acuerdos con CMN como SmithKline-Beecham y ICBG entre 1995 y 1997 en Surinam; con Hyseq Inc., en 1997, especializada en el secuenciamiento del genoma humano; con Bristol-Myers Squibb —farmacéutica (1998)—; Dow Agrosciences —semillera/transgénicos (1998)—; Monsanto Company —gigante agroquímica y semillera/ transgénicos—; Shaman Botanicals —la multinacional biopirata que se ha caracterizado por robarse el conocimiento indígena (1998)—; Pulsar Internacional —multinacional mexicana más grande del mundo en hortalizas y frutas (1997) Cemex,[46] Lorenzo Zambrano—; BP Amoco, Creative Film Center, Mc Donald's —involucrada en biotecnología de ganado y papa (1998)—; Ford Motor Company; Intel —involucrada en la fabricación de biochips (1998)—, General Electric, Mobil Corporation, Misissippi Plastics, Sony, Computer Associates International (Silicon Valley), Exxon, el Departamento de Estado de Estados Unidos, World Conservation Union (IUCN), Community Foundation of Silicon Valley, Fundación Mexicana para la Conservación de la Naturaleza, entre muchos otros actores. Aunque la relación entre el BM y el GEF radica desde la concepción de este último, la vinculación de ambos con CI era clara pero no tan estrecha como en los últimos años. El BM figura como "donador" de fondos en los informes de actividades de CI. Mientras, el GEF junto con el BM firmaron en el año 2000 un acuerdo que "...contribuirá a proteger mejor las zonas de singular diversidad biológica de los países en desarrollo (conocidas como *hotspots*)". Acuerdo en el que, claro, CI es el "conocedor" en la materia.[47] Con estos acuerdos, CI recaba más de 83 millones de dólares anuales[48] para sus proyectos de "conservación"/ biopiratería en el mundo.

Dentro de este contexto, casualmente CI "ideа"[49] el concepto de *corredor biológico* y se refiere a la integración de las distintas áreas protegidas en una gran faja que concentre, en la mayor medida posible, las regiones prioritarias de los distintos biomas que integran el planeta, y que desde luego incluya activamente los asentamientos indígenas y campesinos que se encuentran dentro o que colindan con estas áreas protegidas,[50] a diferencia del modelo popularizado de áreas naturales protegidas copiado a Estados Unidos (Parque Nacional de Yellowstone) y que consideraba, entre otras características, la existencia y protección del área natural sin asentamientos humanos, pero sobre todo, sin la participación de los mismos.

Así, en un encadenamiento de áreas naturales protegidas que se despliega a lo largo y ancho de varios Estados nacionales (en su mayoría de la periferia), cada corredor incluye como corazón a las regiones de mayor peligro o de amenaza ecológica y las de mayor endemismo. Asimismo, suma las regiones megadiversas que aún no son consideradas por los conservacionistas como amenazadas.

Cada corredor implica una homogenización de las políticas, licencias y demás mecanismos para acceder y proteger la biodiversidad, e incluye a varios organizadores (conectados a los ENC y las CMN) que se encargan de enganchar los asentamientos indígenas para "vincularlos" al proyecto. De igual modo, reúne equipos de biólogos, etnobotánicos, y demás especialistas para realizar un estudio pormenorizado de la riqueza biológica y su conocimiento, supuestamente para poder llevar a cabo el proyecto de conservación.

Son nueve los corredores biológicos en proyecto a nivel planetario.[51] En *América*,[52] el corredor de la Sierra de Nevada, que se extiende a lo largo de las Rocallosas hasta Canadá; el corredor Mesoamericano y el de América del Sur. En *Europa*, el corredor del Mediterráneo. En *África*, el corredor del Golfo de Guinea y el de Mozambique. En *Asia*, el corredor de Indonesia y el del Océano Índico. Finalmente, distribuido a lo largo y ancho del *Pacífico*, el corredor de las Filipinas, Polinesia y Micronesia (mapa 4, en el anexo de este capítulo).

Este proceso de conformación de corredores biológicos comienza a concretarse a partir del diseño del estatuto legal del Corredor

Mesoamericano,[53] puesto en marcha en octubre de 2000, el cual recibió del GEF (Banco Mundial),[54] como parte del programa presupuestal[55] otorgado a la región del año 2000 al 2008, la suma de 14.84 millones de dólares para su diseño, cuya administración y monitoreo casualmente está en manos de CI. En otras palabras, se han iniciado los primeros pasos legales para construir un sistema de corredores bióticos a escala mundial, que sea funcional al sistema de bioprospección internacional como necesidad del nuevo patrón tecnológico que comienza a perfilarse, y que al mismo tiempo, delimitando las áreas de conservación, "permita" dar salida a la devastación ecológica que ha generado el capital a lo largo de su historia.

Panorama en el que CI y otras ONG conservacionistas similares realmente son "socios" y "pantalla" de proyectos impulsados por Estados nacionales centrales generalmente, a través del BM y sus distintas caras como el GEF, PNUD y PNUMA. Es decir, se trata de proyectos lanzados por organismos que operan bajo la funcionalidad de un dólar un voto y no un país un voto, lo que implica claramente su funcionalidad a los intereses empresariales, especialmente de Estados Unidos y sus aliados europeos. En el marco de Bretton Woods, el entonces secretario del Tesoro de Estados Unidos, Henry Morgenthau, señalaba que el BM se concibió como parte de un mundo "...en el cual el comercio y la inversión puedan ser realizados por empresarios operando bajo principios empresariales."[56] Así, no sorprende que en la página web del GEF, se señale que:

> [...] el papel del BM como agencia complementaria, juega un papel primario en el desarrollo y manejo de lo proyectos de inversión [...] insertando la experiencia de su filial, la International Finance Corporation [...] para promover oportunidades de inversión y movilizar fondos del sector privado.[57]

Nada más y nada menos se trata de la "filial" encargada y promotora de numerosos proyectos de privatización de activos estratégicos de los ENP, háblese del sector petrolero, eléctrico, gas, puertos y aeropuertos, etc.[58] Saque usted sus conclusiones acerca de los 16 mil millones de dólares que tan sólo el BM destina actualmente a la "conservación de la biodiversidad" en el mundo.[59]

El Corredor Biológico Mesoamericano (CBM)

El CBM se remonta a la *Second Tuxtla Summit Meeting*, celebrada en San José, Costa Rica, en 1996, donde los presidentes de los países centroamericanos y de México se comprometieron a establecer un *Sistema Regional Mesoamericano de* ANP, *zonas de contención y corredores biológicos (CBM)*.

En un documento del Banco Mundial del 6 de noviembre del 2000 (Reporte núm. 23132-ME) titulado "Project Appraisal Document on a Proposed Grant From Global Environment Facility Trust Fund in the amount of SDR 11.5 millions to National Financiera, S.N.C. for a Mesoamerican Biological Corridor Project", claramente se describe la concepción del BM sobre el Corredor Biológico Mesoamericano (CBM), específicamente en cuanto a la región del sureste mexicano.

En ese documento se señala que el BM, a través del GEF y con la aceptación de los ENP involucrados, acordó destinar en un inicio 90.05 millones de dólares para el proyecto del CBM a lo largo de siete años, divididos en dos fases. La primera de cuatro y la segunda de tres años con fecha de término tentativa para el 30 de junio de 2008. Los gobiernos locales aportarían 66.99 millones, los cofinanciadores internacionales, 2.44 (sus nombres no aparecen en dicho reporte), el IBRD, 4.25, el GEF a nivel local 9.02 y a nivel internacional 5.82 (con un total de 14.84), la Conabio 1.24 y otros "beneficiarios" locales 0.28 e internacionales 0.01 (con un total de 0.29).[60]

El proyecto consiste en cuatro componentes: 1) diseño del corredor, 2) su integración a programas de desarrollo, 3) el uso sustentable de la biodiversidad, y 4) la coordinación y manejo del proyecto.

En el diseño y monitoreo de corredores, el presupuesto estimado asciende a 5.91 millones de dólares, en la integración del CBM a los programas de desarrollo local, a 71.72, en el uso sustentable de la biodiversidad, a 9.3l, y para el manejo y coordinación del proyecto, a 3.10 millones.[61]

Tales componentes corresponden a la visión e interés del BM sobre la biodiversidad, incluyendo la diversidad agrícola. Claramente ese ente especifica la importancia de dicha veta de riqueza que se concentra en el CBM. En el reporte del BM mencionado, se señala que en México el corredor cubre cuatro estados: Campeche, Yucatán, Quintana Roo y Chiapas, en los cuales se encuentran las zonas de bosque húmedo de Tehuantepec y Yucatán, los bosques secos de Yucatán, los humedales de Quintana Roo y las selvas nebulosas de Chiapas (éstas corresponden sólo a 1% del territorio nacional y concentra 10% de la diversidad floral del país). Asimismo se indica que la península de Yucatán concentra en algunas zonas más de 900 especies de plantas y 200 de animales por hectárea de bosque, además de que se sabe que hay más de setenta especies de anfibios y reptiles, 320 de pájaros y 120 de mamíferos solamente en la península, de las cuales un número importante es endémica.

Si se considera que el CBM también incluye a los países centroamericanos, lo que significa que espacialmente el corredor se extiende desde el sureste de México hasta el Tapón de Darién,[62] la diversidad biológica y cultural que ahí se encuentra es aún mayor. Así, formado, además del sureste de México, por Panamá, Costa Rica, Honduras, Nicaragua, El Salvador y Belice,

> la región se extiende sobre 102 millones de hectáreas donde habitan 64 millones de personas, de las cuales, casi la mitad vive en el campo, alrededor de 40% trabaja en la agricultura y 18% es indígena. Pero la más destacable y compartida seña de identidad es que más de 60% de los mesoamericanos son pobres, miserables en medio de una alucinante riqueza biológica: 1797 especies de mamíferos; 4153 de aves; 1882 de reptiles; 944 de anfibios; 1132 de peces; 75861 de plantas, e incontables microorganismos, figuran en el opulento Corredor Biológico.[63]

Sin embargo, el CBM, más allá de ser un proyecto que busque proteger y preservar la biodiversidad de la región, se perfila claramente como la versión medio ambiental del Plan Puebla Panamá,[64] ya que de fondo busca el saqueo de la biodiversidad y su conocimiento. Ello queda claro cuando en el reporte del Banco Mundial se señala que, "la variación genética de las especies es de particular interés, sobre todo en el sureste de México".[65] De igual modo, apunta la importancia de "rescatar la diversidad agrícola, la que campesinos e indígenas de México y Mesoamérica han domesticado en un gran número de especies y conservado una importante variedad genética de las mismas".[66]

Más aún, tal proceso de apropiación de los recursos naturales, diseñando bajo la lógica capitalista de un supuesto escenario *win-win*,[67] en cuanto a su manejo, se presenta bajo la imagen de programas de desarrollo sustentable, todos parte del proyecto del CBM, entre ésos, los que se enfocan al análisis de los impactos positivos y negativos del programa sobre la biodiversidad y al desarrollo de estrategias de integración para el uso de la biodiversidad y al diseño de estrategias que aseguren el autofinanciamiento a largo plazo de la biodiversidad. Todos apuntan a las actividades concretas de biopiratería que el BM ha planeado para la región. En ese panorama, las actividades del "uso sustentable de la biodiversidad", que el BM ha tomado seriamente en cuenta, se refieren puntualmente a la investigación sobre plantas medicinales y demás recursos con potencial comercial; por ello, dicho ente ha especificado en su informe actividades de clasificación y definición de especies, inventarios, descripción de componentes de sustancias activas, establecimiento de métodos para su extracción, procesamiento, certificación y acceso al mercado, entre otras. Todas son sintetizadas en un Sistema de Información Geográfica que integra lo ecológico, biológico y socioeconómico de la región mesoamericana.[68] Además, ha puesto sus ojos en los recursos forestales, fibras, chicle, biodiversidad endémica y agrícola, plantas ornamentales, resinas, agua y otros recursos estratégicos como los minerales.[69]

En este contexto, el papel de Conservartion International entra en juego. Según el mencionado informe del BM, "el Proyecto será evaluado y monitoreado por expertos internacionales después de la ejecución de la primera fase, para formular recomendaciones hacia la transición a la siguiente".[70] Tales expertos no pueden ser otros que CI o la WWF; estas ONG, "amigas de la naturaleza" han y son colaboradoras cercanas del BM. CI desde hace varios años administra la reserva de la biosfera de Montes Azules (Chiapas) y demás ANP que "administra" el BM en México y Centroamérica, lo que la hace "conocedora de la región". De manera similar, WWF participa directamente en otros proyectos del BM. En México, por ejemplo, en el Coinbio y el de Tres Ecorregiones Prioritarias.

También, según dicho informe, las actividades de evaluación y monitoreo, que serán concentradas en un sistema de información geográfica, servirán para preparar y procesar reportes periódicos para el BM y los distintos responsables de los ENP que forman el CBM.[71]

El CBM-México

El CBM-México está integrado por cinco intracorredores biológicos[72] que conectan ANP ya existentes; absorberá cinco de diez ANP del país que financia el GEF/BM (Sian Ka'an, Calakmul, Montes Azules, Río Lagartos y El Triunfo), así como otros proyectos del BM como el de *Desarrollo del México Rural en Áreas Marginales Protegidas*, el de *Productividad Agrícola* (que opera en el sureste del país, para supuestamente incrementar la productividad de maíz, fruta, café y ganado) y el referente al *Manejo de Recursos Forestales, Comunidades Productivas y Agua*.[73]

Los principales actores del CBM-México son: Nafin, que fue designada por el gobierno de México para ser el agente financiador del proyecto; la Conabio, como agencia ejecutadora, y un *Comité Técnico* que regule el proyecto, el cual está formado por representantes de INE, la Profepa y el secretario ejecutivo de la Conabio.[74] Finalmente un *plenum* que conforme el Consejo Nacional del CBM-México estará compuesto por 19 miembros: cuatro del gobierno federal, dos de la Conabio, uno de la Comisión Nacional de Áreas Protegidas, cuatro de los gobiernos estatales, dos académicos, dos de ONG,[75] dos de la sociedad civil y dos de la iniciativa privada. De éstos, sólo tres (uno de la Semarnap, la Conabio y otro de la sociedad civil) conformarán el Comité Ejecutivo del Consejo Nacional y serán quienes representen al CBM-México en las reuniones generales de representantes de los distintos países que conforman el CBM.[76]

Según el BM, la Conabio, a través de su secretaría ejecutiva y bajo la dirección del Comité Técnico, está encargada de sacar el proyecto adelante mediante la estructuración de un directorio local que dicha dependencia gubernamental diseñe, lo que significa que la Conabio tiene el control de quienes tendrán acceso al proyecto y en qué medida.[77] Asimismo, es responsable de todas las actividades ecológicas y biológicas en la región sureste del país y que ha diseñado en cuatro programas operacionales. El primero no se menciona en el informe (¿por qué?), el segundo se refiere a los ecosistemas costeros, marinos y de agua dulce a lo largo de los corredores que conectan áreas protegidas de importancia global. De igual modo, el tercero se concentra en los ecosistemas forestales mexicanos y alude virtualmente a todos los corredores individuales propuestos y que en conjunto forman el CBM-México. Finalmente el cuarto pone sus ojos en los ecosistemas montañosos específicamente del estado de Chiapas.[78]

En el mismo tenor, la responsabilidad del gobierno mexicano, según el BM,[79] es:

a) la fuerte consolidación de la Semarnap recientemente creada (1994)
b) un cambio estratégico para el incremento de la descentralización del manejo del medio ambiente hacia los estados y municipios (que permita la relación BM-municipio)
c) el desarrollo de un modelo integral de desarrollo sustentable con enfoque regional (PRODER), y
d) el incremento de la participación pública.

En este contexto, afirma el BM, la Semarnap ha venido desarrollando instrumentos legales consecuentes con la aplicación de la estrategia del CBM, bajo las denominaciones de conservación, diversificación de su uso sustentable, valoración de la biodiversidad y el manejo de su conocimiento e información.[80] Pero señala que el gobierno mexicano adicionalmente deberá "enfrentar el reto de establecer mecanismos efectivos de coordinación institucional entre las agencias públicas en los diferentes niveles de gobierno para un mejor manejo del medio ambiente". O sea que el programa puesto en marcha en 1998 de *Bases de Colaboración Interinstitucional*, por parte de la Semarnap, la Sagar, la Sedesol, la SCT y la SRA debe ser modificado para anexar dependencias adicionales: la SEP (que maneja cuestiones de propiedad intelectual junto con la Secofi), la SSA (que ayude en las actividades de biopiratería en busca de sustancias medicinales) y la Secofi (para establecer mecanismos de patentes y comercio de recursos naturales).[81]

No por casualidad, la Semarnap, siguiendo los lineamientos del BM, en septiembre de 2001, propuso ante el Congreso su proyecto de transferir áreas naturales protegidas a Estados y ONG a fin de que se hagan cargo de su administración y conservación, argumentando la falta de recursos.[82]

Por todo lo anterior, es obvia la visualización del espacio como fuerza productiva estratégica por parte del BM, sobre todo porque se enfoca en crear mecanismos que promuevan la relación entre el banco y los territorios, lo que deja fuera de la jugada al Estado (federal) y permite acuerdos ventajosos para el BM y sus CMN. Ello impone una relación de poder altamente condicionalizada hacia el BM, como se indicaba, ahora ya no con la Federación sino con los territorios: toda una asimetría mayúscula. No por nada el BM señala la importancia de "mejorar la conservación a través del sistema nacional de ANP (SINAP), la promoción del uso sustentable de especies vegetales y animales con un mejoramiento de su manejo y acceso al mercado, y sobre todo la conservación y el uso sustentable para el desarrollo territorial".[83] Dicha lógica del BM, tal y como la Heritage Foundation la deja ver al señalar en uno de sus textos,[84] se centra en los nuevos lineamientos que la adminstración de Bush (hijo) debe impulsar para "reformar las instituciones financieras internacionales". Según el mencionado documento, la reforma del BM (además de la propuesta para el FMI) debe incluir los siguientes puntos: a) un enfoque sobre los países más pobres; b) establecimiento de requerimentos de cambios de políticas que atraigan la inversión privada, es decir, preparar a tales países para su inserción a los mercados globales como atractivos a la inversión privada de capital; y c) remover a los Estados de los países periféricos de los programas de asistencia del banco para que, por un lado se dé salida a la corrupción en tales entes (que mañosamente el BM ha venido fomentando), mientras que por el otro, se promueva la relación BM-ONG/agencias locales, negocios (relación BM-territorios).[85]

Así, el CBM no puede ser visto más que como un proyecto de saqueo acordado e incluso parcialmente financiado y llevado a cabo por la élite capitalista de los propios ENP. El BM a través del CBM claramente está dando el primer paso para la construcción de un sistema de biopiratería continental subordinado en primer plano a los intereses de Estados Unidos y sus CMN involucradas en el negocio de la biotecnología; el siguiente corredor seguramente será el epicentro biológico del planeta: el Corredor de América del Sur.

Coinbio: programa de saqueo biótico paralelo al CBM-México

El proyecto Coinbio/Conservación de la Biodiversidad en Comunidades Indígenas, fue aprobado en octubre de 2000, pero su operación real no comenzó hasta finales de 2001, al menos en los estados de Oaxaca y Michoacán. Aunque supuestamente el proyecto fue iniciativa de México, fue tanto el interés del BM, sobre todo porque incluía la cuestión indígena, que mandaron dos misiones para evaluar el proyecto en su región piloto: el estado de Oaxaca. Más tarde, en 1999, se llevaron a Washington a participantes clave para el diseño del mismo (véase más adelante). El resultado: un proyecto con una duración de siete años que estima terminar a finales de junio de 2008.

Coinbio cuenta de entrada con 18.7 millones de dólares, de los cuales 7.5 son del BM/GEF; 2.6 de un "Proyecto Forestal Comunal" financiado por el Banco Internacional de Reconstrucción y Desarrollo

(IBRD) en vinculación con el Proyecto de Conservación y Manejo Sustentable de Recursos Forestales en México, de la Semarnap (Procymaf), financiado también por el BM y ejecutado por la Semarnap (préstamo núm. 4137-ME) —cabe indicar que, en este programa, es posible el involucramiento del *Forest Stewardship Council*[86] que tiene su sede en Oaxaca y se dedica con apoyo de la Semarnap a certificar la explotación de recursos madederos y no madederos—; 3.9 millones de parte del gobierno federal de México; tres millones de los gobiernos estatales, y 1.7 de futuras aportaciones del IBRD.

El proyecto opera primero en Oaxaca y luego se extiende a Michoacán y Guerrero, aunque es de esperarse que si tiene éxito se extienda a otros estados.[87] El propio documento del Banco Mundial/GEF señala que "la evaluación y diseminación de las actividades incluirá su documentación y difusión con otras comunidades y grupos indígenas de México y América latina (Argentina, Perú, Bolivia, Colombia y Centro América)".[88] O sea, su extensión, mediada por el BM y el GEF, desde Michoacán hasta Panamá.

Realmente se trata de actividades de biopiratería, ya que abiertamente busca "conservar la biodiversidad de las comunidades indígenas". Pero, a diferencia del CBM, el Coinbio, que concentra las principales regiones de bosques templados y mesófilos, y sierras y cañadas con presencia indígena,[89] perfecciona su discurso al señalar que incluye la "participación de las comunidades indígenas". Con ello aparentemente rebasa el divorcio de este tipo de proyectos con la opinión y participación de tales comunidades, antes marcadamente presente. Sin embargo, el Coinbio y sus "proyectos hermanos" de nueva generación incluyen estructuras sofisticadas, entre las que cabe tan sólo mencionar que la mitad de los votos regionales está en manos de la Semarnap, el Instituto Estatal de Ecología y sus ONG (íntimamente vinculadas al BM); pero sobre todo, el BM cuenta con veto en cualquiera de las decisiones del proyecto a través de un "manual de operaciones", mismo que puede ser modificado o actualizado en cualquier momento por el BM. Es decir, se trata de esquemas altamente subordinados que operan en amplias regiones biológica y culturalmente estratégicas. El significado de Coinbio en cifras es de alrededor de tres millones y medio de hectáreas: 940 mil hectáreas en el estado de Oaxaca (ecorregiones de la Costa, Chinantla y Sierra Norte, sumando además el "corredor de bosque" de la Sierra de Juárez); 1 045 069 hectáreas en el estado de Michoacán (ecorregiones de Tancitaro, Coalcoman y Chincua); y 1 503 745 hectáreas en Guerrero (ecorregiones de la Sierra Madre del Sur, Infernillo, Trompetero y Cuitzeo, la Sierra de Taxco y el Cañón del Zapote).[90]

Están involucradas secretarías como la Semarnap (responsable del proyecto), incluyendo al Procymaf y el Prodefor —Programa de Desarrollo Forestal— (ambos financiados por el BM), la Conabio y el INE. Además, están ONG estatales como GAIA (Grupo Autónomo para la Investigación Ambiental), que funciona como representante de las ONG ante el proyecto. Entre las actividades de su currículum, cabe señalar su participación en numerosos programas de ordenamiento territorial financiados por el Procymaf, WWF, GEF, BM y el PNUD. Igualmente se pueden identificar ONG como *Serbos* —que se dedica a hacer cartografía, ordenamientos territoriales y clasificaciones de *stock* de biodiversidad— y *Grupo Mesófilo* (que no aparece en el reporte del banco pero que hizo varios estudios para esa institución, en específico de ordenamiento territorial para el caso de Coinbio). También, señala el reporte, se puede identificar la presencia de ONG internacionales. Tal es el caso de WWF (World Wide Found for Nature) que, aparentemente desvinculada del Proyecto, opera "independientemente" bajo la versión de WWF-Oaxaca, misma que trabaja algunos proyectos junto con Serbos, WWF-Michoacán y WWF-Guerrero. Y es de esperarse que busque participar financieramente en Coinbio, ya sea directamente o a través del Procymaf. El documento del Banco Mundial también incluye entre los actores independientes a instituciones académicas que bien podrían estar o ser ligadas al Coinbio, caso de la Escuela de Bosques de Oaxaca, el Centro de Ecología de la UNAM y el de la Universidad Estatal de Michoacán,[91] mismas que participaron en el diseño del proyecto.

Como si fuera una copia de los lineamientos del CBM, incluye, entre otras actividades, el "monitoreo de biodiversidad y su evaluación", la conformación de un "Sistema Integrado de Información (SII), el "entrenamiento de usuarios de las comunidades", y la instalación de "estaciones de cómputo en las comunidades".[92] Justo la infraestructura, de más de un millón y medio de dólares en principio, necesaria para el saqueo del conocimiento indígena y de la información acerca de la biodiversidad presente en la región. ¿O las terminales de cómputo y el sistema de información han sido y son instrumentos indispensables para la conservación de la biodiversidad?

Igual que el CBM, entre los objetivos están la "descentralización y desarrollo institucional", el fortalecimiento de los PRODER, por repetir algunos. En esta misma línea de análisis, llama la atención, que según el documento del banco, "el proyecto, que con actividades en Oaxaca y operaciones en Michoacán y Guerrero, se basara en la ley de 1997 de *Derechos de Personas y Comunidades Indígenas* del estado de Oaxaca". Dicha ley, precisamente fue modificada en el transcurso de 2001 para que se estableciera legalmente el aprovechamiento de la medicina tradicional indígena y el otorgamiento de asistencia técnica y financiamiento para la investigación y desarrollo de la misma, todo en el marco operativo de los aparatos gubernamentales de salud. Aunque aparentemente hubiera sido mejor que Coinbio se basara en la ley modificada de 2001, no es así. Colocarse en la de 1997 le permite, de cualquier manera, estar dentro del marco legal de 2001, pero que según se consolide operativamente ayudaría a incrementar o entorpecer las actividades de biopiratería. Un riesgo temporal que no puede tomar.

Coinbio, paralelamente al CBM, es uno de los proyectos financiados por el BM/GEF de dimensiones geográficas importantes y que apuntan a ser dos procesos complementarios. Pero, no hay que pensar que éstos son los únicos proyectos que el GEF ha montado en el país. Entre los de mayor relevancia están el *Corredor Coralino Mesoamericano*[93] (GE-60908), el de la documentación del *Perfil Indígena del País* (EW-P60278), el proyecto de manejo integrado de Ecosistemas en Tres Ecorregiones Prioritarias (MEX/00/G31/A/IG),[94] así como el *Proyecto de Manejo Medioambiental y Descentralización* (PE-P036005), el de *Coordinación Institucional para el Desarrollo Sustentable Regional*

(EW-P669435), el *Programa de Áreas Protegidas* (GE-P52209), los *Mecanismos de Conservación de la Tierra en México* (GM-65923), entre otros.[95] Confirmando lo anterior, a los casos mencionados hay que sumarles otros, también del BM y sus distintas caras, que operan en Centroamérica y el cono Sur. Por ejemplo: el Proyecto de Manejo Indígena de Áreas Protegidas en el Amazonas del Perú (P065200), de sustentabilidad del Sistema de Manejo de Áreas Naturales Protegidas de Bolivia (GE-P060474), Acuífero Guaraní (GLGE 68121) en Argentina, Brasil, Uruguay y Paraguay; de Promoción de la Conservación de la Biodiversidad y uso sustentable en la frontera de los bosques del noroeste de la región del Mato Grosso en Brasil (BRA/00/G31/A/1G/99), conservación y uso sustentable de la biodiversidad en la región de los Andes en Colombia (GO-GE-63317), por listar algunos.

Algunas precisiones respecto a la biopiratería en el mundo y alternativas de contratendencia

Desde hace varios años, múltiples empresas y CMN involucradas en bioprospección y biopiratería, así como las implicadas en el desarrollo de las nuevas tecnologías que hacen uso de la biodiversidad, han descalificado las denuncias y críticas, aludiendo que muchos acuerdos de bioprospección tienen únicamente un carácter científico, y en el caso de ser comercial, la forma moderna de extraer y usar la biodiversidad comienza *supuestamente* a ser pagada[96] mediante "reparto de beneficios" en forma dineraria, equipo técnico, calificación científica y programas de desarrollo social-ambiental. Sin embargo, nunca se dice que, en el caso de tener carácter científico, generalmente están involucrados, no sólo institutos de investigación,[97] sino también empresas que se dedican a comercializar la biodiversidad. Ello significa que todo queda en sus manos y buenas intenciones para hacer uso exclusivamente científico, cosa que resulta nada creíble. En el segundo caso (de carácter comercial), hasta hoy en día las regalías en su mayoría no han sido pagadas, aunque en el mejor de los casos se hayan acordado; pero lo que sí ha sucedido, en los casos que así lo comprenden, es que se cumple la "transferencia de tecnología" o soporte técnico para extraer la riqueza biológica del planeta.

Lo anterior responde a un proceso complejo: por un lado resulta indispensable otorgar los medios técnicos para extraer la riqueza biológica del planeta, convirtiendo a los propios ENP, justamente los que son saqueados, en biomaquiladores[98] al servicio de los ENC; por otro lado y dado el intenso proceso de fusiones entre las CMN y las empresas vinculadas al desarrollo biotecnológico, resulta difícil seguir el camino de los recursos biológicos extraídos, ruta que es aún más enmarañada dada la dificultad para determinar qué productos están siendo usados, debido al intrincado proceso bioindustrial.

Ante esto, la resistencia *de manera aislada* frente a estos capitales, sobre todo cuando se trata de comunidades indígenas, es una batalla difícil, si no es que perdida. Considérese el caso clásico de Costa Rica y Merck Pharmaceuticals, donde esa CMN, además de haber adquirido el apoyo del Estado, su capital sobrepasa el PIB de dicho país y tiene más abogados que los que ahí se forman. Entonces, ¿cómo pueden las comunidades agrícolas e indígenas costarricenses aisladas dar una pelea efectiva?[99]

La alternativa está, primero, en la construcción de un tejido social fuerte y organizado que se conecte con lo local (ciudad-campo) y lo nacional, para que después o al mismo tiempo obligadamente se lige a lo internacional. Necesariamente como segundo punto, la construcción social de una alternativa debe a la vez vincular al Estado, como se muestra en la experiencia histórica mexicana del proceso de la nacionalización de las corporaciones petroleras, para dar cuenta del peso que puede y debe adquirir la dinámica social sobre la estructura gubernamental. Por ello se requiere cautela para no caer en el error de tomar como positiva la propuesta de otorgar a los indígenas derechos sobre el uso y manejo de sus recursos, lo que se ha hecho en distintos ENP. Para que fuese socialmente positiva, tendría y tiene que ser entendida, asumida y respetada por los distintos "actores sociales" como derechos colectivos y no individuales, algo que no se ha logrado en México por los vacíos presentes en la aprobada Ley de Derechos Indígenas en abril de 2001. Esa ley deja a las comunidades débiles y aisladas frente al mercado, que de antemano presupone la cancelación de la colectividad, permitiendo a las CMN insertar a las comunidades en esa lógica a través de contratos individuales; al concebir tal derecho como "privado", las CMN se colocan en una posición ventajosa. Por lo anterior, habría que ver hasta dónde llega la "neutralidad" del mercado, para poder medir la correlación real de fuerzas entre capitalistas y la resistencia.

En este tenor, no hay que perder de vista el papel central de las luchas indígenas y campesinas en distintas partes del mundo como impulsoras iniciales de una concientización social, pero tampoco hay que olvidar que su lucha tiene un límite en donde es necesario que nos incluyamos los distintos miembros del *sujeto social proletario*.[100]

El subcomandante zapatista Marcos lo plantea así:

> nosotros nos quedamos sin salidas, la única forma de hacernos fuertes era salir, era caminar, pero no teníamos ningún pie, teníamos la voz y la mirada, pero teníamos que llevar esa voz y esa mirada a donde fuera escuchada y a donde esa mirada tuviera dirección, entonces tuvimos que pedir prestados los pies de otros. A la hora que tuvimos que pedir prestados esos pies de otros, tuvimos que construirlos porque no existían; entonces empezamos a hablar, a hablarle al otro empezamos a darle un rostro, el que otros le negaron. Empezamos a llamarlos y pidiéndoles que fueran los pies [...] ese muñeco se encuentra con el problema de que los pies dicen que quien manda es la cabeza, la historia está hecha así, lo que no ocurre es que los pies manden a la cabeza, pero la cabeza necia con que los que tienen que mandar son los pies. Finalmente, la cabeza dice lo que todos están pensando y nadie se atreve a decir, que en el recorrido se dan cuenta que el mundo está de cabeza, que tiene el que no necesita y el que necesita no tiene nada. Finalmente ese día, mañana, llegan al lugar donde éste se puede voltear de un lado para otro, y a la hora de que el mundo se voltea, los pies descubren que eran la cabeza y la cabeza se da cuenta que nunca dejó de ser un pie.[101]

Por lo tanto, el sujeto social proletario, como actor transformador desde abajo, a través de desarrollar la resistencia desde una propuesta orgánicamente social de autogestión, tiene la capacidad no sólo de enfrentar —hasta cierto punto— a las empresas y CMN, también puede y debe buscar la forma de vincular al Estado (sea mediante estructuras políticas como los partidos políticos o a través de la presión social, para que al menos responda a ciertas demandas). En conjunto, la sociedad y un Estado que responda a sus intereses colectivos definirían el rumbo *nacional* de los recursos —no sólo bióticos—, haciendo frente y desplazando a las oligarquías nacionales y a las estructuras de poder de los Estados nacionales hegemónicos y sus CMN. Tal sería el fundamento de la resistencia colectivamente coordinada en el plano regional e internacional.

ANEXO

Principales corsarios[102] del mundo involucrados en proyectos de biopiratería

Compañía, organización y/o intermediaria	*¿Qué buscan?*	*Localización geográfica*	*Uso del conocimiento indígena*	*Información adicional*
Abbott Laboratories (EUA).	Microbios, plantas.			Se informó que el programa terminó en 1995. Recolectores: Universidad de Illinois, independientes. Grupos terapéuticos: antiinfecciosos, cardiovascular, neurocientífico, inmunocientífico.
Adheron Corp.(EUA).	Bacterias marinas y otros organismos.			Acuerdo con la Universidad de Maryland de cinco millones de dólares para investigación.
American Cyanamid (EUA).	Plantas de tierras áridas para protección de agentes de cultivos y el desarrollo de la industria farmacéutica.	Chile, Argentina, México.	Prioridad otorgada a plantas con un rico historial etnobotánico.	ICBG acuerdo con: U. de Arizona, Instituto de Recursos Biológicos de Buenos Aires, U. Nacional de la Patagonia, U. Católica de Chile, UNAM, U. de Purdue, U. del Estado de Louisiana.

AMRAD Corp. (Australian Medical Research and Development Consortium) Australia.	Búsqueda de drogas provenientes de organismos marinos.	Australia, Océanos.		Colaborando con el Instituto Australiano de la Ciencia Marina, el cual proveerá a AMRAD veinte mil muestras en los próximos cinco años.
AMRAD Corp. (Australia).	Búsqueda de drogas provenientes de organismos marinos y microbios de la tierra.	Antártida.		Colaborando con el Centro Antártico Cooperativo de Investigación (Hobart, Tasmania). Enfocado especialmente en organismos provenientes de condiciones ambientales violentas. Especial atención sobre organismos provenientes de ambientes adversos.
AMRAD Corp. (Australia).	Medicinas Australianas de arbustos aborígenes, microbios y muestras de tierra proveniente de las Islas Bathhurst y Malvinas.	Australia, Sureste de Asia.	Plantas con objetivos medicinales usadas por los indígenas de Australia (específicamente compuestos antivirales, inmunomodulatorios y anticangerígenos).	Busca compuestos antivirales, immunomoduladores y anticancerígenos. Ha firmado un contrato con The Northern Land Council para pagar 12-15 dólares por muestra. Tiene contratos con Panlabs Inc. (EUA).
Aphios Corporation (EUA).	Microorganismos marinos.	Aguas territoriales de EUA.		Acuerdos de investigación con Bristol-Myers Squibb (EUA), Harbor Branch Oceanographic Institute y CalBio Marine Technologies.

ANEXO (*continuación*)

Compañía, organización y/o intermediaria	*¿Qué buscan?*	*Localización geográfica*	*Uso del conocimiento indígena*	*Información adicional*
Boehringer Ingelheim (Alemania).	Plantas, microbios.			Acuerdos con la Universidad de Illinois y con el jardín botánico de Nueva York para obtener plantas.
Bristol-Myers Squibb (EUA).	Insectos y especies relacionadas.	Área de conservación de Bosques Áridos de Guanacaste en Costa Rica.		Acuerdo cooperativo, mantenido por el gobierno de EUA con el Instituto Nacional de Biodiversidad (InBio) de Costa Rica.
Bristol-Myers Squibb (EUA).	Plantas de bosques lluviosos con propiedades medicinales, especialmente *Ancistrociadus* (fuente de un agente anti VIH) y antimalaria.	Camerún (bosque montano de Korup) y Nigeria (bosque lluvioso de Oban Hills).	La información etnobotánica de las prácticas médicas tradicionales será utilizada para fijar prioridades en la recolección de plantas.	Los acuerdos cooperativos apoyados por el gobierno de EUA deben incluir el reparto de beneficios a los países que proporcionan material, pero las condiciones no están disponibles para el público. También participan: Walter Reed Army Institute of Research (EUA), Instituto Smithsoniano, Universidad de Yaounde, World Wildlife Found, Nature Conservancy, World Resources Institute, Shaman Pharmaceuticals.

Bristol-Myers Squibb (EUA).	Hongos, microbios, plantas y organismos marinos.			La segunda corporación farmacéutica de EUA realiza contratos con terceras partes para recolectar especímenes, incluyendo Scripps Institute y Oncogen (proteína de la grana), recolectores independientes. Entre las aplicaciones que busca están los compuestos antiinfecciosos, anticáncer y antiviral.
Bristol-Myers Squibb (EUA).	Plantas de bosque lluvioso para el desarrollo de medicamentos y plantas no medicinales para producción comercial sustentable.	Surinam.	Usos etnobotánicos de plantas por pueblos indígenas a ser documentados. Los términos del acuerdo de reparto de beneficios no son públicos. Conservation International planificará el programa de Shaman Prentice.	Proyecto cooperativo apoyado por el gobierno de EUA, con la Universidad Técnica de Virginia, el Jardín Botánico de Missouri, el Herbolario Nacional de Surinam, Bedrijf Geneermidelen y Conservation International. La Indigenous People's Found recibe beneficios, pero es mayormente no indígena.
Caapi Associates (EUA).	Plantas medicinales del Amazonas.	Brasil.	El interés principal estaría en recolectar plantas medicinales y dar trabajo para los pobres, presumiblemente recurriendo a los pueblos indígenas tanto para la identificación como para efectuar el trabajo.	Sostiene que su mercadeo de extractos de plantas puede solucionar los problemas financieros de Brasil, de tener el avance de la minería, ayudar a enseñar al gobierno brasileño el valor de sus recursos y prevenir la destrucción del Amazonas.

ANEXO (*continuación*)

Compañía, organización y/o intermediaria	*¿Qué buscan?*	*Localización geográfica*	*Uso del conocimiento indígena*	*Información adicional*
Carnivore Preservation Trust (EUA).	Plantas.	Selvas. Laosianas.		Organización "sin fines de lucro" que recolecta plantas silvestres para Glaxo Pharmaceutical. Recolecta un mínimo de 100 muestras anuales, hasta 1 000-1 500 muestras.
Ciba-Geigy (EUA).	Microbios marinos, plantas.			Chinese Academy of Sciences, Instituto Oceanográfico Harbor Branch, recolectores independientes. Medicamentos contra el cáncer, enfermedades cardiovasculares, antiinflamatorios, CNS, respiratorio, antialérgicos.
Ecogen, Inc. (EUA).	Nemátodos, entomoparásitos como agentes biocontroladores.	Malasia.		Acuerdo de investigación y desarrollo con el Instituto de Investigación y Desarrollo de Malasia.
Ecopharm (EUA) una división de Farmagénesis.	Microorganismos asociados con plantas medicinales.	En todo el mundo.		Explora información con potencial farmacéutico en relación con microbios no patógenos que vivan en relación de mutuo beneficio con las plantas medicinales.

Ecoscience Corp. (EUA).	Selección de muestras de suelo para obtener razas de hongos controladores de plagas.	China.		Ecoscience pagará al Instituto Chino de Control Biológico.
Eli Lilly Co. (EUA).	Plantas y algas.			Una de las grandes corporaciones farmacéuticas que recientemente compró Sphinx Pharmaceutical. Ahora colabora con NCI, Shaman Pharmaceuticals e investigadores independientes. Medicamentos antiinfecciosos, diabetes, enfermedades cardiovasculares, cáncer, CNS, pulmonar, antiviral, enfermedades óseas.
Ethno-Medicine Preservation Project (Perú).	Plantas.	Amazonas peruano.	Busca "armas nuevas e importantes en la antigua batalla contra la enfermedad" mediante el trabajo con curanderos tradicionales.	Tiene por objetivo preservar el conocimiento mediante el fomento a nuevas generaciones de curanderos.
Foundation for Ethnobiology (Reino Unido).	Plantas medicinales del mundo, con aplicaciones agrícolas y farmacéuticas.	América del Sur, Asia.	Se interesa específicamente en el conocimiento de pueblos indígenas, incluyendo a habitantes de Surinam y del pueblo Karen de Tailandia.	La fundación sostiene ser un esfuerzo académico. Su presidente posee dos patentes sobre drogas aisladas de plantas medicinales del Amazonas. trabaja con empresas con intereses financieros en recursos vegetales.

ANEXO (*continuación*)

Compañía, organización y/o intermediaria	*¿Qué buscan?*	*Localización geográfica*	*Uso del conocimiento indígena*	*Información adicional*
Gene Seas Asia (EUA).	Organismos marinos.	Filipinas.		Ofrece a la industria bases de datos de toda la biodiversidad marina de las Filipinas, así como exploraciones marinas. Formada y financiada por investigadores de Utah y UP-MSI. Busca compuestos activos para medicamentos.
Glaxo Group (Reino Unido).	Plantas, hongos, microbios, organismos marinos.	Asia, América latina, posiblemente otras áreas.		Ha obtenido materiales del Jardín Botánico Kew Royal, Biotics Ltd., Universidad de Illinois, NCI (Instituto Nacional del Cáncer —EUA—) Jardín Chelsea Physic, Institute of Medicinal Plant Development (Beijing). Contratos con Carnivore Preservation Trust para recolectar plantas en Laos. Aplicaciones: Gastrointestinal, respiratorio, antiinfeccioso, cardiovascular, dermatología, enfermedades metabólicas, cáncer, antiinflamatorios, enfermedades infecciosas.

Hyseq & CI (EUA).	Flora y fauna.	La periferia (acceso a 20 países), EUA, Japón y Francia.	Hacen referencia al uso de conocimiento indígena aludiendo que "es posible, pero no primordial".	Asociada con CI (Conservation International) y se considera la posibilidad de que forme parte de los proyectos de bioprospección del NIH aunque ambos organismos (CI y NIH) lo niegan.
Instituto Nacional de Biodiversidad (InBio) Costa Rica.	Plantas, insectos, microbios.	Costa Rica (Parque de Guanacaste y otras áreas protegidas).	Posiblemente recolecten en la reserva india de Talamanca, pero no está claro el alcance de la información que se obtiene de los pueblos indígenas.	Organismo privado que ha realizado contratos connotados con Merck, Bristol-Myers Squibb y posiblemente otras grandes empresas farmacéuticas.
International Marine Biodiversity Development Corp.	Investigación del océano profundo para recolectar especies exóticas para aplicaciones biotecnológicas.	Aguas internacionales.		10 años de proyectos de investigación realizados con la Academia Rusa de Ciencias.
International Plant Medicine Corporation (EUA).	Plantas medicinales del Amazonas.	Ecuador.	Se interesa en conocimiento de pueblos indígenas sobre plantas medicinales y busca obtener conocimiento sobre la planta Tagaeri.	Ha propuesto conseguir a la fuerza información sobre plantas medicinales de los pueblos indígenas.

ANEXO (*continuación*)

Compañía, organización y/o intermediaria	*¿Qué buscan?*	*Localización geográfica*	*Uso del conocimiento indígena*	*Información adicional*
International Organization for Chemical Sciences in Development, IOCD (Estatuto en Bélgica).	Árboles exóticos, arbustos, insectos, anfibios, hongos, microbios y otras especies naturales.	Tienen planeado empezar en África o América latina y de ahí a todo el mundo.	Dependerá de los pueblos indígenas para obtener pistas para la recolección y se compromete a tratar con ellos "equitativa y éticamente", movilizando capitales locales para "sostener la bioprospección a una escala comercial".	IOCD dice que está trabajando para establecer la Biotic Exploration Found (Fundación para la Exploración Biótica), una nueva agencia a nivel mundial que tiene por objeto catalizar un gran incremento en la cantidad de bioprospección en la periferia. Sostiene que la comercialización de las muestras será el motor de un desarrollo local beneficioso para los pueblos indígenas.
Inverni della Beffa (Italia).	Plantas.	Asia, África y Sudamérica.		Recolectores internos e independientes. Enfermedades cardiovasculares, gastroenterológicos y antiinflamatorios.
Ix Chel Tropical Research Foundation (Belice).	Plantas.	Belice.	Exporta muestras de plantas identificadas por los curanderos tradicionales. Ha exportado 1 500 de estas plantas.	Participante en el programa de selección fitomédica del NCI (National Cancer Institute, USA). Los descubrimientos del NCI son transferidos a las empresas de EUA donde puedan llegar a ser productos farmacéuticos patentados.

Johnson & Johnson (EUA).	Compuestos químicos novedosos.		Financia la prospección química en la Univesidad de Cornell y capacita a científicos de la periferia para dicho fin.
Knowledge Recovery Foundation International (EUA).	Propone reunir y analizar el conocimiento indígena con el fin de explorar el potencial para desarrollar nuevos medicamentos.	Región de la Cuenca del Amazonas, Asia tropical.	Propone desarrollar una biblioteca de extractos de plantas bien documentadas y bien preservada, que puede ser alquilada a las firmas farmacéuticas.
Magainin Pharmaceuticals (EUA).	Reptiles africanos, peces y organismos marinos.		Está desarrollando productos farmacéuticos humanos provenientes de la rana de garras de África y antibióticos esteroides a partir del tiburón pezperro.
Marine Biotechnology Institute (Japón).	Organismos marinos.	Micronesia.	Consorcio del gobierno japonés y 21 corporaciones japonesas.
Martek Biosciences Corp. (EUA).	Especies de microalgas para desarrollar productos nutricionales, farmacéuticos y de diagnóstico.	En todo el mundo.	Merck & Co. seleccionarán extractos de la colección de Martek de más de 1600 muestras de microalgas. Merck paga a Martek por aportar los extractos.

Compañía, organización y/o intermediaria	*¿Qué buscan?*	*Localización geográfica*	*Uso del conocimiento indígena*	*Información adicional*
Maxus Ecuador, Inc. (parte de Maxus Petroleum-EUA) y propiedad de YPF-Argentina.	1200 especies vegetales han sido recolectadas, de las cuales 18 son nuevas para el mundo científico y 200 son nuevas especies en el Ecuador.	Amazonas ecuatoriano.	La recolección de plantas y el inventario se hace a través del Parque Nacional de Yasuni y la Reserva Étnica de Waorani.	Contrato con el Jardín Botánico de Missouri para la colección de plantas de inventario durante la construcción de 120 km de camino en el bosque tropical húmedo.
Merck and Co. (EUA).	Hongos, microbios, organismos marinos, plantas.	América latina.	Conocimiento indígena de Urueu-wau-wau de Brasil. Merck posee una patente sobre anticuagulante derivado de su material vegetal.	Respiratorio, antialérgicos, antiinflamatorios, cáncer, cardiovascular, antiinfecciosos, antiviral, gastrointestinal, próstata, enfermedades óseas. Gran corporación farmacéutica. Tiene contrato con el Jardín Botánico de New York, MYCOSearch, Martek Biosciences, incluyendo un contrato ampliamente comentado con InBio de Costa Rica con un pago adelantado de 1.2 millones de dólares.
Miles, Inc. (EUA).	Microbios, plantas, organismos marinos, hongos.			Compañías contratadas, recolectores independientes. CNS, Medicamentos antiinfeccio-

				sos,de uso cardiovascular, antidiabetes, enfermedades reumáticas.
Missouri Botanical Garden (USA).	Plantas (a una escala extremadamente grande).	En todo el mundo, especialmente en los trópicos.	Oficialmente no hace énfasis en el conocimiento indígena, pero el conocimiento indígena es utilizado para ayudarse en su trabajo. Colaboran con etnobotánicos como con leñadores y compañías petroleras.	Una de las colecciones de plantas más grande del mundo. No conduce su propia investigación orientada a productos, pero apoya y proporciona muestras de plantas a los investigadores.
Monsanto Corporation (EUA).	Plantas, microbios (9 mil muestras por año provenientes de Norteamérica y Puerto Rico).	Amazonas peruano.	Interés exclusivo sobre las plantas medicinales de los pueblos indígenas (antinfecciosos, cardiovascular, antinflamatorios).	Planean recibir mil muestras acompañadas de información etnobotánica a través de la Universidad de Washington (St. Louis, EUA) como parte de un programa cooperativo con Perú patrocinado por el gobierno de EUA-Jardín Botánico de Missouri.
Myco Pharmaceuticals (EUA).	Selección de hongos para el desarrollo de medicamentos.	Recolecta en todo el mundo.		La empresa identificará, desarrollará y comercializará medicamentos promisorios; también está desarrollando tecnologías de caracterización.

ANEXO (*continuación*)

Compañía, organización y/o intermediaria	*¿Qué buscan?*	*Localización geográfica*	*Uso del conocimiento indígena*	*Información adicional*
National Cancer Institute (Agencia Gubernamental de EUA).	Plantas, microbios, organismos marinos. El depositario de productos naturales del NCI contiene más de 500 mil muestras recolectadas principalmente en África, Asia y América latina.	Recolecta en todo el mundo.	Usa el conocimiento indígena para identificar algunos materiales. Los usa para investigaciones sobre el cáncer, Sida y antivirales.	U.S. Department of Agriculture, 1960-1980, periodo en el que recibió 35 mil especies de plantas, 16 mil extractos marinos y 18 mil extractos de microbios. Contratos con la Universidad de Illinois para recolectar en Asia del sudeste, con el Jardín Botánico de Missouri para recolectar en África y con el Jardín Botánico de N.Y. para recolectar en América latina. Organismos marinos recolectados por Coral Reef Research Foundation en el pacífico Indio. Microbios recolectados por varias organizaciones: Kunming Institute of Botany, China; Central Drug Research Institute, India; Universidad Brigham Young; Harbor Branch Oceanographic Institute, Australian Institute of Marine Sciences; Smithsonian Oceanographic; Universidad de Connecticut; Universidad de Hawaii en Manoa; Universidad de Miami, Michigan Biotechnology Institute, Universidad de Tel Aviv.

New York Botanical Garden (EUA).	Plantas, microorganismos, insectos, animales, entre otras estructuras orgánicas.	En todo el mundo, en especial centrado en América latina.	Centro líder en investigación en etnofarmacología, usa el conocimiento indígena para la recolección.	Contratos con muchas empresas privadas para la colección de bio-materiales. Personal predominante en terreno.
NPS Pharmaceuticals, Inc.	Animales, insectos (especialmente toxinas de arañas y escorpiones).	Madagascar.		El gobierno de Madagascar ha dado a NPS derechos exclusivos para investigar recursos animales para usos médicos.
Oceanix Biosciences Corp. (EUA).	Enzimas provenientes de fuentes marinas.	Fuentes termales marinas profundas, aguas polares.		Tiene un acuerdo de investigación conjunta con la Universidad de Maryland, EUA. Busca una variedad de enzimas exóticas, incluyendo tratamientos para enfermedades del sistema nervioso central.
Paracelsian Incorporated (EUA).	Plantas.	China.	Interés exclusivo sobre la medicina tradicional.	La empresa está buscando la aprobación del gobierno de EUA para una droga anti VIH derivada de la medicina china y está seleccionando al menos 2800 muestras de productos medicinales de ese país.
Pfizer, Inc. (EUA).	Plantas.	EUA.	Recolección basada en parte en las informaciones etnobotánicas existentes.	Colaboración de tres años de dos millones de dólares con el Jardín Botánico de N.Y. para investigaciones en grupos terapéuticos como cardiovascular, antiinflamatorios, antiin-

ANEXO (*continuación*)

Compañía, organización y/o intermediaria	*¿Qué buscan?*	*Localización geográfica*	*Uso del conocimiento indígena*	*Información adicional*
				fecciosos, antidiabetes, arteriosclerosis, cáncer, psicoterapéuticos, gastrointestinal, inmunocientíficos.
Pfizer, Inc. (EUA).	Plantas.	Ecuador (propuesto).	Pueden utilizar a los pueblos indígenas como parataxónomos en la colección e identificación de las plantas.	La empresa propone pagar un millón de dólares por recibir un set completo de muestras provenientes de los mayores biomas de Ecuador y sus derechos exclusivos. El gobierno de Ecuador rechazó la propuesta de Pfizer.
Pfizer, Inc. (EUA).	Plantas.	China.	Interés exclusivo por la medicina tradicional.	Tiene acuerdo con la Academia de Medicina tradicional de China en Beijing para estudiar las hierbas tradicionales como fuente de potenciales nuevas drogas para la salud humana y animal.
Pharmacognetics (EUA).	Productos naturales para el desarrollo de medicamentos.	América latina.	La empresa espera poder basarse totalmente en la información entregada por los pueblos indígenas para identificar las plantas y está interesada	La empresa fue fundada en 1993 y pertenece parcialmente a la Panamerican Development Foundation, una organización sin fines de lucro que trabaja con grupos indígenas y rurales. Usará estos contactos para orga-

			en desarrollar una línea de cosméticos basada en productos y usos de pueblos indígenas.	nizar la recolección e identificación de plantas.
Pharmagenesis (EUA).	Plantas, productos naturales utilizados en la medicina tradicional asiática.	Asia.	Interés en plantas medicinales tradicionales de China. Investigación en grupos terapéuticos como: inmunidad, endocrino, CNS, cardiovascular.	Expertos de la empresa en medicina herbolaria y más de 15 entidades colaboradoras en China y Asia.
PharmaMar (España).	Materiales bioactivos provenientes de fuentes marinas para desarrollar medicamentos contra el cáncer y el Sida.	En todo el mundo.		Investigadores de PharmaMar viajan a bordo de los barcos de Pescanova, una de las más grandes flotas pesqueras en el mundo.
Phytera, Inc. (EUA).	Plantas.	En todo el mundo.		Se especializa en tecnología de células vegetales y posee una de las mayores colecciones de células vegetales del mundo. Usa tecnología para proveer grandes cantidades de un compuesto a partir de pequeñas muestras de tejido.

ANEXO (*continuación*)

Compañía, organización y/o intermediaria	*¿Qué buscan?*	*Localización geográfica*	*Uso del conocimiento indígena*	*Información adicional*
Phyton Catalytic, Inc. (EUA).	Plantas.	Contratos en África, Asia, Europa y América.		Se centra en la producción y abastecimiento de compuestos derivados de plantas a través del cultivo de células.
Phyto Pharmaceuticals Corp. (subsidiaria de Escagenetics, Inc.) EUA.	Plantas.	Negocia acuerdos con grupos en África, Brasil, China, India y Europa del este.		Adquirirá muestras de plantas provenientes de institutos colaboradores que retendrán los derechos sobre los medicamentos producidos a partir del material vegetal y recibirán pagos por derechos de uso. Declaró la quiebra en enero de 1996. Universidad de São Paulo, Brasil; Chinese Academy of Sciences; recolectores independientes. Medicamentos contra el cáncer.
Research Corporation Technologies (EUA).	Bacterias.	América latina.		Venden bacterias con propiedades nematicidas y fungicidas aisladas de muestras de suelo costarricense.
Rhone-Poulenc Rorer (Francia).	Microbios, plantas, organismos marinos.			Muestras obtenidas de la Universidad de Hawaii, Universidad Médica de Shangai, Universidad Médica de

				Beijing, Instituto de las Plantas de Tinajin, recolectores independientes. Grupos terapéuticos: cardiovascular, antinfeccioso, Sida, CNS, respiratorio, enfermedades óseas, cáncer.
Sabinsa Corp. (EUA).	Plantas.	India.	Interés en plantas con usos medicinales establecidos en culturas indias.	Esta nueva empresa espera introducir y actuar como corredora de recursos botánicos y farmacológicos de la India en Estados Unidos. Desarrollará, procesará y comercializará extractos estandarizados de materiales vegetales de la India.
Selva Viva (Brasil).	Plantas.	Brasil.	Selva Viva se dedica a recolectar plantas medicinales y conocimiento indígena relacionado, bajo la imagen de ser una Organización No Gubernamental cuya principal misión es "mejorar las condiciones de salud de las comunidades indígenas de Acre, Brasil".	Selva Viva da las muestras y conocimiento indígena recolectado como parte de sus "programas de ayuda médica" a las empresas farmacéuticas multinacionales. Entre ellas se encuentran Novartis, Hoechst, Bayer, Johnson & Johnson y Eli Lilly.
Shaman Pharmaceuticals (EUA).	Plantas para el desarrollo de medicamentos.	América latina, África, Asia (200	La estrategia de Shaman es identificar las plantas promisorias usando el	Shaman ha tenido un éxito excepcional en identificar medicamentos potencialmente valiosos basándose en

ANEXO (*continuación*)

Compañía, organización y/o intermediaria	*¿Qué buscan?*	*Localización geográfica*	*Uso del conocimiento indígena*	*Información adicional*
		muestras por año).	conocimiento indígena con curadores tradicionales como informantes primarios. Shaman formó una institución sin fines de lucro denominada Healing Forest Conservancy (Conservación de Bosque Curativo) para facilitar el flujo recíproco de beneficios y apoyar a la conservación. Grupos terapéuticos: antiviral, antihongos, analgésicos, diabetes.	el conocimiento indígena. Ha recibido dos patentes sobre medicamentos en ensayos clínicos (antihongos y antivirales). Alianzas estratégicas con Eli Lilly —la cual es en parte propietaria de Shaman—, Merck, Bayer e Inverni della Beffa de Italia.
SmithKline Beecham (EUA).	Microbios, plantas, organismos marinos.			Recolectores domésticos, pero también obtienen muestras a través de Biotics, Jardín Botánico Kew Royal, Universidad de Virginia, Instituto de Oceanografía de Scripps, Morris Arboretum, MYCOSearch, y Universidad de Pennsylvania. Grupos terapéuticos antiinfeccioso, cardiopul-

		monar, CNS, gastrointestinal, antiinflamatorio. (dos-tres mil muestras por año. Tiene 17 800 extractos de productos. 10-15 selecciones).
Sphinx Pharmaceuticals (subsidiaria de Eli Lilly) EUA.	Hongos, algas, plantas, organismos marinos.	Ha obtenido materiales de Biotics y de recolectores independientes. Grupos terapéuticos, psoriasis, antihongos, cáncer (15 mil muestras por año; tres selecciones).
Sterling Winthrop (EUA).	Microbios, plantas, organismos marinos.	Ha obtenido materiales a través de la Universidad Estatal de Mississipi, Universidad Brigham Young, Jardín Botánico de N.Y. y recolectores independientes. Grupos terapéuticos: cáncer, antiinflamatorios.
Syntex Laboratories.	Microbios, plantas.	Ha obtenido materiales de la Academia China de Ciencias. Grupos terapéuticos: antiinflamatorios, enfermedades óseas, inmunología, cáncer, gastroenterología, cardiovascular, antiviral, dermatología, anticonceptivos orales. (Recibe 10 mil extractos de plantas por año).

ANEXO (*conclusión*)

Compañía, organización y/o intermediaria	*¿Qué buscan?*	*Localización geográfica*	*Uso del conocimiento indígena*	*Información adicional*
University of Utah (EUA).	Plantas.	Panamá.	Planea tener como objetivo el conocimiento sobre plantas del pueblo y agricultores Emberá. Asevera que los hallazgos de drogas harán que los pueblos indígenas "valoren más fácilmente el valor del bosque".	Proyecto propuesto con la Universidad de Panamá, Smithsonian Tropical Research Institute, Natural Foundation y una "organización indígena" no identificada. Ningún plan concreto para compensar a los pueblos locales.
Upjohn Co. (EUA).	Microbios, plantas.			Gran Corporación Farmacéutica. Ha obtenido materiales a través del Instituto de Shangai. Grupos terapéuticos: CNS, cardiovascular, antiinfecciosos, Sida.
Xenova Ltd. (Reino Unido).	Microorganismos y plantas (tiene una colección de 23 mil microorganismos, líquenes, bacterias, hongos).	En todo el mundo.		Alianzas con Genetech, Warner-Lambert Company, Genzyme y Suntory Limited y otras instituciones de carácter académico.

Fuente: RAFI, http://rafi.ca/comunique, Barreda, 1999; diversos documentos de RAFI acerca de biopiratería —reseña sobre biopiratería 1994, 1995, 1997, 2000—.

Mapa 4. Corredores biológicos y bancos genéticos

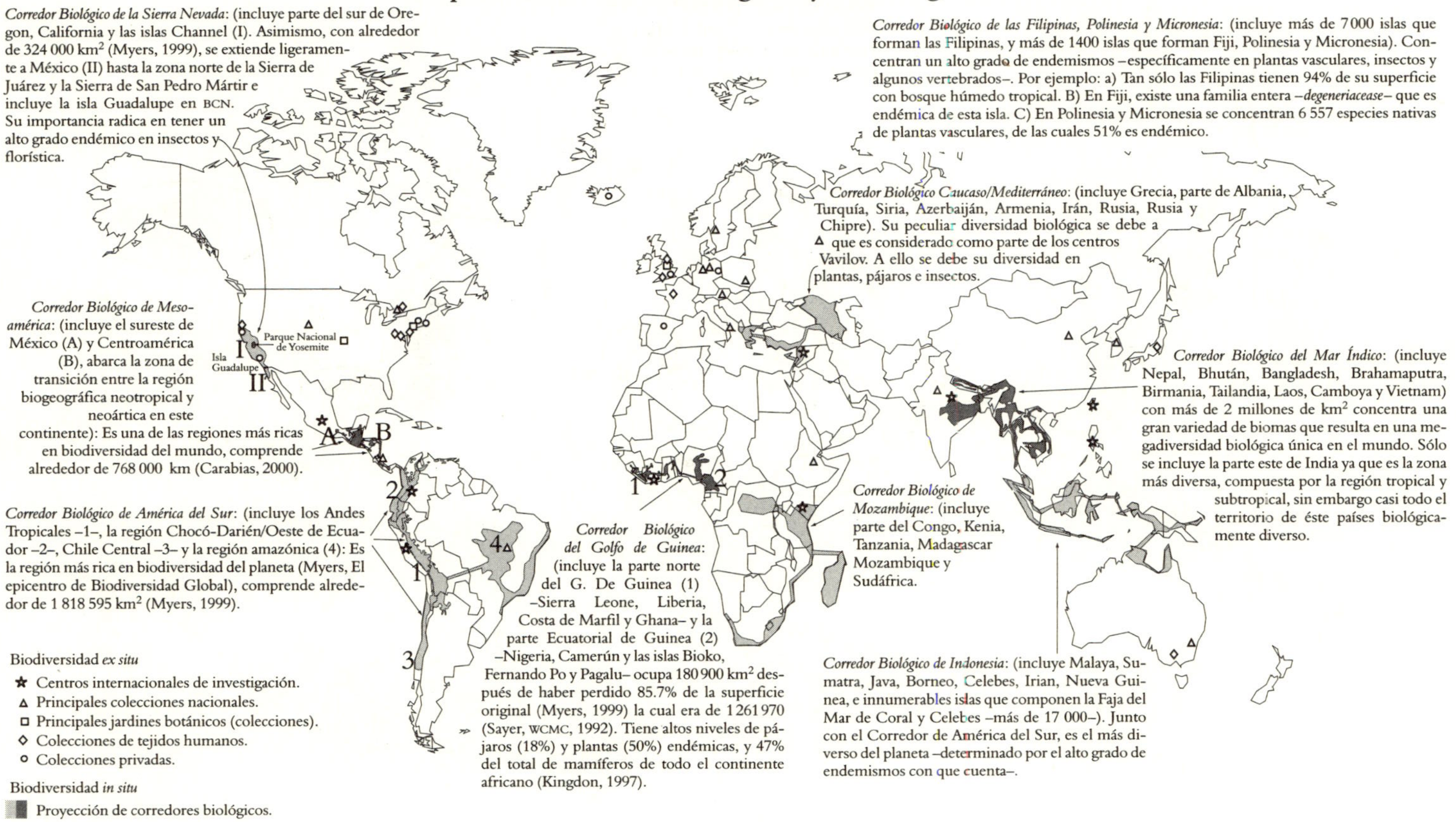

Fuente: elaboración propia con datos de RAFI (Rural Advancement Foundation International), Creators & Conservers of Diversity, 1999. IUCN, *Atlas of Tropical Forest. Kenton Miller*. En busca de un nuevo equilibrio, 1997. Myers, Hotspots, 2000.

Mapa 5. Principales empresas involucradas en biopiratería en el mundo en relación con las regiones más importantes de megadiversidad biológica terrestre y marina*

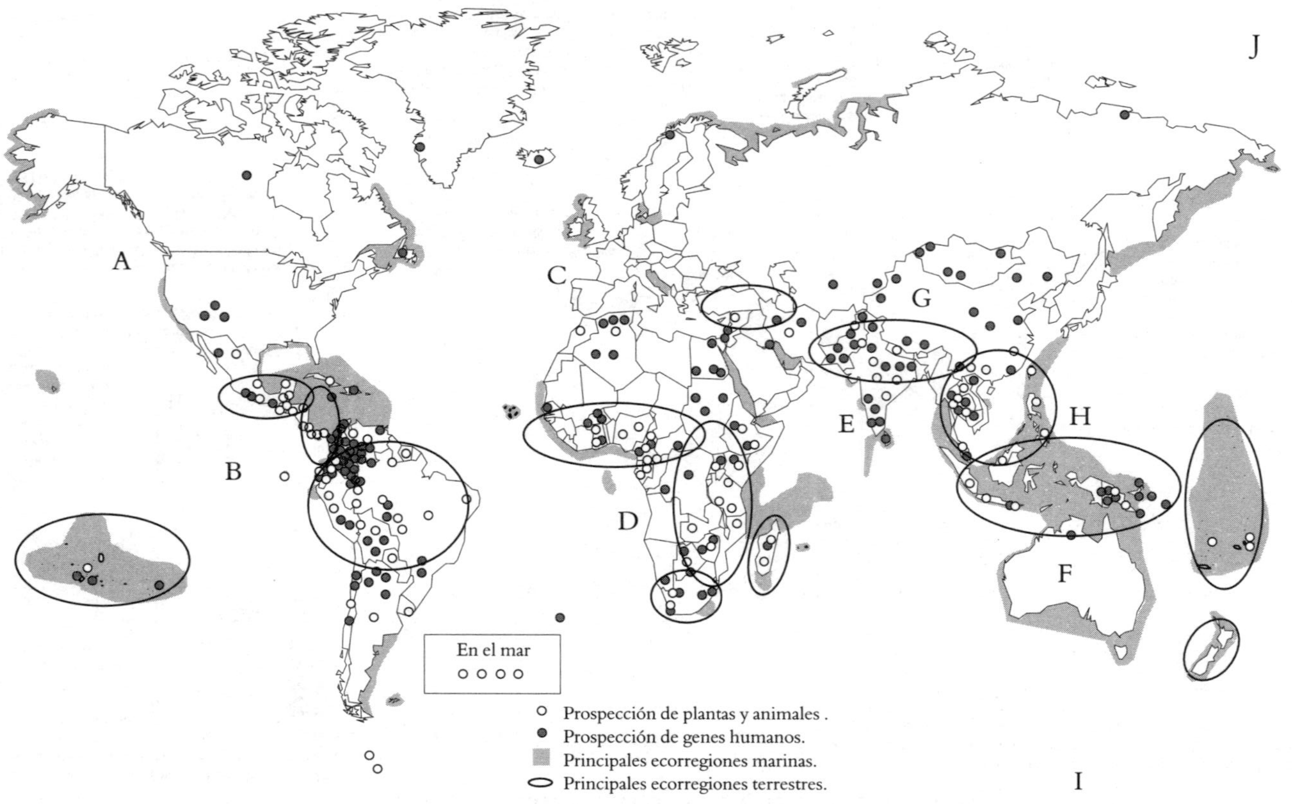

A
En América del Norte:
Aphios Corp. (EUA)
Pfizer Inc. (EUA)

B
En América latina:
American Cyanamid (EUA)
Bristol Myers-Squibb (EUA)
Caapi Associates (EUA)
Diversa (EUA)
Ethno Medicine Preservation Project (Perú)
Foundation for Ethnobiology (Reino Unido)
Glaxo Group (EUA)
Instituto Nacional de Biodiversidad (Costa Rica)
International Plant Medicine Corp. (EUA)
International Organization for Chemical Sciences in Development (Bélgica)
Inverni della Beffa (Italia)
Ix Chel Tropical Research Project (Belice)
Knowledge Recovery Foundation International (EUA)
Maxus Ecuador (EUA-Argentina)
Merck and company (EUA)
Monsanto Corp. (EUA)
New York Botanical Garden (EUA)
Pfizer Inc. (EUA)
Pharmacogenetics (EUA)
Phyton Catalytic Inc. (EUA)
Phyto Pharmaceuticals Corp. (EUA)
Research Corporation Technologies (EUA)
Shaman Pharmaceuticals (EUA)
University of Utah (EUA)

C
En Europa:
Phyton Catalytic Inc. (EUA)
Phyto Pharmaceuticals Corp. (EUA)

D
En África:
Bristol Myers-Squibb (EUA)
International Organization for Chemical Sciences in Development (Bélgica)
NPS Pharmaceuticals Inc. (EUA)
Phyton Catalytic Inc. (EUA)
Phyto Pharmaceuticals Corp. (EUA)
Shaman Pharmaceuticals (EUA)

E
En la India:
Sabinsa Corp. (EUA)

F
En Australia:
amrad Corp. (Australia)

G
En China:
Ecoscience Corp. (EUA)
Paracelsian Inc. (EUA)
Pfizer Inc. (EUA)
Phyto Pharmaceuticals Corp. (EUA)
Syntex Laboratories (EUA)
Upjohn company (EUA)

H
En el sudeste de Asia:
AMRAD Corp (Australia)
Ecogen Inc. (EUA)
Foundation for Ethnobiology (Reino Unido)
Glaxo Group (EUA)
Inverni della Beffa (Italia)
Knowledge Recovery Foundation (EUA)
Marine Biotechnology Institute (Japón)
Pharmagenesis (EUA)
Phyton Catalytic Inc. (EUA)
Shaman Pharmaceuticals (EUA)

I
En los océanos y polos:
AMRAD Corp. (Australia)
Aphios Corp. (EUA)
International Marine Biodiversity Development Corp.
Oceanix Biosciences Corp. (EUA)

J
En todo el mundo:
Abbott Laboratories (EUA)
Boehringer Ingelheim (Alemania)
Bristol Myers Squibb (EUA)
Ciba Geigy (EUA)
Ecopharm (EUA)
Eli Lilly (EUA)
Martek Biosciences Corp (EUA)
Missouri Botanical Gardens (EUA)
Myco Pharmaceuticals (EUA)
National Cancer Institute (EUA)
New York Botanical Garden (EUA)
PharmaMar (España)
Phytera Inc. (EUA)
Rhone-Poulenc Rorer (Francia)
Smithkline Beecham (EUA)
Upjohn Co. (EUA)
Xenova Ltd. (Reino Unido)

Nota: cerca de 83% de la bioprospección y biopiratería en el mundo se centra en la biodiversidad terrestre de la periferia. Otro 11% se realiza en los mares y océanos internacionales y sólo 6% se lleva a cabo en las contadas zonas del norte.

Fuente: elaboración propia con datos de RAFI (Rural Advancement Foundation International), Creators & Conservers of Diversity, 1999, *Confinamientos de la razón*, 1997 y diversos documentos de ésta ONG 1994-2000. Barreda, Andrés. *Atlas Geoeconómico y Geopolítico de Chiapas*, 2000. National Geographics, Biodiversidad, 1999.

6. La biopiratería en México

Es de tal magnitud la biopiratería en el mundo que resulta central dedicar un momento a este fenómeno en nuestro país. Calificado como uno de los países más biodiversos del planeta y vecino de Estados Unidos, el principal promotor de la biotecnología, el reflejo de dicho fenómeno a nivel mundial ha convertido a México en un país ejemplar para montar muchas de las variantes más sofisticadas y agresivas de biopiratería (y claro está, del supuesto reparto de beneficios).

Es importante, entonces, destacar la riqueza del país tanto biológica como cultural, ya que alberga entre 8 y 12 por ciento del total de las especies del planeta,[1] se coloca entre el cuarto y quinto lugar[2] de diversidad biológica y concentra una gran diversidad cultural distribuida a lo largo y ancho del territorio nacional (sexto lugar del mundo),[3] desde las vastas zonas áridas del noroeste hasta los bosques tropicales húmedos del sureste; en parte se debe a la peculiar posición geográfica del país, donde se intersectan diferentes regiones biogeográficas continentales y mundiales:

> en contraste con el bloque terrestre euroasiaticoafricano —que desconecta biológicamente a la región africana del sur respecto del bloque europeo y asiático del hemisferio norte con una enorme franja desértica que atraviesa el norte de África, el Medio Oriente y una amplia porción de Asia Central— el continente Americano, además de poseer en el Amazonas la mayor selva tropical del planeta, cuenta, en América central y el sureste de México, con un puente terrestre que conecta la biota neártica de América del Norte con la biota neotropi-

cal de América del Sur. Si a ello se añade que en el sur de Estados Unidos y el norte de México atraviesa la franja desértica mundial del hemisferio norte, se entiende por qué, sin ser este un territorio muy extenso, pueden encontrarse casi todos los tipos de vegetación conocidos en la Tierra.[4]

Estados mexicanos con mayor biodiversidad

Fuente: elaboración propia con base en el mapa proporcionado por Russell A. Mittermeier y Cristina Goettsch Mittermeier, en Conabio, 1992: 67.

En un estudio sobre biopiratería en el país, elaborado en septiembre de 2000 por Casifop y RAFI,[5] se señala certeramente que:

> adicionalmente México, al estar ubicado en el Trópico de Cáncer, coincide con una franja mundial de riqueza marítima —la de los arrecifes de corales, las praderas marinas y los manglares— que sofistica aún más la enorme riqueza biológica existente en su corredor terres-

tre de desiertos, bosques, selvas tropicales y humedales. Pues añade al rico entramado entre las riquezas biológicas del norte y el sur, la interacción entre las formas de vida del mar y la tierra propia de las costas, así como los cardúmenes y otros tesoros submarinos que se concentran en la plataforma marítima de ese prolongado *istmo* que forman los territorios de México y Centroamérica. El cual, paradójicamente, no sólo permite la conexión e interacción de biotas, sino que también, por la historia evolutiva de la región, propicia la separación y paulatina diferenciación de las formas de vida marítimas del Océano Pacífico respecto del Atlántico. Pues, mientras en la prolongada costa occidental de México prosperan formas de vida que responden a la peculiar confluencia de corrientes de agua helada y caliente procedentes del ecuador y el polo norte, en la costa del Golfo de México y el Caribe se desarrolla otro conjunto biológico que, entre otras causas, responde a la presencia de ricos archipiélagos donde prolifera la segunda región coralina más importante del planeta.

La compleja irregularidad morfológica de México implica, adicionalmente, diferencias de altura y de clima, dificultades para el tránsito interregional de las especies, etc., que crean diferencias incluso al interior de las grandes regiones desérticas, templadas o tropicales. Las montañas mexicanas levantan barreras que desconectan entre sí a las planicies costeras, a la gran franja desértica del norte o al altiplano del centro, al tiempo que en estas numerosas sierras, y sus respectivas cañadas, cañones y valles permiten la proliferación e incluso en determinadas regiones entreveran bosques de pinos, bosques mesófilos y selvas tropicales. Por lo tanto, en estos laberintos geográficos de México —de por sí centro de origen y evolución de diversas familias, géneros y especies— prospera un alto número de animales, plantas, hongos y microorganismos únicos en el mundo (o endémicos).

Biodiversidad de México

Especies	*Núm. de especies*		*Total mundial*	*Lugar de México en el mundo*
Mamíferos	449	⋆	40 170	2º
Aves	1 150		9 198	20º0
Anfibios	282	⋆⋆	4 184	4º
Reptiles	717	⋆⋆⋆	6 300	1º
Mariposas	2 052	⋆⋆⋆⋆		4º
Plantas vasculares	25 000	⋆⋆⋆⋆⋆	250 000	*
Algas macroscópicas	1 500	a		*
Briófidas	2 000	b		*
Pteridiófitas	1 500	c		*
Total	29 650			*

Fuente: Lara y Bravo *et al.*, "Informe del Estado del Desarrollo Económico y Social de los Pueblos Indígenas de México", en Lara, Bravo y Rodríguez, *Pueblos Indios, Biodiversidad y política Ambiental*, Programa Universitario del Medio Ambiente (UNAM) / Instituto Nacional Indigenista, abril de 1990.

⋆ El primer lugar en el mundo lo ocupa Indonesia con 515 especies.

⋆⋆ 63% es endémica en nuestro país.

⋆⋆⋆ 80% es endémica en México (574 especies).

⋆⋆⋆⋆ 52 especies pertenecientes a la familia papilionidae y 2 000 diurnas.

⋆⋆⋆⋆⋆ Se calcula que a esta cifra se podrían incorporar de 25 000 a 30 000 que faltan por estudiar.

Asimismo, México es uno de los principales centros de domesticación de plantas cultivadas del planeta (una de las regiones del planeta también conocidas como centros Vavilov). Cerca de 25% del total de especies de plantas superiores que hay en el país posee algún uso. Sobresalen el maíz,[6] frijol, chile, aguacate, jitomate, amaranto, calabaza, cacao, tabaco y la vainilla.[7] También es el caso del sahuhui, la chía, el haba, el guaje, el camote, la yuca, jícama, el girasol; numerosas frutas (piña, chirimoya, anona, papaya, zapote negro y blanco), estimulantes como el maguey pulquero, el peyote y el toloache; fibras vegetales (distintas variedades de henequén e izote), entre otras variedades.[8]

En general, de acuerdo con la Conabio, la diversidad de alimentos que se consume en México se sustenta en más de un centenar de plantas cultivadas, 600 especies de plantas silvestres, 300 de peces, moluscos y crustáceos y más de 100 de insectos.

Por todo lo anterior, en la actualidad son las sociedades rurales, y en particular las indígenas, quienes han preservado el germoplasma no sólo vegetal (que constituye la mayor parte de los alimentos básicos que se consumen en el país), sino la totalidad del que está presente en el medio que las rodea.

Así, de manera contrastante, encontramos que el territorio concentra una amplia variedad de recursos naturales: suelos, agua, flora y fauna. La coincidencia entre las regiones culturalmente más diversas y ricas en germoplasma vegetal y animal, al igual que en el resto del mundo, no es casual sino causal. Se ha calculado que las áreas habitadas por pueblos indígenas albergan entre 55 y 60 por ciento del total nacional, cifra que considera exclusivamente las especies de flora y fauna continentales. Ello explica por qué estos grupos sociales son núcleos de un diversificado acervo de conocimientos y saberes asociados con los ciclos de la naturaleza y las propiedades de la flora y la fauna silvestres, aspectos inherentes a su concepción del mundo, de carácter precapitalista.

Áreas ricas en biodiversidad en territorios indígenas

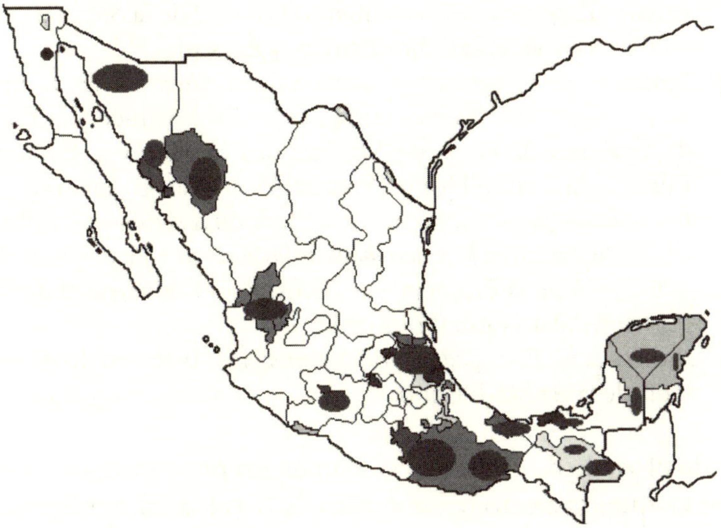

Número de especies vegetales utilizadas y nombradas entre algunos pueblos indígenas

Grupo étnico	*Especies presentes*	*Especies nombradas y utilizadas*
Tarahumara	1000	398
Seri	2703	516
Nahua	8500	1597
Purépecha	500	230
Maya	1936	909
Tzeltal	10000	1040

Fuente: Caballero, Javier, "El uso de diversidad vegetal en México: tendencias y perspectivas", en Enrique Leff (coord.), *Medio ambiente y desarrollo en México*, CIIH/UNAM-Porrúa, México, 1990, vol. II, p. 290.

En este panorama, destacan cuatro contratos de bioprospección que, como Casifop y RAFI lo han denunciado, conforman "la punta del iceberg" mexicano.[9] En su documento *La Biopiratería en México: la punta del iceberg*, se señalan los siguientes cuatro contratos aquí retomados y ampliados:

a) *BioLead Project*: Sandoz (Novartis)-Unión de Comunidades Forestales Zapotecas y Chinantecas (Uzachi) de la Sierra de Juárez en Oaxaca y ERA (Estudios Rurales y Asesoría).[10]

b) *Bioactive agents from dryland plants in Latin America: México, Argentina y Chile*: ICBG[11]/Zonas Áridas, el Jardín Botánico y la Facultad de Química de la UNAM-Universidad de Arizona, Louisiana y Purdue, American Home Products/American Cyanamid.

c) *Investigación farmacéutica y uso sustentable del conocimiento etnobotánico y la biodiversidad en la región maya de los Altos de Chiapas*: ICBG Maya —Colegio de la Frontera Sur (Ecosur)— Universidad de Georgia/Molecular Natural Limited.

d) *Acceso a la biodiversidad molecular microbiana*: Instituto de Biotecnología de la UNAM-Diversa.

a) Dado el grado de confidencialidad de los proyectos, lo poco que se sabe es que, respecto del contrato de Sandoz (ahora Syngenta),

ERA y la UZACHI —*Bio Lead Project*—, éste forma parte de un programa internacional de investigación de Novartis que se desarrolló también en Panamá y la India. A diferencia de los otros proyectos, en este caso no participaron universidades o centros de investigación mexicanos —pese a que fue propuesto en un principio al Instituto Politécnico Nacional y a la UNAM—. El contrato se firmó directamente con una asociación civil consultora, ERA, y una asociación de comunidades indígenas, la UZACHI. Los términos del contrato incluyen el establecimiento de un laboratorio en Sierra Juárez y la capacitación de personal para trabajar en él con el fin de enviar cada año dos mil muestras al laboratorio de Sandoz en Suiza.[12] El laboratorio costó cincuenta mil dólares a Sandoz, multinacional que también pagó diez mil dólares anuales por las muestras (una vez recibidas), los salarios de los técnicos y los costos de administración y asesoría. El contrato también estipula que si se desarrolla algún fármaco a partir de muestras enviadas, se pagaría un monto fijo y único a la UZACHI de entre uno y dos millones de dólares, dependiendo del valor comercial del mismo, sin haber ningún acuerdo de pago de regalías.[13] Al parecer, formalmente terminó en 1999 y extrajo miles de muestras de hongos micro y macroscópicos de la Sierra Norte de Oaxaca a lo largo de dos años (al menos tres mil muestras por año). El objetivo central fue identificar componentes activos prioritariamente para posibles curas del Sida y cáncer, entre otros usos,[14] e incluye las especies de hongos comestibles de las localidades donde se desarrolló la investigación, así como de especies forestales no maderables.[15] En total se calculan entre nueve y diez mil muestras de hongos micro y macroscópicos.[16]

b) En el caso del ICBG-Zonas Áridas, American Cyanamid, filial de American Home Products, están involucradas las Universidades de Arizona, Louisiana (G.W. Hansen's Disease Center en Baton Rouge, Louisiana) y Purdue, así como la Facultad de Química y el Jardín Botánico, ambos de la UNAM, según los informes del proyecto.[17] El ICBG se formó en 1992, a partir de la Convención de Diversidad Biológica (CDB) impulsada por el Banco Mundial y patrocinada por el GEF

(Fondo para el Medio Ambiente Mundial). El proyecto incluye además de México, a Argentina y Chile, también colaboran, aparte de los actores ya mencionados, el Instituto Nacional de Tecnología Agrícola de Argentina (Chubut), la Universidad de Patagonia (Argentina) y la Universidad Pontificia Católica de Chile.

El ICBG-Zonas Áridas está interesado en las variedades vegetales xerófitas (en particular las cactáceas) de las zonas áridas que la tradición indígena ha aprendido a usar medicinal y alimentariamente, por la cantidad de productos naturales que éstas generan en condiciones extremas de presión por calor, disecación, radiación ultravioleta y diversos animales herbívoros, a las que son expuestas. Por lo anterior, el ICBG-Zonas Áridas se interesa en las zonas de los áridos y fríos desiertos y estepas de la Patagonia y Tierra del Fuego, en Argentina; en el hiperárido desierto de Atacama y en las regiones áridas y semiáridas del centro y norte de Chile; así como en las regiones secas del centro y occidente de México.[18]

> las áreas terapéuticas en las que se aplican estas sustancias (provenientes de las zonas áridas de la región que abarca el proyecto) incluyen el sistema nervioso central, el sistema cardiovascular, el proceso metabólico intermediario, la respuesta alérgica inflamatoria, el sistema gastrointestinal, diversos tipos de cáncer, la producción de agentes antivirales y antibacteriales, así como varias aplicaciones agrícolas para la protección de los cultivos y para la salud animal.[19]

El proyecto,[20] según declaraciones de su directora general, la doctora Barbara Timmermann investigadora del Colegio de Farmacia de la Universidad de Arizona, desde 1994 (año en que inició la investigación) hasta 1997, había obtenido 3 500 extractos de más de mil plantas colectadas en los tres países.[21]

Para el caso de México, al mando del doctor Robert Bye —parte del cuerpo administrativo y docente de la UNAM—, se están recolectando muestras de cactus, xerófitas y otras plantas de los desiertos de Sonora, Sinaloa, Chihuahua, Durango, San Luis Potosí, Puebla, Nuevo León, Oaxaca y Chiapas; lugares en los que se puede encontrar:

> vida vegetal que ha logrado adaptarse a las extremas condiciones [...] desarrollando diferentes estrategias de supervivencia: 1) las que tienen la capacidad de tolerar sequías prolongadas o xerófitas verdaderas, 2) las que son capaces de acumular agua o suculentas, 3) las plantas que pierden sus hojas en temporadas de sequía, y 4) aquellas que pasan las sequías bajo la forma de semillas o bulbos, llamadas deciduas.[22]

Esta riqueza descollante resulta en alrededor de 68% del total de especies agaváceas y la mayor parte de especies cactáceas que se conocen en el mundo, lo que significa que México cuenta con la mayor variedad florística de este tipo en toda América.[23] El proyecto obtuvo de estas varidades vegetales, entre 1993 y 1997, alrededor de 3 500 extractos y con un contrato vigente hasta el 2003.

Lo más riesgoso de este acuerdo es el libre acceso de los partícipes a los bancos de información genética del Jardín Botánico de la UNAM, porque según el propio ICGB, el doctor Bye está desarrollando las bases de datos más grandes de todo el proyecto de las zonas áridas, sobrepasando las expectativas que se tenían para los tres países en su conjunto.[24] No es de extrañar que Bye tenga además acceso a la base de datos del Jardín Botánico de la UNAM y el Herbario Nacional (ambos administrados por personal académico de la UNAM), y mucho menos sorprendente resultaría que la incluyera en el sistema de información que está preparando para el ICBG. Lo anterior no es para tomarse a la ligera: según datos de Patricia Dávila (jefa de departamento del Instituto de Biología), en México, de 55 a 60 por ciento de las especies de los herbarios mexicanos son endémicas, colocándose en los primeros lugares de entre los demás jardines de la periferia. Tan sólo el Jardín Botánico del Instituto de Biología de la UNAM contaba en 1992 con más de 44 mil ejemplares diferentes y el Herbario Nacional de México,[25] también de la UNAM, cuenta con 600 mil ejemplares. Entre los dos concentran casi 40% del total de muestras de los 15 herbarios que existen en el país.

Cabe señalar que:

> El ICBG-Zonas Áridas mantiene estrictamente confidencial toda la información referente a los términos financieros de los contratos, e incluso la información sobre quiénes y dónde se han realizado colectas, y en particular los mecanismos de repartos de beneficios [...] sólo se sabe que en el reparto de beneficios se contempla conceder un porcentaje (no especificado) de las regalías a la persona o comunidad que provea del conocimiento necesario que permita aprovechar comercialmente algún principio activo identificado en alguna planta colectada. Uno de los objetivos declarados del ICBG-Zonas Áridas es trabajar cerca de las autoridades para asesorar en el desarrollo la legislación y los procedimientos regulatorios —que son de gran interés para el proyecto— como es el caso del acceso a los recursos genéticos y los términos y mecanismos del reparto de beneficios, ya que ni en México, Chile ni Argentina existen legislaciones nacionales que regulen la prospección de plantas nativas. El ICBG-Zonas Áridas guarda también estricta confidencialidad en la información sobre los nombres específicos y ubicación de las plantas que están siendo estudiadas, sus sustancias químicas activas, las patentes que deriven de los ensayos biotecnológicos y otros detalles, con objeto de proteger el potencial de propiedad intelectual de este proyecto. El revelar tempranamente esta información, según el ICBG, podría debilitar el control que los colaboradores del país anfitrión tienen sobre esta información [...] Tales supuestos "beneficios" no son más que promesas que se concretarían en un futuro que es inevitablemente incierto.[26]

c) El proyecto de bioprospección, entre el ICBG Maya, el Colegio de la Frontera Sur, la Universidad de Georgia y la empresa inglesa Molecular Natural Limited, sustituta en 1999 de la multinacional Xenova Discovery, firmado en 1998, también vincula a organismos gubernamentales como el INE (Instituto Nacional de Ecología), la Semarnap (Secretaría del Medio Ambiente Recursos Naturales y Pesca) —ahora Semarnat/Secretaría del Medio Ambiente y Recursos Naturales—, la Conabio (Comisión Nacional para la Biodiversidad), el INI (Instituto Nacional Indigenista) y la Profepa (Procuraduría Federal de Protección al Ambiente).[27] De igual modo, buscaba sustancias activas (especialmente para la industria farmacéutica), pero centrándose en el estado de Chiapas.

> El proyecto establece internamente los mecanismos para la formación de un fideicomiso que canalizaría un eventual reparto de beneficios monetarios, y una asociación civil (denominada Promaya) por medio de la cual las comunidades indígenas podrían participar [...] e integrar un comité técnico adjunto al fideicomiso. El fideicomiso se formará desde el proyecto, y no se aclara cómo se tomarán las decisiones, quiénes designan los integrantes de este fondo, etc. La población local de Chiapas no fue consultada antes de establecer todos estos acuerdos, que se regulan por los tres socios del proyecto, en forma escrita, en 1999. De esta manera firman un "Convenio para la protección de derechos de propiedad intelectual y distribución de beneficios del ICBG Maya". Este convenio es una especie de carta de intención entre los socios para respetar a las comunidades indígenas y entregarles parte de los beneficios, pero contradice sus principios comunitarios al introducir elementos de privatización de bienes colectivos y públicos. La eventual participación a través del Promaya de este fideicomiso no debería ser considerada como "participación de las comunidades" puesto que no parte de sus estructuras tradicionales ni fue decidido por ellas. De hecho esto puede generar elementos conflictivos dentro y entre las comunidades. Pese al título "Protección de derechos de propiedad", el Convenio, trata, entre otros temas, sobre cómo acceder a los recursos genéticos y al conocimiento indígena; cómo regular la relación con las comunidades si una empresa comienza a producir un fármaco —que es que las comunidades produzcan la materia prima necesaria para ésta, al precio más barato para la empresa—. El Convenio reconoce formalmente la soberanía de México sobre sus recursos naturales y genéticos (artículo VI), y en los artículos siguientes (VII y VIII) se los distribuyen entre los tres participantes del proyecto y el fideicomiso a formar. Las ganancias obtenidas por patentes sobre fármacos se repartirían 25% a cada uno de los tres socios del proyecto, y 25% iría al fideicomiso. Este porcentaje sería sobre las regalías, que podrían ser de 0.5 a dos por ciento de las ventas anuales del producto, según lo que se negocie con la empresa a la que le ofrecen el extracto o compuesto purificado en Molecular Nature Limited.[28]

Lo crítico radica en que, al mando del doctor Brent Berlin,[29] se estaba haciendo uso del conocimiento y la mano de obra de las comunidades locales. A pesar de que este proyecto se firmó desde 1998-1999, las investigaciones formales de etnobotánica del doctor Brent Berlin en la región datan de 1987,[30] cuando inició un estudio de la medicina etnobotánica maya. Brent publicó en 1996 un libro que describe pormenorizadamente el uso médico de la biodiversidad de Chiapas, su localización y abundancia; participaron en dicha publicación Elois Ann Berlin, y un gran equipo de botánicos, farmacólogos, antropólogos y etnobotánicos de la Universidad de Georgia, El Colegio de México, la Academia de Ciencias de California (Berkeley), la Universidad de Idaho, el Instituto Smithsoniano y el IMSS. En este sentido el proyecto de bioprospección, cancelado definitivamente en noviembre de 2001,[31] estaba buscando validar el patentamiento de las investigaciones añejas de Berlin, mediante la reciente solicitud de comercializar los componentes activos que supuestamente apenas van a extraer. Sin embargo, también se trataba de reconfirmar el trabajo de Berlin, pero a nivel molecular; por ello el proyecto hasta 1999 había recolectado casi seis mil muestras tan sólo en comunidades como Chenalhó, Oxchuc, Tenejapa y Las Margaritas; así como se habían registrado por lo menos 200 fórmulas medicinales tradicionales de tres de esos municipios,[32] además de haber instalado un jardín botánico por región. El total de jardines del proyecto es de cerca de 15 y 16, de los cuales cuatro están completos y para el resto aún estaban recabando muestras, que "sin excepción han sido enviadas al Herbario Nacional de Estados Unidos, al Instituto Smithsoniano, al Jardín Botánico de Nueva York y al de Missouri y al Real Jardín Botánico de Kew en Reino Unido".[33]

d) Este contrato, en suspensión temporal para ratificación o cancelación definitiva, ya ampliamente criticado por Alejandro Nadal, de El Colegio de México (Colmex),[34] inició desde 1998; fue realizado entre la Universidad Nacional Autónoma de México, a través del Instituto de Biotecnología, y la empresa Diversa (Estados Unidos) y aprobado por Jorge Soberón Mainero (de la Conabio) y avalado por la Semarnap y el INE,[35] a cambio de que el Instituto de Biotecnología de la UNAM recibiera el equipo necesario para que *maquilara* las muestras biológicas a estudiar. En este tenor, Diversa, que pretende encontrar organismos que viven en condiciones extremas, de los que se puedan obtener sustancias activas de gran potencial económico,[36] es conocida como la empresa que logró el primer acuerdo de bioprospección en Estados Unidos (1997, Yellowstone National Park); ha reclamado 700 patentes de enzimas (*novel enzymes*) gracias a la técnica que ha desarrollado conocida como "evolución directa"[37] y tiene acuerdos con Hoffmann-La Roche, Dow Chemical Company y Sigma, entre otras. El acuerdo UNAM-Diversa permite a la empresa estadounidense tener acceso a las Áreas Naturales Protegidas de México —incluyendo las reservas de la biosfera (confirmado por el propio Jorge Soberón[38] y por Xavier Soberón[39])— además se da por aceptado el derecho a patentar en otros países la biodiversidad mexicana, dado que no existe en nuestro país legislación alguna al respecto. Lo más grave del acuerdo UNAM-Diversa radica en los contratos o acuerdos paralelos que esta última tiene; tal es el caso del que tiene con Celera, empresa estadounidense responsable del desciframiento del genoma humano y con el mayor número de patentes correspondientes a éste, así como un extenso número de patentes de otros materiales biológicos, sin mencionar sus múltiples alianzas con *Pharmacia* —fusión del sector farmacéutico de Monsanto y Upjohn—, Novartis y Aventis entre otras, basta con ver la página en internet de Celera para confirmar que estas empresas han acordado descifrar distintos genomas y patentar genes únicos que se encuentren en la "librería genética" de Diversa.[40] Pero, relacionado con este acuerdo, hay otro que llama la atención: el celebrado entre la empresa Celera y los Laboratorios Sandía,[41] institución esencialmente militar encargada de algunas de las investigaciones de alta confidencialidad del Pentágono.

Es decir, la UNAM está maquilando —en términos de ingeniería genética—[42] muestras biológicas mexicanas con potencial comercial a 50 dólares cada una (según el contrato firmado),[43] cediendo todos los derechos de patente a Diversa a cambio de entre 0.3 y 0.5

por ciento de las regalías sobre las ventas netas si se desarrollase algún producto a partir de las muestras. Diversa a su vez puede y tiene el derecho por contrato de transferir las muestras e información generada a "otros", que en el peor de los casos puede ser nada más y nada menos que el Departamento de Defensa de Estados Unidos.

Irónicamente:

> de todo este complejo panorama de saqueo y aprovechamiento estratégico de la riqueza enzimática nacional adoptado por la empresa Diversa, al doctor Xavier Soberón, hermano de Jorge Soberón y director del Instituto de Biotecnología de la UNAM, le parece suficiente con informar al público mexicano que las actividades de la empresa Diversa consisten básicamente en la inocente recolección de muestras "con una cuchara, que se vierten en un bote y luego se llevan al laboratorio, donde se realiza un análisis de los genes que se mantienen estables en la muestra".[44]

Aunque estos cuatro contratos destacan por tener mayor envergadura, no son las únicas actividades de bioprospección y biopiratería en el país. Es de suponerse que éstas son tan sólo "la punta del iceberg" mexicano, en donde siguen casos como el de Savia/Pulsar (cuyo dueño, Alfonso Romo, es íntimo amigo del presidente Vicente Fox y fue su asesor personal en la etapa de transición de gobiernos) que lleva varios años realizando en Montes Azules labores de bioprospección y biopiratería, con el apoyo de la Semarnap, Conservation International y algunos biólogos, ecólogos y biotecnólogos de la UNAM.[45] Del mismo modo, está el caso de biopiratas de Israel y Japón que operan al menos en el estado de Oaxaca. Según Casifop/RAFI (ETC Group), en la Sierra Juárez de Oaxaca

> se observa una abundante presencia de grupos de investigadores piratas japoneses —que llegan a la sierra para llevarse grandes cantidades de tierra fértil, rica en bacterias, esporas y microrrizomas [...] aunque algunos conocedores de la región dicen haber observado también la presencia de otros capitales de origen estadounidense como es el caso de Shaman y Merck.[46]

Considerando lo anterior, queda una gran responsabilidad, no sólo en las manos de los funcionarios gubernamentales del país, tanto del poder legislativo como del judicial, sino sobre todo en la sociedad mexicana (con quien tienen que discutir los primeros) como conciencia social que presione el y en el debate del "manejo y acceso a los recursos" y del "derecho de los puebos indígenas", como puntos de partida para la discusión de la conservación y uso de los recursos bióticos y su conocimiento bajo una lógica que beneficie a la Nación y su pueblo, entendido como el interés de la mayoría y no de una minoría, élite mexicana que se enriquece con políticas que no se pueden calificar más que como "vende Patrias", fundamento de esquemas como el Plan Puebla-Panamá y el Área de Libre Comercio de las Américas, piedras angulares de la apropiación de activos de Nación, lo que en este caso, se trata de la entrega de "activos de la naturaleza" y su conocimiento, por parte de verdaderas "biomafias" oportunistas.

ALTERNATIVAS FRENTE AL CRECIENTE ROBO DE LA DIVERSIDAD BIOLÓGICA DEL PLANETA

Tosepan Titataniske
(náhuatl, "unidos venceremos")

Lo mismo que está sucediendo con la diversidad biológica del planeta, acontece de manera aún más preocupante con la diversidad cultural. Sólo en el siglo XX las lenguas del mundo disminuyeron de diez mil a seis mil, además de que la mitad de los lenguajes restantes no se enseña a los niños, de tal suerte que pueden perderse en una generación. Es decir, lo que estamos perdiendo es conocimiento ancestral para la supervivencia del hombre y para el mantenimiento del planeta. Nuestra generación es la primera en la historia del mundo que, de seguir así, perderá más saber que el que construye.

Dado que la pérdida de la diversidad cultural resulta ser una amenaza mayor que la biopiratería, no es casual que el núcleo de los movimientos sociales contra esta última se concentren en grupos de indígenas y campesinos del orbe.

Para Pat Mooney, director de RAFI, los centros de megadiversidad como México y los Andes, que son por supuesto centros de biopiratería, también son *núcleos de resistencia*,[47] la cual está inspirando al resto del planeta. Así,

> cuando el gobierno de Estados Unidos solicitó la patente de una cadena celular —el arreglo genético completo— de una mujer guaymí, volaron a la sede del GATT en Ginebra, confrontaron a Estados Unidos y forzaron a su gobierno a revertir la patente. Cuando la Universidad de Colorado patentó el futuro de 54 variantes de la quina de Los Andes, los agricultores de quina volaron a la Asamblea General de Naciones Unidas. La Universidad reculó. Cuando un científico estadounidense patentó la ayahuasca —planta sagrada de muchos pueblos del Amazonia—, la gente lo llevó a la Corte y forzó a la Oficina de Patentes y Marcas Registradas de Estados Unidos a repudiarla. De igual modo, los campesinos mexicanos están luchando contra la patente de frijol canario que reclama una empresa estadounidense.[48]

En el mismo tenor, Vía Campesina (movimiento internacional que aglutina a campesinos sin tierra, pequeños y medianos productores, trabajadores agrícolas, mujeres rurales y pueblos indígenas en Asia, África, América y Europa) ha luchado, entre otros puntos, contra la biopiratería y el desarrollo de la industria biotecnológica en el campo, pero sobre todo en las rondas de negociación de la OMC. Para Vía Campesina el intento de privatizar y comercializar los recursos genéticos por parte de compañías transnacionales junto con el acuerdo del derecho de propiedad intelectual de la Organización Mundial de Comercio son inaceptables. Las comunidades campesinas tienen el derecho de usar libremente y proteger los recursos genéticos, incluyendo las semillas, las cuales han sido desarrolladas por éstas a través de la historia.[49] En este contexto, la Comisión Coordinadora Internacional de Vía Campesina (Ginebra, Suiza, del 17 al 20 de mayo de 1998) se propuso promover los derechos de "los/as agricultores/as, las comunidades campesinas y los pueblos indígenas", que serían definidos y acordados dentro del Compromiso Internacional sobre los Recursos Genéticos, actualmente estancados en la discusión de la Comisión de Recursos Genéticos de la FAO.[50] La definición de los derechos del agricultor/a, según Vía Campesina, debe tener como ejes fundamentales:

Un carácter histórico profundo, el cual ha mantenido vigente la conservación de la biodiversidad, la permanente generación de nuevos recursos y su mejoramiento; donde las comunidades rurales e indígenas se reconozcan como los depositarios/as del esfuerzo y conocimiento de las generaciones que han creado esta riqueza. Los derechos del/a agricultor/a deben incluir el derecho sobre los recursos y sus conocimientos asociados; ello significa la aceptación del conocimiento tradicional, el respeto a las culturas y el reconocimiento de que éstas son la base del conocimiento; incluyendo el derecho a definir el marco jurídico de propiedad de dichos recursos. Los derechos del/a agricultor/a deben reconocer su carácter eminentemente colectivo, por lo que obliga a respetar la soberanía de cada país para establecer leyes locales sobre la base de dichos principios.

Los agricultores/as también tienen derecho a participar en la definición, elaboración y ejecución de las políticas y programas vinculados con los recursos genéticos, así como del uso de la tecnología apropiada, la participación, diseño y gestión de los programas de investigación. Asimismo, tienen el derecho a desarrollar los modelos de agricultura sostenible que protejan la biodiversidad y que ellos conocen mejor.

Sin poder dejar a un lado el caso particular de México, vemos una creciente movilización de las comunidades indígenas en todo el país, claramente, y sobre todo en el marco del Tercer Congreso Nacional Indígena, celebrado en Nurio, Michoacán, del 2 al 4 de marzo de 2001. El encuentro se pronunció, entre otros puntos, por "la exigencia a una moratoria a todos los proyectos de bioprospección y a todas las actividades de biopiratería que realizan en nuestros territorios".[51]

Los argumentos mencionados muestran la irreductible diversidad biológica y cultural, como límites a un sistema que ha creado riqueza pero también miseria, y que nos lleva a buscar en contracorriente una alternativa. Así, la salida a tal disyuntiva estaría en articular desde el marco político-económico-social: leyes, códigos y biodiversidad viviente, Bancos de Germoplasma y ecosistemas, y saberes locales y formales; pero por encima de todo, colocando como punto clave de partida al territorio concreto, pues en última instancia la biodiversidad se pierde *in situ* y se restituye *in situ*.[52] En esta lógica alternativa, la conservación y uso de la biodiversidad empieza y termina en el ecosistema, donde el eje articulador no está en el capital, sino en la capacidad autogestiva de la nación y entonces de sus comunidades, hecho que implica de entrada una nueva racionalidad ecológica, con nuevas formas de acceso, propiedad, uso y manejo de los recursos bióticos.

7. Hacia un sistema mundial de propiedad intelectual: el caso de las biopatentes

En la carrera por promover mecanismos exclusivos para recompensar a los "inventores" de nuevos productos y procesos biológicos, los Estados nacionales, los organismos políticos y las CMN, se ven forzosamente involucrados en la construcción de un *Sistema Mundial de Propiedad Intelectual*, debido a que, para el capital mundial, el objeto técnico en cuestión (la biodiversidad y la biotecnología) afecta la gestión general de toda la biosfera y de ahí, de todos los procesos mundiales de producción primaria y crecientemente de la secundaria (de los contaminantes de las industrias mundiales de transformación, de la alimentación mundial y de la gestión médica necesaria para la reproducción de la fuerza de trabajo, entre otros).

En este sentido, Estados Unidos y otros países industrializados han presionado agresivamente en los años recientes para la "armonización" internacional de las leyes de propiedad intelectual, a modo de homogenizar los distintos lineamientos, regulaciones y procedimientos; y sobre todo para hacer valer las patentes en todo el mundo, de manera que ya no sea necesario presentar las solicitudes de patentes según los requisitos de cada una de las oficinas de los diferentes estados-nación[1] y que una sola solicitud de patente (ya sea en Estados Unidos o en la Unión Europea) sea validada simultáneamente en varios países, y sobre todo en los países periféricos. La meta está entonces en incorporar a todos los países del orbe en dicho sistema de patentes.

Lo anterior responde a que históricamente las leyes de propiedad intelectual se basan en el principio de soberanía nacional, por lo que cada país determina libremente sus propios métodos para reconocer o proteger la propiedad intelectual. Esto no sólo limita el robo de la biodiversidad y su conocimiento, también resulta ser obstáculo para el control de las nuevas tecnologías por parte de los capitales involucrados en su desarrollo. Es decir, se está viviendo un perfeccionamiento y una complejización de la propiedad privada en el mundo en su modalidad de propiedad intelectual.

A pesar de los requerimientos básicos para patentamiento,[2] existe en las leyes de patente una doctrina bien establecida por la cual los "productos de la naturaleza" no son patentables. No obstante, desde 1980, el sistema judicial de Estados Unidos ha interpretado esta doctrina de tal manera que promueve el biopatentamiento; da la propiedad exclusiva de genes, plantas, animales y material genético humano, a las CMN y actores propios de los Estados nacionales (universidades, laboratorios) que por primera vez los alteren, aíslen, purifiquen, modifiquen y manipulen. Cumple así con el requisito que determina que los productos de la naturaleza "sin modificación del hombre" no pueden ser patentados.

Sally I. Hirst dijo: "desde 1980 ya no se puede decir que algo no es patentable solamente porque es algo viviente [...] la biotecnología ha avanzado tan rápidamente en los últimos años, que en la actualidad prácticamente no hay forma de vida que no tenga el potencial de estar sujeta a una solicitud de patente".[3]

Así, en la década de 1980, la mayoría de los países de la periferia (así como muchos países industrializados) había optado por no reconocer patentes sobre alimentos, medicinas u otros productos considerados como necesidades humanas básicas. Sin embargo, durante la Ronda Uruguay del Acuerdo General sobre Aranceles y Comercio —GATT, hoy OMC— (1986-1994), los Derechos de Propiedad Intelectual (TRIP) se convirtieron en objeto de negociación en el contexto del comercio internacional. Estados Unidos peleó su inclusión en la agenda, bajo presiones de la industria farmacéutica, cuyos representantes[4] redactaron el texto que sirvió como base para su discusión y negociación. Estados Unidos finalmente ganó el forcejeo y el acuerdo sobre TRIP se convirtió en el tercer pilar del régimen mundial del comercio, junto a bienes y servicios.

Como resultado del GATT, los TRIP —Comité de la Propiedad Intelectual que entró en vigor en 1995, exceptuando el artículo 27.3(b), el cual aún está pendiente—,[5] y cuyos miembros se leen como el "quién es quién" de las 500 empresas más grandes del mundo del *Fortune*,[6] obligan a los países signatarios del GATT a adoptar legislaciones mínimas de propiedad intelectual respecto de plantas y microorganismos dentro de los siguientes 5 a 15 años. Este complejo sistema de propiedad intelectual (privada) permite que las CMN amplíen su control sobre el mercado, desde luego, sin asegurar a la periferia mayores inversiones, ni transferencia de tecnología de punta,[7] y mucho menos un mayor crecimiento económico. Esto no significa que en tal contexto se considere al Estado como un actor políticamente neutral, en ese caso el análisis se reduciría a una discusión sobre la problemática de la soberanía nacional, con lo que tampoco intento aminorar la importancia de ésta para la construcción de alternativas, específicamente en la periferia. Más bien, hay que interpretar la importancia del Estado desde el entendimiento de que se trata de un aparato que opera en función de las estructuras de poder capitalistas y que se concreta en una relación social de dominación, por lo que obligadamente requiere de una especial y crítica atención dado su involucramiento en ese proceso.

Asimismo, la WIPO (Organización Mundial para la Propiedad Intelectual) tiene como objetivo promover la cooperación entre países en la tramitación de patentes y establece convenios y tratados que intentan solventar las diferencias entre los regímenes jurídicos de cada país. Ello parte de la dependencia de los ENC hacia la periferia a través de las negociaciones de la deuda y su servicio, cuyo pago puede ser directa o indirectamente en especie (que si antes era en minerales y otros recursos estratégicos, hoy se busca además que sea en biodiversidad y su conocimiento —incluyendo si es posible sus respectivos derechos a patentes—). Esto se logra a partir de una desregulación de las inversiones en la periferia (Acuerdos Multilaterales de Inversiones, AMI) para que los capitales puedan libremente invertir en sectores estratégicos, como institutos de investigación, jardines botánicos, bancos de germoplasma. Aún más complejas son acciones como las modificaciones al artículo 27 en México impulsadas por el Banco Mundial (referentes a la propiedad de la tierra y de ahí redefiniendo el acceso a sus recursos), las nuevas regulaciones para el acceso a los recursos genéticos en Costa Rica (Ley de Biodiversidad de Costa Rica impulsada por InBio) y en Brasil (decreto MP 2052, impulsado por Novartis y Bioamazonia, en el que se deja en manos de un consejo ministerial el acceso y uso de los recursos del país), entre otros casos de América latina. Todos ellos resultan ser claros ejemplos de las estructuras nacionales que tienen que penetrar los centros capitalistas para acceder a los recursos del sur.

Por todo lo anterior, es evidente que el proceso de "globalización" de un sistema mundial homogéneo de patentes se está convirtiendo en la punta de lanza de las grandes corporaciones para monopolizar el desarrollo del patrón tecnológico en construcción; proceso que se intensificó en los últimos años del siglo XX, pero que es de esperarse que lo haga aún más en los primeros años del XXI.

PATENTANDO LA VIDA®[8]

1) En la India y el oeste de África, la población local ha usado tradicionalmente partes del árbol endémico —*neem*— con fines médicos, contraceptivos e insecticidas entre otros. W. R. Grace, una de las mayores CMN químicas, ha patentado el compuesto activo derivado del árbol, la azadiractina, y lo comercializa en Estados Unidos como insecticida orgánico.

2) En 1996 Loren Miller, en representación de la International Medicine Corporation, ha patentado en Estados Unidos la ayahuasca, planta sagrada de los indios amazónicos, argumentando que la variedad existe un jardín botánico de Hawai y que es diferente a la del Ecuador.

3) Ingenieros genéticos de Lucky Biotech Corporation y de la Universidad de California recibieron en 1994 patentes estadounidenses e internacionales sobre plantas desarrolladas por medio de

ingeniería genética para expresar proteínas naturales ultradulces derivadas de una planta del África occidental llamada thaumatina; la proteína de la planta es la sustancia más dulce que conoce la humanidad. Los científicos afirman que es cien mil veces más dulce que el azúcar; crece en la selva tropical del África occidental, donde los pobladores la han utilizado desde hace siglos para endulzar y acentuar el sabor de los alimentos. En el mundo industrializado existe un enorme mercado potencial para un edulcorante natural bajo en calorías que pueda ser insertado en la configuración genética de cualquier fruta o verdura —tan sólo el mercado de endulzantes naturales bajos en calorías es de dos mil millones de dólares—. Lo que no se dice es que los verdaderos innovadores de la thaumatina fueron las comunidades indígenas que cultivaron y desarrollaron la planta, pero son los dueños de la patente quienes obtienen el control exclusivo sobre su monopolio; actualmente Tate & Lyle (Reino Unido) la comercializan con el nombre de Talin.

4) Tres científicos de la Universidad de Toledo, Ohio, han recibido una patente (Estados Unidos, núm. 5252330) sobre el uso del *endod* (también conocida como planta de bayas saponíferas africana) como un molusquicida para el control de los mejillones cebra (moluscos de agua dulce). El *endod* es una planta perenne que ha sido seleccionada y cultivada por siglos por las mujeres de Etiopía. En muchos lugares del África sus frutos son usados por los nativos como jabón para lavar la ropa y como shampoo. Las comunidades indígenas también la han usado para adormecer a los peces y así poder cazarlos más fácilmente. Se desconoce el potencial comercial del *endod* como un producto para eliminar moluscos, pero por ejemplo, las instalaciones municipales de agua y los propietarios de embarcaciones gastan actualmente millones de dólares al año para limpiar sus tuberías de mejillones cebra en el área de los Grandes Lagos de Estados Unidos.

5) Sally V. Fox, una cultivadora y mejoradora de variedades y cultivos de Estados Unidos, ha recibido los derechos de dos variedades de algodón de pigmentación natural (llamados "Coyote" y "Verde"), que modificó con técnicas convencionales de mejora-

miento vegetal para volverlas apropiadas para el hilado mecanizado. En un inicio, Sally Fox obtuvo las semillas de algodón de pigmentación natural de un banco de semillas del Departamento de Agricultura de Estados Unidos. Las semillas fueron originalmente recolectadas de comunidades indígenas agrícolas de México y América central[9] (no se conoce la ubicación exacta). Las variedades de algodón de colores verde y marrón están ahora siendo cultivadas en cinco mil acres en Estados Unidos. Su compañía, llamada Natural Cotton Colours, Inc., tuvo ingresos de cinco millones de dólares en 1993, y las utilidades de la compañía antes de los impuestos fueron de un millón de dólares. La protección (similar a la de una patente), bajo los Derechos de Mejoradores de Plantas, confiere a Sally Fox el derecho legal de excluir a otros de la venta, reproducción, importación y exportación de sus variedades sin su permiso, hasta el año 2008 (patente Estados Unidos, núms. 8900169 y 89900170).

6) En 1990 la Universidad de Florida patentó un hongo brasileño conocido por sus efectos letales contra las plagas de hormigas, las cuales son capaces de ocasionar daños estimados en mil millones de dólares a los cultivos tan sólo en Estados Unidos (patente Estados Unidos, núm. 4925663).

7) Una patente que abarca toda una especie sobre un cultivo alimentario fue otorgada en marzo de 1994, cuando la empresa W. R. Grace recibió una patente europea (núm. 0301749) sobre todas las variedades transgénicas de soya.[10] Esta compañía tiene una patente similar pendiente en Estados Unidos.[11] La patente de Grace sobre la soya significa una amenaza contra la seguridad alimentaria mundial.

8) American Home Products, una de las empresas farmacéuticas más grandes del mundo, retiene la patente de una esponja de Fiji con propiedades médicas "antitumor" (patente núm. 5414001).

9) Neurex Inc. (Estados Unidos) sintetizó un antidolor proveniente de una estrella marina de las Filipinas —*Conus magus*— llamado SNX-111. Éste fue aislado por investigadores de la Universidad de Utah y resulta ser una toxina con un poder mil veces mayor al de la morfina. La propiedad de la toxina se encuentra en una serie de patentes: Estados Unidos, núm. 5189020 el 23 de

febrero de 1993; núm. 5559095 del 24 de septiembre de 1996; núm. 5587454 del 24 de diciembre de 1996. También patentes en Australia, Canadá, Japón y en 14 países de Europa. Neurex Inc. busca la patente en Hungría, Corea del Sur, Noruega y Rusia.

10) CMN farmacéuticas, como la francesa L'Oreal, han patentado la *kava* (*Piper mythesticum*) para reducir la caída y pérdida del cabello. Familiar de la pimienta negra, también es utilizada como antiestrés, para el insomnio, el Alzheimer, entre otras aplicaciones. L'Oreal ha obtenido o busca la patente de la *kava* en Estados Unidos, Francia, Japón, Canadá, China, Alemania, Italia, Reino Unido, España, Hungría y Polonia.

11) En agosto de 2001, RAFI da cuenta del "secuestro" del tubérculo andino *Smallantus sonchifolius*, también conocido como *yacón*. Se trata de una planta nativa pariente del girasol, tiene sabor dulce pero no engorda ya que el cuerpo humano no es capaz de metabolizar el azúcar de esta planta por lo que su eventual uso en alimentos dietéticos es de gran posibilidad, viendo ese enorme mercado potencial, los japoneses han estado investigando y patentando derivados del yacón por más de una década. El germoplasma del yacón al parecer fue transferido del CIP (Centro Internacional de la Papa) al IRENA, un instituto gubernamental peruano cuya directora le dio los tubérculos al embajador de Perú en Japón que voló con ellos a Tokio unos días más tarde. La historia, indica RAFI, se pone más picante porque el embajador en Perú es el cuñado de Fujimori, el ex presidente peruano refugiado en Japón. También se asocia a Takahasi del IRENA con los intereses de Fujimori.[12]

12) El gobierno de los Estados Unidos aprobó la patente del nuña, un frijol palomero de la región de los Andes (patente núm. 6040503). La característica genética que ocasiona el inflamiento del frijol al cocerlo se encuentra únicamente en el nuña de los Andes, mismo que los "inventores" reclaman en su patente. El nuña es muy nutritivo y es muy importante para las comunidades campesinas en los áridos de los Andes ya que para cocinarlo se requiere poca leña y no usa agua, por que la semilla se tuesta, no se hierve. La patente fue otorgada el 21 de marzo de 2000 a la empresa Appropriate

Engineering and Manufacturing, a través de los "inventores" Mark Sterner y Jeffrey Enlers de California, Estados Unidos. También obtuvieron la patente (W099/11115) de la Organización Mundial de la Propiedad Intelectual, y han informado que presentarán su nuña que se cultive con éxito fuera de los Andes, incluyendo cruzas de por lo menos 33 variedades andinas del nuña que han sido tradicionalmente cosechadas y desarrolladas por siglos en Perú, Bolivia, Ecuador y Colombia.[13]

13) En el caso específico de México, nos encontramos con la patente del maíz pozol en manos de la empresa Quest International y la Universidad de Minnesota. También con la patente del frijol amarillo o canario que tiene la empresa estadounidense POD-NERS L.C.C. (patente núm. 5894079), la cual alega que ha mejorado la variedad de frijol "concibiendo" una versión única de *enola* o frijoles azufrados.[14]

14) El CGIAR (Grupo Consultivo de Investigación Agrícola Internacional), con sede en el Banco Mundial, ha decidido cambiar radicalmente su postura referente a su política de patentes, para supuestamente poder negociar acuerdos de transferencia de tecnología con las grandes empresas multinacionales de biotecnología, aun cuando los mejores instrumentos sean la colocación de los materiales en el dominio público, ya que rompe con el requisito de novedad de las patentes y permite su uso libremente. La nueva postura de CGIAR es grave, dado que las investigaciones son generadas a partir de recursos públicos con el objetivo de desarrollar innovaciones agrícolas (especialmente en productos de mayor consumo). Dicha orientación de la CGIAR abre la posibilidad de filtraciones de las empresas biotecnológicas para acceder a las muestras de los múltiples bancos de germoplasma de sus distintos centros con base en un "acuerdo de transferencia de tecnología", que les posibilitaría robar el trabajo que ha realizado y que lleva a cabo, mediante acuerdos de licencia cruzados, la segmentación de los mercados y la fijación de barreras a la entrada, tal y como lo vienen argumentando las multinacionales interesadas en estas patentes; en este contexto la capacidad de CGIAR no es suficiente para proteger y vigilar el cum-

plimiento de sus patentes, por lo que pone en manos de las multinacionales todas sus investigaciones y obstaculiza la libre circulación de ellas.

15) En 1976 los cirujanos extrajeron células cancerosas del bazo de John Moore, de California (Estados Unidos), un paciente con leucemia, y luego desarrollaron una línea de células (denominada "Mo") a partir de esa muestra de células. En 1979, los médicos de Moore solicitaron una patente sobre la línea de células Mo, la cual había demostrado producir altos niveles de proteínas útiles y rentables; la patente fue otorgada en 1984. En 1984, J. Moore entabló una demanda aduciendo que sus células sanguíneas le habían sido extraídas ilícitamente y que él tenía derecho a parte de las ganancias que resultaran de los usos comerciales de esas células. El valor potencial de los fármacos derivados de la línea de células Mo podría llegar a varios miles de millones de dólares, pero la Corte Suprema de California dictaminó en 1990 que John Moore no tiene ningún derecho sobre esas posibles ganancias. En una clara victoria para la industria de la biotecnología, la Corte decidió que, no obstante que Moore tenía el derecho de demandar a sus médicos por no informarle acerca del valor comercial de su línea de células, no tenía derechos de propiedad sobre sus células una vez que éstas fueron extraídas de su cuerpo.

16) El gen AI-Milano. En los años setenta, el doctor Cesare Sirtori, de la Universidad de Milán, en Italia, descubrió que algunos residentes de una pequeña aldea italiana eran portadores de un gen mutante que los hacía producir bajos niveles de lipoproteína de baja densidad (HDL), protegiéndolos así de enfermedades del corazón. Este hallazgo condujo al aislamiento, clonaje y patente del gen mutante con la promesa de desarrollar un producto de ingeniería genética para tratar las enfermedades del corazón. El doctor Sirtori trabaja ahora para Kabi Pharmacia de Suecia, la cual posee las patentes estadounidenses y europeas sobre el gen AI-Milano y planea comercializarlo en Europa.

EL NIH Y COMPAÑÍA, UNA CRIATURA DE EXCELENCIA EN LA ERA BIOTECNOLÓGICA

Como resultado del término *oficial* de la investigación en armas biológicas y químicas (previo a 1972), cuando las instalaciones de Fort Detrick fueron el cuartel central de las unidades de los militares dedicadas a dicho fin, Estados Unidos desocupó (a partir de 1972) parcialmente la instalación y el NIH (Instituto Nacional de Salud) se mudó allá. Fort Detrick es compartido ahora por el NCI (National Cancer Institute), NINDS (National Institute for Discovery Science), varios grupos médicos del ejército de Estados Unidos y una agencia médica de la Agencia de Inteligencia en Defensa (DIA). Las unidades del ejército en Fort Detrick incluyen al Instituto de Investigación Médica en Enfermedades Infecciosas (AMRIID) y un grupo que investiga contramedidas a agentes bélico-biológicos. Tales unidades de la milicia albergan en Detrick una de las colecciones más importantes de materiales biológicamente dañinos del ejército en una de las instalaciones más seguras del mundo.[15] Detrás de las extensivas medidas de bioseguridad existe una biblioteca de agentes biológicos extremadamente virulentos, como el Ébola (objeto de investigaciones en marcha por científicos del Departamento de la Defensa de Estados Unidos como parte de la elaboración de armas bioquímicas y bacteriológicas).[16]

Las oficinas y las colecciones biológicas del NINDS, así como numerosos investigadores del NCI están en Fort Detrick. Además de que este último aloja las colecciones del Programa de Desarrollo Terapéutico del NCI, líder en la recolección y análisis farmacológico de plantas y otros especímenes biológicos en todo el mundo. Lo más llamativo es que tanto el NIH y la armada en Fort Detrick hacen contratos gubernamentales con empresas privadas, filtrándose en su admisnistración para asegurar y controlar el tipo de investigación que realizan. Por ejemplo, la compañía Science Applications International Corporation (SAIC), en San Diego, es una firma privada que se especializa en trabajos de alta tecnología para el Departamento de Defensa de Estados Unidos y agencias de inteligencia extranjeras. El directorio de SAIC incluye, o ha incluido recientemente, a los secretarios de Defensa actuales y anteriores, y a los directores de la Agencia Central de Inteligencia (CIA), entre otras personas ligadas íntimamente a las operaciones de inteligencia militar de Estados Unidos y de otros países.[17]

La primera solicitud de patente (publicación número WO93/03759) presentada a nombre del U.S. Department of Health and Human Services (Departamento de Salud de Estados Unidos) y el NIH, pretendió reclamar los derechos sobre una línea de células T de un habitante de Papúa, Nueva Guinea. De acuerdo con la solicitud de patente, en mayo de 1989 fueron tomadas muestras de sangre de 24 personas pertenecientes a la comunidad Hagahai, de la provincia de Madang, Nueva Guinea. Esta línea de células, la primera de su clase de un individuo de Papúa, es potencialmente útil en el tratamiento y el diagnóstico de personas infectadas con una variante del virus HLTV-I.24. El Virus Humano T-linfotrópico tipo I (HTLV-I) está asociado con leucemia en adultos y con una enfermedad neurológica crónica degenerativa. La nueva línea de células posee un valor potencial para poder entender el mecanismo que regula el aumento o la supresión de la respuesta inmunológica del organismo ante este virus. (patente Estados Unidos, núm. 5397696).

El segundo reclamo de patente (WØ-9215325-A) fue presentado a nombre del Departamento de Comercio de Estados Unidos sobre la línea de células T humanas de una mujer de 40 años de edad de Marovo Lagoon, en Western Province (Provincia Occidental), y de un hombre de 58 años de edad de la provincia de Guadalcanal; ambas personas son habitantes de las Islas Salomón. Las muestras de sangre fueron obtenidas en marzo y agosto de 1990. Esta línea de células podría ser útil para producir vacunas o servir para el diagnóstico del virus humano T-linfotrófico tipo I.

Para mayo de 1993, RAFI describió la propuesta del Proyecto de Diversidad del Genoma Humano con el fin de recolectar e "inmortalizar" tejidos de 722 poblaciones humanas, incluyendo varias comunidades nativas alrededor del mundo. Para confirmar sus más graves temores, en agosto del mismo año, mientras investigaba datos de la American Type Culture Collection (ATCC), RAFI descubrió que el gobierno de Estados Unidos está reclamando derechos de patente dentro de seis países y en todo el mundo sobre la línea de células de una mujer panameña, india guaymí, de 26 años de edad (WO 9208784).

El NIH no sólo tiene muestras de tejido humano de Colombia, sino también un enorme número de ellas, incluyendo muestras de sangre de al menos 27 grupos de "indios colombianos de buena salud y de [...] tribus culturalmente distintas distribuidas en 12 departamentos (o estados), ocupando territorios marcadamente diferentes".[18] Además de las muestras de sangre en el NIH y el CDC, RAFI ha confirmado que una variedad de investigadores en Estados Unidos y Japón ha estado usando tejido humano colombiano: la Universidad de Harvard (Estados Unidos) tiene al menos tres líneas celulares de Tumaco,[19] la Universidad de Kyoto (Japón) tiene un número no revelado de muestras de "habitantes nativos" de Colombia,[20] la Universidad de Cornell (Estados Unidos) informa que está elaborando la secuencia de parte de la cepa de HTLV encontrada en muestras de sangre del pueblo Wayuu en Colombia,[21] la Universidad de Kyushu (Japón) tiene líneas celulares de "áreas de Colombia", donde la infección con HTLV es "endémica",[22] y la Universidad John Hopkins (Estados Unidos) tiene 1077 muestras de sangre proveniente de Tumaco.[23]

Otros ejemplos de tráfico de muestras son: la Universidad de Yale (Estados Unidos) tiene 703 muestras del pueblo Kayapo de Brasil, con las cuales está llevando a cabo investigaciones relacionadas con el HTLV. El Instituto Nacional del Cáncer (NCI) dice que tiene muestras de sangre provenientes de "adultos de 13 tribus indias asiladas de América central y América del sur", y específicamente proveniente de los pueblos de Kayapo y Kraho de Brasil. El NCI también declara que está trabajando con muestras de tejido humano proveniente de China, las Indias Occidentales Francesas, Haití, Mauritania, Guinea-Bissau, Costa de Marfil, República Central de África, Zaire, Guyana Francesa, Perú, Islas Salomón y Papúa Nueva Guinea. ¿Qué parte de éstas provienen de pueblos indígenas?; no está claro. Además, el CDC confirma que ha usado muestras de sangre provenientes de Brasil, Etiopía, Indonesia, Jamaica, Japón, México, Panamá, Perú y Somalia en investigación sobre el HTLV, caso en el que tampoco se tiene clara la porción de muestras que proviene de pueblos indígenas. Asimismo, la Universidad de Kyoto, además del trabajo mencionado, está usando muestras de sangre proveniente del pueblo Ainu (Japón), Gabón, Ghana e India. También la Universidad de Kyushu (Japón) tiene muestras de tejido humano proveniente de Jamaica y Chile.[24] Todas estas muestras que se trafican entre los NIH, organizaciones y universidades, son susceptibles de patentar si es que contienen genéticamente un valor comercial para la industria farmacéutica mundial.

Más complejo se vuelve el asunto de los NIH, cuando parece tener las colecciones más grandes de tejidos de pueblos indígenas y es el único grupo que hasta aquí las patenta. En este contexto muchas de las investigaciones del NINDS y el NCI, ambos parte del NIH, sobre tejidos humanos no tienen lugar en las instalaciones centrales del NIH en Bethesda, cerca de Washington, D.C., sino en las instalaciones de Fort Detrick, Maryland, justo donde se encuentra todo este complejo de investigaciones.

En este panorama, los casos de biopiratería en el mundo son cada vez mayores y crecientemente están siendo solapados e impulsados por los distintos Estados nacionales (según sea el caso), como respuesta a la ola que este proceso implica y que adquiere fuerza a partir de los intereses geopolíticos y geoeconómicos que mueve. No es extraño que, según datos de RAFI, el ritmo de biopatentes es cada vez más grande. En 1970 el número de patentes por año era de tres mil, en 1980 de diez mil, ya para 1999 era de 176 mil. De los más de seis millones de patentes que existen, cerca de tres millones[25] corresponden sólo a materiales biológicos, en tanto que se estima que 90% de las patentes de tecnología de punta (*high-tech*) está en manos de las CMN.[26] Tan sólo en 1990 el total de ganancias generadas por el cobro de licencias de patentes fue de quince mil millones de dólares, para 1998 se había alcanzado la cifra de cien mil millones y se calcula que para el año 2005 aumente a medio billón de dólares.[27]

Cuarta Parte

El carácter estratégico de la industria biotecnológica, su configuración geoeconómica y geopolítica

8. Historia y desarrollo de la biotecnología

> No nos vanagloriemos demasiado por nuestra victoria humana sobre la naturaleza. La naturaleza se venga de cada victoria nuestra. Cada victoria tiene, de hecho, en primera instancia, las consecuencias sobre las que habíamos hecho cuentas; pero en segunda y tercera instancia tiene efectos totalmente diversos, imprevisibles, que a su vez anulan demasiado a menudo las primeras consecuencias [...] A cada paso se nos recuerda que nosotros no dominamos a la naturaleza como un conquistador domina a un pueblo extranjero subyugado, que no la dominamos como quien es extraño a ella, sino que nosotros le pertenecemos con carne y sangre y cerebro y vivimos en su seno: todo nuestro dominio sobre la naturaleza consiste en la capacidad, que nos eleva por encima de las otras criaturas, de conocer sus leyes y de emplearlas de la manera más apropiada.
>
> FEDERICH ENGELS, *Dialéctica de la naturaleza.*[1]

La biotecnología es definida como "el uso del sistema biológico para producir un producto, es decir, el empleo de técnicas biotecnológicas para proveer indirectamente un producto, proceso o servicio".[2] Otra definición de biotecnología es la que da Robert Walgate, quien la define como "tomar el control de la evolución en la aplicación de la ciencia biológica en la manipulación y uso de seres vivos para fines humanos".[3]

La biotecnología abarca desde el nivel del organismo hasta el celular y más recientemente hasta el molecular; en este último se puede tener acceso a los genes para que puedan ser utilizados. Es decir, la biotecnología organiza la coreografía de las complejas danzas entre las moléculas, que hacen de cada ser vivo lo que es.

Las técnicas a nivel del organismo incluyen cultivo y selección animal y vegetal; en el nivel celular, procesos como la inseminación artificial y cultivo de tejido; en el molecular, la caracterización e insolación de genes, corte, pegado y traslado de genes sin importar las barreras naturales de las especies.

En la dimensión molecular se centra la biotecnología de punta y evidentemente se concentra en manos de los capitales de los ENC (Estados Nacionales Centrales). Cuando en la revista *Time*[4] se menciona que la biotecnología será la vanguardia del siglo XXI, se está refiriendo en específico a los avances técnicos provenientes precisamente de ese sector de investigación biotecnológica. La idea de que algunos países periféricos también están impulsando la biotecnología es correcta, pero en el sentido de que se trata de un desarrollo biotecnológico de cola. Es decir, que se mueve en los niveles técnicos de organismos y de células. Es un equívoco creer que al desarrollar este tipo de tecnología se abrirá la posibilidad de encabezar el tren del desarrollo tecnológico, ya que los procesos más complicados y con más expectativas son precisamente aquellos que están bajo el control de los capitales centrales. Además, algunas CMN han ubicado laboratorios en zonas periféricas de gran riqueza biológica, generando la imagen de que procesos en el nivel molecular también se están llevando a cabo en esos países, cuando de fondo, coordinados con los biomaquiladores nacionales o fungiendo ese papel, lo que se está jugando es la extracción de bases genéticas provenientes de las zonas con mayor biodiversidad.[5]

Pero, ¿qué es en sí la biotecnología?; ¿cómo la entendemos a lo largo de ese volumen?; ¿cuáles son sus contradicciones y por qué es estratégica? Dichas interrogantes son justamente, a la par de otras más, las que nos propondremos resolver.

TÉCNICAS PREGENÉTICAS, GENÉTICA E INGENIERÍA GENÉTICA / BIOTECNOLOGÍA

Actualmente el discurso oficial dice que la biotecnología como técnica es algo muy antiguo, de hecho la remontan a la producción de vino y yogurt, entre otros productos, en los que por ejemplo, es central la acción bacteriológica para la fermentación. De esta manera, a partir de la afirmación totalmente correcta de que la historia de la tecnología no es resultado de un solo hombre, o sea, de un momento histórico dado, pareciera que la biotecnología, entendida como la técnica moderna que hace uso de la ingeniería genética, naciera en la misma lógica y en el mismo entendimiento que las técnicas "pregenéticas" (distintas a la ciencia genética e ingeniería genética) y por lo tanto no hace falta cuestionar su origen.

Sin embargo, hay que explicar que lo que diferencia a la biotecnología de las formas tradicionales son justamente las técnicas y fines para hacerlo. Las técnicas tradicionales, algunas milenarias, nacen en un contexto histórico totalmente diferente y son resultado de *procesos naturales aplicados* (como la fermentación de la uva para la producción de vino). La biotecnología en cambio nace a partir del desarrollo de la ingeniería genética para "diseñar" estructuras artificiales o no naturales, y que culmina en alteraciones "producidas", como la capacidad de transferir información genética sin importar las barreras naturales entre los reinos (animal, vegetal).

Basta revisar la propia historia de la ingeniería genética para dar cuenta de la lógica y esencia misma del desarrollo de esta tecnología, radicalmente diferente a las técnicas tradicionales mencionadas.

Ya a lo largo del siglo XIX se daban las condiciones materiales y sociales en general para que la biología como ciencia definida se desarrollara y se dividiera en una serie de ramas especializadas. La forma, funciones y transformaciones de los seres vivos constituyeron la triple preocupación de estos biólogos y sus investigaciones conformaron, en germen, lo que sería la biología moderna. La historia natural descriptiva y la fisiología —mecanicista en gran parte— se transformaron en su patrón del siglo XX: la biología experimental y analíticamente rigurosa.[6]

Esta transformación de la biología ocurrió, en gran parte, debido a la influencia de los adelantos de las ciencias físicas y químicas durante la última mitad del siglo XIX y la primera mitad del XX, como ingrediente esencial del proceso de industrialización.

El darwinismo, después de su auge inicial, se encontraba en su peor crisis en los primeros años del siglo XX: la carencia de una teoría genética de la herencia y las mutaciones, de un estudio sistemático de la ecología de las poblaciones y la esporacidad del registro fósil marcaron el terreno sobre el cual se apoyaron los detractores de la teoría de la evolución. Dadas estas condiciones (la búsqueda de métodos físicos y la vituperación del proceso evolutivo específicamente biológico), para 1940 se gestaba una nueva etapa en la investigacción genética, cuando un nuevo grupo de científicos con una formación y una motivación diferentes a los de los genetistas clásicos comenzaron a interesarse por la naturaleza del gen. Muchos de estos pioneros tenían poco o ningún conocimiento en genética clásica, y menos aún sobre la biología general. Su formación era netamente física y tenían un solo objetivo: conocer la base química de la información genética.[7]

Los biólogos habían estudiado hasta entonces la genética desde la perspectiva de la evolución de los seres vivos. Los físicos, por el contrario, tenían una visión reduccionista del problema: para ellos se trata de problemas puramente moleculares de interacciones entre átomos que explica el mecanismo de la herencia. Su enfoque era y es netamente reduccionista, porque en un cierto grado de organización de la materia se le intenta estudiar desde un nivel inferior, menos complejo, que se distingue con otras cualidades. Esta reducción de la biología por los físicos es consecuencia final de una previa: la de querer entender a la biología desde la química —lo cual se intentaba ya en la bioquímica del siglo XIX—; solamente que la química y la biología eran menos divergentes de lo que lo son la física y la biología.[8]

Aunque esta nueva ciencia tiene sus raíces en Europa, el desarrollo de la biología molecular y de las técnicas de la ingeniería genética ocurrió en Estados Unidos. La ingeniería genética es un producto estadounidense, y ahí se realiza la investigación cientifico-tecnológica de vanguardia, así como la apertura del primer mercado interesado en los productos de esta ciencia. No es casual que los factores científicos, económicos y sociales estuvieran estrechamente ligados con el origen e impulso de la biología molecular (véase más adelante). Como resultado, la búsqueda de los biólogos de principios físicos explicativos de la genética, que aportaran una metodología experimental a sus trabajos, fue impulsada por las necesidades sociales y militares de Estados Unidos, así como por los intereses privados de los primeros monopolios industriales.[9]

Esto último marca otra diferencia de fondo entre la biotecnología y las técnicas "pregenéticas". El fin de la primera es ante todo comercial; deja en segundo plano la satisfacción de necesidades humanas (tal es el caso de los transgénicos, que buscan reducir los costos de producción y de transportación de los productos agrícolas).[10] No es casual que la historia de esta tecnología se haya caracterizado por la conformación de una serie de grupos privados y públicos aislados, que no hacen alianzas a menos que estén coordinados por el mismo capital o interés estatal-militar. Además, entre dichos grupos de investigación se ha dado el espionaje e incluso el robo de información y datos,[11] sin ocurrir jamás un intercambio abierto y confiado de ideas. Ello evidencia que dichos grupos se mueven con una racionalidad basada en sus intereses privados, es decir, en la autovalorización del capital privado, olvidando el peligro potencial que significa el uso deliberado de tal tecnología, resultado de la competencia intracapitalista de los distintos actores involucrados en el negocio (incluyendo el sector militar). Una total incomunicación se ha convertido en una de las principales características y marcó desde su nacimiento a la biología molecular y a la ingeniería genética/biotecnología; esta dinámica se exacerba, como se indicó, dados los fuertes intereses económicos, políticos y militares a los que está ligada la biotecnología del siglo XXI.

A partir de visualizar la racionalidad que trae consigo el desarrollo biotecnológico, se puede entender la lógica de su discurso, el cual quiere mezclar a las técnicas tradicionales y a la ingeniería genética/biotecnología para borrar la transformación científica y la lógica comercial con que nace esta última y que es motor de su desarrollo.[12]

Historia de la biotecnología

El principio del conocimiento sobre genética data de 1655, cuando el científico británico Robert Hooke publicó un libro titulado *Micrographia*; para describir los minúsculos espacios rodeados por paredes que percibió en muestras de corcho, acuñó el término de "célula". Al encontrar estructuras similares en los tejidos de otras plantas, sospechó que su función era la de transportar las sustancias con las que se nutren los organismos vegetales. Más tarde, el trabajo del fabricante de lentes Leewenhoek mostraba los cálculos del tamaño de las bacterias, siendo cinco veces menor que el de las células sanguíneas, y anunciaba la existencia de células de esperma en el semen humano y animal.

Durante el siglo XVIII, otros científicos utilizaron los recién inventados microscopios de hasta 270 aumentos para observar las nuevas dimensiones de la vida; hasta ciento setenta años después de descubiertas, los científicos pensaron que las células eran fundamentales para la vida. Los biólogos Matthias Schleiden y Theodore Schwann plasmaron en palabras esta idea; el primero consideró que la célula era el fundamento de la morfología vegetal; el segundo postuló que todos los organismos están formados por células. Ambos coincidían en que todas las células están vivas, y cada una de ellas, en potencia, es capaz de desarrollar los procesos necesarios para el mantenimiento de la vida en el seno de su ámbito microscópico.

Durante buena parte del siglo XIX predominó la teoría de la libre formación celular, según la cual las células podían materializarse a partir de otras sustancias, de modo parecido a como lo hacen los cristales a partir de soluciones saturadas. Esta idea no quedó descartada sino hasta que hubo avances en microscopios y en las técnicas de preparación de especímenes, entonces fue posible que los científicos observaran directamente el crecimiento y división de las células para dar lugar a otras nuevas. Tales observaciones los condujeron a la conclusión de que las células sólo se pueden formar a partir de otras previamente existentes.

El inicio de la ciencia genética se ubica hasta que los pensadores del siglo XIX Charles Darwin y Gregor Mendel crearon dos de las piedras angulares de la biología moderna: la evolución y la genética. Darwin sienta dos criterios relevantes de la biología: primero, toda especie está en última instancia emparentada con todas las demás por medio de antepasados comunes, por mucho que difieran en su apariencia actual; segundo, con ello se implica que el registro del pasado evolutivo está presente en el interior de todo ser viviente.[13] Mendel construyó el concepto de gen a partir de descubrir las leyes de la herencia que constituyen la base del cambio evolutivo. Desde entonces se sabe que los portadores de la información genética son los cromosomas, los que se encuentran en un número de pares determinado según cada especie, donde una mitad proviene del padre y otra de la madre.

En 1869, Johann Miescher logró separar un ácido que contenía fósforo al que llamó ácido nucleico y que ahora se conoce como ADN (ácido desoxirribonucleico). A pesar de este descubrimiento, se pensó durante muchos años que era demasiado pequeño y sencillo para albergar la inmensa cantidad de información necesaria para las instrucciones de formación de nuevos organismos. El científico británico Fred Griffith realizó, en 1928, un experimento que llevó a que los científicos sospecharan que la propiedad de los virus se traspasaba de algún modo de las bacterias muertas a las vivas, previamente inocuas, por algún principio transformador. Este principio era esencialmente material genético,[14] que transmitía el rasgo de la virulencia de las células muertas a las vivas. Esta interrogante fue resuelta en 1944 por Oswald Avery y su equipo en Nueva York, quienes limpiaron y purificaron los compuestos y extractos químicos de las bacterias hasta dar con el principio transformador, el ADN, del cual se supo que está compuesto por azúcar, fosfato, y cuatro bases distintas, denominadas guanina, citosina, timina y adenina (G, C, T, A), o también llamadas nucleótidos.

Sin embargo, quedaba sin resolver la cuestión fundamental de cómo estaban unidas esas pequeñas moléculas dentro del ADN. En 1953 James Watson y Francis Crick, de la Universidad de Cambridge, construyeron un modelo del ADN, que conocemos hoy como el modelo de la doble hélice, mismo que explica la clave del asombroso poder del ADN para almacenar información y que reside en las cuatro bases distintas que constituyen el alfabeto genético, y que pueden estar dispuestas a lo largo de la molécula de ADN en una variedad prácticamente infinita de secuencias, la cual determina a un gen en específico (según su secuencia y longitud).

No fue sino hasta 1967, que Har Gobind Khorana y Marshall Nirenberg lograron finalmente interpretar el material genético completo a manera de una carta universal que puede descifrarse. A partir de ese momento comienzan a desarrollarse las técnicas que dieron origen a la ingeniería genética y que más tarde aterrizarían en el nacimiento de la biotecnología. Éstas permiten diseñar las estructuras moleculares de los seres vivos claramente con un fin, ya sea el de cambiar o agregar nuevas instrucciones, lo cual es una característica cualitativa de fondo que diferencia cualquier otra etapa de la genética y la biología, y por lejos, de cualquier otra técnica tradicional. Como se mencionó, el hacer tabla rasa de ello implica homogenizarla y hacer del olvido su esencia cualitativa misma.

Material genético

Cada molécula de ADN está empacada en cromosomas, y el total de la información genética almacenada en estos últimos constituye el *genoma del individuo*.[I] Moléculas de ADN (estirado) de un humano llegarían a medir poco más de 5 cm. En células diploides[II] existen dos copias de cada uno de los autosomas y un par de heterocromosomas o cromosomas sexuales. Así, una típica célula humana contiene 46 cromosomas y unos 6 × 109 de pares de bases. Esto sería suficiente para llenar más de un millón de páginas, pero en la célula esta información está empacada en 5 × 109 nucleótidos que conforman cada cromosoma. Asumiendo que un nucleótido correspondiese a una palabra, y hubiese 500 palabras por página, la información llenaría 2000 libros de mil páginas cada uno.

Según los biólogos, en los organismos superiores, la cantidad de ADN es mucho mayor a lo que se requiere para codificar las proteínas necesarias para su funcionamiento (en humanos la capacidad es para 3 millones, pero supuestamente sólo requiere unas 60000). Esto ocurre porque hay grandes trechos de ADN que no codifican supuestamente nada en particular ("junk DNA" o intrones). Siguiendo el supuesto de la existencia de "junk DNA", los tramos que codifican proteínas (exones) constituyen los genes. En promedio los genes están formados de unos 100 000 a dos millones de pares de nucleótidos, pero sólo unos 1 000 son necesarios para codificar una proteína de tamaño promedio, es decir, entre 300 y 400 aminoácidos. Ello significa que hay largos tramos de ADN que no codifican, separando tramos más cortos de secuencias necesarias para codificar a las proteínas. Sin embargo, a mediados del año 2000 los científicos cambiaron de parecer acerca de la teoría del "junk DNA", cuando aparentemente estos tramos de información genética son responsables de apagar uno de los cromosomas X de la mujer.[III] Asimismo, por ejemplo, probablemente juegue un papel importante en las variaciones genéticas de la longevidad de algunas moscas de la fruta, pero también puede causar efectos adversos para las moscas del sexo opuesto o de otro ambiente.[IV]

Por lo anterior, aunque el ADN es el vehículo de transporte de la información genética, no desempeña directamente la función de formar proteínas. Eso queda encomendado a un ácido nucleico similar, el ARN (ácido ribonucleico) que ejecuta las instrucciones del ADN (como unidad, no solamente de las partes denominadas exones). Así, el ARN monta las proteínas, de aminoácido en aminoácido (sus componentes), utilizando como guía la secuencia de nucleótidos de un filamento de ADN (es decir, un gen). El gen forma la molécula proteica en dos etapas. Primero, se hace una copia del gen ARN. Transcrita desde una plantilla de ADN, la copia en ARN tiene una secuencia nucleótida que complementa la del gen según la correspondencia única de guanina/citosina y adenida/timina. El ARN se desplaza acto seguido a otra parte de la célula, donde su secuencia nucleótida es traducida en otra de aminoácidos para formar la proteína. La minúscula planta de montaje de proteínas que es la célula funciona de modo muy parecido en todos los organismos. Ello permite a los ingenieros genéticos tomar instrucciones genéticas de un organismo y añadirlas a otro, o incluso introducir sus propias nuevas instrucciones.

[I] El término genoma (del alemán *genom*) apareció en 1920 en un libro titulado "Propagación y causas de la partenogénesis en plantas y animales", del botánico alemán Hans Winkler, y se refiere al número haploide de cromosomas (la mitad del número nomal de una especie) que se encuentra en el núcleo celular. Tiempo después el mismo autor indica en su libro *La ciencia de la Herencia,* publicado en 1952, que el término alude tanto a su primera interpretación como a la "génesis del cuerpo" ("*gen*"de génesis u origen y "*soma*" de cuerpo) tal y como otros autores lo explicaban.

[II] Aquellas células que tienen el número completo de cromosomas. En el caso de las células humanas son las que tienen 46 cromosomas.

[III] Knight, Jonathab, "Junk DNA helps females avoid double trouble", *New Scientist,* 17 de junio de 2000, p. 21.

[IV] Chicurel, Marina, "Live and let Die", *New Scientist,* 29 de enero de 2000, p. 7.

Pero, hasta este punto, todavía falta indicar cómo es que los ingenieros genéticos logran reconfigurar las estructuras moleculares de los organismos vivos, permitiéndonos entender de manera precisa el trasfondo concreto de lo que significa la biotecnología, o lo que es lo mismo, el uso de la ingeniería genética con fines específicos; y que, como se verá más adelante, no han sido otros más que aquellos que corresponden intrínsecamente a propósitos capitalistas, ya sean comerciales, o militares.

El primer paso, estonces, es obtener pequeños fragmentos de ADN; los científicos no necesitan toda la molécula, sino tan sólo la parte concreta que contiene los genes que les interesan. En los albores de la investigación, las moléculas eran fragmentadas sacudiéndolas con ondas de ultrasonido, pero los fragmentos obtenidos generalmente estaban rotos al azar y tenían dimensiones variables. En 1970, los científicos descubrieron que las bacterias podían ser unas herramientas de corte mucho mejores para tal tarea. Los "cortadores de ADN" ideales son un grupo de enzimas denominadas *endonucleasas de restricción*. Estas enzimas evolucionaron probablemente en las bacterias como defensa ante los virus, dado que éstos atacan enviando su ADN o ARN al interior de las células, las bacterias contraatacan trozando las moléculas invasoras en bits mediante sus enzimas de restricción, con lo que controlan la infección. Crucialmente cada enzima de restricción corta únicamente puntos específicos del ADN invasor, identificados por determinadas secuencias de nucleótidos; cada enzima reconoce y fragmenta sus correspondientes secuencias. Hasta ahora los científicos han descubierto más de ochocientas enzimas de restricción, muchas de las cuales son producidas industrialmente para su utilización en investigación y para la industria biotecnológica.

Dos fragmentos cualesquiera de ADN cortados por una enzima de restricción pueden ser empalmados sin dificultad por la misma enzima, ya que ambas tienen secuencias complementarias en sus respectivas colas. Sin embargo, esos enlaces son bastante débiles y se rompen con facilidad, por ejemplo, a causa del calor. La conexión se vuelve más segura con la ayuda de una enzima selladora denominada *ligasa*, la cual es producida naturalmente para la reparación de daños de las moléculas.

La piedra angular de todo este complejo proceso aquí resumido es la comprensión del mecanismo de la expresión génica para controlar el resultado de la ingeniería. Dicho control resulta sencillo en organismos unicelulares que contienen relativamente poco material genético; sin embargo, cuando se trata de organismos multicelulares, resulta ser mucho más complejo y en su mayoría desconocido. De ahí los intentos del desciframiento de la expresión génica del genoma humano.

Pero lo anterior se dificulta aún más: los mecanismos de activación que regulan la expresión génica incluyen grupos de genes llamados reguladores. A diferencia de los genes mencionados hasta ahora y que se denominan genes estructurales, los genes reguladores no codifican enzimas u otras proteínas. Su función es la de promover o inhibir la secuencia de los acontecimientos mediante los cuales un gen estructural se traduce en un producto. Las regiones promotoras están localizadas en las porciones de ADN contiguas a los genes estructurales. Cuando los ingenieros genéticos trasplantan genes para obtener productos, deben incluir los mecanismos de control de la expresión génica además de los correspondientes genes.

Considerando lo anterior, es importante señalar que el desarrollo y morfogénesis de los organismos están controlados por proteínas reguladoras que permiten que en ciertas células se expresen determinados genes, mientras que cancelan la expresión de otros. Así, la reprogramación de la estructura o mapa del ADN puede ser alterada a partir de jugar con estas proteínas reguladoras, juego que va reconfigurando artificialmente la expresión o no expresión de tales o cuáles genes; por ejemplo, si se quiere modificar una herencia negativa —supongamos la ceguera— sólo basta con descifrar qué gen o genes son los que controlan esta característica y modificarlos para que no se expresen; en este sentido, la biotecnología de punta se encuentra en una carrera por descifrar los mapas génicos que permitan localizar los genes y su función dentro de un genoma —sobre todo en el caso del genoma humano; ello significa que el capital que logre ese desciframiento tendrá el poder no sólo de realizar alteraciones precisas en las características del ser humano —o en su caso, del genoma de que se trate— sino que además le permitirá conocer de antemano el "currículum biológico" de su fuerza de trabajo, lo que significaría, para la clase capitalista, un nuevo instrumento de desvalorización de la fuerza de trabajo.[15]

Considerando todo lo anterior, el presente apartado muestra rápidamente los orígenes de la genética, la ingeniería genética y la biotecnología; asimismo, nos permite entender muy superficialmente cómo funcionan concretamente esas técnicas, aunque la discusión político-social de sus principales aplicaciones se presentará más adelante. A continuación se puede leer un cuadro que resume los acontecimientos más importantes de la historia de las mismas y que resulta importante como base contextual para dicha discusión.

Año	*Acontecimiento*
1590	El microscopio es inventado por Janssen.
1663	Las células son por primera vez descritas por Hooke.
1675	Leewenhoek descubre la bacteria.
1797	Jenner inocula la primera vacuna de viruela.
1802	Aparece por primera vez la palabra "biología".
1830	Las proteínas son descubiertas.
1833	Son separadas y purificadas las enzimas.
1855	La bacteria *Escherichia* coli es descubierta, la cual se convierte después en la principal herramienta para el desarrollo y producción de compuestos derivados de la biotecnología. Pasteur lleva a cabo sus investigaciones sobre enfermedades contagiosas, como la rabia y el carbunco, logrando desarrollar las técnicas basicas para la elaboración de la vacuna de la rabia y con ello renovando la ciencia médica.
1863	Mendel descubre que las características genéticas son transmitidas de padres a progenitores de manera discreta e independiente, llamando a las unidades responsables genes. Sus observaciones son la base del desarrollo de la genética, mismas que son publicadas tres años después.
1869	Miescher descubre el ADN en el esperma de la trucha.
1877	Koch desarrolla una técnica para marcar e identificar las bacterias.

Año	*Acontecimiento*
1878	El primer centrifugador es construido por Laval. El término "microbio" es empleado por vez primera.
1879	Fleming descubre la cromatina, la estructura fundamental del interior del núcleo de las células y que más tarde se le llamó cromosomas.
1883	La primera vacuna contra la rabia es desarrollada.
1902	Aparece el término "inmunología".
1906	Aparece el concepto "genética".
1911	Rous descubre la primera célula cancerosa.
1914	Las bacterias son usadas para tratar aguas residuales en Manchester, Inglaterra.
1915	Los primeros virus bacteriales son identificados.
1919	La palabra "biotecnología" es usada por vez primera por un mejorador de cultivos de Hungría, cuando se estaba refiriendo a la técnica de selección e hibridación de cultivos, conocida también como fitomejoración.
1920	La hormona humana del crecimiento es descubierta por Evans y Long.
1928	Fleming descubre la penicilina, el primer antibiótico.
1938	Se acuña el concepto "biología molecular".
1941	El término "ingeniería genética" es usado por primera vez por una microbióloga danesa; ésta es la base del nacimiento propio de lo que hoy llamamos biotecnología.
1942	El microscopio electrónico es usado para identificar y caracterizar los virus bacteriales, o virus que infectan las bacterias.
1943	Se demuestra que el ADN es el factor transformador y es el material genético.
1944	Se demuestra que el ADN es la sustancia que compone los genes.
1949	Pauling demuestra que la anemia es una enfermedad molecular resultante de la mutación de la proteína hemoglobina.
1951	McClintock descubre los elementos transportables o genes mutantes en el maíz.
1953	Watson y Crick revelan la estructura tridimensional de la doble hélice del ADN.
1954	Se desarrollan las primeras técnicas de cultivo de tejidos.
1955	Se aísla por primera vez la enzima responsable de la síntesis del ácido nucleico.
1956	El proceso de fermentación es perfeccionado en Japón. Kornberg descubre la enzima del ADN polimerasa I, que lleva a entender cómo se replica el ADN.
1960-1961	La hibridación del ADN-ARN de las moléculas es posible gracias a la identificación del ARN como mensajero.

Año	*Acontecimiento*
1967	El primer secuenciador automático de proteínas es perfeccionado. Arthur Kornberg y su equipo de la Universidad de Stanford usan un filamento de ADN viral para crear una infección sintética.
1969	Una enzima es sintetizada en laboratorio (*in vitro*) por vez primera. Leonard Herzenberg de Stanford desarrolla un clasificador fluorescente de células.
1970	Las nucleasas de restricción son identificadas, abriendo la posibilidad de la clonación de genes.
1972	Se descubre que la composición del ADN en los humanos es idéntica en 99% a la de los chimpancés.
1973	Cohen y Boyer llevan a cabo el primer experimento exitoso de ADN recombinante usando genes bacteriales.
1974	El NIH forma un Comité sobre ADN Recombinante (Recombinant DNA Advisory Committee) para coordinar la investigación genética en Estados Unidos.
1975	La hibridación de colonias se desarrolla para detectar secuencias específicas de ADN. Como resultado el primer anticuerpo monoclónico es producido en laboratorio, ahora vendido por las empresas Genetech e IDEC Pharmaceuticals.
1976	Las herramientas de ADN recombinante son usadas para intentar corregir el desorden hereditario humano. La hibridación de moléculas es usada para diagnósticos prenatales de talasemia alfa. Los genes de la levadura son expresados en la bacteria *E. coli*.
1978	Los científicos de Carolina del Norte, Hutchinson y Edgell muestran la posibilidad de introducir mutaciones específicas en sitios específicos de la molécula de ADN.
1980	La Suprema Corte de Estados Unidos aprueba el caso de Diamond vs. Chakrabarty, aprobando el principio de patentar formas de vida modificadas genéticamente. La patente estadounidense de clonación de genes es otorgada a Cohen y Boyer. El primer ofrecimiento público de acciones de una empresa biotecnológica (Genetech) se llevó a cabo el 14 de octubre a 35 dólares por acción y por un monto total de 35 millones. En cuestión de una hora el precio había aumentado a 89 dólares y cerró en ese mismo día en 71.25.
1981	El Centro de Biotecnología de Carolina de Norte es creado por la Asamblea General del estado como el primer complejo financiado por la federación. Treinta y cinco estados más forman centros biotecnológicos. La primera máquina para sintetizar genes es desarrollada.

Año	*Acontecimiento*
1982	Humulin, la primera insulina humana, es producida por Genetech, a partir de ingeniería genética de una bacteria para el tratamiento de la diabetes. Es el primer fármaco aprobado por la Food and Drug Administration (FDA) en favor de la corporación Eli Lilly, quien en 1998 ya había remunerado 702 millones por su venta.
1983	La técnica de reacción en cadena de polimerasa (PCR) es desarrollada para hacer copias ilimitadas de genes y fragmentos de genes. Más tarde se convierte en una de las herramientas importantes del desarrollo de la biotecnología en el mundo entero.
	La primera transformación genética de células vegetales es realizada con plásmidos TI.
	El primer cromosoma artificial es sintetizado.
	Los primeros marcadores genéticos para enfermedades hereditarias son descubiertos.
1984	La técnica de huella de ADN es desarrollada.
	Chiron clona y secuencia el genoma completo del Sida.
1986	Se realizan las primeras pruebas de transgénicos (plantas genéticamente modificadas); el café es la planta seleccionada.
	El Orthoclone OKT3, fabricado por la empresa Ortho Biotech, es usado para combatir la reacción de transplantes y es aprobado como la primera técnica de anticuerpo monoclónico.
	La primera droga para tratar el cáncer derivada de interferones es producida. La Intron A de la empresa Biogen y Roferon A de la empresa Genetech son aprobadas por la FDA. En 1988 las drogas son usadas para tratar el sarcoma de Kaposi y complicaciones del Sida.
	La primera vacuna humana diseñada por la empresa Chiron es aprobada para la prevención de la hepatitis B (Chiron's Recombivax HB).
1987	Humatrope es desarrollada para el tratamiento de deficiencia de la hormona humana de crecimiento.
	La bacteria genéticamente modificada, Frostban, creada por el Advanced Genetic Sciences', es usada para inhibir la formación de hielo en las raíces de las plantas. Es probado en campos de fresa y papa en el estado de California. Conocida como la primera prueba permitida fuera del laboratorio.
	El tejido plasminigénico activador (tPA), vendido con el nombre de Activase, de la empresa Genetech es usado como tratamiento contra ataques al corazón.
1988	El Congreso de Estados Unidos forma el Proyecto Genoma Humano (PGH) como un esfuerzo masivo para mapear y secuenciar el código ge-

Año	*Acontecimiento*
	nético humano, así como los genomas de otras especies (ya planeado desde 1985).
1989	El fármaco Epogen de la empresa Amgen es aprobado para el tratamiento de anemia renal.
	Es descubierto el gen responsable de la fibrosiscosis.
1990	Se lleva a cabo exitosamente la primera terapia aprobada por la FDA para el tratamiento de inmuno desorden.
1991	Amgen desarrolla la droga Neupogen, la primera para el tratamiento de bajo número de células blancas en la sangre en pacientes de quimioterapia.
	Se aprueba el Leukine, fármaco desarrollado por la empresa Immunex, usado para la reposición de células blancas después de transplantes de médula espinal.
	Ceredase, desarrollado por la empresa Genzime, es aprobado para el tratamiento de la enfermedad de Gaucher.
1992	Recombinate, desarrollado por el Genetics Institute y usado para el tratamiento de hemofilia A, se convierte en la principal droga usada en Estados Unidos para el combate a esa enfermedad.
	Proleukin, de la empresa Chiron, es aprobado para el tratamiento de cáncer renal.
1993	Betaseron, de Chiron, es aprobado para tratar por primera vez la esclerosis múltiple.
	La FDA declara los alimentos transgénicos como “no inherentemente peligrosos”, por lo que no necesitan de regulación.
	Se funda la Biotechnology Industry Organization (BIO), creada por dos asociaciones pequeñas de empresas biotecnológicas.
1994	Nutropin, de Genetech es usado como tratamiento de deficiencia de la hormona de crecimiento.
	El primer gen de cáncer de mama es descubierto.
	El tomate transgénico de Calgene, diseñado para retardar su maduración gracias a inserción de un gen de pez, es aprobado para su venta comercial.
1995	La primer secuencia genética completa de un organismo vivo diferente a los virus es completado para la bacteria *Haemophilus influenzae*.
1996	Avonex, de la empresa Biogen, es aprobado para el tratamiento de esclerosis múltiple. La compañía construye una planta en el Research Triangle Park, N.C., para manufacturar ese interferon recombinante.
	Los científicos escoceses clonan a la oveja Dolly, a partir de una célula de un animal adulto, clonación realizada en el Instituto Roslin de Edimburgo, Escocia.

Año	*Acontecimiento*
	Aparece el caso de las "vacas locas".
1997	Los científicos escoceses reportan el nacimiento, siete meses antes, en Gran Bretaña, de la oveja Dolly, a partir de una clonación.
1998	Científicos de la Universidad de Hawai, con una variación de la técnica de Ian Wilmut (responsable de la clonación de Dolly), logran clonar hasta tres generaciones de ratones.
	Científicos en la Universidad Kinki de Japón clonan ocho becerros con células de una sola vaca adulta.
2000	Científicos de 18 países, reunidos en un consejo llamado Proyecto Genoma Humano, establecen un mapa genético completo del ser humano.
	Celera Genomics anuncia que ha descifrado en 99% el genoma humano en el mes de agosto.
2001 (hasta mayo)	Celera Genomics y PGH presentan el 12 de febrero en forma oficial el desciframiento del mapa del genoma humano en Washington, Pekín, Berlín, Tokio, París y Londres.

Fuente: Elaboración propia con datos de Robbins-Roth, 2000; y Richard Oliver, 2000.

9. Crítica a la biotecnología: ¿una industria de la vida o de la muerte?

> Una historia crítica de la tecnología demostraría en qué escasa medida cualquier invento [...] se debe a un solo individuo. Hasta el presente no existe esa obra. Darwin ha despertado el interés por la historia de la tecnología natural, esto es, por la formación de los órganos vegetales y animales como instrumentos de producción para la vida de plantas y animales. ¿No merece la misma atención la historia concerniente a la formación de los órganos productivos del hombre en la sociedad, a la base material de toda organización particular de la sociedad? ¿Y esa historia no sería mucho más fácil de exponer, ya que como dice Vico, la historia de la humanidad se diferencia de la historia natural en que la primera la hemos hecho nosotros y la otra no? La tecnología pone al descubierto el comportamiento activo del hombre con respecto a la naturaleza, el proceso de producción inmediato de su existencia, y con eso, asimismo, sus relaciones sociales de vida y las representaciones intelectuales que surgen de ellas.
>
> KARL MARX, *El capital*[1]

PARA LA CRÍTICA DE LA TECNOLOGÍA

Comenzamos retomando la tesis crítica sobre *desarrollo tecnológico* presentada en el capítulo 2, donde se describe que la modernidad es inaugurada por el capitalismo cuando perfecciona los medios de producción, con la transformación *a priori* del artesano en trabajador al servicio del capitalista y haciendo entonces posible, a partir de la compra directa de la fuerza de trabajo, la aparición del plustrabajo bajo la forma manifiesta y adecuada de plusvalía. En este sentido, ubicábamos entonces y como gran consecuencia la Primera Revolución Industrial, y después las dos sucesivas, para aterrizar con la que comienza a gestarse desde fines del siglo XX y principios del XXI.

Decíamos en el capítulo 2 que la promesa de la modernidad de producir en abundancia y poner fin a la escasez[2] es estructuralmente traicionada al subordinar y reconfigurar la lógica de la tecnología en beneficio de los capitalistas, quienes viven de ello al imponer un cierto tipo de tecnología y ritmo de socialización de la misma. Es decir:

> sólo subordinando los medios de reproducción social así como lo inmediato y básico [...] es posible subordinar al todo social bajo un principio, sea éste el del capital [...] Ahora el valor domina las fuerzas productivas (concebidas como fuerzas orgánicas y de organización humana), siendo éste el principio y fin dominante de todo el metabolismo social (capitalista).[3]

Por ello, a partir de modificar la forma del proceso de trabajo y con ello el de la tecnología, es posible desglosar las clases ocupadas tanto en su producir como en su consumir; y situadas en posiciones específicas de la estructura distributiva, se puede claramente ver el dominio, la subordinación y el nivel estructural histórico de tal proceso expreso específicamente en las relaciones sociales de producción capitalistas.[4]

Entonces, la síntesis activa de tal fenómeno está en la lógica del proceso de trabajo y de las fuerzas productivas. Al respecto, Veraza claramente señala:

> esta síntesis activa funciona de acuerdo a una relación de forma específica cuyo principio es la explotación de plusvalor (plus de valor), en donde cabe aclarar que tal síntesis es sólo una forma parasitaria sobrepuesta al proceso de trabajo y a las fuerzas productivas: es una fuerza explotadora de éstos.[5]

En tal contexto, lo que importa resaltar, de acuerdo con Karl Marx, es cómo las relaciones de producción son la forma de la vida social, mientras que las fuerzas productivas son el contenido en el que se interrelacionan activamente; se entiende a esas últimas como la fuerza de trabajo como tal, la máquina herramienta (tecnología) y la naturaleza a transformar.

De esta manera, el contenido y la forma reencuentran en el seno del proceso de trabajo su ámbito de originalidad, del que necesariamente brotaron o fueron producidos intelectualmente en fases históricas pasadas y a la vez alienados en concepciones del mundo que olvidaron su raíz práctica material.

En este panorama, Veraza atinadamente describe que el contenido es aquello que se refiere a los fines de un proceso, fines en referencia a necesidades, donde son posibles varias maneras o formas de desarrollo tecnológico para lograr fines materiales mutuamente determinados y satisfacer ciertas necesidades dentro de una relación social dada, a través de tecnologías construidas según esos fines y necesidades concretos, que constituyen el contenido y forma específica del desarrollo de la tecnología; es decir, cierto fin y necesidad concretos pueden ser satisfechos con un mecanismo dado cuya forma presente diversas variantes. Cada variante técnica es un contenido específico de la forma tecnológica, en donde, la singularización relativa es la que define qué es contenido y qué es forma y respecto de qué.

Así, brotan los posibles cabos que debidamente atados y cohesionados podrían constituir una relación o forma social global, un modo de producción de la vida social más alto. Justamente en el propio contenido de la tecnología, en donde ésta funciona como soporte de toda la construcción de las formas sociales y tecnológicas, resulta ser el lugar donde se inicia la rebelión contra ellas.[6] Lo anterior responde a que, como bien señala Veraza, los objetos resultantes del desarrollo tecnológico o valores de uso no contienen un *telos*, una finalidad o un sentido inmanente, por lo que sus formas orgánicas son objetivamente teleológicas (adecuadas a fines vitales), de suerte que la finalidad de las fuerzas productivas sociales inmanentemente es humana, y sirven para el desarrollo universal de la humanidad en tanto que sirven para la satisfacción de necesidades, o bien, satisfacen sus necesidades de modo que esa satisfacción sea condición de libertad. En contraste, la sociedad capitalista funciona de tal modo que sus fuerzas productivas sirvan al capital, por lo que la crítica de la tecnología, como hija de las contradicciones burguesas y que se halla sometida al control de la clase capitalista, debe, para realmente concretarse, liberar las fuerzas productivas de la subordinación capitalista. El tratamiento crítico de la tecnología es logrado sólo en la medida en que podamos distinguir modalidades distintas, en lugar de creer fatalmente que la tecnología dada, más o menos nociva y deformante, de la actualidad, es la única posibilidad material "natural" para el progreso y sobrevivencia de la humanidad. La crítica de la supuesta neutralidad de la tecnología es posible cuando podemos construir positivamente el concepto de sus diversos modos posibles, en los que quedan resumidos final e inicialmente los objetivos propuestos y los medios con los cuales lograrlos, pero también se resume el entorno del modo, es decir, su racionalidad específica.[7] Ahora bien:

> sólo un cierto conjunto de relaciones técnicas son aptas para cumplir las determinaciones sociales clasistas que marcan al capitalismo. Así, no todas las versiones de tecnología desarrollada y controlada por el capital son apropiadas para ser usadas por la revolución social, pero tampoco son todas rechazables. Ello se fomenta en que la relación social del capitalismo debe apoyarse y tomar cuerpo, expresarse e imprimirse en la materia y demás, estar en acuerdo relativo, pero forzoso con un conjunto de necesidades, capacidades y actividades sociales naturalmente determinado.[8]

En tal esquema, si la alternativa socialmente positiva es aquella que transforma las relaciones de producción, debemos indicar en dónde y cómo se determinan y hasta dónde deben satisfacerse.

En dicha situación, en la que la modernidad es inaugurada por el capitalismo y entonces reconfigurada al ser arrebatada y puesta a su servicio y para sus fines, también reestructura la historia no sólo de su uso, sino del camino que han de seguir las investigaciones científico-tecnológicas. Por lo tanto:

> en la medida en que el capitalismo logra sintetizar, unificar y subordinar la producción para valorizarse y desarrollarse, de modo que lo hace transformándose, no permaneciendo estáticamente, pero sí permaneciendo en sus transformaciones según un modo determinado, el límite general del *movimiento clasista* reside en la consolidación del capital global frente al proletariado global, cuyos miembros para ello deben ser más conscientes de la relación clasista y de la explotación como rasgo definitorio y cualitativo del capitalismo.[9]

Por todo lo considerado y si tomamos en cuenta la actual crisis global,[10] habría que aclarar que si bien es cierto que a partir de 1973, con la reunión del *Club de Roma*,[11] existe ya una "conciencia capitalista de *los límites de la acumulación de capital*", ello no significa que entonces se esté actuando de manera que se dé solución a la crisis global, y que evidentemente incluye la ecológica, ni mucho menos que corresponda a una forma humanamente positiva. Más bien se trata de la preocupación de los capitales hegemónicos por la real y concreta frontera que se impone frente a ellos a causa del uso de tecnologías altamente agresivas con el medio ambiente, y que en respuesta se ven forzados a buscar una alternativa que permita dar salida a tales límites, siempre y cuando se trate intrínsecamente de una solución consecuente a la lógica (inmediatista) de autovalorización del capital.

Esto queda claro al observar que en respuesta a la conciencia capitalista de los límites de acumulación, la clase capitalista optó por desarrollar la tecnología nuclear como base energética ¡supuestamente menos contaminante!, lo que fue obviamente resultado de los grandes intereses involucrados de capitales hegemónicos que ya tenían inversiones importantes en tal campo tecnológico, dado que prometía fuertes ganancias, acompañadas de un alto grado de control energético. Los capitales hegemónicos mostraron su ineptitud, o en palabras de Mills, su "irresponsabilidad organizada", al introducir a su modo un tipo de tecnología "alternativa" de la manera más apropiada a sus intereses y contraponiéndose a la posición mayoritaria que aseguraba los peligros de su uso, y que resultó en varios desastres nucleares, culminando con el de Three Mile Island y Chernobyl, unos de los más dañinos y que aún siguen afectando ecosistemas enteros e incluso la atmósfera del orbe.[12]

En otras palabras, este cambio tecnológico concertado por la élite capitalista, sólo posible gracias a su poder hegemónico mundial, nos deja ver el carácter sistemático de la irresponsabilidad de la clase capitalista al optar por opciones tecnológicas de manera muy peculiar, que sólo responde a la lógica de acumulación de capital que imprime, en cierta medida y modo, sus determinaciones esenciales sobre la estructura técnico-material del desarrollo científico-tecnológico. Al respecto, Mills precisa:

> El problema del conocimiento y del poder es, y ha sido siempre, el problema de las relaciones entre los hombres de saber y los hombres de poder [...] El saber y el poder no están realmente unidos dentro de los círculos dirigentes; y, cuando los hombres de saber entran en contacto con los círculos de hombres poderosos, no lo hacen como iguales sino como asalariados [...] El saber no se considera hoy como un ideal, se ve como un instrumento. En una sociedad de poder y riqueza, el conocimiento se estima como instrumento de la riqueza y el poder [...] Como otros muchos en esta sociedad el hombre de cultura depende, para subsistir, del cargo que desempeña, cosa que supone hoy en día un control del pensamiento. Cuando ascender requiere el asentimiento de otros más poderosos, su criterio se convierte en la máxima preocupación. Por lo tanto, y en la medida en la que los intelectuales sirven directamente al poder —en una jerarquía de puestos— lo hacen, con frecuencia, renunciando a su libertad [...] Pero al referirme a la insensatez y mediocridad de los hombres que gobiernan, no quiero decir que estos hombres no sean, en ocasiones, inteligentes [...] se trata del tipo de inteligencia, de la clase de mentalidad que se elige y forma. Se trata de la valorización de la racionalidad sustantiva, como valor principal en la vida, el carácter y la conducta de un hombre.[13]

Así, en busca siempre de la acumulación creciente de capital y en respuesta a la constante necesidad de redinamización de la tendencia decreciente de la tasa de ganancia,[14] los capitales se han aferrado a un cierto tipo de tecnología sin importar el grado de conocimiento y capacidad de manejarla. Ello ha provocado que tal tecnología resulte además científicamente poco manejable, como es el mencionado caso de la energía atómica y, como veremos más adelante, también el de la biotecnología.

El problema radica en mantener a los capitales en "espera" del uso de tecnologías desconocidas o en gestación, porque tal paciencia podría implicar la pérdida de un buen posicionamiento hegemónico y de las posibles ganancias que pudiesen generar. De esa manera, se cancela la posibilidad de decisión (que debería ser de carácter colectivo) en cuanto al desarrollo y aplicación de nuevas tecnologías, y que una vez desarrolladas lo suficiente, se pueda prever su nocividad de manera que se redujeran o evitaran situaciones críticas. Debe puntualizarse que el grado de nocividad radica fundamentalmente en la medida, vista desde la propia tecnología, o en otras palabras, desde el valor de uso; es decir, se trata de las dimensiones en que se usa, pero también del conocimiento que se tiene de ella. Al cancelar esa posibilidad, a los capitalistas les sucede lo que al aprendiz de brujo,[15] donde el riesgo radica en que en el proceso, el escenario de pruebas es ya todo el planeta, incluyendo a la humanidad *in toto*.

Lo anterior pareciera superficialmente un problema ético, en el que se tuviera que discutir el uso de tal o cual tecnología y sus límites. En tal caso, de entrada se deja en manos de la clase capitalista el poder de decisión *concreto* de los límites reales de su uso, independientemente de las normas éticas y convenios acordados. Más bien se trata de un fenómeno determinado, en primer lugar, por la lógica que imprime el capitalismo en el desarrollo de la tecnología, y en segundo lugar, corresponde a la correlación de fuerzas económicas en las que lo que se juega son los distintos intereses privados que se contraponen.

Una vez consolidada la hegemonía de los capitales y que resuelve forzadamente los intereses contradictorios de los distintos capitalistas, los Estados Nacionales Centrales (ENC), a través de mecanismos como la intencionalidad y la condicionalidad atada a todas las líneas de préstamos y las políticas económicas diseñadas para la periferia, logran "jalar" a los distintos ENC y al resto de capitales no hegemónicos a un determinado patrón tecnológico.

En este contexto, es conveniente señalar la existencia de tres actores centrales para descifrar el desarrollo científico y tecnológico y de ahí el industrial de cualquier región o país del planeta: el Estado, las unidades económicas (como las CMN) y el sistema científico-tecnológico (sistemas universitarios, instituciones, políticas, agendas de investigación).

Los ENC se han caracterizado por tener fuertes conexiones entre los tres actores, formando una fuerte estructura triangular, a la que nos referimos como red industrial. En la periferia uno o dos actores son débiles o inexistentes, dando como resultado que se mantengan así, o sean remplazados por actores metropolitanos. Esto último no significa que los Estados Nacionales Periféricos (ENP), una vez subordinados, tengan la misma posibilidad de *acceder* a la tecnología de y que los ENC desarrollan. En tal línea, hay que señalar que la transferencia de tecnología de los países centrales hacia los periféricos es altamente regulada por los ENC y sus políticas (directas o a través de instituciones internacionales), además de que generalmente está bajo estrecho control de las grandes CMN que funcionan espacialmente en la periferia, pero que están coordinadas, reguladas y subvencionadas a través de la política de su Madre Patria.

Asimismo, tampoco se puede hablar de un *desarrollo* tecnológico autónomo propio de la periferia, que se vincule con las necesidades regionales. La forma en la que los ENP han construido la educación superior y de investigación es central para explicar este fenómeno, donde específicamente las agendas de investigación están influidas y subordinadas a los centros de investigación de los ENC y las grandes CMN. De hecho, las instituciones internacionales como el BM y el FMI han argumentado que los ENP deben enfocarse en la educación básica y dejar la docencia e investigación universitaria en manos de una iniciativa privada que históricamente, en AL, no ha mostrado capacidad ni interés en auspiciar programas de investigación, desarrollo y tecnología de cualquier tipo.[16]

Así, la capacidad de *usar y acceder* a la tecnología es una cosa, pero otra completamente diferente es *crearla y desarrollarla*. América latina, y de manera marcada México, Argentina y Brasil, se han caracterizado por ser sujetos de transferencia horizontal (destinada a ser socializada a nivel planetario, como la que usa la industria maquiladora —incluyendo la de biomaquila— o la que está contenida en bienes de consumo finales con un cierto grado de tecnología de punta).[17] A partir de esa transferencia, se ha querido hacernos creer que se trata de un proceso de modernización que nos llevará al *take off*, o en otras palabras, que nos encontramos en "vías de desarrollo". Consecuentemente, las élites latinoamericanas han venido sustituyendo el desarrollo científico-tecnológico periférico, por la transferencia tecnológica metropolitana, que no es otra cosa que la subordinación tecnológica a los ENC.

En este fenómeno, las nuevas oligarquías latinoamericanas, por así llamar a las élites de esa región, pero igualmente las del resto de la periferia, han tenido y tienen un papel fundamental en la promoción del divorcio entre industrialización y desarrollo científico-tecnológico nacional. De hecho, Eduardo Saxe-Fernández escribe:

> las élites de AL han optado por jugar el papel de "junior partners" de los actores metropolitanos y han dejado que la región sea subordinada, subdesarrollada y excluida, de manera tal que sea posible la existencia de su contraparte, los países metropolitanos. Pero, ¿qué podemos decir de los casos exitosos de desarrollo en AL? El punto nodal del asunto está en medir tales logros con respecto a las fallas, en términos de la dinámica nacional o regional de desarrollo científico-tecnológico e industrialización.[18]

Sólo así se puede ver que se trata de logros aislados, posibles sólo para algunos miembros de la élite periférica como premio a su papel desempeñado en el proceso de subordinación de la región con los ENC, sea desde la figura del Estado o unidades empresariales partícipes en el proceso.[19]

En ese sentido, E. Saxe[20] señala que hay que considerar cuatro actores centrales en el análisis histórico tecnológico de AL: a) el Estado latinoamericano, que juega un papel central en la subordinación dentro del sistema internacional; b) las clases o grupos empresariales latinoamericanos; c) los actores foráneos, fundamentalmente poderes internacionales y sus clases empresariales, grupos e instituciones/CMN, en particular aquéllos relacionados con la industria y el desarrollo científico-tecnológico; y d) las comunidades científicas, latinoamericana y metropolitana. Estos actores interactúan dentro de un marco histórico, mostrando y ejerciendo estructuras estratégicas de capacidades e inhabilidades. Donde estas últimas, en cambio, se refieren a una identidad histórica de la región, la cual, para el caso de la periferia en general, pero específicamente en AL, ha sido sucesivamente condicionada a través de préstamos, proyectos y funciones internacionales. La capacidad de actuar de manera autónoma a nivel internacional (y concretamente a nivel nacional) y los distintos niveles de condicionalidad internacional son factores que determinan un éxito estratégico o una derrota de estos actores y élites. Sólo basta medir tal fenómeno en términos sociales para inclinarse hacia la urgente y necesaria derrota de las élites latinoamericanas como punto de partida para el replanteamiento de una lógica distinta a la actual, que reconfigure positivamente, en términos sociales, el papel histórico de la periferia.

Para la crítica a la biotecnología

El desarrollo de la biotecnología como parte fuerte del actual patrón tecnológico se viene perfilando como una tecnología estratégica porque permite, por un lado, abrir un nuevo cauce de generación de ganancias y de redinamización de la acumulación de capital. Pero también, causalmente, permite modificar todas las relaciones, productivas, financieras y otras.

Sin embargo, el desarrollo biotecnológico viene presentando un fin capitalista claro, y en contraparte, significa un peligro social y ecológico real. El caso de las aplicaciones biotecnológicas más importantes, determinadas por su dimensión y grado de desarrollo, vienen jugándosela entre una serie de riegos ambientales reales (conocidos y desconocidos), pero además también están reestructurando las relaciones sociales de producción y de los propios capitales. Ello es claro al revisar el caso de la industria de las semillas modificadas genéticamente, en donde, por un lado gracias a mecanismos genéticos se puede cancelar la milenaria costumbre de guardar las semillas para el ciclo siguiente, al instruir el código genético para que produzca semillas estériles inútiles para la reproducción. De esta manera, los campesinos del mundo se ven forzados a comprar cada ciclo productivo las semillas diseñadas por tales empresas (nueva estructura social de producción). Pero por otro lado, se reconfigura la composición y dimensión de los capitales hegemónicos que controlan el mercado mundial de semillas y de ahí el de gran parte del de alimentos (estructura de los capitales).

Hablar, en este contexto, de una "industria de la vida" —como esas industrias se hacen llamar— resulta irónico e irreal. Más bien, se trata de la industria de la muerte, que ciega y desesperada en la búsqueda de ganancias sentencia no sólo a miles de formas de vida que están siendo amenazadas por las alteraciones genéticas (pérdida de la biodiversidad), sino que también está en riesgo la reproducción de la especie humana en su conjunto, por ejemplo, a través de las mencionadas formas de dominio de la producción, o conforme se socializan los "logros" de la ingeniería genética, al alterar peligrosamente (y no se sabe en qué medida) la composición orgánica de nuestro cuerpo.[21]

Por lo anterior, resulta fundamental entender el mecanismo mediante el cual la industria biotecnológica viene perfilándose. Si observamos el actual proceso de metamorfosis entre uno y otro patrón tecnológico, se trata de un despliegue bastante intrincado.

Podemos identificar, además de los capitales propiamente biotecnológicos, aquellos que denominamos contaminantes; estos últimos se pueden agrupar en: a) capitales que ya tienen una fuerte inversión previa y que tienen que esperar a recuperarla para pensar en cambiarse de patrón tecnológico, b) capitales en los que, dadas sus particularidades, tal metamorfosis implica un riesgo sobre nuevas ganancias que resulta demasiado peligroso y por lo tanto se aferran a tal o cual tecnología; finalmente, c) capitales contaminantes hegemónicos involucrados fuertemente en el desarrollo de este nuevo patrón tecnológico; son los más interesantes de observar por su fuerza hegemónica y por la dimensión de su capacidad de arrastre. Ellos, con base en cálculos de riesgo y seguridad de sus inmensas inversiones (sólo posibles por el tamaño del capital que manejan), logran "caminar sobre dos pies", siempre y cuando, primero que todo, no se lesione la inversión en la que ya son hegemónicos como resultado de la inestabilidad de una segunda que se ve como insegura. Estos capitales avanzan en el desarrollo de un nuevo patrón tecnológico hasta el punto en que no comprometan su dominio, para filtrar y "asegurar" —desde la lógica ilógica del mercado— una posición hegemónica. Lo anterior no significa que el avance tecnológico logrado se use inmediatamente; ello sólo pasará en la medida en que les resulte conveniente la correlación de fuerzas entre ellos y los capitales propiamente biotecnológicos. En otras palabras, la correlación de fuerzas de los actuales capitales involucrados en el desarrollo de la biotecnología, determinada según sus estructuras geopolíticas y geoeconómicas, establece el tipo de biotecnología a socializar, siempre y absolutamente bajo el velo de la ganancia y los intereses mediatos y exclusivos de los grupos capitalistas hegemónicos.

El caso de Estados Unidos revela fuertes estructuras geoeconómicas y geopolíticas basadas en una íntima vinculación entre las universidades, las CMN y el Departamento de Estado.

Si bien ese país ha "debilitado" su hegemonía relativa en la industria pesada, nunca ha cedido los sectores de producción estratégica en esa industria, como la producción de granos y alimentos procesados, entre otras. Si se le relaciona con el contexto actual, en el que se está cruzando por una recesión como resultado de una crisis cíclica,[22] y a la que hay que agregar los cuestionamientos de la pérdida relativa de la hegemonía estadounidense, refiriéndose a señalamientos provenientes de lo que el propio Departamento de

Defensa califica como "potenciales retadores hegemónicos",[23] podemos ubicar un proceso en el que, con base en ese "sacrificio", se ha venido estructurando un segundo pie, totalmente basado en la innovación y desarrollo tecnológico de punta. Con ello, además de otros elementos (financieros, militares, políticos) ese pie tecnologista se perfila como un mecanismo de prolongación hegemónica, ya que evidentemente es ese país quien cobrará las ganancias resultantes de las fuertes inversiones en las distintas tecnologías, que en su caso generen. Sólo hay que tomar nota de cómo Estados Unidos aún se coloca a la cabeza de todas las investigaciones y desarrollo tecnológico de punta, sea en tecnología espacial, biotecnológica, nuevos materiales. Esto no es casual, de hecho el propio Departamento de la Defensa de Estados Unidos señala que es posible gracias a la gran estructura que se ha construido desde la Segunda Guerra Mundial, entre el Estado, las universidades e institutos de investigación y las empresas/CMN.[24]

A diferencia de la Primera y Segunda Revolución Industrial, en las que el desarrollo tecnológico fue impulsado principalmente por y desde el sector productivo y luego trasladado a la industria militar, la Tercera Revolución Industrial se caracterizó, especialmente en Estados Unidos, por haber invertido esta relación al poner en manos del sector militar el control de la mayoría del desarrollo tecnológico.

Para John Saxe-Fernánadez, la simbiosis entre Estado y las CMN se clarifica cuando se parte de ver:

> la instauración de un verdadero "Estado de Guerra", entendido como [...] un Estado en el que se logra el estado de bienestar por medio de la movilización total de recursos humanos y materiales para la eventualidad de una guerra, interna o externa, y contra un enemigo, interno o externo, real o imaginario, lo que después de la Segunda Guerra Mundial ha sido identificado como uno de los elementos que han frenado la capacidad competitiva estadounidense al colocar condicionantes que desmejoran su matriz industrial (civil) y por lo tanto los fundamentos estructurales de su competitividad internacional. La institucionalización de una economía permanente de guerra en Esta-

> dos Unidos, también impacta a la estructura de poder conformándose una fuerte conjunción de poderosas relaciones clientelares e intereses mutuos entre el alto aparato corporativo, bélico-industrial, el Congreso y una enorme burocracia militar desde la que se realiza la mayor operación de planeación estatal centralizada del planeta. Desde el fin de la Segunda Guerra Mundial, y a lo largo de los años 60 y 70 del siglo XX, el gobierno federal de Estados Unidos gastó más de la mitad de sus ingresos fiscales en el financiamiento de guerras pasadas, presentes o futuras.[25]

Más aún, señala Saxe:[26]

> la magnitud de la hipertrofia generada por el keynesianismo militar, especialmente durante la era Reagan-Bush, pero de continua persistencia durante el gobierno demócrata de Clinton, se percibe mejor si se considera que de 1946 a 1980 los presupuestos acumulados del Departamento de Defensa ascendieron a los 2 billones 100 mil millones de dólares. Estos aspectos cuantitativos, significativos en sí mismos, son sólo la punta del iceberg ya que es necesario establecer cuánto de la masa total de los recursos frescos de capital disponibles son utilizados por (o desviados) al sector militar [...] A lo largo de la guerra fría el sector militar de Estados Unidos —incluyendo las actividades de la NASA y del Departamento de Energía, absorbió poco más de 71% de todos los recursos federales dedicados a la Investigación y Desarrollo, una situación que no fue modificada en modo alguno en la década de los 90 del siglo XX. En 1970, cuando estalla la crisis hegemónica, de cada 100 trabajadores en el sector industrial militar había, en promedio, 7.4 científicos y técnicos mientras en el resto de las industrias la proporción era de 1 por ciento.

Así, por un lado, en Estados Unidos ubicamos un gran complejo (íntimamente vinculado al sector militar), y por otro lado, la matriz industrial civil que después de la Segunda Guerra Mundial fue deteriorada relativamente a causa de la militarización de la economía, entendida como la subordinación de una red industrial en función y bajo la lógica bélica.

En este sentido Saxe escribe:

> Al hacer referencia a los factores múltiples presentes en la noción de "deterioro relativo" de Estados Unidos es necesario además tener presente, entre otros, la proporción de fondos totales en I&D canalizados hacia el sector militar. En un año típico, 1976, Estados Unidos desviaba 31% de esos recursos hacia el Departamento de la Defensa y sus contratistas mientras Alemania y Japón lo hacían en ocho y uno por ciento respectivamente. A lo largo del "boom" de posguerra los efectos de la movilización bélico-industrial se fueron reflejando en los promedios anuales de productividad. Entre 1948-1965 el promedio es de 3.2%, entre 1965 y 1972 baja a 2.3% y entre 1973-1978 es de 1.1 por ciento.[27]

Presupuesto de la defensa (Estados Unidos)
(millones de dólares)

Año	*Monto*	*Año*	*Monto*
1982	185 309	1992	298 350
1983	209 903	1993	291 086
1984	227 413	1994	281 642
1985	252 748	1995	272 066
1986	273 375	1996	265 753
1987	281 999	1997	270 505
1988	290 361	1998	268 456
1989	303 559	1999	274 873
1990	299 331	2000	290 636
1991	273 292	2001	291 202

Fuente: *National Defense Budget Estimates for FY2001*. Office of the Under Secretary of Defense (comptroller). Estados Unidos, marzo de 2000. Para datos estimados por el DdD hasta el 2005 consúltese: http://www.defenselink.mil/news/Feb2000/b02072000_bt045-00.html

Nota: El monto presupuestado para el 2002, según el DdD, sería de 300.9 mmd, pero acorde con la sugerencia de Christopher Hellman del Centro de Información para la Defensa, éste podría ascender a los 375 mil millones de dólares como resultado de la iniciativa de incrementar dramáticamente el presupuesto del Pentágono como "contramedida" a los acontecimientos del 11 de septiembre de 2001 (véase Hartung, William, "El dividendo de la Guerra", en *La Jornada*, 6 de octubre de 2001).

Si observamos la evolución del gasto militar en Estados Unidos, considerando sólo los presupuestos estrictamente designados al Departamento de la Defensa, y dejando a un lado los otros rubros por medio de los que se disfraza la cantidad real de recursos dedicados a ese sector, podemos dar cuenta de los grandes montos que se destinan sólo a ese ente, sin contar el gasto federal directo que se hace en "Ciencia y Tecnología", dato que se maquilla al insertarlo junto con una serie de gastos gubernamentales[28] y que se da a conocer como "Gasto Social y Económico".

Más aún, según un informe de la CIA,[29] tan sólo el gasto federal destinado al Pentágono para 1999 significaba más de 15% del gasto federal total de Estados Unidos y poco más que el gasto federal total de México y Brasil juntos. Para ese año, Estados Unidos había destinado al Departamento de la Defensa un presupuesto de 274 900 millones de dólares, mientras que México había desembolsado para gasto total 123 mil millones y Brasil 149 mil millones. Juntos suman 272 mil millones, 2 900 millones menos que el gasto exclusivo en Defensa de Estados Unidos, monto que significa 61.03% del presupuesto de gasto total de AL en su conjunto, quien destinó en el mismo año 450 385 millones 300 mil dólares.

En este contexto, los estudios realizados por Melman resultan apropiados; indican que a partir de 1950 y culminando a mediados de 1960, se estableció una serie de nuevas regulaciones en el nivel de toma de decisiones de las principales fábricas, producto de la ampliación de los contratos gubernamentales realizados por las agencias militares y de la industria espacial, bajo los preceptos de "maximización de costos". Los diseños contractuales entre las firmas y los administradores del Pentágono sistemáticamente incluyen los "sobrecostos" como parte rutinaria de la operación. El Pentágono se transformó en el principal cliente y administrador de las firmas de máquinas-herramientas y la "maximización de costos" se instaló como una pauta de operación dominante en esa rama industrial. Esto se comprende mejor si se tiene presente que las firmas que operan dentro de la economía militar administrada por el gobierno federal comparten condiciones de operación inexistentes en la economía civil. Las ganancias están garantizadas de antemano ya que, en la mayoría de los casos, el producto fue vendido antes de ser elaborado, por medio de los programas de adquisición del Pentágono. La "ganancia" no se deriva de las relaciones de "mercado", sino gracias a "vinculaciones" de orden politico-militar y administrativo.[30]

En este contexto, hay que puntualizar que la relación entre el Estado y las empresas/CMN con base nacional queda explícitamente clara en el *Acta Federal de Transferencia de Tecnología* de Estados Unidos emitida en 1986. En ella, es obvio cómo a través de los "Acuerdos de Cooperación para el Desarrollo y la Investigación" (CRADA), el gobierno obtiene formas de "colaboración y financiamiento provenientes de la industria privada que aún no es parte de la red, mientras que para esta última significa la oportunidad de acceder a la red de investigación federal. De esta manera las investigaciones son reguladas por el Pentágono bajo el concepto de "seguridad nacional". Ciertas investigaciones estratégicas (como algunas ramas de la biotecnología y otras tecnologías de punta) son totalmente controladas por el Departamento de la Defensa o alguna otra institución pública del gobierno de Estados Unidos como el NIH —entre otras— para el caso de la biotecnología. Por lo tanto, no es de extrañarse que Estados Unidos, en su afán de conservar su hegemonía, recurra a su "carta fuerte", que es la militar, en su dimensión tanto de I&D (red industrial), como por medio del despliegue global y regional de fuerzas bélicas marítimas, aéreas, espaciales y terrestres.

Por ello, es necesario y urgente ver el desarrollo de la biotecnología y la tecnología en general, desde su raíz natural, desde la perspectiva de su utilidad como objeto para satisfacer necesidades humanas, *no capitalistas*, para encontrar los enlaces concretos en la determinación de nuevos usos, de un nuevo modo de vida. Por eso, en contracorriente del discurso capitalista de la neutralidad de la tecnología, habría que recuperar la conceptualización de Veraza[31] para señalar que, "así como no puede presuponerse una sociedad que aún no existe, pero que podríamos construir, tampoco puede presuponerse una actividad social desplegada por nadie, ni en el caso de la historia del capitalismo, ni antes, ni mucho menos después de éste". En dicho panorama, para el caso de este análisis, hay que discutir las necesidades locales, regionales y mundiales referentes al desarrollo y uso de la biotecnología, a partir de su análisis general y no particular. Para ello hay que exigir el libre acceso y movilidad de la información para su discusión en todos sus niveles, desde aquel propio de especialistas y técnicos, hasta el adecuado para las grandes audiencias. Pensar que hay suficiente información para discutir es caer en un error, y creer en las buenas y, ante todo, humanas intenciones de los capitalistas, siempre más importantes que la búsqueda de la ganancia, es otro aún más grave. En este contexto, lo expresado por Mills en torno al sigilo, que ya desde la década de los cincuenta del siglo XX, se observaba en la I&D de la energía atómica, es igual o incluso doblemente aplicable para el caso de la biotecnología:

> La zona del secreto oficial se amplía cada vez más lo mismo que la zona de la vigilancia secreta de aquellos que podrían divulgar en público lo que el público no compuesto de expertos no debe saber. Toda la serie de decisiones respecto a la producción y el uso de armas atómicas se ha tomado sin una verdadera discusión pública, y los datos necesarios para intervenir de un modo inteligente en dicho debate han sido oficialmente escondidos, deformados e incluso sustituidos por embustes. A medida que las decisiones se han hecho más trascendentes, no sólo para los estadounidenses sino en sentido literal para todo el género humano, las fuentes de información se han cerrado y los datos necesarios para la decisión (¡incluso las decisiones tomadas!) se ocultan, como secretos oficiales, políticamente convenientes, que se conservan lejos de los cauces informativos, ya tan cargados. [...] El hombre democrático supone la existencia de un público, y con su retórica afirma que dicho público es la sede misma de la soberanía. En una democracia se necesitan dos cosas: públicos con expresión y cultura, y jefes políticos que, si no son hombres de razón, son al menos razonablemente responsables ante los públicos cultos que existen. Sólo donde los públicos y sus líderes responden y son responsables, hay un orden democrático en los asuntos humanos, y este orden es únicamente posible cuando el saber tiene resonancia pública. Sólo cuando la mente disfruta de una base autónoma, independiente del

> poder, pero fuertemente relacionada con él, le es posible ejercitar su fuerza en moldear los asuntos humanos. Esto sólo es posible democráticamente, cuando existe un público libre y conocedor, al cual pueden dirigirse los hombres de saber y ante el cual son realmente responsables los hombres de poder.[32]

Por lo tanto, en este panorama, es urgente plantear el desarrollo científico-tecnológico e industrial de carácter autónomo; es decir, la estrategia tecnológica periférica (y central) tiende a crear un proceso dinámico de reorganización económica y social que transforma por completo las relaciones sociales a partir de reorientar la intención o el fin del desarrollo tecnológico, entendiendo por éste no sólo la acumulación de conocimiento científico y de la máquina-herramienta (tecnológico), sino también del entendimiento humano, habilidades y educación necesarios para hacer uso de dicho conocimiento con fines social y ecológicamente armónicos, que rompa con las estructuras hegemónicas y que centre su lógica en las necesidades y fines definidos colectivamente por cada región.

10. La biotecnología y su alineación como industria estratégica: el caso de la biorred

Lo estratégico de la biotecnología y la conformación de una *Red Industrial Biotecnológica*

Una de las principales características de la tecnología de punta, considerada como estratégica, es la que se distingue por tener, o bien un gran potencial de aplicaciones productivas e improductivas, o porque se trata de un tipo de tecnología que abre grandes expectativas o que potencia el poder militar, ya sea que se trate del desarrollo de armas, la construcción de satélites o la exploración espacial, por dar unos ejemplos.

En ese sentido, el papel de la biotecnología en este siglo es central, porque impacta crecientemente un gran número de procesos productivos, que van de la industria agrícola, ganadera y pesquera, a la industria farmacéutica y de cosméticos, a nuevos materiales como plásticos y lubricantes, entre otros. También tiene un gran potencial de uso en actividades no productivas, y es más, en las específicamente destructivas como el desarrollo de armas químicas y biológicas.

Su naturaleza *estratégica* queda por demás clara en una publicación del Instituto Nacional de Estudios Estratégicos de la Universidad de la Defensa en Washington, D.C., donde se señala:

> la industria estratégica se caracteriza por tener un impacto en un gran número de ramas industriales y generalmente se trata de tecnología de punta. No sólo impacta en la productividad, también permite la generación de mejores productos, de servicios públicos y/o incre-

> menta el poder militar [...] donde, lo estratégicamente importante es lo que ésta genera para el sector militar. Pero, sólo es estratégica para tal o cual país, cuando se asegura una fuerte posición en su desarrollo a nivel global.[1]

Justo porque se trata de tecnología de punta (*hi-tech*), es que viene a redefinir o a reafirmar las estructuras de poder de los capitalistas y Estados nacionales. La biotecnología indudable y forzosamente es considerada una industria estratégica, ya sea vista desde el sector productivo, o improductivo/militar.[2] Dada la lógica de autovalorización del capital, los capitalistas hegemónicos buscan subordinar ciertas áreas estratégicas de la producción, lo que les permite controlar la reproducción de la humanidad, y para asegurarse la dirección "estratégica" de la autovalorización del capital, resulta necesario contar con un aparato bélico que literalmente *militarice* el funcionamiento de la economía ya sea para presionar o para intervenir, de ahí que las *hi-tech* estratégicas también son aquellas que fortalecen el poder bélico-militar.

En este contexto, resulta indiscutible que desde la perspectiva de la subordinación económica, el carácter estratégico de la biotecnología, o cualquier otra tecnología de punta o conocimiento, reside principalmente en su control, para garantizar el adjudicamiento de ganancias extraordinarias, sólo posibles si se cuenta con un monopolio de la alta tecnología, que casualmente se concentra esencialmente en los países metropolitanos y de ninguna manera en los periféricos, dada la relativa desarticulación de sus sistemas nacionales de investigación, con tecnología que en el mejor de los casos es relativamente atrasada. Cuando mucho, se especializan en las "investigaciones cola" de las distintas tecnologías de punta, como lo ha sido hasta ahora la biomaquila de la UNAM y del Colegio de la Frontera Sur en el caso de México.[3] Ello se debe a que la biotecnología, al igual que todas las tecnologías de punta, sólo pueden ser desarrolladas *potencialmente* por Estados que tienen una estructura material (objetiva) y humana (subjetiva) poderosa, aquellos que fomentan las investigaciones que liderean el desarrollo biotecnológico y que, en consecuencia, generan un mayor plus de valor (como el caso del desciframiento del genoma humano).

El mismo estudio del Instituto Nacional de Estudios Estratégicos dice que:

> Estados Unidos con las mejores universidades del mundo e importantes instalaciones científicas, sigue siendo la primera potencia generadora de tecnología [...] Pero, para lograr establecer y desarrollar la industria estratégica, es necesario construir una red de trabajo entre individuos, equipos de trabajo, facilidades de investigación, corporaciones y unidades del gobierno.[4]

Sin embargo, es atinado señalar que, en términos planetarios, ciertamente:

> la capacidad de liderazgo no puede restringirse al control del espacio de vanguardia dentro del desarrollo de las fuerzas productivas, ya que tal liderazgo, por sí solo, no garantiza la reproducción global de la sociedad capitalista, aunque, en tanto que lugar de generación del plusvalor extraordinario, es el que marca la pauta del desarrollo y el que establece los límites de la competencia intercapitalista.[5]

Conformación de la red industrial

Virtualmente en todos los ENC ha existido una fuerte conexión entre la industria de tecnología de punta y las agencias de gobierno, específicamente en lo que se refiere a telecomunicaciones, transporte aéreo y espacial, salud y defensa.[6]

Justo después de la Segunda Guerra Mundial, los gobiernos de esos países por primera vez se tomaron en serio la responsabilidad de impulsar una estructura de investigación universitaria mucho más elevada que la que ya comenzaba a perfilarse en el periodo de entre guerras; este proceso se tradujo en agencias específicamente fundadas para el apoyo a la investigación nacional (como lo fue la National Science Foundation —NSF— en Estados Unidos), o a través de otras que se enfocaban a impulsar la I&D específicamente en campos de interés militar, como ya eran aquéllas relacionadas con la defensa, la energía nuclear y la salud. Por lo anterior:

> el número y dimensiones de los laboratorios gubernamentales, particularmente en estos tres campos se expandieron rápidamente. Añadiendo que para 1960, el financiamiento de la investigación con fines militares ascendía a más de la mitad del financiamiento industrial total de Estados Unidos, y en proporciones similares se colocaban el Reino Unido y Francia (exceptuando en los dos últimos casos, el financiamiento a Concorde y Airbus).[7]

Sin duda alguna, Estados Unidos ha constituido una red muy potente y poderosa, superior a las de Japón y el Reino Unido, quienes quedan en desventaja tan sólo por las dimensiones de su reducido espacio geoeconómico, por lo que de entrada limita el establecimiento de grandes redes de investigación y desarrollo tecnológico, refiérase al número de investigadores y complejos o instalaciones públicas y privadas. Incluso, es aún más fuerte que la recientemente integrada red Europea, que si bien es estructuralmente muy parecida a la de Estados Unidos, es todavía mucho menos extensa en cuanto al número de universidades, laboratorios, investigadores, académicos y estudiantes. Además, enfrenta la dificultad para correlacionar el desarrollo tecnológico en los distintos idiomas, técnicas e instrumentales de investigación (como el *software*), las diversas culturas e intereses particularmente nacionales, más allá de los que corresponden a la Unión Europea. La fortaleza de la red estadounidense se explica, entonces, por su alto grado de condensación como resultado de su propia historia.

Según datos de la NSF, Estados Unidos desarrollaba hasta el año 2000, 43% de la I&D mundial, con un gasto que para 1996 sobrepasaba el ejercido por el del Grupo de los Siete y que incluye las economías más fuertes de la Unión Europea (Canadá, Francia, Alemania, Italia, Japón y el Reino Unido); el gasto militar y civil en I&D de estos países tan sólo logra sobrepasar en 17% el gasto no militar en I&D de Estados Unidos.[8]

Para 1998, el gasto estadounidense en I&D fue de 227 173 millones de dólares, del cual el DdD, el NHS (Department of Health & Human Services), la NASA, el Departamento de Energía, el NSF y la USDA (Departamento de Agricultura), aportaban aproximadamente 35%. El gasto solamente federal programado para el 2000 fue de 75 415 millones de dólares (más de 4 500 millones que en 1998), de éste, 18 101 millones fueron destinados a investigación básica y 57 314 al desarrollo de tecnología aplicada. Además, Estados Unidos hasta 1996 había invertido alrededor de 13.1 millardos de dólares en I&D en el exterior, sobre todo en Francia, Reino Unido y Alemania, donde se encuentra el grueso de los 52 complejos automotrices, 28 de biotecnología y drogas y 23 de productos químicos con que cuenta en el exterior.[9]

Francia y el Reino Unido (los fuertes en I&D de la Unión Europea, además de Alemania) obtienen el grueso de sus recursos del sector civil, por lo que el papel del militar es relativamente inexistente, en un contexto en el que el PIB de los países europeos no ha aumentado desde 1990, por lo que el monto real del gasto en I&D, más allá de los porcentajes con respecto al PIB, es cada vez más reducido.[10]

Todo esto, dentro de las relaciones cívico-militares[11] en el área industrial de I&D y específicamente en biotecnología, nos deja en claro las *fortalezas y vulnerabilidades* de la red industrial estadounidense y europea, donde esta última aún no tiene el peso con el que cuenta la de Estados Unidos. Me refiero a la estructura de poder existente entre el sector militar y el civil, específicamente para el caso de esta investigación, en la construcción de la red Biotecnológica Nacional y la toma de decisiones en ella, donde lo civil incluye las CMN, universidades e institutos de investigación. Mills ya en 1956 percibía un sistema asociativo tripartita de la élite estadounidense, donde:

> el máximo poder nacional reside ahora en los dominios económico, político y militar. Las demás instituciones parecen estar al margen de la historia moderna y, en ocasiones, debidamente subordinadas [...] Dentro de cada uno de los tres, la unidad institucional se ha ampliado, se ha hecho administrativa y, en cuanto al poder de sus decisiones se ha centralizado [...] En cada una de esas zonas institucionales, han

> aumentado enormemente los medios de poder a disposición de los individuos que toman las decisiones; sus poderes ejecutivos centrales han sido reforzados [...] En el pináculo de cada uno de los tres dominios ampliados y centralizados se han formado esos círculos superiores que constituyen las élites económica, política y militar —los señores de la guerra, los altos jefes de las empresas, y el directorio político—.[12]

Corroborando la existencia de un triángulo asociativo de la élite estadounidense, recuérdese que ya durante la Primera Guerra Mundial (PGM), las élites de ese país habían aprendido la importancia militar de la aeronáutica, por lo que inmediatamente después de terminada la guerra, se estableció la National Advisory Comision on Aeronautics, financiando su desarrollo para fines militares y comerciales. En 1920 el gobierno federal fomentó la tecnología de la radio que ya había sido probada durante la PGM con la *Radio Corporation of America* (RCA), principal empresa estadounidense dedicada a su desarrollo. Poco antes de la Segunda Guerra Mundial (SGM), el Departamento de Guerra (después Departamento de la Defensa) apoyó a las universidades estadounidenses para que elaboraran computadoras más rápidas.

Ya habiendo reconocido el lugar que ocupan las universidades e institutos de investigación en la sociedad industrial capitalista, el Pentágono, justo después de la SGM y con base en experiencias como las mencionadas, ha venido desde entonces, apropiando, controlando y sesgando de manera crecientemente marcada, la producción de nuevo conocimiento y la formación de fuerza de trabajo preparada.

En 1966, 43% de las investigaciones era financiado por el gobierno federal, cifra que si bien ha caído hasta ubicarse en el 2000 en 35%, en algunos casos ha aumentado considerablemente, como las tecnologías de punta y específicamente las de uso militar.[13]

Para 1966, de acuerdo con el NSF, de 242 800 científicos que había en Estados Unidos, cerca de 36% laboraba en las universidades. En 1997 la cifra había aumentado a 10 598 600 científicos e ingenieros, de los cuales 3 339 400 estaban directamente trabajando en su especialidad. También, la red industrial de Estados Unidos empleaba en el área de las ciencias e ingenierías a 2353600 técnicos no calificados como especialistas, así como a 4863200 que laboraban en otras áreas.[14] Tan sólo la red de instituciones enfocadas a la I&D en 1997 era de 35112.[15]

El sistema de educación superior estadounidense, que incluye universidades, escuelas especializadas e institutos, está formado por 3660 unidades. De éstos, 1580 son públicos y 2080 privados. Además, cada año, las principales universidades de Estados Unidos enrolan más de 50 mil estudiantes y el potencial de científicos e ingenieros es de 14 mil.[16]

Para el año 2000, 46% de las empresas biotecnológicas ya apoyaban la investigación de las universidades, mientras que 33 de los 50 estados de Estados Unidos tenían centros universidad-industria para la transferencia de biotecnología, donde cerca de la mitad de la I&D de ese país se concentra en los estados de California, Michigan, Nueva York, Nueva Jersey, Massachussets y Texas, y poco más de una cuarta parte se hace en Pennsylvania, Illinois y Washington.[17]

En el mismo tenor, hay que señalar el gran número de fundaciones becarias del Departamento de Estado y CMN específicamente dirigidas a las ciencias naturales, aunque no hay que dejar de lado su interés por las ciencias sociales. En este sentido, uno de los acontecimientos más importantes en el área de las ciencias sociales, es que, a partir de 1960, el Departamento de la Defensa, a través del llamado *Proyecto Camelot* y otros que le han seguido, destinó un fuerte monto para mejorar la capacidad informativa del establecimiento militar con fines contrarrevolucionarios y para el control de la población.[18]

Asimismo, cada año, la Oficina de la Secretaría de la Defensa publica una lista de los cien principales contratistas del Pentágono. Entre el grupo de universidades que reciben grandes cantidades de financiamiento y que encontramos desde la década de los sesenta en estos mismos documentos, están: MIT (Massachussets Institute of Technology) con 368 millones 290 mil dólares para 1997; la John Hopkins University con 171 millones 461 mil dólares para el mismo año. También están universidades con un presupuesto no despreciable, como las de California, Michigan e Illinois, la Cornell University, Columbia University y Stanford University, entre otras.[19]

Por otro lado, Thompson y Hirts señalan otra dimensión con la que el proceso de internacionalización opera en este marco, al comentar un análisis de la distribución internacional de laboratorios de I&D de las 500 firmas más grandes. En tal estudio, encontraron un cierto grado de interdependencia, pero variaba de manera importante según los países de origen de las firmas. Las CMN de los Países Bajos, Suiza, Alemania federal y el Reino Unido mostraban una orientación externa de más de 60% en términos del promedio de laboratorios internacionales en relación con los locales. Según la misma fuente, el país dominante en número de CMN y total de laboratorios, Estados Unidos, tenía un promedio de 31%, confirmando que se trata de un país relativamente cerrado en este rubro; países como Japón y Suecia se mantienen cercanos.[20]

En ese sentido, en 1960, el sistema universitario de Estados Unidos era ya considerado como el más fuerte del mundo; se financiaba el desarrollo de tecnologías militares y las referentes a las ciencias de la salud/biología (sobre todo enfocándose al desarrollo de armas químicas y biológicas). También se fortalecieron áreas como la ingeniería en electrónica y las ciencias de los materiales, para la generación de nuevas aleaciones y materiales. En la misma década, se puede ver claramente el desarrollo de la ciencia espacial, dirigido por la NASA (National Aeronautics and Space Administration) e impulsado, al igual que en los casos anteriores, por una serie de laboratorios y universidades, a la par de empresas exclusivamente estadounidenses subcontratistas de la primera. Estas últimas, en algún momento de la década de los setenta, comenzaron a trasladar al ámbito civil las computadoras, los semiconductores y la aviación comercial, entre otros ejemplos.

Según datos ofrecidos por Melman[21] y como podemos corroborar hasta nuestros días, desde mediados de los ochenta, en numerosas regiones de Estados Unidos, las universidades han formado núcleos de largas agregaciones de investigación militar y producción. Dos de los más importantes están: 1) en Boston a lo largo de la ruta 128; y 2) en Palo Alto, California, en el parque industrial contiguo a la Universidad de Stanford (Silicon Valley). En ambos, hasta el día de hoy, sigue un intercambio entre lo militar-industrial y las universidades e institutos de investigación cercanos. En algunos casos, miembros de estos últimos inician empresas privadas, como muchas de las empresas biotecnológicas que luego han sido compradas por CMN domésticas. Pero aún más frecuente es que sirvan como consultores o asesores, e incluso como oficiales —*board members*— de las industrias militares.

Es clara la simbiosis entre las universidades e institutos, las CMN/empresas y el sector militar en Estados Unidos; este proceso se ha venido profundizando desde 1960, a través de políticas de Estado en nombre de la "seguridad nacional". El secretario de la Defensa, Robert McNamara, ex CEO[22] de la Ford Motor Co., abiertamente rediseñó, en ese año, la organización del Departamento para que incluyera una Oficina Central Administrativa para que controlara, como un sistema unitario centralizado,[23] las operaciones de miles de subsidiarias que cobijaba el Pentágono. Empresas como la General Motors Co., General Electric Co. y muchas otras siguen siendo "contratistas y subcontratistas", junto con muchas más de reciente inclusión.[24]

Esta red fue fomentada aún más en la legislación sobre transferencia de tecnología, específicamente en el *Acta Bay-Dole* emitida en 1980 y en la mencionada *Acta Federal de Transferencia de Tecnología* emitida en 1986. La primera permite la participación privada para conservar los derechos de patente vía una política de *title in contractor*.[25] La segunda reconoce la posibilidad de establecer "Acuerdos de Cooperación para el Desarrollo y la Investigación" (CRADA) entre una o más partes privadas o no federales y uno o más laboratorios propiedad del gobierno (después de su corrección en 1986 expresa en el Acta Federal de Transferencia de Tecnología). Otras acciones legislativas con el mismo objetivo fueron: el Acta de Innovación de Pequeños Negocios (1982), el Acta Nacional de Cooperación en Investigación (1984) y el Acta de Antologías de Competitividad y

Comercio (1988). En todos estos acuerdos, también se incluyen diversos mecanismos de control, como un estatuto de trabajo, los resultados y plazos de entrega, los términos de retención de los derechos de propiedad privada e intelectual, así como su duración no mayor de cuatro años con uno más de extensión.[26]

Ello se debe a que, a partir de 1980, CMN extranjeras comenzaron a invertir en el desarrollo de tecnología en universidades y otras instituciones estadounidenses como una forma de acceder a esta gran estructura de investigación. En respuesta, fueron diseñados los CRADA, para que fueran pocas las CMN extranjeras, y el proceso fuese controlado no sólo en el tipo de tecnología a desarrollar, sino también a través de los mecanismos de control mencionados u otros. Por ejemplo en el caso de tratarse de investigaciones de alto grado de confidencialidad, el Departamento de la Defensa construye y "presta" las instalaciones a tal o cual empresa o institución exclusivamente nacional donde deberá mudarse.[27]

La red industrial estadounidense responde a la llamada lógica de capitalismo del Pentágono,[28] combinando la situación económica, política y militar para dar salida a las contradicciones propias del capitalismo, específicamente con base en una economía permanente de guerra, pero que ante todo sirva para asegurar la hegemonía mundial de ese país frente a potenciales retadores hegemónicos.[29] Así, la red, al redimensionar el papel del Estado, hace que ya no nada más "sirva" a las empresas o las "regule", el propio aparato de Estado ha convertido su acción de gobernar en negocio, cosa que brinca a la vista en el mundo globalizado donde supuestamente el Estado pierde su fuerza. Sin embargo, la experiencia estadounidense claramente se sale de ese supuesto; mientras que mantiene su nacionalismo, promueve ampliamente para el resto del mundo y en especial para los países periféricos la reorientación de la función de sus Estados en función de los intereses estratégicos gubernamentales/corporativos de Estados Unidos.

En tal panorama, vale decir que lo que realmente cuenta es el control de la red industrial mucho más allá de su propiedad. Así, el Departamento de la Defensa de Estados Unidos sólo es propietario de la minoría estratégica de ésta. Su fuerza se basa en el *control elaborado* sobre el uso de todos los recursos de decenas de miles de contratistas y subcontratistas, haciendo de él la piedra angular de la estructura y funcionamiento de su red.

La red compuesta por tales contratistas y subcontratistas no opera bajo los mecanismos de mercado, ni por medio de licitaciones públicas y competitivas, sino a través de relaciones de poder personales y altamente confidenciales entre los señores de la guerra y los altos jefes de las CMN. Es frecuente que generales o almirantes retirados sean reclutados por las corporaciones, con el fin de utilizar sus relaciones hacia dentro del Pentágono y así promover contratos favorables a éstas y que usualmente los coloca en sus juntas directivas con altos salarios. De la misma manera, también es común que elementos del personal civil de rango alto o medio del Departamento de Defensa sea reclutado al sector empresarial, e incluso nombrado por el presidente. Tal fenómeno subordinante sólo es posible a partir del sustancioso presupuesto[30] del que dispone y que otorga selectivamente, así como a partir de otros mecanismos que fundamentan la simbiosis entre ambos actores.

Clara, pues, es la importancia del control de la red industrial, sobre todo cuando se trata de áreas estratégicas de producción e investigación. Melman ya desde 1960 veía el Pentágono estaba trabajando para que la red o el "complejo militar industrial", como él la llama siguiendo una calificación hecha por el presidente Eisenhower,[31] "fuese funcional, entre otras cosas, a la producción militar, a partir de su organización y control",[32] basándose en una administración estatal de características tales que permitan una continuidad y dirección independientemente del grupo en el poder ejecutivo y legislativo en turno.

Después, en la década de los ochenta, los teóricos modernos aludían, con el concepto de *tecno nacionalismo*, a los grandes rasgos de simbiosis de las partes componentes de la red, donde en medio de este *nacionalismo económico*, los gobiernos de los ENC ya consideraban que la creación de riqueza de largo plazo dependía de la superioridad tecnológica y la capacidad de innovación tecnológica, de tal suerte que es un factor identificado como promotor o inductor de apoyos directos o indirectos a empresas/CMN que actual o potencialmente pueden liderear diversas áreas del comercio en alta tecnología en el plano internacional. Pero en contraparte, y según esa construcción teórica, dado que estamos en un contexto de "creciente" globalización, resulta necesario hablar de un *tecno globalismo* para dar cuenta de los peligros que implica para la hegemonía tecnológica de los Estados nacionales (sobre todo la de Estados Unidos), entendiéndolo como "la globalización total de la tecnología".[33] Lo anterior no sólo ha llevado a conclusiones al vapor que suponen a Japón como hegemón tecnológico sobre Estados Unidos, sino que también olvida los mecanismos de control propios de ese país[34] y de las CMN domésticas que cobija dentro de un contexto de nacionalismo imperial.[35]

Además de los contratos entre el Pentágono y las CMN con base estadounidense, otro de los mecanismos de contención de escape tecnológico es el hecho de que sólo los científicos y técnicos especialistas saben realmente qué está sucediendo, por lo que resulta más fácil aún la subordinación de los contratistas y subcontratistas al tener claros los "actores conocedores".[36] Asimismo, habría que sumar otro más y que alude a la producción en masa de mercancías de tecnología de punta. En general y en respuesta a la teoría *tecno nacionalista/globalista*, la mundialización de la tecnología de punta es estrictamente controlada, al ser sólo una parte del bien a producir la que se socializa (maquila de partes o componentes) y más bien son contadas o inexistentes las veces que se relega la fabricación de un bien completo. Por ejemplo, cuando se exporta condicionada y controladamente el conocimiento de punta sobre la fabricación de los tableros de control de los F15 y F16 a la industria maquiladora de México, eso no significa que se exporte el *conocimiento total* para construirlos.[37]

Estos mecanismos de división del proceso productivo mismo, posible gracias a la maquinización y automatización de la industria, sirven a la vez como una de las herramientas de control tecnológico. Pero, para el caso de partes o componentes, que son en sí mismos objeto de piratería tecnológica y que en efecto son considerados parte de la *producción estratégica* nacional, éstos son exclusivamente producidos por las empresas o corporaciones multinacionales domésticas. En ese caso, podemos mencionar la tecnología japonesa de superconductores ópticos comerciales (no militares), o los chips de conversión gráfica de la empresa National —contratista del Departamento de la Defensa de Estados Unidos— y que son necesarios para el funcionamiento de las impresoras láser Canon; los chips digitales/análogos de Burr-Brown (estadounidense) que son usados comercialmente en todos los reproductores de CD entre otros casos. También habría que añadir el control estratégico de las máquinas para hacer máquinas, con lo que de fondo realmente se subordina la producción, más aún la que es resultante de tecnología de punta. Claramente, sólo quien puede tener una gran capacidad de dominio sobre este proceso tiene para su sustento una gran estructura científica, tecnológica e industrial, tal y como sucede en el caso de la industria biotecnológica.

Hoy en día, dado el grado de transferencia de esas tecnologías al sector civil-comercial, que comienza a partir de la década de los ochenta, los costos de la investigación son, como habíamos señalado, enfrentados por ambas partes, la pública y la privada, buscando siempre que ciertas investigaciones de carácter militar exótico o clasificadas continúen en manos exclusivas del Departamento de la Defensa y demás secretarías de Estado, que discrecionalmente las desarrollan con ayuda de ciertas universidades, institutos y corporaciones multinacionales/empresas (las fibras ópticas que soporten radiación o equipos electroinformáticos capaces de autoconfigurarse en pleno vuelo, entre otros ejemplos, así como las numerosas investigaciones confidenciales).

Para mediados de los ochenta y, más aún, a principios de los noventa del siglo XX, era evidente la importancia de las tecnologías aplicadas y las disciplinas en ingeniería involucradas en el desarrollo de nuevas energías, nuevos materiales en la biotecnología y recientemente en nanotecnología. No ha sido casual sino causal el grande y creciente número de publicaciones respecto de ellas que data desde fines de 1980 hasta nuestros días.

Basta revisar la nacionalidad, no la ubicación, de las principales corporaciones, organismos gubernamentales, universidades, laboratorios e institutos involucrados en las investigaciones que liderean el desarrollo biotecnológico para saber dónde está la red biotecnológica más importante del mundo, o la que a partir de este momento llamaremos Biorred, a modo de diferenciarla de la compleja red industrial descrita y que no sólo incluye esa tecnología sino otras más.

Así, las principales CMN involucradas en el desarrollo biotecnológico son estadounidenses. En el mismo sentido, el grueso de las figuras universitarias, gubernamentales y filantrópicas corresponde también al mismo país, como describiremos a continuación.

Los dos actores fundamentales de la biorred estadounidense: el Departamento de Estado y las empresas biotecnológicas polivalentes

El Departamento de Estado y la biorred

Sabemos que el desarrollo de la biotecnología y de las tecnologías afines y aplicadas ha sido impulsado principalmente por Estados Unidos. Entre los actores que componen la biorred destacan, por mencionar algunos, el National Center for Human Research, National Center for Human Resources, Lawrence Berkeley National Laboratory, Lawrence Livermore National Laboratory, Oak Ridge National Laboratory, Brookhaven National Laboratory, Sandia National Laboratory; Universidad de Utah, Universidad de Washington, Universidad de Arizona, Universidad de Stanford, Universidad de Syracuse, John Hopkins University School of Medicine; Humana Inc. Procter & Gamble Co. Rockwell International Corporation y Texas Instruments.

Los objetivos principales que la biorred se ha planteado en los últimos años son, en primer lugar, promover el desarrollo tecnológico en áreas de automatización y de robótica necesarias para el secuenciamiento de material genético a gran escala. También apoyan las tecnologías que incluyen computadoras de fibras ópticas y lectores ópticos (*scanners*) con capacidad microscópica, que permitan la manipulación de cantidades minúsculas de agentes biológicos (combinación de miniaturización y alta resolución fotolitográfica).

En segundo lugar, se busca el desarrollo de bases de datos y *software* para un manejo e interpretación de datos de creciente capacidad que además permita acoplar un sistema de *software* compatible para todos los investigadores del mundo, hecho que permitiría lograr la réplica de bases de datos en tiempo real. De esta manera, se quiere generar una red de comunicación privada que conecte a las distintas investigaciones biotecnológicas y afines, en la que puedan correr todos los conocimientos generados, tal y como sucede en Internet. Hoy en día, existen cinco bases de datos importantes por sus dimensiones, con grandes problemas de compatibilidad: una en Estados Unidos (coordinada por el Departamento de la Defensa, el NIH —Instituto Nacional de Salud— y el DOE —Departamento de Energía—), otra en Japón, una más en el Reino Unido, la del Proyecto Genoma Humano (Santa Fe, California, Estados Unidos) y la de Celera Genomics (Rockville, Maryland, Estados Unidos).

Ello se debe a que una de las condicionantes que ha tenido y aún tiene la biotecnología para su desarrollo es la madurez de la electroinformática, ya que perfecciona u ofrece nuevos instrumentos necesarios para la primera. Esto responde a que la información genética contenida en cada una de las formas de vida del planeta es inmensa y compleja. Así, para poder manejar artificialmente la capacidad que tiene la naturaleza de actuar sobre sí misma, la biotecnología requiere de avances técnicos que le permitan manejar dicha información con un alto grado de precisión en cualquiera de los dos niveles en los que se mueve: celular (procesos como la inseminación artificial, la ingeniería enzimática y el cultivo de tejidos), o molecular (caracterización, insolación, corte y pegado de genes y su traslado entre barreras naturales de las especies).

El reconocimiento, secuenciamiento y manipulación del material genético de los seres vivos requiere necesariamente de instrumentos técnicos de análisis y estudio altamente sensibles, a escalas microscópicas o nanométricas, que sólo se alcanzan con la aplicación de la electroinformática (*biochips* o *microarrays*), la que a su vez vincula la nanotecnología de nuevos materiales, como la fibra óptica y los sensores inteligentes para la medición de fluidos y otras sustancias.[38]

Todos estos campos de la tecnología aplicada surgen y se construyen en referencia a las necesidades que va planteando la investigación biotecnológica, por lo que no es casual encontrar que varias de las compañías que producen estos instrumentos especializados sean las mismas que se ubican en la producción de aparatos microelectrónicos para otros usos.

Así, se pueden identificar tres vertientes, cada vez más específicas, de la tecnología aplicada a la biotecnología: 1) la que se usa para la comunicación y transmisión de la información entre laboratorios e investigadores; 2) la referente a la coordinación de todas las operaciones automáticas de laboratorio; y 3) la que se concreta en los instrumentos técnicos que trabajan directamente con el material genético, enzimas, bacterias, virus y otros materiales biológicos.

Esta última es considerada como la más importante de todas, ya que es justo ahí donde se juega la clave para el control de las tendencias del desarrollo biotecnológico. Así, cuando se dice que la biotecnología será la tecnología del próximo siglo, se está aludiendo en específico a los avances técnicos provenientes precisamente de este sector.

Para tener una idea del ritmo en el que se están perfeccionando estos instrumentos, bastaría con señalar algunos datos presentados en un documento de RAFI:[39] para que se pudiera descifrar el primer genoma de la levadura fue necesario el trabajo de mil científicos por diez años. Más aún, un laboratorio tardó dos meses en descifrar el secuenciamiento de 150 nucleótidos (codificación de las "letras moleculares" que describen la composición de las bases químicas del ADN). En 1990, la velocidad se había incrementado en diez mil bases diarias. Hoy en día los científicos pueden secuenciar cerca de once millones de letras en cuestión de horas. Dicha secuencia, que en 1980 costaba alrededor de cien dólares por par de bases, en 1990 tan sólo era de cinco dólares; hoy cuestan entre un dólar y 50 centavos de dólar,[40] y se calcula que para el 2002, el costo se reducirá a unos cuantos centavos. El secuenciamiento génico estándar llegó a requerir dos semanas con un costo de 20 mil dólares para buscar en un solo paciente variaciones genéticas en tan sólo 100 mil SNP (Single Nucleotide Polymorphisms); hoy se puede hacer el mismo procedimiento en cuestión de horas y por algunos cientos de dólares.

Así, el control de las tecnologías mencionadas, a la par de un desarrollo intenso de la biotecnología, está sentando las bases de una situación de liderazgo de largo plazo para la economía estadounidense frente a retadores tecnológicos, colocándose como el centro coordinador de la investigación genética mundial.

En ese sentido, la biorred (estadounidense) se perfila obviamente como la más potente frente a las investigaciones de empresas privadas aisladas e incluso a cualquier otra, claro resultado de las grandes dimensiones de recursos económicos, humanos y tecnológicos, canalizados y que son reforzados por la estructura de "cooperación nacional" que el Pentágono y el Departamento de Estado han venido construyendo (red industrial).

De esta manera, con la suma de múltiples mecanismos político-institucionales, económicos y militares, Estados Unidos viene garantizando el acceso a una situación hegemónica y de liderazgo en este eje tecnológico. A través de asegurar para sí la transferencia de los recursos necesarios, queda concreta y objetivamente expresa la delantera de ese país: refiérase a diversidad genética, capitales, información y conocimiento; mientras que, por el contrario, controla la transferencia que hace hacia los demás países.

Esto no significa una postura absoluta y determinista; se trata sólo de una tendencia que apunta en esa dirección y, desde luego, en dicho proceso también están interesados otros Estados nacionales y numerosos capitales corporativos que bien podrían influir en el curso de esta tendencia, según los elementos con que cuenten para llevarlo a cabo.

Las CMN polivalentes del siglo XXI: la más refinada forma de los capitales biotecnológicos

Debido a que las expectativas del desarrollo científico en ingeniería genética/biotecnología son impredecibles, los capitales involucrados buscan diversificarse para constituir y asegurar su hegemonía no sólo en el campo de la investigación, sino además, necesaria y simultáneamente, en el mercado mundial. En consecuencia, se ha venido conformando una maraña de fusiones, adquisiciones totales o parciales, o simplemente alianzas de empresas (como con las que comparten patentes o derechos de *know-how*,[41] universidades, institutos de investigación públicos y privados), para coordinar el desarrollo científico-tecnológico-industrial de la biorred nacional correlacionada en el nivel internacional a partir de subordinar de distinta manera y nivel a actores periféricos.[42]

Paralelamente, los capitales se ven forzados no sólo a construir su predominio en una industria específica, sino a proyectarlo al resto de las industrias relacionadas con dicho desarrollo científico, como farmacéuticos, semillas, agroquímicos o químicos. Este proceso de megafusiones de capitales biotecnológicos (*científicos* e *industriales* —por así llamar a los relacionados con el desarrollo de la ingeniería genética, y a los relacionados con su aplicación industrial para su comercialización, respectivamente—) está llevando a la formación de *gigantes,*[43] que al presentarse en el mercado mundial como pequeñas o grandes empresas o CMN dispersas e independientes, diluyen la percepción de su creciente poderío.

En este punto, vale matizar y profundizar el análisis de Sutcliffe y Glyn, quienes a partir de discutir la definición de CMN, clasificarlas y estudiarlas, llegan a la conclusión de que

> pese a que se suele creer lo contrario, la tendencia no consiste en que ciertas bestias previamente identificadas —las mayores y más célebres de entre las CMN, como Shell, Nestlé, Unilever o General Motors— estén controlando partes cada vez mayores de la economía mundial, sino que la naturaleza de la bestia está cambiando. La mundialización

> ha significado y sigue significando que un número creciente de empresas tiene intereses mundiales, y no que un número determinado de ellas esté controlando directamente más parcelas de la economía mundial.[44]

En análisis más a fondo de los gigantes o "bestias" corporativas, podemos dar con que, efectivamente, hay un creciente número de CMN y empresas que, al menos en el caso de las relacionadas con la biotecnología, son subordinadas por las grandes "bestias previamente identificadas", estudio que habría que hacer detalladamente con el resto del universo para dar cuenta de que este fenómeno se repite. Como veremos, las CMN involucradas en biotecnología vienen construyendo una estructura corporativa de crecientes dimensiones al fusionarse, traspasarse acciones, compartir patentes o derechos de propiedad *know-how* mediante alianzas, entre otros mecanismos. Tal estructura les permite ampliar de manera condensada su posición en el mercado mundial o, en palabras de Glyn y Sutcliffe, les abre la vía para el "control directo a más parcelas de la economía mundial".[45] Al mismo tiempo, gracias a la permanencia de la "independencia del estatuto legal" de las distintas CMN y empresas, se aparenta que se trata de un número amplio de entes que actúan aisladamente en el mercado, incluso competitivamente, cuando en realidad se trata de la misma estructura corporativa, lo que podríamos identificar como un fenómeno de intracompetitividad. Tal fenómeno, que da cuenta de la "maraña corporativa", se evidencia al tomar nota del creciente número de fusiones entre las CMN y las empresas, las que después de tales transacciones mantienen su nombre (estatuto legal), dando la impresión de que se trata de dos o más actores. Incluso ocurre que las partes se vuelven a fusionar supuestamente de manera "independiente".

Pero las configuraciones de poder del sector industrial no se limitan a las estructuras corporativas, incluyen también al sector militar y vinculan las universidades e institutos de investigación a través de becas y fundaciones. Asimismo, trascienden hacia el sistema financiero, como los grandes bancos, además de que hacen uso de instituciones como el Banco Mundial y el Fondo Monetario Internacional[46] al penetrar en la esfera de la política. Esto no significa que sólo sean los CEO industriales los que se filtran a estos campos, sino también los políticos, los militares y los corporativos financieros, entendiendo este proceso como una simbiosis activa entre las distintas esferas de la estructura de poder capitalista.

John Saxe-Fernández señala:

> al respecto es conveniente recordar que estos inmensos conglomerados y monopolios ejercen enorme influencia política y poseen vastos instrumentos de control social en Estados Unidos y afuera de ese país. Los DuPont de Delaware, por mencionar sólo un caso, ya a mediados de los setenta poseían mayor riqueza personal y control multimillonario sobre más corporaciones que cualquier familia del mundo. Gerald C. Zilg, quien realizó una extensa investigación sobre esta familia, lo que fue publicado como *Detrás de la cortina de nylon*, proporciona datos reveladores. Por ejemplo, los DuPont emplean más sirvientes que la familia real inglesa y son dueños de mayor cantidad de yates, automóviles, albercas, aviones y residencias que cualquier otra en el mundo y en cualquier periodo histórico. El grupo de mayor poder entre los DuPont controla una riqueza (acciones, propiedades) tentativamente valorada en más de 150 mil millones de dólares, es decir, más que el PNB de muchas naciones. Como los Rockefeller (otro de nuestros grandes acreedores), la familia DuPont controla muchos bancos y corporaciones. Por ejemplo: Phillips Petroleum, E.I. DuPont, Penn Central, Coca-Cola, Boeing, North American Rockwell, Continental Can Corporation, United Brands, Uniroyal y General Motors. Miembros de la familia fungen como integrantes clave de importantes consejos universitarios (Harvard, John Hopkins, Princeton, Cornell, University of Pennsylvania, Columbia, University of Virginia) y una de estas instituciones es concebida como "parte de la familia": el Massachussets Institute of Technology [...] Los DuPont para ayudar a su pago de impuestos han formado una treintena de fundaciones y se han distinguido como uno de los principales auspiciadores del Partido Republicano (de donde proviene el presidente G. W. Bush) y de varios grupos antisindicales y derechistas. Sus intereses en el resto del mundo y en México muestran

> gran diversificación en química, petroquímica, fibras, etc. Frank Loretta y grupos (mexicanos) como Alfa o empresas como Akra o Química Flúor han estado estrechamente vinculados con DuPont. Ahora, en virtud de las nuevas "oportunidades" logradas por medio de la negociación de la deuda, empresas e inmensos conglomerados, los DuPont, entre otras, podrán ampliar sus operaciones en México, a su antojo, habiendo librado uno de los principales obstáculos establecidos contra sus ambiciones: la Constitución de 1917.[47]

En este sentido, un intento por desenmascarar a los gigantes biotecnológicos resulta central para saber en manos de quién están subordinados los procesos productivos relacionados con los alimentos, los fármacos, los químicos, entre otros; ello permitirá entender y conocer la lógica que los mueve y hacia dónde se dirigen; es decir, se trata de evidenciar las estructuras geoeconómicas y geopolíticas que están construyendo. En el siguiente capítulo procederemos a analizar algunos casos.

Según un estudio de RAFI,[48] hoy en día las diez CMN más grandes de semillas controlan la tercera parte del mercado mundial. Hace veinte años las 20 principales CMN farmacéuticas tenían 55% del mercado de prescripciones médicas; hoy, sólo las diez más grandes dominan 40%. Igualmente, hace veinte años, 65% de las CMN y empresas de agroquímicos era competidor en el mercado global; hoy tan sólo nueve CMN controlan 90% de las ventas totales de pesticidas en el orbe. Las CMN en medicina veterinaria no eran monitoreadas hace veinte años, pero hoy se sabe que sólo diez controlan dos tercios de las ventas mundiales.

Además, hay que sumar que 90% de las patentes de nuevos productos y tecnologías es controlado por las grandes CMN. Mientras el siglo XXI comienza, las 200 CMN más grandes del mundo contribuyen con 28% de la actividad económica mundial; las primeras 500 controlan 70% del comercio global y las mil más fuertes dominan 80% de la producción industrial del orbe.[49]

Entonces, es más que obvio el ritmo y complejidad de las fusiones y acuerdos entre las CMN y empresas en el mundo, mismo que se ha venido incrementando como resultado de nuevos mecanismos establecidos por estos entes para enfrentar crisis económicas o evadir leyes nacionales e internacionales; entre ellas están las que aluden a las regulaciones *antitrust*. Ya en 1996 tales fusiones significaban 900 mil millones de dólares y para 1999 llegaban a los 3.4 billones,[50] o sea el equivalente a 10% del producto bruto mundial. Entre 1996 y 1998, las CMN habían establecido alrededor de veinte mil alianzas, por ejemplo, las farmacéuticas pasaron de 152 acuerdos en la década de 1980, a 375 en la de 1990. Hay que puntualizar que este proceso ya se viene confirmando al observar que en los últimos dos años de la década de los noventa se excedió el número y monto de fusiones y adquisiciones, correspondiente a los ocho años previos. Tan sólo en Estados Unidos, el monto de adquisiciones en 1974 era de poco menos de doce mil millones, en 1998 se había incrementado a 330 mil millones, y en 1999 ya excedía la cifra de un billón 700 millones de dólares.[51]

Según un estudio de la UNDP —Programa de las Naciones Unidas para el Desarrollo—, las fusiones globales en la industria biotecnológica (excluyendo las farmacéuticas) aumentaron de apenas 9 300 millones de dólares en 1990, a 172 mil millones en 1998.[52] En cuanto a las CMN farmacéuticas, las fusiones alcanzaron, en el periodo de 1994-1997, más de los 400 mil millones de dólares, y siguen en constante aumento. Tan sólo en los primeros seis meses del 2000, éstas añadieron poco menos de cien mil millones.[53]

En tanto, las del sector de la agroindustria (incluyendo alimentos procesados, agroindustrias y distribuidores) se incrementaron en 1999 cuando DuPont compró la empresa más grande de semillas Pioneer Hi-Breed por 7.7 miles de millones de dólares. De igual modo, cuando Monsanto compró numerosas empresas de semillas relacionadas por un monto mayor a los 8.5 miles de millones. Con estos ejemplos, pero considerando un sinnúmero más, las fusiones de dicho sector alcanzaron los 150 mil millones de dólares.[54]

Quinta Parte

Geoeconomía y geopolítica de los principales frentes del desarrollo biotecnológico

11. El agro biotecnologizado

La modernización del campo de 1950 a fines del siglo XX, conocida como la Revolución Verde, fue impulsada enérgicamente por el Banco Mundial (BM), que trabajó con centros de investigación agrícolas como el CGIAR (Group on International Agricultural Research) para difundir masivamente el uso de agroquímicos e introducir crecientemente la mecanización intensiva. De igual manera se impulsó la concentración de la tierra en grandes unidades de producción (con la creciente desaparición de los campesinos del mundo, incluyendo los de Estados Unidos), el desarrollo de los pesticidas y herbicidas, el perfeccionamiento de cosechas múltiples en el mismo año agrícola, la especialización paralela de la producción por parte de las agroindustrias, la propagación del uso de semillas híbridas, así como la promoción de un intenso desarrollo en la ganadería de leche y carne y la aceleración del crecimiento de la avicultura. Estos procesos han transformado la agricultura, convirtiéndola en una verdadera industria.

Sin embargo, es ya sabido que el resultado de tal campaña fue la degradación y contaminación de los suelos, así como la pérdida de la diversidad genética de las especies cultivadas, entre otras consecuencias de carácter ecológico sin mencionar las de orden social. Lo anterior se debe a que la difusión de variedades modernas conocidas como HYV —*high yielding varieties*— (híbridas o mejoradas, pero no transgénicas) impulsadas en el marco de la Revolución Verde por el BM como resultado de las presiones por parte de las CMN agroquímicas para que los agricultores adoptaran esas variedades, lo que los empujó a abandonar muchas locales e incluso endémicas.

Esta uniformidad causada por el aumento del área de cultivo de un número más pequeño de variedades es riesgoso para los agricultores, sobre todo cuando las variedades modernas son más vulnerables a enfermedades y al ataque de plagas y cuando éstas se desarrollan pobremente en ambientes marginales.[1] En México, por ejemplo, la expansión del uso de HYV de trigo para 1966 había alcanzado 95% de los cultivos nacionales. En India en 1968 alcanzó 50%; y en Filipinas, para ese mismo año, ascendió a 93% de los cultivos irrigados.

La influencia del BM tuvo su gran momento durante la presidencia de McNamara (1968-1981),[2] quien introdujo una nueva política: "pobreza y agricultura" se volvieron la punta de lanza del actuar del BM. En tal sentido, se aceleró la supuesta "modernización" del campo, lo que tuvo un impacto devastador. En 1976 la propagación del uso de las HYV ya alcanzaba 44% de las tierras mundiales de trigo y 27% de las de arroz. Como consecuencia, en 1972 el BM-FAO junto con el International Board for Plant Genetic Resources (IBPGR) establecieron un programa para identificar los impactos de erosión genética a nivel mundial causados por la Revolución Verde.[3] Al mismo tiempo, en nombre de la "pobreza y la modernización agrícola" el banco aprobaba préstamos para "limpiar" grandes extensiones de selva tropical para su reconversión a uso agrícola. En 1970 se arrasó con 1.3 millones de acres o lo correspondiente a 6.5% de la selva tropical de Malasia, principalmente para instalar centros de monocultivo agroindustriales. Esto continuó en la década de 1980; el famoso programa de Brasil, el Polonoroeste Agricultural Development Programme, con un presupuesto asignado de 443 millones de dólares, aumentó la deforestación de la Selva Amazónica de 1.7% en 1978 a 16.1% en 1991, destinando más de la mitad del presupuesto a la construcción de carreteras. En 1985 la NASA identificaba tales sistemas carreteros como "el cambio humano más rápido y radical visible desde el espacio".[4]

Lo que resulta más sorprendente es la contraparte del mega-proyecto para "modernizar" el campo del BM: el impresionante crecimiento del déficit en la balanza alimentaria de los países periféricos, el cual, según cifras de la FAO,[5] pasó de 39 millones de toneladas en 1976 a 107 millones de toneladas en 1996-1997 (periodo de una de las grandes crisis alimentarias en estos países, coincidente con grandes excedentes en los países centrales), y se proyecta que crecerá a 198 millones en el 2015 y a 270 millones en el 2030. Esto se debe a que en los países centrales la política de subsidios, desde hace más de 60 años, es sustentada por diferentes mecanismos y se ha considerado la producción y la seguridad alimentaria como una política de seguridad nacional. Ello ha generado una sobre-capacidad de producción, frente a un campo periférico que se viene desmontando crecientemente por las políticas del BM y otros organismos internacionales que imponen lineamientos subordinantes a los ENP a través de préstamos condicionados y otras políticas.[6]

Eso ha llevado a que las CMN agroalimentarias, que controlan el grueso de la producción de alimentos en los países centrales y del mundo, vuelquen sus ojos al hambre de la periferia, o como ellos dicen, al "mercado" periférico. El resultado ha sido una creciente dependencia alimenticia (sobre todo de granos) de los países periféricos hacia los países centrales, viéndose obligados a importarlos específicamente del granero del mundo: Estados Unidos.

Según datos de la FAO,[7] el desarrollo de la producción de cereales de los países exportadores y las políticas de liberalización de las economías periféricas han tenido como resultado el deterioro de las cuentas netas en las balanzas agropecuarias de cereales de los países importadores. Sólo en 20 años, 1974-1976 y 1995-1997, la balanza comercial de estos países pasó de –51 a –130 millones de toneladas, lo cual, además de ser un problema central en las balanzas de pagos, ha significado una inmensa pérdida del empleo rural en dichos países. Por si fuera poco, se supone que las importaciones de cereales en los ENP se duplicarán con creces para el año 2030, cuando el Cercano Oriente y África del Norte seguirán siendo los mayores importadores mundiales, al concentrar 40% del total mundial.

La otra cara de la moneda ha sido la de los países exportadores, los cuales, según el mismo estudio de la FAO, casi duplicaron el superávit de su balanza comercial de granos, al pasar de un balance positivo de 73 millones de toneladas en 1974-1976 a 142 millones de toneladas en 1995-1997, que visto en cifras de producción total, significa un aumento de 432 millones de toneladas a 598 millones.

En tal contexto, la situación resulta parecida en el caso de la producción de carne. En los últimos 30 años, se ha dado un crecimiento de 5.5% en la demanda de carne en los países periféricos a causa de su incapacidad interna de producción, como resultado de las políticas que en los últimos 20 años han dejado al campo en el olvido. Con todo, las proyecciones prevén una desaceleración del índice de crecimiento de la economía mundial de la carne conforme comienza a estabilizarse la limitada demanda de ese producto en el mundo periférico, como resultado de la constante reducción del poder de compra de la región. Al mismo tiempo, el consumo de carne disminuye en los ENC, ya que ha alcanzado un techo difícil de superar. Así, la tendencia decreciente de la producción de carne, frente a un mercado que alcanza un techo real en los ENC y un mundo periférico con mercado relativamente limitado, presenta una condicionante a dicho sector; esta tendencia ha sido momentáneamente modificada dadas las plagas de aftosa y del síndrome de la vaca loca,[8] y que han afectado la producción de estos productos en Europa. Ello se ha expresado en una reactivación del mercado, que frente a la escasez de dichos productos necesariamente ahora exige satisfacer tal demanda artificialmente generada.

Por lo anterior podemos reconocer que, por un lado, estamos ante un modelo de industrialización del campo que no es favorable ecológica y socialmente para los ENC, pero mucho menos para los ENP,[9] en el que la tendencia apunta a agravar las condiciones agrícolas, de pobreza y de hambre, y que en la medida en que se vienen desarticulando las agriculturas campesinas e imponiendo la ganancia como razón de ser, la inseguridad alimentaria tiende más a agravarse que a solucionarse. Así, la necesidad de una nueva revolución tecnológica que induzca el incremento de la productividad se ha vuelto la única razón que esgrimen sus impulsores para justificar e imponer nuevos lineamientos, que, hoy en el marco del desarrollo de la biotecnología aplicada a lo agrícola, han llamado "la Segunda Revolución Verde".[10]

Hoy frente al "resurgimiento" de las "agroindustrias" o *agrobusiness*, que son la base para la entrada de las CMN, observamos cómo por otro lado, el pequeño agricultor pierde constantemente funciones. La ruralidad se convierte en el espacio del *agrobusiness*, donde la mecanización, la informática, los agroquímicos, los grandes sistemas de riego, la integración vertical en grandes cadenas agroalimentarias, y más recientemente la biotecnología aplicada en este sector, transforman el espacio rural.

Frente a tal transformación, el capitalismo ha recurrido a lo que, cínicamente y con amnesia de la historia, llama de manera atinada la Segunda Revolución Verde (SRV). Es decir, se trata de un desarrollo tecnológico que supuestamente sea menos agresivo con el medio ambiente y que perfeccione los mecanismos de control del cada vez más condensado mercado de alimentos. Lo anterior se confirma cuando la revista *Business Week* de abril de 1999 sugiere que el desarrollo de la industria biotecnológica en el campo (la llamada industria Agbio), corresponde a lo que sería la SRV, pero considerando que esta nueva versión ya no sólo revoluciona la agricultura, sino también la ganadería.

La Segunda Revolución Verde

La industria biotecnológica afirma que los Organismos Genéticamente Modificados (OGM), específicamente las semillas transgénicas, son descubrimientos indispensables y necesarios para alimentar al mundo, proteger el ambiente y reducir la pobreza en los ENP.[11]

> tal idea se apoya en dos suposiciones. Por un lado el hecho de que el hambre se debe a una brecha entre la producción de alimentos y la densidad de la población humana o tasa de crecimiento. Por otro, que la Segunda Revolución Verde es la única o mejor forma de incrementar la productividad agrícola, y por lo tanto es la salida para enfrentar las necesidades alimenticias futuras.[12]

En el mismo sentido, el reciente informe sobre Desarrollo Humano 2001 del PNUD, *Poner el adelanto tecnológico al servicio del desarrollo humano*, evidencia su optimismo tecnológico específicamente en cuanto al desarrollo de la biotecnología en el campo: transgénicos y sistemas de patentes sobre la vida. En rasgos generales plantea que los transgénicos podrían ser la solución al hambre del mundo al producir cultivos más rendidores, nutritivos y resistentes al mal tiempo y a enfermedades.[13]

Ante esta tesis capitalista, habría que señalar que "no hay relación alguna entre la ocurrencia frecuente de hambre en un país dado y su población. Por cada nación densamente poblada y hambrienta, como Bangladesh o Haití, hay otra escasamente poblada y hambrienta como Brasil e Indonesia".[14] Asimismo, como veremos detalladamente más adelante, en el mundo se produce más alimento por habitante que nunca antes. "Hoy existe la capacidad para suministrar 1.9 kilogramos por persona cada día (1.1 de granos, 454 gr de carne, leche y huevos y unos 454 gr de frutas y vegetales). Las verdaderas causas del hambre son la pobreza, la desigualdad y la falta de acceso a los alimentos."[15] En el mismo sentido, la verdadera fuerza propulsora de la industria biotecnológica agrícola es hacer de la agricultura de los ENP y de los ENC un negocio subordinado a las CMN dedicadas al negocio a través de tecnologías genéticas como la *terminator* o la *traitor*; en tal escenario estamos hablando de CMN como DuPont, Monsanto/Pharmacia, Syngenta, Aventis, Ligramain, BASF, Pulsar entre otras muy contadas. En este contexto no es posible ignorar el hecho de que la agricultura es un gran negocio; tan sólo ocupa el segundo lugar en las aplicaciones de la biotecnología y las estimaciones sobre su potencial de mercado llegan a los 67 mil millones de dólares anuales para principios de este siglo.

En este panorama, la naciente industria Agbio (la SRV) se está centrando en dos áreas principales: la de las plantas modificadas o transgénicos y la de los animales modificados. Ambos rubros tienen tres finalidades:

1) Mejoramiento cualitativo de las características genéticas inherentes de las propias plantas o animales, para volver más eficiente su crecimiento o para reducir el impacto negativo de éstos al medio ambiente. Por ejemplo para que sean resistentes a plagas y enfermedades, para que soporten sequías, heladas y condiciones ambientales extremas, para la mejora y rapidez de la producción de carne y sus productos derivados.
2) Mejoramiento de las plantas para el consumo específico del ganado o del hombre. En el caso del ganado, para mejorar los productos derivados de éste. Nómbrese la adición, a través de modificación genética, de vitaminas y demás suplementos alimenticios, así como de vacunas. También sucede con nuevas características para la modificación o alteración de la apariencia y sabor de los productos.
3) Producción de sustancias o diversos materiales para fines médicos o industriales, a partir de plantas y animales modificados, rama también llamada *agriceuticals*. Tal es el caso de la producción de plásticos, aditivos y aceites, vacunas; por ejemplo, la colza transgénica es en la actualidad una fuente del anticoagulante hirudina, producido originalmente por las sanguijuelas. Las vacas, corderos, cerdos y gallinas han sido modificados genéticamente para producir nuevas proteínas para usos médicos, porque los costos de producción se reducen considerablemente y se incrementa de manera relativamente ilimitada la capacidad de reproducción.[16]

Tal desarrollo de la ingeniería genética/biotecnología es posible a partir de la introducción de genes a plantas y animales, utilizando como herramienta un *vector de transformación* (parásitos genéticos, generalmente inductores de tumores y otras enfermedades). Esos vectores, como plásmidos y virus, a los que se han "eliminado sus propiedades patógenas", llevan genes marcadores que confieren "nuevas" características al genoma de la planta o animal modificado.

Ya que en el mundo 90% de los alimentos proviene de quince especies, de las cuales tres —trigo, maíz y arroz— comprenden dos tercios; en los últimos años la biotecnología agrícola ha venido desarrollando una serie de OGM de dichas especies, así como de otras comerciales, como la soya, el jitomate, el algodón, la patata, el sorgo, el tabaco, la caña de azúcar, el café y otras.

En el caso de la biotecnología animal, el objetivo es la regulación de la actividad hormonal mediante hormonas biosintéticas que modifiquen ciertas características; pero más aún, que esas hormonas sean producidas por el propio animal eliminando la necesidad de inyectárselas. Por ejemplo, la bST —Bovine Growth Hormone— (hormona para el crecimiento bovino) genera un incremento de 41% en la producción de leche, pero según la US National Academy of Sciences Board on Agriculture, que revisó en 1994 los estudios sobre bST, demostró unánimamente que "la composición y el valor nutricional de la leche de vacas tratadas con bST son esencialmente iguales que los de las vacas no tratadas."[17] Otra hormona es la pST —Porcine Somatotropin— (hormona para el crecimiento de cerdos) que incrementa en 25% la reconversión de comida y reduce 70% el tejido graso.

En este escenario, dada la complejidad del código genético, no se pueden predecir las consecuencias generadas, porque el gen transpuesto reacciona de manera diferente cuando funciona dentro de su nuevo anfitrión y porque la inteligencia genética original de éste se desorganiza. Así, conforme se incrementan los cultivos de OGM, los peligros ecológicos podrían ser irreversiblemente graves:

a) La resistencia a herbicidas puede causar que estos genes "proveedores" de la nueva característica pasen por polinización cruzada a malas hierbas, a silvestres emparentadas, a cultivos y a ecosistemas naturales, lo cual limitaría la plasticidad genética de las especies, condenándolas a ser desplazadas de su medio natural o a su desaparición. En tanto México es el quinto país con mayor diversidad biológica, esto significaría la pérdida irreversible de gran parte de la biodiversidad del planeta, que en muchos casos es única.[18] Hecho que ya llama la atención con los casos de contaminación de milpas tradicionales de maíz en el estado de Oaxaca con Bt, proveniente de maíz transgénico de CMN como Novartis y Monsanto.[19]

b) Los organismos transgénicos pueden producir toxinas medioambientales que se muevan a través de la cadena alimenticia y que pueden terminar en el suelo y el agua, afectando a invertebrados y probablemente impactando procesos ecológicos, tales como el ciclo de nutrientes. Un fenómeno de este tipo sucede con el maíz Bt (CrylAb), el cual resulta mortal para la mariposa monarca ya que está diseñado para atacar a un tipo de gusano barrenador del orden de los lepidópteros (mariposas). Ello pasa cuando el viento dispersa el polen del maíz Bt y cae sobre otras plantas como la del algodoncillo, alimento exclusivo de la oruga monarca y que por lo común se encuentra alrededor de los sembradíos de maíz. O en su caso, las cepas de insectos pueden hacerse resistentes a las toxinas como la Bt. En 1996, dos especies de insectos ya habían desarrollado resistencia al Bt y otras diez daban muestras de ser capaces de ello. El caso de la cepa de la oruga de la mariposa del tabaco desarrollada en laboratorio es capaz de resistir cinco mil veces más la toxina que la necesaria para destruir a las cepas no resistentes.[20]

Lo más preocupante de los cultivos transgénicos es la tecnología *traitor/terminator* Generación I (1999),[21] que más allá de buscar una dependencia permanente de los agricultores a la compra de las semillas "mejoradas", tal y como sucede con la tecnología terminator —marzo de 1998, patente de Estados Unidos, núm. 5723765— y que produce semillas estériles en el primer ciclo productivo, ahora se le ha sumado una nueva cualidad conocida como tecnología *traitor*, con la que se logra una permanente dependencia agroquímica. Se trata de una tecnología que sobrepasa la naturaleza genética de los vegetales.

Las nuevas patentes *terminator/traitor* revelan que efectivamente se están desarrollando semillas suicidas con características que pueden ser activadas o desactivadas por sustancias "reguladoras" mezcladas en los agroquímicos de las mismas compañías (pesticidas, fertilizantes, herbicidas). La más reciente versión corresponde a la de la CMN Monsanto. Sus semillas ni siquiera germinan si no son expuestas a una sustancia específica contenida en sus agroquímicos (*Terminator II* —Patente WO 9744465—). Otro ejemplo es la tecnología de Astra/Zeneca, que se orienta a crear plantas que se atrofien o dañen si no son regularmente expuestas a los químicos que produce esa corporación. En el mismo tenor, la patente de Novartis (5789214) describe una serie de procesos de la planta regulados químicamente (germinación, retoño, floreo, caída de frutos).

En México, hasta abril de 1999, se habían solicitado dos patentes de tecnología *terminator* y una *traitor/terminator*; dos generaciones de Monsanto y una de Novartis, lo cual resulta escandaloso si tomamos en cuenta la triangulación que existe entre Monsanto y la empresa mexicana Savia (Pulsar) a través de su mutua filial Asgrow Seed.

Patentes biotecnológicas agrícolas

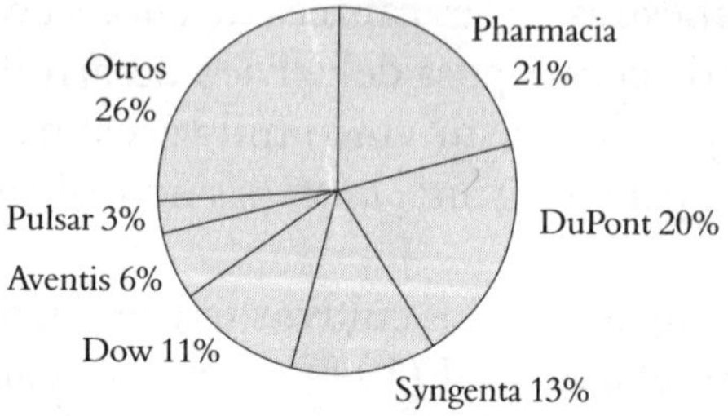

Fuente: Gregory Graff. Disertation. Department of Agricultural and Resource Economics. U.C Berkeley. 2001. (http://are.berkeley.edu/~ggraft/IPCM-background.html), citado en ETC Group. *Globalization, Inc: concentration in corporate power*. Communique, núm. 71, julio-agosto de 2001, p. 7. El control de las principales patentes y tecnología agrícolas por parte de las CMN biotecnológicas a finales de 1998, basado en datos de la US Patent and Trademark Office, era la siguiente: tan sólo 1370 patentes biotecnológicas agrícolas (*Agbio Patents*) correpondían a 30 solicitantes. De éstas, 74% correpondían a sólo seis CMN —Pharmacia (Monsanto), 287 patentes; DuPont, 279 patentes; Syngenta, 173 patentes; Dow, 157 patentes; Aventis, 77 patentes; y Grupo Pulsar, 38 patentes.

Esta nueva tecnología *traitor/terminator* claramente muestra el interés de los capitales involucrados en la biotecnología agrícola de consolidar simultáneamente su hegemonía tanto en el mercado mundial semillero como químico, llevando a los capitales de esas industrias, ahora fusionados, a transformar *capitalistamente* el proceso natural de la producción, es decir, a transformar la esencia de la semilla en un *proceso industrial*.

Una última versión de tecnología *terminator* indica que se están produciendo semillas que no presentan de entrada ninguna de las características mencionadas, sino que mediante un inductor externo éstas se expresan hasta varias generaciones después, tal es el caso de la patente otorgada a la Universidad de Purdue financiada por la USDA.[22]

Además, a la tecnología *terminator Generación I* y *traitor/terminator Generación I*, hay que añadir las generaciones *Terminator II y III*. La *II* alude al desarrollo de características que beneficien a la industria de alimentos procesados, como el incremento de la sequedad de los materiales de desecho, la prolongación de la vida del producto, la reducción de los costos de transportación, el uso de materiales de desecho para la producción de alimentos u otros de carácter industrial, entre otros. La *III* se caracteriza por la adición de vitamínicos y vacunas como contramedida al rechazo social que han tenido la *I* y la *II*, o sea como mecanismo de salida de la lógica subordinante que de fondo estas últimas implican. Conocida también como *nutriceuticals* o *pharmaceuticals*, la *Generación III* tiene un gran potencial positivo y negativo, siempre y cuando no sea medida sustituta de los sistemas de salud en la periferia, por eso requiere una atención y cuidado mayor que el que se necesita para la *I* y la *II*. Caso que resulta poco posible si se tiene como antecedente la escasa preocupación de las CMN por las repercusiones ecológicas y humanas (sociales y de salud) de las dos primeras generaciones.

Esta nueva lógica de la producción agrícola mundial, ahora industrializada en su esencia (la semilla), es día a día más evidente. Las principales CMN que están desarrollándolas son de Estados Unidos, Europa y México (Pulsar).[23] Según GRAIN, a nivel mundial ha habido más de 1 500 solicitudes autorizadas para pruebas de campo de cultivos transgénicos, de las cuales alrededor de 87% desde 1987 han sido solicitadas por el sector privado. En México, desde 1996 se ha aprobado más de 80 campos de experimentación con transgénicos, los cuales, en su mayoría, han sido realizados por CMN como Monsanto-AgrEvo, Novartis, Syngenta, DuPont y Pulsar.

La superficie mundial cultivada con semillas transgénicas pasó de alrededor de once millones de hectáreas en 1997, a más de 28 millones de hectáreas en 1998, de las cuales 20.5 millones correspondían sólo a Estados Unidos. Para 1999 eran ya 39.9 millones de hectáreas y en el 2000, la cifra llegó a 43 millones de hectáreas, de las cuales 98% del área plantada con semillas genéticamente modificadas se ubicaba en sólo tres países: Estados Unidos, Canadá y Argentina. China cuenta con sólo 1% del área total de este tipo de cultivos, y otros ocho países (entre los cuales está México) se reparten el restante 1%. Igualmente resulta importante señalar que en el periodo 1996-2000, el número de países en los cuales se cultivaron especies transgénicas se duplicó, de seis en 1999 a doce en el año 2000.

Básicamente se cultivan cuatro especies transgénicas: soya, maíz, algodón y canola (una variedad comestible de la colza). Estos cuatro cultivos constituyen prácticamente 100% de las semillas transgénicas plantadas en el año 2000. En casi tres cuartas partes (73%) del área cosechada con transgénicos en ese año se utilizaron semillas con tolerancia a herbicidas, 22% con resistencia a insectos y 5% se utilizó para productos combinados con tolerancia a herbicidas y resistencia a insectos. Del área total cultivada (273 millones de hectáreas) con estos cuatro cultivos, el ISAAA (Servicio Internacional para Adquisición de Aplicaciones de Agro Biotecnología) estima que 16% —es decir, 43 millones de hectáreas— son transgénicas. Los cultivos genéticamente modificados significan, por tanto, 16% del total del área mundial plantada con estas cuatro especies básicas; 59% es de soya, 23% de maíz, 12% de algodón y 6% de canola.[24]

Actualmente, en México y con base en la escasa información disponible al público, hay poco más de cien mil hectáreas cultivadas con algodón transgénico, de las cuales aproximadamente setenta mil hectáreas son anuales. Asimismo, existen aproximadamente, más de 16 proyectos diferentes de cultivos transgénicos. Del total de proyectos, los de algodón y uno de tomate (34% de la producción total del país) ya están en fase comercial, mientras que el resto está en fase de "experimentación" —incluye doce mil hectáreas "experimentales" de soya transgénica—, a pesar de que las características de las semillas de maíz y algodón transgénicos sembradas no corresponden a las necesidades del campo mexicano, ya que las plagas que atacan los cultivos de Estados Unidos o Europa son diferentes a las existentes en el país.

Por si los datos anteriores dijeran poco, según RAFI,[25] el mercado de semillas transgénicas está dominado abrumadoramente por Monsanto (ahora propiedad de Pharmacia). En 1999, las semillas genéticamente modificadas de Monsanto fueron plantadas en una superficie de 34.8 millones de hectáreas alrededor del mundo, lo que significa que el área global dedicada a los productos de Monsanto en biotecnología aumentó, entre 1998 y 1999, en un gigantesco 48%.[26] Wood Mackenzie, analista de la industria agroquímica, estima que Monsanto acaparó 80% de todas las ganancias del mercado de agrobiotecnología en 1999, mientras que Aventis obtuvo 7%, Syngenta 5%, BASF 5% y DuPont 3%. A dichas ganancias habría que agregar las generadas por la venta de semillas mejoradas (híbridos), pero que no son OGM, donde se colocaría en el primer renglón DuPont seguida por Pharmacia/Monsanto y Syngenta.[27]

Según los analistas de Wood Mackenzie,[28] con sede en el Reino Unido, hay tres posibles escenarios para este sector:

1. El mercado de semillas transgénicas, que actualmente está valuado en 2 500 millones de dólares, podría crecer alrededor de 6% por año, de modo que llegaría a cotizarse en poco más de tres mil millones de dólares para 2003.

2. Si la tendencia antisemillas transgénicas gana terreno, el mercado podría caer hasta dos mil millones de dólares para 2003.

3. Si se abren mercados clave, como por ejemplo Brasil, India y China, el mercado mundial podría crecer un promedio de 10% por año, llegando a valer unos 3 500 millones de dólares en tres años.

Dentro del panorama planetario, en el que se viene desmontando la producción agrícola sustentable e impulsando un creciente abandono del agro periférico, a la par de un aumento en la dependencia de importación de granos provenientes del granero del mundo (Estados Unidos), es más que probable que, con el desarrollo de la biotecnología, los granos que ahora importamos de dicho país sean en gran parte transgénicos y entonces también un importante porcentaje de los alimentos que consumimos. Diversas empresas y CMN de alimentos y bebidas usan trangénicos para la elaboración de sus productos; la Coca-Cola utiliza en más de 40% un endulzante derivado del maíz transgénico, Nestlé usa transgénicos en sus alimentos procesados, Gerber (empresa de Novartis) usa maíz y soya genéticamente modificados en la elaboración de sus productos. En México, empresas como Bimbo, Maseca y Minsa (las principales importadoras de maíz) adquieren maíz transgénico de Estados Unidos. Asimismo, más de la mitad de la soya que se consume en México también se importa del mismo país, lugar donde se produce con semillas transgénicas.

Por todo esto, tendríamos que evaluar urgentemente si la biotecnología está configurada en respuesta a las necesidades humanas o más bien orientada a la búsqueda de ganancias. Desde ahí es que se puede entender por qué la biotecnología busca el desarrollo de características que permitan a) aumentar el periodo de vida de la mercancía durante el periodo de su realización en el mercado, b) la reducción de los gastos en insumos como los insecticidas, abonos y fuerza de trabajo; y lo más grave, c) tecnologías que permitan un control total de la producción de semillas-agroquímicos-alimentos.

En tal dinámica que está imponiendo la tecnología capitalista de principios de siglo y que seguramente se agudizará conforme la crisis ecológica lo haga, lo que se juega de fondo es la necesidad más importante del hombre: el alimento. Y por si fuera poco, el creciente consumo de alimentos provenientes de semillas o animales transgénicos podría generar trastornos en el balance entre la fisiología del ser humano y los alimentos intervenidos que consumimos, hecho que sucede con la producción de proteínas extrañas tendientes a causar procesos alérgicos en los consumidores, como la soya transgénica de Pioneer, la cual causó en Estados Unidos la muerte de 27 personas y más de 1 500 afectados; también la papa transgénica genera efectos negativos. En una investigación con ratones, se comprobó que altera el sistema inmunológico y retarda el crecimiento, así como la aparición —por recombinación— de nuevas cepas bacterianas y virales más activas y resistentes a antibióticos como la kanamicina (gen del tomate transgénico de Calgene), la ampicilina (gen presente en el maíz transgénico de Novartis —Event 176—), y a la amicacina (papa transgénica en proceso de revisión en Europa). Asimismo, la carne y leche producidas con bST tienen un alto contenido de hormonas y antibióticos potencialmente dañinos para el hombre y en específico para los niños, entre otros casos. Además, según un reciente estudio, la toxina Bt y sus subespecies israelensis (Bti) y kurstaki (Btk) son causantes de toxicidad en células humanas expuestas. Según la cantidad consumida de la toxina, que se acrecienta al pasar de ser mínima y ocasional, a masiva y continua como resultado de su incorporación genética dentro de la esencia misma de los OGM, las consecuencias pueden ir de irritación en la piel e infecciones, hasta el debilitamiento del sistema inmunológico (mutilación las células humanas, ya que el Bt actúa como inmuno sensibilizador).[29]

La toxina Bt no es la única que presenta características malignas para el hombre, también la toxina Cry9c; dicha toxina la contiene, además de la mayoría de variedades transgénicas Bt, una de maíz transgénico de la CMN Aventis Crops Sciences. Conocida la Cry9c como toxina insecticida altamente alergénica para el hombre, ya era no autorizada antes de que se supiera de la llamada “debacle de los tacos”: una “filtración” de maíz Cry9c autorizado como alimento para animales pero no para consumo humano. El problema llevó a la corporación a retirar todos los productos que habían hecho uso de esas semillas, y que se extendieron a lo largo y ancho de Estados Unidos, Japón y Corea. También, probablemente se encuentran en México ya que uno de los principales distribuidores de ese maíz fue Azteca Mills, una de las empresas controlada por Gruma. Esas semillas fueron usadas para la producción de nachos y tortillas para tacos en la planta de Sabritas en Mexicali (subsidiaria de Pepsico

Co.). Tal situación, pone claramente en cuestión la capacidad de los sistemas de control en Estados Unidos y que suponen ser efectivos.

Lo anterior implica la activación de enfermedades ya erradicadas o actualmente controlables, así como la aparición de nuevas.

Dada la prisa de las CMN involucradas en el negocio (el grueso de ellas estadounidenses), no resulta casual que la FDA (Food and Drug Administration) en 1992 haya decidido el no requerimento de pruebas de alimentos genéticamente modificados antes de ser llevados al mercado. De igual modo responde su "olvido" para exigir la notificación cuando tal hecho sucediera. Según la FDA, sólo cuando una CMN declare que existen suficientes interrogantes sobre su seguridad —proceso que es poco probable que suceda—, esa institución buscará una prueba de premercadeo.

Sumado a lo anterior, las CMN agroindustriales y de alimentos procesados se han negado a etiquetar los productos y semillas transgénicas, aun cuando pregonan fuertemente las supuestas bondades de tal tecnología, argumentando la falsedad de los peligros que implican y que podrían generar. Como resultado, los consumidores no podemos discriminar entre los que hacen uso de OGM y los que no; y de surgir serios problemas de salud nos sería extremadamente difícil rastrear su origen. Ello sólo puede entenderse como un acto irresponsable, ya que el no etiquetado protege a las CMN de su potencial responsabilidad.

En este contexto, a pesar de que hay muchas preguntas sin respuesta en relación con el impacto ecológico y en la salud generado y que podrían causar los cultivos transgénicos, las CMN, los organismos internacionales y los ENC no se detienen a resolverlas; al contrario, su apremio por la acumulación de nuevas ganancias las deja en el olvido. Muchos grupos ambientalistas han recomendado la creación de una reglamentación al respecto. Desafortunadamente, los fondos en investigación sobre evaluación de su riesgo son muy limitados. Estados Unidos, uno de los países que más destina presupuesto a ese rubro, solamente gasta entre uno y dos millones de dólares al año, por lo que, dado el actual nivel de desarrollo de los transgénicos, dichos recursos no son suficientes para distinguir la punta del iceberg.

En México, la situación es muchísimas veces peor, el gobierno formó la Comisión Intersecretarial de Bioseguridad y Organismos Genéticamente Modificados (*Cibiogem*), la cual ha dejado fuera a los principales afectados: los campesinos y consumidores. La *Cibiogem* trabaja, hasta la fecha, de manera desarticulada, con supuestos "expertos" que no tienen ninguna interlocución con la sociedad, y lo que es peor, en los hechos, hasta hoy en día no ha mostrado funcionalidad alguna a pesar de los numerosos comunicados y presiones de diversas ONG e intelectuales. La punta del iceberg mexicano ni siquiera es vista por los especialistas gubernamentales del país.

Ante tales presiones, que además las CMN biotecnológicas han venido descalificando, el 29 de enero de 2000 se firmó el Protocolo de Bioseguridad (PB) que astutamente endosó Novartis y absurdamente suscribe Greenpeace. El PB es un simulacro que nos quiere hacer creer que todo está arreglado en las manos de los expertos, y por lo tanto la discusión sobre la inseguridad de los OGM es algo que ya debe quedar atrás. Aun suponiendo que fuera cierto y socialmente responsable, los millones de campesinos que viven de su tierra serían enconados o coercionados en un proceso de arrastre hacia el "molde" fabricado por las CMN involucradas en el negocio. Es por eso que BASF, la Universidad de Texas y la de Berkeley insisten en dejar abiertas las posibilidades de seguir usando las tecnologías *terminator/traitor* Generación I y II. De no ser así, dicen las CMN, "nosotros también seríamos 'terminados'".[30]

Si el protocolo sobrevive su ratificación (y aun si no es así), la táctica de las CMN agroquímicas será buscar un nuevo empuje a partir de una campaña en los medios de información, que muestre las "bondades" de la Generación III o de la llamada rama *nutriceuticals* que ya viene desarrollándose fuertemente desde los últimos años del siglo pasado, con un mercado estimado en 29 mil millones de dólares (10% del mercado global farmacéutico).[31] Al mismo tiempo se puede esperar un fuerte proceso de fusiones ahora entre las CMN agroquímicas (semilleras y químicas) con las de alimentos procesados como resultado del desarrollo de la Generación II, fenómeno que ya se viene mostrando con el acuerdo entre DuPont y General

Mills (una de las procesadoras de alimentos más grandes de Estados Unidos) para desarrollar alimentos funcionales que combinen la Generación II y III. Otro caso es el de Novartis y Quaker Oats, que acordaron formar una CMN mutua llamada Altus que busque desarrollar alimentos funcionales y que se mueva dentro del marco geográfico del TLCAN, y seguramente, de ser acordado, del ALCA.

Frente a esta situación de amenaza creciente de pérdida de la biodiversidad, así como de seguridad alimentaria, resultan viables los proyectos agroecológicos para conservar *in situ* las diferentes especies que están siendo gradualmente hibridadas, que produzcan semillas en forma orgánica para buscar con el tiempo, la resistencia de los cultivos, el rescate de las variedades antiguas y, poco a poco, limpiarlas de la dependencia a los agroquímicos a la que han sido sometidas. Tal es el caso de los Sin Tierra en Brasil, quienes están produciendo semillas agroecológicas conocidas con el nombre de "Bio Natur".

A pesar de que los graves efectos de la biotecnología en la rotación de cultivos, la salud y productividad de la cosecha, al igual que los del uso de agentes biológicos en el control de plagas, han sido repetidamente confirmados por la investigación científica, el problema es que la I&D de las instituciones públicas refleja cada vez más los intereses de las CMN y sus instituciones privadas. Ésta se hace a expensas de investigaciones de interés público sobre el control biológico de plagas, los sistemas de producción orgánicos y las técnicas generales agroecológicas. En respuesta, la sociedad civil debe solicitar y presionar para que las universidades e institutos de investigación y otras entidades públicas realicen investigación sobre alternativas a la biotecnología, como contramedida que vaya más allá de hacer un simulacro sobre "seguridad biológica" que no puede ser un juicio centrado y racional si se dejan de lado las alternativas, y mucho menos si es influida por intereses privados de las CMN biotecnológicas. Es decir, resulta urgente discutir críticamente el desarrollo del impacto global en y de la biotecnología.

Falta añadir contradictoriamente, con lo que uno pensaría de entrada que lo más preocupante del desarrollo tecnológico agrícola actual es que el número de personas que tendrán acceso a la alimentación decrecerá como resultado de la concentración de la industria Agbio que, gracias a este desarrollo tecnológico y al papel empresarial que han jugado los organismos internacionales, ha logrado controlar crecientemente la seguridad alimenticia del planeta.

Dentro de dicho contexto, el papel del Banco Mundial, y sobre todo el de la Organización Mundial de Comercio (OMC), es central. El objetivo fundamental de la OMC no ha sido otro que el de liberalizar el comercio de la agricultura, la reestructuración de la producción a través de semillas y ganado genéticamente modificado y la distribución de los alimentos en todo el mundo, desviando el control sobre un derecho humano básico fuera de las manos de los pueblos y sus gobiernos.

La política de la OMC está sobre todo organizada alrededor de los intereses de las CMN que dominan el comercio internacional. Los ENC de los que provienen dichas empresas hacen uso de la globalización para desmantelar, a través de organismos internacionales clientelares como la OMC, todas las regulaciones de las demás economías nacionales, lo que viene destruyendo su capacidad interna de producción de alimentos, de reproducción de sus comunidades y de conservación de su ambiente natural. No es casual que el ex presidente de Estados Unidos, Ronald Reagan, colocara en 1986 a Daniel Amstutz, ejecutivo de la gigante semillera Cargill Company, como jefe negociador en lo referente a cuestiones de agricultura durante la Ronda Uruguay del GATT. Así, con los altos subsidios a la agricultura estadounidense (seguidos por los de la Unión Europea)[32] y con las presiones ejercidas por la OMC para imponer un porcentaje mínimo de importaciones de alimentos básicos, Estados Unidos ha logrado colocarse como el granero del mundo al abastecer dos terceras partes del mercado mundial de cereales. Para Cargill y demás empresas estadounidenses, los grandes subsidios por parte del Estado, que bajen los precios nacionales de los productos agrícolas, les permiten entrar a cualquier mercado del mundo y saturarlo de granos por debajo del precio internacional o regional.

En la reunión de la OMC en Seattle (diciembre de 1999), el problema clave fue que se trató de trasladar la discusión sobre bioseguridad y OGM dentro de la OMC hacia un grupo de trabajo sobre biotecnología, pasando por alto a las ONG y la sociedad civil, dejando claro que la OMC no busca representar las prioridades y las necesidades de los pueblos, asegurar la alimentación y ni siquiera el comercio justo. Esto deja en manos de los "expertos" —trabajadores directos o indirectos de los grandes capitales biotecnológicos— el camino que ha de tomar este complejo proceso. En ese sentido, no son casuales las protestas en diversas partes del mundo y la gran represión con que se ha respondido. Señálese algunas como las de Seattle, Praga, Melbourne, Cancún, Génova y muchas otras ciudades sin poder dejar de mencionar la destrucción de un laboratorio de transgénicos de la CMN Monsanto en Brasil el 26 de enero de 2001.

Ante esto, Vía Campesina declara desde 1999 que:

> el comercio internacional debe servir a la sociedad (como mecanismo de distribución justa de la riqueza), respetando la soberanía alimentaria de cada Estado nacional, así como el acceso y uso de la tierra por los campesinos, pequeños y medianos productores y los pueblos indígenas. Debe excluirse de la OMC toda negociación relacionada con la producción y el mercado de los alimentos, y crearse a nivel internacional mecanismos democráticos genuinos para regular el comercio de los alimentos que respeten la soberanía alimentaria de cada país, basándose fundamentalmente en mercados locales y regionales bajo el control de los pequeños y medianos productores. Es imprescindible asegurar la soberanía alimentaria para cada uno de los países, dando prioridad a la autosuficiencia de alimentos para su propia población, garantizándose los aspectos sociales y el medio ambiente. Asimismo, urge reivindicar el derecho que tiene cada país de definir su propia política agrícola con el propósito de satisfacer sus necesidades internas, esto incluye el derecho de prohibir importaciones para proteger la producción interna, y además exigir el derecho irrenunciable de realizar una reforma agraria integral que permita dignificar a los campesinos, indígenas, pequeños y medianos productores del mundo.[33]

EL CASO DE MÉXICO, MODELO PLANEADO PARA AMÉRICA LATINA

En México, el maíz sigue siendo de gran importancia; hoy en día, la tortilla suministra más de la mitad de las calorías y una tercera parte de las proteínas consumidas, cifras que se elevan en las zonas rurales a 65% y a 50-70% respectivamente.

En el mercado mundial, la principal variedad de maíz es el amarillo. Y se usa como alimento para ganado. Directamente relacionado con el mercado de cárnicos, el maíz sufre drásticas fluctuaciones; en épocas de crisis, la compra de maíz cae y en épocas de auge aumenta. Además, Estados Unidos, como el granero del mundo, logra influir el mercado de dicho grano imponiendo altas o bajas en el precio mundial según sea su producción.

Dada esta situación y agregando la nueva modalidad de los subsidios mexicanos a la producción —igual a la de Estados Unidos aplicada recientemente en ese país y en México a través de Procampo—, el apoyo al campo mexicano es casi nulo. En 1994, se aplicó en México un sistema de subsidio que abandonaba los precios de garantía de los granos básicos (apoyo que protege la fluctuaciones del mercado) y aplica una modalidad de subsidio basado en un incentivo por tonelada producida. Eso significa que, siendo México un país con una productividad muy baja, el apoyo resulta mínimo. Más drástico resulta que, bajo la imagen de ser un apoyo "amplio y poco selectivo", los agricultores de baja productividad (más de 70%) reciben menos que los de alta productividad en un contexto general de caída del monto subsidiario. En otras palabras, se trata de un subsidio regresivo en las regiones pobres y progresivo para las regiones del primer mundo. El resultado ha venido siendo el abandono de esta actividad; es decir, debido al nulo apoyo para el desarrollo agrícola, en el que se juega la soberanía alimentaria, se ha venido desmontando el sistema productivo agrícola del país, o sea, se ha entregado la soberanía alimentaria de México al granero del mundo.

Aún más desgarrante se vuelve ese proceso cuando se firma la apertura comercial pactada precisamente con Estados Unidos (TLCAN), ya que permite el libre acceso de tales productos al país sin protección a la producción nacional. Según el TLCAN el proceso de apertura debió ser gradual (empezando en 1994 con un límite máximo —2.5 millones de toneladas— de importaciones de granos, el cual sería cada vez más elevado hasta alcanzar en el año 2008 la apertura total). Por supuesto, este pacto no se cumplió y el proceso se aceleró, permitiendo en los hechos la importación indiscriminada de granos provenientes de Estados Unidos. En 1996 la cifra ya alcanzaba los 6.4 millones de toneladas, excediendo en 140% la cuota pactada.[34]

Es más que seguro que una considerable parte del maíz y demás cereales que son importados de Estados Unidos sean transgénicos: como "la debacle de los tacos" mencionada. Además, la presencia de granos y alimentos genéticamente modificados en México se acrecienta desde el interior con la difusión y uso masivo de éstos por parte de Pulsar, uno de los miembros de AgroBio México (asociación esencialmente empresarial),[35] que siendo el quinto líder mundial en semillas y el primero en hortalizas y frutas, cuenta con más de 500 investigadores en biotecnología en todo el mundo y se sabe que en el país hace investigaciones en Chiapas (alrededor de 4 500 hectáreas de transgénicos), Nayarit y Tabasco. Con tal estructura, produce veinte diferentes especies y más de tres mil variedades alrededor del mundo, además de contar con uno de los bancos de germoplasma más grandes del continente, si no es que del mundo. Hoy en día, Seminis (subsidiaria de Pulsar) controla 40% del mercado de vegetales en Norteamérica, 42% del sudamericano, 22% del mercado europeo, y 17% del asiático, lo que le da una participación mundial de entre 20 y 26 por ciento.[36]

No es casual entonces que Pulsar piense que:

> la única manera de que países como México compitan en el mercado de productos agrícolas mejorados será por medio del uso de la biotecnología, con la cooperación de empresas privadas, investigación realizada por las instituciones y organismos del sector público, y el financiamiento de organismos internacionales.[37]

Por esa razón, Grupo Savia (Pulsar) estableció el CIICA (Centro Internacional de Investigación y Capacitación Agrícola) en Frontera Hidalgo (Chiapas) donde realiza investigaciones sobre genética y fitología. Además, cuenta con 300 hectáreas para pruebas de campo de OGM. De igual manera, entre muchas de sus actividades, Savia ha impulsado un esquema de monocultivo de transgénicos en ese Estado, ampliamente criticado por sus efectos devastadores en los ecosistemas.

Agrosem, otra de las empresas del Grupo Pulsar,

> es un ejemplo de que en México se pueden concretar buenos negocios en el sector agropecuario en cualquier región, aun en las zonas de riesgo, ya que esta firma nació en Chiapas en las épocas de conflicto y en sus inicios las ventas ascendieron a un millón de dólares [...] La firma básicamente ofrece un importante enlace entre compañías que generan tecnología y los productores del campo; pretende ser el intérprete entre el científico y las necesidades del agricultor mexicano. En el caso de Chiapas, Agrosem participa en cultivos importantes como son el maíz, sorgo, café y plátano.[38]

En ese sentido, no es sorprendente que Savia haya decidido enfocarse exclusivamente en el negocio de las biosemillas al vender Seguros Comercial América. Con esa venta, Alfonso Romo busca pagar las deudas de Seminis, pero sobre todo hacer inversiones en el campo de la biotecnología.[39]

Por lo anterior, hay que recalcar que la reforma agraria, principalmente consagrada en las recientes reformas al artículo 27 constitucional, tiene una serie de implicaciones y consecuencias que, dentro del marco del TLCAN, incluye la privatización de la tierra y de sus recursos, el creciente desmonte del sistema productivo agrícola y entonces de la pérdida de la soberanía alimentaria, y una creciente dependencia con el granero del mundo.

El problema drástico de la biotecnología agrícola como tecnología de punta es que al intentar reactivar el aparato productivo agrícola, dentro de una lógica neoliberal que olvida la producción indígena de autoconsumo y pequeños productores, no sólo pone en manos de las CMN la productividad nacional, sino que al producir con semillas biotecnológicamente intervenidas, la producción nacional se hunde en una total desventaja, ya que las biosemillas profundizan este fenómeno al proponer un panorama de alta dependencia con las corporaciones que las producen, las cuales casualmente son estadounidenses, a excepción de Pulsar.

Por si fuera poco, aunado a la reforma agraria y al TLCAN, según denuncias de Greenpeace-México, luego de informar que en el marco de la creación del Área de Libre Comercio de las Américas (ALCA), que no es otra cosa que un proyecto de subordinación de la región a los intereses corporativo-empresariales de Estados Unidos, ya sea bajo su modalidad del Plan Puebla Panamá, el Corredor Biológico Mesoamericano y del Sur o el ya mencionado ALCA, ese país pretende incorporar una propuesta para liberalizar el comercio de OGM de manera "secreta" debido a los rechazos que generan los transgénicos en la sociedad latinoamericana.

Por todo lo anterior, es urgente discutir y replantear el acceso a los recursos desde una revisión al artículo 27 constitucional y al TLCAN, así como a partir de un alto total al ALCA, para que se construya una nueva reforma agraria que no exponga los recursos naturales, la salud y el sistema productivo nacional, el cual debe introducir tecnologías viables según las características y necesidades de nuestro país. Además, debe tomar en cuenta la diversidad de formas de producción, ya sean de carácter ejidal o de autoconsumo, y es posible que a partir de éstas se reviertan los problemas estructurales del sector, estableciendo una nueva lógica de los derechos de propiedad y el acceso a los recursos, con sistemas sustentables de producción y asegurando la conservación del medio ambiente nacional.

En el contexto internacional, es urgente iniciar un proyecto de renegociación con el vecino país y con los diversos tratados internacionales de libre comercio, procurando niveles efectivos de protección, es decir, a través de rediseñar un proyecto de reinserción en un mundo crecientemente globalizado, más compatible con las necesidades de nuestra economía, sociedad y ecología.

En lo propiamente relacionado con la biotecnología y dado el creciente desarrollo del proceso de globalización de sus aplicaciones comerciales, que van desde la producción de semillas, elaboración de alimentos, agroquímicos y medicinas, entre otras, resulta imperante la consideración de los siguientes puntos, tal y como RAFI ha venido señalando desde hace varios años:[40]

La urgente necesidad de una MORATORIA para poder discutir y evaluar los impactos del desarrollo y aplicaciones de la biotecnología en los diferentes niveles de la sociedad, a través de un programa de información, según el nivel sociocultural, que sea la base de una amplia e incluyente consulta nacional.

Es urgente revertir la tendencia constante en México y el mundo de trabajar a espaldas del público, háblese de consumidores, productores, e incluso instancias políticas.

La evaluación del impacto de los transgénicos en la salud y el medioambiente, así como en las economías campesinas, es totalmente insuficiente en el mundo; y en el país, inexistente, pese a una Comisión de Evaluación de Riesgo, de la que no queda claro si tiene alguna efectividad. Por ello, debería regularse y en su caso replantearse el trabajo de dicha comisión para que funcione en respuesta a los intereses de la nación, expresados en el resultado de la mencionada consulta.

Al ser México centro de origen de al menos siete de los más de veinte cultivos transgénicos en experimentación de campo o en cultivo comercial, es urgente detener dichos proyectos para realizar una evaluación seria y detallada de los peligros que implican para la biodiversidad mexicana. Según cifras de la propia Sagar, México está haciendo experimentos de campo con transgénicos desde 1988. Tanto pionerismo es casi criminal.

El ejemplo de Europa, al declarar una moratoria *de facto* en junio de 1999, por un mínimo de tres años, contra la introducción o liberación de cualquier transgénico, que si bien de fondo responde a una medida proteccionista, debería ser un ejemplo más que elocuente para México. Asimismo, el pedido público de una moratoria ABIERTA por tiempo indeterminado, que en marzo del mismo año lanzó la Asociación Médica Británica, que reúne a más de 115 mil médicos y que, después de haber sido una de las instituciones que marcadamente impulsaron la ingeniería genética, aseguraba que los transgénicos están llenos de incertidumbres y que los impactos que han mostrado llevan a la necesidad de detener inmediatamente su puesta en circulación para analizar los "pros y contras" de la biotecnología.

En conclusión, todos los afectados en particular, y todos los y las ciudadanas en general, deberíamos tener la oportunidad de conocer, discutir y decidir si queremos tales o cuales opciones o no, sin dejar de lado la evaluación y promoción de otras alternativas. Ello acompañado de discusiones públicas en distintos niveles, además de la exigencia MÍNIMA de ETIQUETADO de todos los productos trasngénicos que entran y que se elaboran o siembran en México.

Principales CMN semilleras según ETC Group-2000

CMN	*Ventas de 2000 (millones de dólares)*
DuPont (Pioneer) Estados Unidos	$1 938
Pharmacia (Monsanto) Estados Unidos	$1 600
Sygenta (Suiza) *Pro forma*	$ 958
Grupo Limagrain (Francia)	$ 622
Grupo Pulsar (Seminis) México	$ 474
Advanta (AstraZeneca & Cosun)	
Reino Unido y Países Bajos	$ 373
Dow (+ Cargill Norteamérica) Estados Unidos	$ 350 (estimado)
KWS AG (Alemania)	$ 332
Delta & Pine Land (Estados Unidos)	$ 301
Aventis (Francia)	$ 267

ETC Group. "Globalization, Inc: concentration in corporate power". *Communique*, núm. 71, julio-agosto de 2001, p. 9 (http://www.rafi.org/web/docus/pdfs/globalization-com.pdf).

En total, las diez CMN arriba mencionadas controlan aproximadamente 30% de los 24.4 mil millones de dólares del mercado comercial mundial semillero.[41]

Principales CNM agroquímicas según ETC Group-2000

CMN	*Ventas de 2000 (millones de dólares)*	*Participación porcentual en el mercado mundial*
A. Syngenta		
(Novartis + AstraZeneca) *pro forma*	\$6 100	20%
Pharmacia (Monsanto)	\$4 100	14%
B. Aventis		
(AgrEvo + Rhone Poulenc)	\$3 400	11%
BASF (+ Cyanamid) pro forma	\$3 400	11%
C. DuPont	\$2 500	8%
Bayer	\$2 100	7%
Dow AgroSciences	\$2 100	7%
Makhteshim-Agan	\$ 675	2%
Sumitomo	\$ 625	2%
FMC	\$ 575	2%

ETC Group. "Globalization, Inc: concentration in corporate power". *Communique*, núm. 71, julio-agosto de 2001, p. 4. (http://www.rafi.org/web/docus/pdfs/globalization-com.pdf). Con base en Allan Woodburn asociados citado en Agrow.

Las diez CMN arriba mencionadas controlan aproximadamente 84% de los 30 mil millones de dólares del mercado comercial mundial de agroquímicos.[42]

Las principales CMN de químicos según *Fortune*-2001
Datos de 2000 en millones de dólares

Rango por ingresos	*CMN*	*Origen*	*Ingresos*	*Ganancias*	*Rango por ganancias*
1	BASF	Alemania	33 220	1 146	5
2	E.I. DuPont De Nemours	EU	29 202	2 314	1
3	Bayer	Alemania	28 622	1 678	2
4	Dow Chemical	EU	23 008	1 513	4
5	Norsk Hydro	Noruega	17 819	1 588	3
6	Mitsubishi	Japón	15 802	29	9
7	Akzo Nobel	Países Bajos	12 941	893	6
8	Henkel	Alemania	11 810	433	7
9	Imperial Chemical Inds.	Reino Unido	11 748	(346)	10
10	Ashi Kasei	Japón	11 481	228	8

Forbes 2001 *Global: the world's largest corporations*. 30 de julio de 2001, núm. 16.

12. CMN farmacéuticas, biotecnología y salud humana

Por más que algunos científicos de renombre afirmen que toda enfermedad humana es, en última instancia, genética, hay que señalar que la dieta y los hábitos, así como los valores de uso altamente nocivos pueden modificar el resultado de múltiples predisposiciones genéticas. La dinámica del consumismo impuesta por el desarrollo tecnológico propiamente capitalista o, como Jorge Veraza la llama y analiza de manera compleja,[1] la *subsunción formal y real del consumo por el capital*, viene desmoralizando al hombre, no sólo emocionalmente, sino también físicamente (biológicamente).

Las nuevas y más "civilizadas" formas de producción o destrucción, como la industria eléctrica a partir de reactores nucleares, la guerra química, bacteriológica y nuclear, nuevos materiales como el asbesto, entre muchos otros ejemplos, son causa y efecto de la constante y creciente saturación de basura y toxinas del cuerpo humano y de las distintas estructuras vivientes del planeta.

Asimismo, a los nuevos patrones de consumo, hay que sumar la constante degradación de la dieta del proletariado mundial[2] para dar cuenta del grado en el que se atenta contra el sistema inmunológico volviéndolo débil y vulnerable. Cuando el cuerpo se satura de toxinas, se desbalancea y trabaja con niveles bajos de rendimiento, por lo que el cerebro asigna prioridades para eliminar tales toxinas del organismo, descuidando el sistema inmunológico. Como resultado, efectivamente, la sobresaturación de toxinas puede causar cambios genéticos en la misma generación o en las subsecuentes, pero no como resultado de las enfermedades como tales, sino como consecuencia de la constante exposición del cuerpo a patrones de consumo dañinos para la salud.

En tal sentido, la medicina occidental, y marcadamente la de los siglos XX y XXI, a diferencia de la ancestral medicina oriental,[3] no intenta regenerar el cuerpo humano buscando que se mantenga sano a través de la estimulación de sus canales de eliminación. Ello significaría, para la medicina occidental, reformular su esencia y lógica interna; en otras palabras, terminar con el negocio de la enfermedad.

Por ello no es coincidencia que de las 125 escuelas de medicina de Estados Unidos, solamente 30 tengan algún tipo de educación nutricional, aun a sabiendas de que ocho de las diez principales enfermedades fatales están directamente relacionadas con la dieta.[4] Íntimamente vinculada con la lógica de la ganancia, la medicina occidental en lugar de estudiar cómo mantener el cuerpo sano, lo sana una vez enfermo. Ambas partes, la que se enferma y la que se sana, son negocios redondos. Hoy en día, la industria farmacéutica, una de las que genera más ganancias y con el mayor crecimiento respecto del resto de los sectores (civiles) de la economía mundial, es el mayor cliente de la biotecnología e incluye desde los médicos en los hospitales hasta los fabricantes de todo tipo de material, equipos, técnicas de diagnosis, fármacos, hormonas, vacunas y demás productos bioquímicos y médicos.

Pero aun dentro de la errónea lógica de cómo concebir la salud, la medicina occidental presenta contradicciones que nos obligan a reconsiderarla seriamente. Actualmente, la mayoría de los doctores (cerca de 70%) prescribe recetas de drogas que no existían cuando se formaron en la universidad. Aun las nuevas generaciones de médicos en cuestión de pocos años están "atrasados" en el conocimiento del nuevo *stock* de medicamentos disponibles. Atinadamente y según numerosos estudios de investigadores, la influencia de las CMN farmacéuticas sobre la posformación de los doctores es total, mucho más allá de lo que podrían llegar a impactar las sociedades profesionales, las revistas científicas y la especialización en universidades y escuelas médicas:

> La educación de los doctores estadounidenses acerca de las drogas [...] ha sido relegada a las CMN farmacéuticas por default, aseguró el doctor Jerry Avorn, profesor asociado de la Escuela Médica de Harvad, quien ha estudiado la influencia del mercado farmacéutico [...] Como resultado, las soluciones farmacológicas son más difíciles que los acercamientos no farmacológicos y que pudieran ser igualmente efectivos y seguros.[5]

Lo anterior indica claramente que la esencia misma de la medicina occidental ha quedado en manos de las CMN farmacéuticas, en este contexto uno llegaría ingenuamente a imaginar que si bien éstas responden a la lógica de la ganancia, son sus "expertos", que bien saben lo que hacen, los que responden ante todo al interés universal de la salud humana. Desgraciadamente eso no es así; las CMN muchas veces no saben bien las consecuencias que pudiesen tener los nuevos medicamentos como resultado de las nuevas tecnologías aplicadas, háblese de nuevas drogas diseñadas por ingenieros químicos o por los actuales biotecnólogos. Además, en el caso de saber que ciertas drogas son dañinas o tienen repercusiones secundarias, las CMN farmacéuticas no dan paso atrás, primero recuperan toda su inversión y más, y después, con las consecuencias encima, reconocen que se habían equivocado y que, en efecto, sí tenían repercusiones negativas. Por ejemplo, el DES (diethylstilbestrol), aun sabiendo por anticipado que era altamente tóxico y que podría causar malformaciones congénitas, fue prescrito para prevenir el aborto. El DES fue recetado a más de seis millones de mujeres sólo en Estados Unidos entre 1940 y 1980. Elli Lilly fue la primer CMN en manufacturarlo, seguida por numerosas más. Los estudios completados en 1952 por la Universidad de Chicago demostraron que el DES no servía en lo absoluto, pero no hizo diferencia alguna; se siguió usando. Hoy en día, como resultado está la generación de madres DES con cáncer de vagina y de hijos DES con cáncer de testículos. Las mujeres que tomaron DES han presentado una tendencia a sufrir cáncer ocho veces más que lo normal. Las CMN y su equipo de investigadores lo sabían perfectamente, pero al parecer para éstas, negocios son negocios. Pocos casos por el estilo han salido a la luz, pero bastan para dar cuenta de que seguramente hay muchos más, y no estamos hablando de medicamentos novedosos o biomedicamentos de los cuales se sabe poco. Por ello, es más que probable que las CMN farmacéuticas de principios del siglo XXI mantengan una dinámica del "qué más da". Su lógica de realizar su capital en el presente es lo que importa, la lucha por las ganancias es el fin; ¿la salud humana?, después. Por ello cabe preguntarnos: ¿Confiaríamos nuestra vida a estas corporaciones, sobre todo cuando ni siquiera se sabe las consecuencias que puede originar su prisa por usar masivamente drogas diseñadas genéticamente?

Si lo anterior fuese poco, resulta imprescindible señalar que las CMN farmacéuticas de Estados Unidos, de las más importantes del mundo, han presionado al Congreso de ese país para que la ley estadounidense asegure el monopolio de la producción de drogas al forzar a sus contrapartes fuera de ese país a importar los compuestos esenciales de las drogas patentadas por los grandes laboratorios y sus CMN farmacéuticas, eliminando la posibilidad de que los laboratorios nacionales ensayen en la fabricación de esa materia prima. Los laboratorios nacionales, específicamente los de la periferia, son destruidos por doble vía: de un lado quedan obligados a pagar un derecho para la fabricación local y, por otro, el monopolio de la comercialización del fármaco que incide en el precio último al consumidor. Con esto, es evidente la lógica de las reglas del negocio estadounidense: si un laboratorio patenta una nueva droga en el país del norte, la ley imperial sostiene que automáticamente también la obtiene en el resto del mundo. Con base en ello, sólo Estados Unidos puede exportar la materia prima que sirve para fabricar ese determinado medicamento, por lo que los países pierden la posibilidad de comprarla más barata, por ejemplo, la que se elabora en Israel o Cuba. El fin último de la ley estadounidense no es patentar una determinada droga contra cierta enfermedad, sino la concepción del hallazgo mismo.[6]

Lo anterior deja ver la verdadera cara de las CMN farmacéuticas. Tal es el caso de la demanda que se presentó ante el tribunal de Pretoria contra el gobierno sudafricano. Ese país halló los medios legislativos para proporcionar medicamentos genéricos a precio razonable a los cuatro millones de sudafricanos afectados por el VIH. Los medicamentos comercializados por las grandes firmas cuestan veinte mil dólares al año por paciente; una cura genérica permite bajar el costo entre 350 a 600 dólares. Otro ejemplo es el de Brasil: las CMN farmacéuticas estadounidenses han acudido a la OMC para impedir que el gobierno brasileño fomente la producción de medicamentos a un precio netamente más barato que el de los comercializados por dichas multinacionales, a pesar de que el programa apoyado por el gobierno brasileño haya permitido hasta la fecha curar gratuitamente a más de noventa mil personas y reducir en ese país la mortalidad debida al Sida en 50 por ciento.

Es claro entonces que la industria farmacéutica no responde a las necesidades medicas de la humanidad. Un informe de la Organización Mundial de la Salud (OMS) establece que 16 millones de hombres, mujeres y niños mueren cada año en la superficie del planeta porque carecen de medicamentos. Los tratamientos existen, los medicamentos no se fabrican por ser considerados insuficientemente rentables por las multinacionales. Además, concentran sus capitales en los medicamentos que se venderán en Estados Unidos, Europa o Japón (o sea 80% de las ventas mundiales de fármacos), y desatienden la investigación y la producción de otros que permitan luchar contra las enfermedades infecciosas, parasitarias o "huérfanas" propias de la periferia. El objetivo confesado de esas CMN es crear valor para los accionistas, por lo tanto se revelan incapaces de satisfacer las verdaderas necesidades de medicamentos de la población mundial.[7]

Por todo lo expuesto, cuando se nos vende la idea de las grandes ventajas de la biotecnología, sobre todo en el área de la salud, independientemente de los problemas que pone de frente, habría que aclarar que esa campaña se refiere a los beneficios posibles que podrían tener las clases con mayores ingresos, sobre todo de los ENC. En tal sentido, un informe de la CIA abiertamente señala:

> La biotecnología conducirá a grandes avances médicos que permitirán a las personas más acaudaladas del mundo mejorar su salud e incrementar dramáticamente su longevidad.[8]

Así, para el análisis de la selectiva medicina de fines del siglo XX y principios del XXI, basada en su contradictoria historia y en el desarrollo biotecnológico que promete muchos avances, se requiere mantener en mente, en primer lugar, que la lógica de la medicina occidental ha sido y sigue siendo la de curar el cuerpo enfermo y no la de mantener al cuerpo sano, lo que no significa que se trate de ver el vaso medio lleno o medio vacío. Estudiar cómo mantener el cuerpo sano no es tan buen negocio como el enfermarlo y luego curarlo de manera constante. En segundo lugar, no se puede entender la dinámica de la medicina moderna si no se hace conciencia de que funciona como negocio y como negocio se piensa, desarrolla y "cura". Finalmente no hay que olvidar cómo y para quiénes están pensados tales o cuales desarrollos tecnológicos.

La biomedicina: la nueva ola de moda de la industria farmacéutica

La biotecnología efectivamente abre una reactivación cualitativa y cuantitativa de la medicina occidental moderna. En 1978 cuando Genetech firmó un acuerdo con la CMN farmacéutica Eli Lilly para desarrollar insulina genéticamente modificada, la carrera por desarrollar nuevos biomedicamentos comenzó. Para 1982 la FDA había aprobado la insulina de Genetech/Eli Lilly, y para 1985 aceptó la fabricación de la hormona de crecimiento de Genetech.

Entre 1986 y 1988, la FDA aprobó diez medicamentos biodiseñados, hecho que, más allá de su número, fue fundamento para un nuevo patrón de desarrollo de drogas y su patente. En 1995 se aprobaron 16 biomediacamentos y en 1996 otros 20. En los últimos cuatro años del siglo pasado se aprobaron 76 biomedicamentos y vacunas y más de 300 estaban en la última fase de investigación preaprobatoria. No por nada los ofrecimientos de acciones se incrementaron en 1997 en 537%, la capitalización del mercado farmacéutico aumentó en 60% y las CMN aumentaron el número de científicos en 22 por ciento.[9]

El tren se desencadenó en más de 120 alianzas, sólo en 1986, entre los laboratorios públicos y privados que desarrollaban técnicas biotecnológicas para la elaboración de nuevas drogas, fenómeno que se acrecentó a partir de mediados de 1990, cuando las fusiones de ese sector alcanzaron los 400 mil millones de dólares.[10] En las últimas décadas del siglo XX, las veinte CMN farmacéuticas más grandes controlaban 5% de las drogas patentadas, hoy sólo las 10 más grandes controlan 35% de las mismas y se pronostica que el mercado farmacéutico doblará su volumen de ventas en los próximos dos o tres años respecto del volumen actual de 297 mil millones de dólares.[11]

En este panorama y según un estudio de Pat Mooney, las CMN farmacéuticas se están moviendo en tres frentes:

a) La integración vertical de empresas para el "cuidado de la salud y otros servicios".
b) La expansión de la investigación de "drogas preventivas".
c) La ampliación de su mercado desde la etapa embrional hasta la tumba, de manera que domine cada fase de la actividad humana.

a) En el primer frente, por ejemplo, la CMN Merck adquirió Medco, una de las corporaciones estadounidenses más importantes en el mercado de prescripción de drogas. También, las CMN farmacéuticas se están moviendo hacia ciertos tipos de servicios clínicos asociados con sus drogas y tecnologías. Tal es el caso de Zeneca (ahora Astra Zeneca), que en 1997, siendo la segunda manufacturera de drogas para el tratamiento de cáncer a nivel mundial, se infiltró en la administración y manejo de once centros para el tratamiento de cáncer sólo en Estados Unidos.[12] Mientras, las CMN farmacéuticas y del "cuidado de la salud" han aumentado los precios de los medicamentos básicos, sobre todo los que consume la tercera edad. En Estados Unidos el incremento en 1999 alcanzó 3.9% mientras la inflación fue de 2.2%; algo similar podría suceder en México sobre todo por el interés de aplicar el IVA a estos productos.

b) El segundo frente fue evidenciado por el ejecutivo en jefe de Hoffman-La Roche a mediados de 1970, cuando esa CMN notó que la gente que trabaja mantiene un cierto grado de salud, por lo que no se muere fácilmente; en ese sentido son un mercado más seguro para los investigadores de nuevas drogas. Así, las drogas que ponen atención al *lifestyle* son aquellas como las antistress, calmantes, suplementos alimenticios, de dieta (algunas veces ligado al tratamiento de diabetes), el viagra, drogas para dormir. Estos padecimientos deberían ser sanados con trabajos menos agresivos y monótonos, así como con mejores condiciones de trabajo y remuneración. Pero tal fenómeno es ahora "maquillado" con drogas que reduzcan el aburrimiento o el estrés, que incrementen la memoria o el estado de alerta, la sensibilidad de los sentidos (o en su caso su reducción), etc. Todos comercialmente viables para la industria farmacéutica.

c) El tercer y último frente, según Mooney, está más ligado a la genética. Se trata de tratamientos para la preconcepción a través de análisis génicos mediante muestras tomadas del cordón umbilical, diagnósticos de ADN y terapia génica, entre muchos más. En este sentido las CMN farmacéuticas se preparan para ofrecer un análisis del destino genético del futuro hijo(a), a partir del cual la CMN podría formular "drogas diseñadas" para "apagar" ciertas propensiones (*farmacogenomics*). Mas adelante la CMN produciría drogas preventivas para maximizar su potencial.

Según Pat Mooney:

> este tratamiento desde la etapa embrional hasta la tumba, seguramente requerirá un pago por el depósito de líneas celulares, otro por almacenamiento anual y renovación periódica, de igual modo incluye

> financiamientos especiales para el diseño de drogas (para enfermedades y preventivas). Por si fuera poco, seguramente las CMN se reservarán el derecho de usar y patentar las líneas celulares humanas para investigaciones de otros propósitos. Claro que si ello no satisface las necesidades de los padres del futuro próximo, las CMN farmacéuticas podrán ofrecer paquetes de pólizas de seguro de sus filiales Aseguradoras o tal vez futuras dueñas.[13]

Ante dicho panorama, en abril de 1999, las diez más grandes CMN farmacéuticas unieron esfuerzos para crear lo que la revista *New Scientist* llama "la era de la medicina personalizada", a través de acuerdos de cooperación en el estudio de las variaciones genéticas humanas, lo que les permitiría construir drogas diseñadas según la estructura genética exacta de cada paciente.[14]

Por todo lo anterior, vale la pena profundizar más en las características que marcaron a la medicina occidental de fines del siglo XX y que, por lo tanto, lo harán con la del XXI: me refiero a la forma en la que se están desarrollando las drogas como sustancias inteligentes que atacan blancos dados en pacientes específicos a partir de cartografiar sus mapas genéticos. Esta técnica, conocida como *farmacogenomics*, es la base del tercer frente de la industria farmacéutica, descrita por Mooney.

La *farmacogenomics* se remonta al año 1988, cuando Joseph Gall escribía en la revista *American Scientist*: "los mapas genéticos serán como tener una historia completa del mundo escrita en un lenguaje que no podemos entender". Con ello quería decir que cartografiar e incluso secuenciar los genes es tan sólo un comienzo. Este conocimiento por sí solo no dice las funciones de los genes. Hasta hoy, de los que se han cartografiado (99% según informes de Celera a principios del año 2001), se conocen las funciones de unos cuantos centenares. Pero además, según los especialistas, conocer a su vez sus funciones no señalaría cómo éstas son llevadas a acabo, cómo son expresados los genes y cuáles son los pasos bioquímicos entre la codificación de una proteína y la manifestación de una enfermedad. Así pues, y por más que los conocimientos ligados directa o indirectamente a la *farmacogenomics* progresen con extraordinaria rapidez, increíble y preocupantemente no ha llegado aun el momento para discutir las consecuencias que pueda acarrear la posesión de todos los secretos de la vida, refiérase a las de carácter ecológico, político, económico o social.

Pero, sin considerar las grandes limitantes tecnológicas de la biotecnología médica actual, parece que a esas CMN no les importa esperar el momento en que sean rebasadas. Impulsadas por la explotación de cuantiosas ganancias, las CMN farmacéuticas no dan paso atrás y han venido impulsando su tercer frente de acción, o lo que ellas llaman "la era de la medicina personalizada" o *farmacogenomics*.

Ese fenómeno se confirma, por ejemplo, cuando en 1993, a partir de la alianza entre la CMN SmithKline Beecham y Human Genome Sciences, éstas consideraron a los genes como la piedra angular para el tratamiento de enfermedades a través de biodrogas diseñadas para atacar específicamente ciertas malformaciones genéticas, o en su caso virus, bacterias u hongos determinados; a diferencia de las generaciones de medicamentos anteriores de uso general, que diseñados químicamente atacaban a un cierto grupo de enfermedades.

Igualmente, para 1998 Bayer acordó con la empresa estadounidense Millennium comprar 14% de sus acciones a cambio de obtener los derechos de 256 drogas inteligentes en fase de preaprobación —mucho más de las que en total se desarrollaron durante la década anterior—. Millenium está usando una tecnología llamada *positional cloning genomics* para buscar regiones en los cromosomas con genes que se interpreten cada vez que los pacientes padecen determinada enfermedad. El acuerdo anterior, aparentemente desventajoso para Millennium, responde a que las empresas requieren del capital de CMN como Bayer para poder comercializar sus productos, ya que en promedio se requiere entre 350 y 400 millones de dólares por droga. De igual manera las CMN necesitan comprar o hacer acuerdos con los laboratorios públicos, privados y empresas biotecnológicas, ya que éstos son los que han arriesgado su capital en investigaciones que bien pueden prometer mucho o nada, cosa que las primeras no están dispuestas a hacer. Así, las CMN farmacéuticas acuerdan o compran total o parcialmente tales entes una vez que tienen en sus manos ciertas sustancias con gran potencial comercial y que tan sólo necesitan de capital y poco tiempo para su aprobación y venta en el mercado. En dicho sentido, el presidente de Bristol-Myers Squibb en 1998 afirmó que cerca de 60% de sus productos en pruebas para su aprobación correspondían a este tipo de acuerdos.[15]

Hay que puntualizar que, dentro del marco de la *farmacogenomics*, el potencial de piratería y patentamiento de líneas celulares humanas para su uso directo en el laboratorio, pero sobre todo para sumarlas a las librerías genéticas humanas, se acrecienta de manera exponencial. Este robo es todo un negocio ya que los actores involucrados en el negocio de la biotecnología, como la industria farmacéutica, pueden brincarse varias fases de investigación que generalmente toman mucho tiempo; este problema se resuelve a través de consultar librerías génicas, muchas de ellas disponibles en internet, como las de numerosas empresas que se dedican exclusivamente a eso o el caso del banco de datos del proyecto genoma humano o el de Celera.

En ese sentido, conforme se perfecciona el desciframiento e interpretación de los distintos genomas, pero específicamente el humano,[16] la potencialidad de producir biomedicamentos diseñados para cada tipo de enfermedad, e incluso específicamente para cada paciente, se acrecienta. Seguramente en un futuro, los medicamentos podrán preparase "al momento" en las farmacias, basándose en el *profile* genético que las CMN tengan de cada uno de nosotros. Esto resulta totalmente peligroso, porque nuestra intimidad biológica podría quedar en manos de unas contadas CMN y de los Estados nacionales, cosa que si bien posibilita diseñar drogas específicas, también permite, entre otras cosas, la elaboración de agentes biológicos para el bioasesinato selectivo. Por ejemplo de sectores de la población que estén en contra de los proyectos nacionales de los Estados nacionales o de líderes políticos, entre otros casos.

Asimismo, lo más preocupante de todo es que las CMN y los ENC involucrados en el desarrollo de la biotecnología crecientemente conservan en sus manos la información genética de millones de personas. Frente a esto, las CMN de seguros han puesto sus ojos en hacer uso de los avances biotecnológicos para reducir sus gastos médicos, discriminar a candidatos a solicitar seguros, etc.[17] Al permitir tal hecho, no suena descabellado entonces que en un futuro no muy lejano, el currículum de la fuerza de trabajo sea un "biocurrículum", mediante el cual los capitalistas, más allá de discriminar a la fuerza de trabajo, lo usarían como mecanismo de desvalorización de ésta. En este sentido, la crítica que hace la película *Gataca* nos muestra la urgencia de la discusión sobre lo que se le ha llamado los derechos sobre la vida, pero todavía más sobre la biotecnología como tal.

En conclusión, los tres frentes de acción, como la nueva ola de moda de la industria farmacéutica, ha llevado a las CMN, empresas, laboratorios públicos y privados, universidades y gobiernos a establecer una serie de alianzas, acuerdos o fusiones. Las alianzas entre las CMN farmacéuticas y las empresas biotecnológicas aumentó en 400% durante la última década del siglo XX, pasando de 69 en 1993 a 221 en 1998.[18] Ello se debe a que los laboratorios y empresas involucradas en el negocio biotecnológico han sido mucho más productivos que las CMN farmacéuticas en un panorama en que sus patentes de drogas convencionales están venciendo.[19] No por nada se calculó que para el año 2000, ya había más de1 400 empresas biotecnológicas importantes vinculadas con las CMN farmacéuticas en 26 países diferentes.[20]

En tal escenario, según *Recombinant Capital*, las CMN farmacéuticas más activas han sido, en primer lugar, Hoffmann-La Roche, con más de 120 alianzas acumuladas desde 1998, seguida por SmithKline y American Home Products con cerca de 90 acuerdos, respectivamente. La lista sigue con Eli Lilly y Novartis, con más de 70; Johnson & Johnson, GlaxoWellcome y HMR con más de 60; Abott, Schering-Plough, Merck, RPR, Pharmacia-Upjohn (Monsanto), Warner-Lambert, Bayer y Pfizer con más de 50; Baxter con más de 30, Boeh Ingelheim con más de 25; y Schering AG con aproximadamente 20 alianzas.[21]

En cuanto a las universidades, por ejemplo, la Universidad de Boston recientemente anunció su integración al proyecto de Merck,

Pfizer y Amgen para establecer "boutiques" genéticas para la investigación y desarrollo en un centro biotecnológico ubicado en esa ciudad. También la Universidad de Maryland, a través de su Instituto de Biotecnología, está construyendo su cuarto complejo de laboratorios, con un costo de 38 millones de dólares, y tiene acuerdos con MedImmune Inc., BioReliance Corp., Igen International Inc. y Procter & Gamble Co.[22] Igualmente destacan otras universidades con alianzas de la misma índole, como: Harvard, Stanford, Yale, John Hopkins, la Universidad de California (San Diego, Berkeley y San Francisco), Columbia, Rockefeller, California Institute of Technology, MIT y Duke, entre otras.

Finalmente y como ya se describió,[23] el gobierno de Estados Unidos ha mostrado su apoyo a la industria farmacéutica y biotecnológica en general; no por nada se ha enfocado en promover mecanismos de patentes de impacto internacional, sobre todo en el marco de las negociaciones y estructuras políticas de poder de la OMC.

Principales CMN farmacéuticas según *Fortune*-2001
Datos de 2000 en millones de dólares

Rango por ingresos	*CMN*	*Origen*	*Ingresos*	*Ganancias*	*Rango por ganancias*
1	Merck	EU	40363	6822	1
2	Pfizer	EU	29574	3726	7
3	Johnson & Johnson	EU	29139	4800	4
4	Glaxo Smith Kline	Reino Unido	27413	6384	2
5	Bristol- Myers Squibb	EU	21331	4711	5
6	Novartis	Suiza	21207	4270	6
7	Aventis	Francia	20613	(136)	12
8	Pharmacia	EU	18150	717	11
9	Astra Zeneca	Reino Unido	18103	2538	10
10	Roche	Suiza	16982	5121	3
11	American Home Products	EU	13810	(2371)	13

(*Conclusión*)

Rango por ingresos	*CMN*	*Origen*	*Ingresos*	*Ganancias*	*Rango por ganancias*
12	Abbot Laboratories	EU	13746	2786	9
13	Eli Lilly	EU	10862	3058	8

Fortune. "The World's Largest Corporations: 2001 Global". European Edition, 30 de julio de 2001, núm. 16, p. F-20.

En total, las diez CMN arriba mencionadas controlan aproximadamente 49% del mercado mundial farmacéutico, con más de 281 mil millones de dólares.

- Novartis y Astra Zeneca han fusionado todas sus divisiones a excepción de las farmacéuticas, razón por la cual se consideran en este mercado como dos corporaciones distintas, aunque logísticamente no sea así. Además, el anuncio de Novartis de la compra de 10% de acciones con voto de Roche por 2.8 miles de millones de dólares, el 7 de mayo de 2001, predice la futura fusión de éstas. En ese caso, con ventas anuales mayores a los 20 mil millones de dólares y un mercado de capitalización de más de 179 mil millones, Novartis/Roche se colocaría en el segundo escalón después de Merck como la CMN suiza y una de las principales en el mercado de drogas de prescripción y genéricas —*over the counter*—, diagnósticos y vitamínicos.[24] Vinculadas las tres, Novartis, Aztra Zeneca y Roche se perfilarían tan sólo en el mercado farmacéutico como la CMN más grande del mundo.
- Pharmacia, que es la fusión entre Pharmacia y Monsanto al comprar la primera 89% de las acciones de la segunda, está vinculada con American Home Products, a su vez subsidiaria de Monsanto.

Principales CMN Farmacéuticas según ETC Group

CMN	*Ventas en millones de dólares (1999-2000)*	*Margen de ganancias (2000)*	*Participación porcentual en el mercado mundial*
Glaxo + Smith Kline Bheecham	$22 209.5	Glaxo – 30.9% SKB – 25.1%	7.0
Pfizer (incluye Warner Lambert)	$20 500.0	N/D	6.5
Merck & Co.	$17 481.6	26.4%	5.5
AstraZeneka	$14 834.0	18.3%	4.7
Aventis *pro forma*	$14 808.5	17.6%	4.7
Bristol-Meyers Squibb	$14 309.0	28.1%	4.5
Novartis	$12 697.7	28.5%	4.0
Pharmacia (incluye Monsanto & Upjohn)	$11 177.0	19.6%	3.5
Hoffman- La Roche	$10 973.8	44.2%	3.5
Johnson & Johnson	$10 694.0	33.6%	3.4

ETC Group. "Globalization, Inc: concentration in corporate power." *Communique*, núm. 71, julio-agosto de 2001, p. 4 (http://www.rafi.org/web/docus/pdfs/globalizationcom.pdf). Basado en los datos proporcionados por la tabla del 2000 de *Scrpi's Pharmaceutical Language*.

En total, las diez CMN mencionadas controlan aproximadamente 48% de los 317 mil millones de dólares del mercado comercial mundial farmacéutico.[25]

ANEXO A LOS CAPÍTULOS 11 Y 12

Rango global por sector (ETC Group) (basado en ventas del 2000) *Agroquímicos, semillas y fármacos*

CNM	*Ingresos en agroquímica*	*Ingresos en semillas*	*Ingresos en fármacos*
			4 AstraZeneca
Syngeta	1	3	7 Novartis
Pharmacia (Monsanto)	2	2	8
Aventis	3	10	5
BASF	4	Sin clasificar	Vendieron su división de fármacos por 6.9 millardos de dólares
DuPont (pionero)	5	1	Vendieron su división de fármacos por 7.8 millardos de dólares (8/01)
Bayer	6	Sin clasificar	18 - en venta
Dow	7	7	Sin clasificar

ETC Group. "Globalization, Inc: concentration in corporate power." *Communique*, núm. 71, julio-agosto de 2001, p. 8 (http://www.rafi.org/web/docus/pdfs/globalization-com.pdf).

Empresas biotecnológicas más dinámicas del mundo-2001 (ETC Group)

Empresa	*Ingresos del 2000 (millones de dólares)*	*Comentarios*
Amgen (EU)	$3 629	
Genetech (EU)*	$1 736	Subsidiaria de Roche Holdings
Quintiles Transnacional (EU)	$1 659	Adquiere Quadrant, Liposome y Dura Pharmaceuticals. Termina su año en números rojos.
Elan (Irlanda)	$1 521	
Alza Pharmaceuticals (EU)	$ 988	Se convierte en subsidiaria de Johnson & Johnson en junio de 2001 con una transacción de 10.5 millardos de dólares.
Chiron (EU)	$ 972 ($938 según informacion de la empresa: www.chiron.com/corpInfo)	Novartis es dueño de la mitad de Chiron (45% de las acciones según datos de Chiron). Ésta a su vez adquirió a Pathogenesis en el 2000.
Biogen	$ 926	
Immunex	$ 862	American Home Products es dueña de 41% de esta compañía.
Genzyme	$ 752	
MedImmune	$ 540	

*Año en el que la empresa tuvo una pérdida de 68 millones de dólares.

ETC Group. "Globalization, Inc: concentration in corporate power." *Communique*, núm. 71, julio-agosto de 2001, p. 5 (http://www.rafi.org/web/docus/pdfs/globalization-com.pdf). Con base en datos de *Nature Biotechnology*, mayo de 2001.

13. El Proyecto Genoma Humano (PGH)

A finales del siglo XIX el filósofo alemán Friedrich Nietzsche en su obra *Así habló Zaratustra* consideró al hombre como un puente hacia el Superhombre, afirmando que habría más distancia entre el Superhombre y el hombre, que entre el hombre y el mono. El concepto de Nietzsche tenía fundamentalmente connotaciones de carácter moral: este Ser tendría un completo dominio sobre sí mismo y sería capaz de establecer y seguir sus propios códigos morales. Los nazis hicieron suyas las ideas de Nietzsche y al tratar de llevarlas a la práctica se produjeron los resultados desastrosos que todos conocemos: el exterminio de supuestas razas "inferiores" como la judía.

En las últimas dos décadas del siglo XX hasta nuestros días, la idea del Superhombre aparece nuevamente lanzando su peculiar propuesta que alude ahora al hombre perfeccionado genéticamente, lo que de fondo significa olvidarse en cierto modo del trabajo de Darwin y sus "rancias" ideas. ¿Para qué esperar millones de años a que la lenta y caprichosa evolución produzca al hombre superior, cuando existen métodos más rápidos y seguros? Así, una vez que ha sido terminado el desciframiento del genoma humano, los científicos ahora involucrados en su interpretación proponen para ello valerse de herramientas más tangibles y ultramodernas, como la ingeniería genética, la nanotecnología, la inteligencia artificial, la farmacología, la neuropsiquiatría, etcétera.[1]

Fue en 1985 cuando surgió la idea de descifrar e interpretar el genoma de un individuo, en el marco del aparato científicomilitar estadounidense. Dada la cantidad de información con la que se trabajaría, los mejores lugares, unos de los que cuentan hasta la fecha con supercomputadoras que trabajan el genoma humano, eran las instalaciones del NIH en Lawrence y los Alamos National Laboratories. La idea de fondo no era la que últimamente venden las CMN farmacéuticas y afines al negocio del desciframiento e interpretación del genoma humano, y que se refiere al desarrollo de la medicina para beneficio de la humanidad. Más bien, el Departamento de Defensa (DdD) estaba investigando los efectos que generó en los sobrevivientes el bombardeo con bombas atómicas en Japón a fines de la SGM. En respuesta a la política de Ronald Reagan, los científicos querían saber las consecuencias de sobrevivir una posible guerra nuclear en el futuro; para ello el proyecto de descifrar el genoma humano fue fundado en 1990 a través del Departamento de Energía, dejando la investigación al mando del doctor Charles DeLisi. Al principio operó con un fuerte presupuesto para el desarrollo de métodos de secuenciamiento más rápidos, para después enfocarse de lleno a su desciframiento e interpretación. El presupuesto anual era de 200 millones de dólares, de los cuales cerca de 120 provenían del NIH y los restantes 80 millones, del Departamento de Energía.[2]

Al mismo tiempo, la entonces Comunidad Europea había presentado su propuesta al Congreso europeo con el nombre de "Predictive Medicine Programme"; Alemania y Dinamarca se opusieron al proyecto por consideraciones éticas. Aunque fue rechazada, fue presentada y aprobada nuevamente en 1990 como el "Human Genome Análisis Programme" para un estudio inicial de cuestiones éticas.

Así, el interés de ambas partes y bajo la presión de las CMN involucradas en el desarrollo de la biotecnología llevó en 1988 a la formación de la Human Genome Organization (HUGO) compuesta por 17 países. El resultado fue la conformación del Proyecto Genoma Humano a finales de 1990, como un "esfuerzo internacional" para mapear el genoma, o lo que se le ha denominado "la tabla periódica de la biología", con un presupuesto público de alrededor de tres mil millones de dólares para 28 países.[3] Mientras el gobierno estadounidense financia el PGH con fondos públicos que destina a su compleja biorred; Europa, especialmente Francia, Alemania y Dinamarca, lo hacen con recursos de la iniciativa privada.

El PGH se dividió según el número de países que trabajarían en el secuenciamiento e interpretación del genoma o al desarrollo de tecnología aplicada. En el primer caso se otorgó a cada centro de investigación cierto número de cromosomas específicos a estudiar. Aun siendo un proyecto internacional, Estados Unidos desde el principio ha concentrado los estudios de casi todos los cromosomas[4] a excepción del 4, 8, 14, 16 y 21, que están divididos entre los centros de Francia, Alemania y Japón.[5]

La piedra nodal del desciframiento del genoma humano era el desarrollo de la electroinformática: se necesitaban secuenciadores génicos veloces y con un alto grado de precisión. Si bien se fue perfeccionando la técnica necesaria para el desarrollo del PGH, no fue sino hasta 1999 cuando la empresa PE Corporation anunciaba la creación de su secuenciador PRISM 3700, que la velocidad del secuenciamiento cambió radicalmente, iniciando la carrera por descifrar el genoma humano entre el sector público y el privado.

En ese momento, el científico estadounidense Craig Venter vio la oportunidad de secuenciar el genoma humano más rápidamente que el PGH. Basado en su largo historial dentro del NIH y después en una fundación privada llamada TIGR (Tecnological Institute for Genome Research) que se dedicaba al secuenciamiento de genes, desarrolló una estrategia selectiva para el rápido secuenciamiento de genomas completos de pequeños organismos a la cual llamó ETS (Expressed Sequence Tag).[6] Para ello buscó a PE Corporation, que a su vez consultó a la empresa Myers, que se dedicaba a hacer simulaciones computacionales basadas en logaritmos de alta definición y precisión para corroborar sí la estrategia de Venter (ETS) funcionaría en genomas tan grandes y complejos como el humano. Según Myers la posibilidad era muy alta, por lo que PE Corporation y Venter se asociaron para formar Celera Genomics (derivado del latín celeris, que significa rápido o pronto). PE Corporation aseguró 80% de las acciones al invertir mil millones de dólares en la producción de más de 500 secuenciadores, Venter se quedó con 10% por su estrategia ETS y el resto se dividió entre otros miembros del *staff*. El *slogan* de la nueva empresa evidenciaba los intereses de Celera por descifrar el genoma humano antes que el PGH para sobresalir en el negocio. *Speed matters. Discovery can't wait* (La velocidad importa. El descubrimiento no puede esperar).

Mientras Celera se instalaba en sus actuales oficinas corporativas ubicadas en Rockville, Maryland (Estados Unidos), muy cerca de las del PGH-Estados Unidos, dentro de la región que ahora se le conoce como "The Genomics Junction", dado el gran número de empresas que se han concentrado ahí como una faja bioindustrial que se especializa en actividades genómicas, el PGH a cargo del doctor Francis Collins, vieja enemistad de Venter, al ver los resultados que podría arrojar Celera, irónicamente decidió usar masivamente el secuenciador PRISM 3700 de PE Corporation/Celera y el método de desciframiento ETS, justamente los que tanto se habían resistido a usar los miembros del PGH porque aseguraban que no eran precisos (el resultado sería un "genoma gruyere" con muchos hoyos en el desciframiento).

Como resultado, el secuenciamiento del genoma humano se terminó mucho tiempo antes del planeado por el PGH (2010). Celera, el 6 de abril de 2000, ya anunciaba que había terminado de leer el genoma completo y lo único que le faltaba era ensamblar los millones de fragmentos de información que conforman los 24 cromosomas. Dos meses después, el 26 de junio de 2000, Venter y Collins anunciaban juntos en la Casa Blanca la terminación del primer borrador del genoma por parte del PGH y el primer ensamblaje de Celera.

Para febrero de 2001, la carrera por *interpretar* el genoma humano y de apropiarse de las ganancias que se derivan de ello se profundizó, inaugurando *formalmente* la *farmacogenomics* (aunque ya se estaban haciendo y patentando medicamentos inteligentes mucho antes de esa fecha),[7] como resultado del informe público del término del secuenciamiento del genoma humano por el lado del PGH y por el de su contraparte privada: Celera.

Según dicho informe, los científicos del PGH han identificado 22 mil de los genes productores de proteínas de un total de entre 30 mil y 40 mil genes. Por su parte, Celera señaló que la cantidad de genes tan sólo es de 26 mil a 29 mil. Aun siendo dispares sus resultados, ambas partes coinciden en que la tarea venidera es precisar la función de cada uno de ellos en la generación de alrededor de 250 mil proteínas que ayudan a producir, lo que según ellos llevará al tratamiento mundial de enfermedades como el cáncer, Parkinson, Alzheimer y Sida.[8] El libro de la vida del PGH puede ser consultado en su dirección de internet,[9] y ofrece, según voceros del PGH, "una fuente completa y única para los investigadores en biomedicina", al permitir localizar la ubicación de los genes, estudiar las variaciones genéticas, verificar si un gen determinado se encuentra también en otros organismos y relacionar las enfermedades con sus genes correspondientes. De igual modo, el mapa del genoma humano se puede consultar en la base de datos de Celera por una "módica" suma por pago de regalías, aunque supuestamente será posteriormente publicado de manera gratuita.

Dentro de los nuevos horizontes que se abren en el negocio relacionado con el genoma humano y, regresando un poco en el tiempo, es necesario señalar el contexto en que se inserta tal fenómeno. El 20 de agosto de 1992, ante los numerosos intentos de Venter (como parte del equipo del NIH) y de diversas empresas para patentar secuencias completas del genoma humano, la Oficina de Patentes de Estados Unidos, protegiendo la inversión de su gobierno en el PGH, decidió que no se podían patentar secuencias completas, sino únicamente genes específicos para enfermedades definidas, o en su caso variaciones únicas que caracterizan a cada genoma, también llamadas Single Nucleotic Poliformisyms (SNP). Simultáneamente, el gobierno de este país se negó a firmar el protocolo mundial Bioearth celebrado en ese mismo año en Brasil, en el cual se acordaba la prohibición del patentamiento *de cualquier tipo* de secuencia de ADN.

En la misma línea que caracteriza a Estados Unidos desde principios de la década de los noventa del siglo XX, el ex presidente Clinton y el primer ministro inglés Tony Blair, al mismo tiempo en que se oponían a la patente de largas secuencias del genoma y forzaban a las partes involucradas a que el desciframiento e interpretación del genoma fueran publicados de manera que todos los científicos tuvieran acceso a ella,[10] declaraban el 14 de marzo de 2000 (antes de que fuera completado en desciframiento del genoma humano):

> la propiedad intelectual para invenciones basadas en genes jugará un papel importante para estimular el desarrollo de los importantes productos de cuidado de la salud.[11]

Lo anterior sólo se puede entender como un acto de apapacho a las CMN farmacéuticas estadounidenses, al tiempo que sirve como mecanismo de protección de los fuertes recursos gubernamentales que han sido destinados al PGH y que resultan de manera creciente en numerosas patentes génicas a nombre del propio NIH u otras agencias gubernamentales o universidades estadounidenses.

Así, los SNP o *snips* y los genes individuales o fragmentos de ellos se han vuelto la punta de lanza de las patentes del genoma humano (justamente donde está el negocio fuerte), que al ser unas mucho más detalladas que otras se ha provocado hasta la fecha una debacle entre los distintos actores implicados para homogenizar los lineamientos específicos de las patentes y que responde al interés que se juega al definir quiénes podrían obtenerlas.

En cuanto a las patentes de genes o fragmentos de éstos, Millenium Pharmaceuticals (Estados Unidos) había presentado hasta el año 2000 más de diez mil aplicaciones de patentes.[12] Celera ha presentado más de 6 500 solicitudes, aunque informó al Congreso de Estados Unidos que sólo eran entre 100 a 300.[13] Human Genome Sciences (Estados Unidos) tenía hasta el año 2000, alrededor de 6 700 solicitudes.[14] Incyte (Estados Unidos) destaca con 375 patentes otorgadas y 6 500 pendientes.[15]

Por otro lado, los SNP han significado para las CMN farmacéuticas el negocio mayor, ya que no existe un solo genoma humano, sino más de seis mil millones correspondientes a cada humano del planeta. En este campo, por ejemplo, CuraGen (Estados Unidos) ha identificado y presentado prepatentes por más de 120 mil SNP, Incyte (Estados Unidos) más de 50 mil, y Celera alrededor de 2.5 a tres millones de solicitudes de patente.

Hay que señalar que la búsqueda por SNP apenas comienza como una de las bases para el desarrollo de la *farmacogenomics*, por lo que los actores involucrados cada vez son mayores. La biopiratería de tejidos humanos para la identificación de SNP y sustancias químicas únicas, aumenta crecientemente con estructuras parecidas a la de la biopiratería de muestras biológicas no humanas, siendo las CMN farmacéuticas las que de una u otra manera las obtiene, ya sea bajo su compra clandestina o como cesión de derechos de patente.[16]

Por ejemplo, un proyecto de la Universidad de Stanford, llamado "Human Gene Geography", está recabando información de más de dos mil poblaciones.[17] La base de datos "Hvrbase" del Instituto Max Planck en Leipzig y el Instituto de Zoología de la Universidad de Munich, ambas de Alemania, contaban hasta el 2000 con más de dos mil secuencias de SNP de asentamientos indígenas de cerca de 40 países diferentes.[18] En un acuerdo de colaboración (1998) entre la Universidad de California, la Universidad de San Francisco y la CMN Hyseq, los dos últimos actores están recolectando muestras de ADN de más de 20 mil afiliados a los hospitales de San Francisco para que la Universidad de California secuencie los SNP.[19]

En el mismo sentido, en abril de 1999, un grupo de 10 importantes CMN y empresas farmacéuticas anunciaron la creación de una base de datos "pública" de SNP administrada por una organización que formaron llamada "The SNP Consortium".[20] El consorcio tiene un presupuesto de 48 millones de dólares para el mapeo de SNP; de ese monto, 33 millones provienen de diez empresas y CMN farmacéuticas y de la CMN Motorola (incluida en octubre de 1999); el restante corresponde a la CMN Glaxo-Wellcome. Los científicos involucrados en dicho proyecto pertenecen a Whitehead Institute for Biomedical Research, Washington University School of Medicine en St. Louis, el Wellcome Trust's Sanger Centre (Reino Unido), Standford Human Genome Center y el Cold Spring Harbor Laboratory.[21]

En efecto, aunque el PGH terminó de ensamblar el genoma humano unos meses después que la empresa estadounidense Celera, su objetivo inicial no ha cambiado, es decir, sigue siendo el negocio de las drogas o de la *farmacogenomics* y de sus aplicaciones militares. Por su parte, actualmente Celera ha tenido que cambiar su perspectiva de negocio (tal y como Venter lo preveía desde antes de que se fundara),[22] enfocándose en el secuenciamiento de genomas en tiempo récord para llegar a ofrecer este servicio al momento del parto con resultados disponibles a unas cuantas horas de éste.[23] También está buscando la conformación de la librería más grande de SNP (de ahí sus numerosas patentes de *snips*) de manera que Celera se perfile como la mayor CMN de información génica en el mundo,[24] donde la única preocupación que tiene es que el desarrollo de la electroinformática no "dé el ancho" de las necesidades que vienen imponiendo sus necesidades.[25] Además, Celera Genomics ha ido infiltrándose en la red industrial de Estados Unidos en su fracción de biorred, asegurándose contratos con los Laboratorios Sandía (ente del DdD) y CMN como Pharmacia/Monsanto (Estados Unidos), Amgen (Estados Unidos) y Pfizer (Estados Unidos), entre otras. De igual modo comienza a firmar acuerdos con universidades como el acordado el 7 de mayo de 2000 con la de Vanderbilt. En resumen, actualmente la carrera por adjudicarse las ganancias que genera este negocio presenta tres frentes.

Uno que se dedica a la fabricación de *hardware* ya sea para descifrar el genoma o para la interpretación del mismo: 1) secuenciadores y supercomputadoras (PE Corporation/Celera, Amersham Pharmacia, Compaq, IBM, entre otras) y 2) biochips y otros sistemas de reconocimiento de SNP (Lexicon, Exelexis, Millennium, Human Genome Sciences, Incyte, Affymetrix).

Otro frente corresponde al *software*, o sea a la conformación de bases de datos del mapeo del genoma, háblese de información sobre la estructura del genoma o más recientemente, sobre la ubicación de determinados genes y sus funciones —ligada a la industria de biochips— (Celera, Incyte, entre otras).

Finalmente la punta de lanza de los tres es el que se ha enfocado en la creación de "drogas inteligentes" u otros medicamentos con base en la investigación de los distintos genomas humanos (múltiples empresas como Human Genome Sciences, Millennium Pharmaceuticals, entre otras, así como diversas CMN farmacéuticas como Novartis (Syngenta)/ Roche, Glaxo-Wellcome, Pharmacia).

Clonación humana: producción capitalista del hombre genéticamente "a la medida"

Una de las puertas que abrió el secuenciamiento del genoma humano fue la clonación de personas. El procedimiento es posible a partir de la extracción del núcleo de una célula humana cualquiera, el cual puede ser manipulado genéticamente, para luego "transferirlo" a un "huevo" (óvulo) sin información genética. Una vez que se desarrolla *in vitro* hasta su estado embrional, es implantado en una madre receptora.[26]

Hasta ahora, la tendencia del gobierno de Estados Unidos ha sido la aceptación de la clonación humana para fines terapéuticos, a pesar del rechazo simulado que hizo Bush hijo en noviembre de 2001,[27] es decir, la fabricación de embriones humanos destinados no a desarrollarse, sino para abastecer el mercado de células, tejidos y órganos para tratamientos, injertos o transplantes.[28] Seguramente, además de las presiones de ciertos grupos estadounidenses, tal postura responde a la reciente autorización de Inglaterra para la clonación terapéutica o clínica.[29] La administración de Bush dará a conocer su decisión próximos meses mientras se discute su justificación[30] y que hasta ahora gira en torno a que no implica problemas éticos, al contrario, es en beneficio de miles de personas que necesitan dichos tratamientos, injertos o transplantes.[31] La verdad es que si bien es cierto que hay una necesidad importante de tejidos u órganos, la clonación terapéutica presenta varios problemas serios.

Actualmente, el mercado negro de tejidos y órganos humanos no se ha podido controlar. La clonación clínica más allá de solventar tal situación la profundizará, pero en este caso, serán las CMN quienes se apropiarán las ganancias. De fondo, lo importante no es quién se apropia las ganancias, sino que los tejidos y órganos sean mercancías, que como el resto se venden al mejor comprador, por lo que el supuesto "beneficio para la humanidad" es una falacia, ya que únicamente una minoría ha sido y será la que pueda acceder a esas "atenciones" tecnológicas. Otro problema es que la legalización de la clonación clínica aumenta de manera radical la biopiratería, por lo que es de esperarse que el mercado negro de órganos se vierta al mercado de muestras biológicas humanas.

Asimismo, pero en lo absoluto menos importante es el hecho de que el perfeccionamiento de las técnicas necesarias para el clonaje terapéutico implica el desarrollo de las necesarias para el clonaje humano (¡son las mismas!), por lo que el paso entre uno y otro es muy corto e imposible de "regular". Ello promueve de manera progresiva actividades de biofascismo, es decir, "de trabajo con material genético humano bajo la perspectiva de lo que se puede hacer o manipular sin límites",[32] en un contexto en el que la mayoría de la sociedad está totalmente en contra.

Aunque a gran parte de la sociedad, incluyendo a un sector importante de la científica, le ha venido preocupando y se ha expresado en contra del biofascismo, el 9 de marzo de 2001, un grupo de científicos de Estados Unidos, Italia e Israel anunció su intención de clonar un ser humano como alternativa a la esterilidad masculina. Según ese grupo de biofascistas, entre 600 y 700 parejas de todo el mundo se inscribieron para participar en el experimento, que se realizará en un país mediterráneo que no se precisó. El experimento estaba planeado para iniciar semanas después de tal anuncio, aunque no se señaló la fecha en que se tendría el primer bebé humano clonado. Según el científico italiano Severino Antinori, el tiempo en que se podría hacer realidad la clonación humana es de alrededor de un año, aunque como señalaba el científico estadounidense Panayiotis Zavos de la Universidad de Kentucky, también parte este proyecto de clonaje humano, "nadie puede decir cuán lejos han llegado los experimentos en genética y clonación [...] es probable que ya hayan algunos clones (humanos)".[33]

La meta importante, señalaba Zavos en su presentación, "es la estabilidad de la información genética, no queremos crear un monstruo".[34] Tal declaración responde a que es aceptado que 97% de los intentos de clonación en animales ha sido negativo. Por ejemplo, el científico Ian Wilmut, responsable de la clonación de Dolly en 1997, declaró que el animal resultó después de 277 intentos de transferencia nuclear y 29 implantaciones embrionales, al mismo tiempo que relató que en una ocasión crearon un clon perfecto en el exterior, pero tuvo que ser sacrificado unos días después debido a que las arterias que iban a los pulmones estaban mal formadas.

Según Zavos, el equipo de científicos de Estados Unidos, Italia e Israel cuenta con "recursos ilimitados" provenientes de grupos privados, "porque no queremos al gobierno en este proyecto", y se negó a identificar quién(es) financiaba(n) al grupo, "por cuestiones de seguridad".[35]

Lo anterior hace evidente que el desarrollo científico, que debiera servir a la humanidad y por lo tanto trabajar abiertamente, está siendo funcional a los intereses privados de "grupos" involucrados en el irresponsable avance de la interpretación del genoma humano, así como en las técnicas para la clonación terapéutica y humana. Hasta ahora, ese actuar clandestino, totalmente biofascista y de espaldas a la sociedad, deja casi a la totalidad de la humanidad fuera de la jugada, cancelando cualquier tipo de discusión, o en su caso, de la toma de medidas preventivas. Mismas que cada vez son más urgentes ya que la empresa ACT (Worcerster, Estados Unidos) ha logrado clonar células humanas para supuestos "fines terapéuticos", lo que acelera la posibilidad de la clonación humana.[36]

En ese sentido, resulta central señalar algunos problemas clave de la clonación humana y que requieren urgentemente una amplia discusión en todos los niveles de la sociedad:

— La clonación presenta problemas y limitaciones concretas que se resumen en la capacidad somática de los núcleos celulares para reprogramarse en cuestión de minutos u horas, y que resulta en el alto porcentaje de "error" con consecuencias desconocidas y con una alta posibilidad de expresarse varias generaciones después.
— El genoma de los seres vivos y su evolución siempre ha estado relacionado con el medio ambiente, que incluye factores externos "controlables" como la temperatura, pero también depende de numerosas proteínas maternas presentes en la célula huevo al momento de la fertilización. Estas pro-

teínas tienen una gran influencia y funcionalidad en la actividad génica del embrión, y que según las variaciones de sus cantidades y distribución espacial en el huevo, pueden causar embriones genéticamente idénticos, gemelos que se desarrollan en una única pero diferente forma.

— Desde la perspectiva del clon, éste seguramente sufriría de problemas psicológicos de identidad a causa de la repetida comparación entre él y su predecesor.

— La identificación de ADN, en el caso de algún crimen, arrojaría un resultado que correspondería a dos personas totalmente diferentes, pero genéticamente idénticas, a menos que al momento de la clonación, se introduzca(n) un(os) SNP dentro de la información genética del clon para que sea identificable, tal y como se hace con el número de serie de los aparatos eléctricos u otras mercancías que se producen en la actualidad.

— En la procreación natural, los seres humanos aceptamos a los hijos e hijas tal y como nacen; la clonación, que de entrada deja de lado la esencia erótica humana en el proceso de reproducción, promete el hijo o hija que se quiera diseñar, lo que genera expectativas preconcebidas que seguramente serán esperadas y hasta exigidas. Pero no solamente me refiero por parte de los padres, sino también por parte de la sociedad capitalistamente estructurada.

— Más allá de la simple discriminación genética, los capitalistas tendrían un nuevo mecanismo de desvalorización de la fuerza de trabajo, entre los genéticamente calificados y los no calificados, donde los primeros serían los contados que fueron "ordenados" por padres acaudalados, mientras que los segundos, la mayoría de la humanidad, ya no sólo sería considerada proletaria, pobre o de algún grupo social y étnico específico, sino también genéticamente incompetente.

La actual indefinición de los múltiples Estados nacionales, junto con la prácticamente inexistente discusión en todos los niveles de la sociedad, está siendo aprovechada por las CMN y grupos biofascistas para acelerar la clonación humana, de manera que una vez "creado" y presentado un clon, aunque sea momentáneamente "exitoso" o no presente malformaciones en su generación, se pueda hacer una fuerte presión para la aprobación de esa técnica, que aun en ese punto sería en gran medida desconocida. Por lo tanto, es más que evidente la necesidad y urgencia de la discusión para tomar una postura activa frente a tales amenazas, y que en la medida necesaria presione a los distintos Estados nacionales a adoptarla y hacerla valer.

Discriminación genética

Tanto el desciframiento e interpretación del genoma humano como la clonación humana abren la posibilidad de un nuevo proceso de desvalorización de la fuerza de trabajo y que se ha categorizado como una dinámica de discriminación genética.

Por ahora, conforme se perfeccionan y sobre todo mientras se vayan "abaratando" los exámenes génicos, la profundidad de su uso para descalificar y desvalorar a la fuerza de trabajo igualmente lo hará. Mientras los costos sean relativamente altos, es menos probable que se use de manera masiva, pero conforme en los próximos años éstos se vayan reduciendo, es más que probable que, de entrada, los Estados nacionales, las CMN farmacéuticas[37] y aseguradoras hagan uso de dicha tecnología.

En este contexto, actualmente las CMN aseguradoras consideran que es necesario y válido el uso de información genética para que decidan quién es candidato o no a un seguro y, en su caso, a qué precio, por lo que vienen presionando a los Estados nacionales, especialmente a los centrales, para que modifiquen sus sistemas legales en dicho sentido. Así, mientras se perfecciona el conocimiento de los SNP que componen a los diferentes grupos raciales y que permiten identificar sus "malformaciones" y predisposiciones, la posibilidad de discriminar grupos raciales enteros aumentaría considerablemente.[38]

En general, como ya viene sucediendo,[39] los capitalistas harían uso de esta tecnología para "seleccionar" a su fuerza de trabajo, por ejemplo, revisando su sensibilidad a ciertas sustancias que usa tal o cual industria (háblese de la industria química,[40] farmacéutica, etc.) de manera que los gastos de seguro médico se reduzcan; o de manera más genérica, revisarían la susceptibilidad a enfermedades de los candidatos para determinar su empleo y salario. En el caso de trabajos que requieran una preparación larga e inversión fuerte, por ejemplo el de los ejecutivos, se examinarían sus predisposiciones a enfermedades infecciosas, paros cardiacos, al menos las que pudiesen presentarse en el tiempo durante el que se quieran contratar.

Algunas instituciones que requieran una alta estabilidad emocional, como las empresas y CMN contratistas y subcontratistas del ejército, la misma milicia, las CMN de aviación, los departamentos de policía, entre otras, sin duda alguna se interesarán en las predisposiciones genéticas al alcoholismo, drogadicción, depresión y desórdenes de humor.

Por otro lado, la discriminación genética puede originarse a partir de la clonación de humanos diseñados con potencialidades como resistencia física y gran capacidad mental.[41] Por si fuera poco, el grado de control de la población se incrementa a través de su historial génico-social, sobre todo cuando, por ejemplo, Celera busca el desciframiento del genoma de cada bebé que nazca.[42]

Éstas son tan sólo algunas consideraciones, que sin duda alguna obligan a una profunda discusión sobre los peligros concretos y repercusiones sociales que pone ante nosotros el desarrollo irresponsable de la biotecnología y que en este caso se refiere a los relacionados al genoma humano. Las CMN y los ENC han adoptado una actitud irresponsable y apresurada que responde a necesidades privadas de valorización inmediata de su capital, y que sumada a un comportamiento de *junior partners* por parte de las oligarquías periféricas, viene dejando en el olvido las necesidades de la humanidad, que si bien son alimentos o salud, entre otras, en esencia no son, ni obedecen a la misma dinámica de las clases capitalistas. Por ello, es imprescindible declarar una moratoria a todas las actividades biotecnológicas para su profunda discusión colectiva, y que en su caso, se reactiven bajo nuevos lineamientos previa y socialmente definidos.

14. La llamada "Industria de la vida" y su íntima vinculación con la industria bélica: el caso de las armas biológicas

Para analizar a la industria militar como generadora de valores de uso destructivos, primero hay que explicar la diferencia que hay entre trabajo productivo e improductivo para entonces poder matizar y entender los mecanismos de su lógica.

No hay que creer que las fuerzas productivas son sólo aquellas que despliegan o emplean trabajo productivo y no las que emplean trabajo improductivo. Así, a partir de considerar lo material, lo social y lo histórico según las configuraciones de los distintos modos de producción, llegaremos a reconocer las características propias del trabajo productivo e improductivo en el capitalismo.

En dicho sentido, tal y como Veraza señala, hay que entender el trabajo productivo capitalista como aquel que genera plusvalía, asentado en el despliegue de valores de uso y valores correspondientes a ciertas necesidades sociales propiamente capitalistas. En el caso del trabajo improductivo, tenemos una actividad dedicada no a intercambios formales (como la circulación) sino reales, pero que destruye hombres y objetos materiales como necesidad para el capitalismo, y de allí, aunque humanamente innecesaria y aun nociva, resulta socialmente necesaria para el sistema, porque como resultado de las contradicciones profundas de las distintas estructuras de poder permite coyunturalmente contrarrestar la caída de la tasa de ganancia como una fuerza productiva apuntalante de los capitalistas. Así, se producen valores de uso para el capital y no valores de uso para la sociedad, pero produciéndolo para el capitalismo lo produce también para la sociedad así configurada, como fuerzas destructivas.[1]

Aunque la historia de producción de fuerzas destructivas se remonta a los inicios de la sociedad, las capitalistas tienen un distintivo único. Por un lado son resultado del juego de intereses privados, de estructuras de poder capitalistas que responden a la lógica de la valorización de su capital; y por otro, la diferencia de las dimensiones cualitativas es radicalmente dramática, ya que éstas alcanzan una dimensión planetaria al poner cuantitativamente en riesgo la totalidad de la humanidad y del planeta Tierra (háblese por ejemplo de las armas nucleares). En contracorriente esta dimensión peculiar de producción de fuerzas destructivas que caracterizan al capitalismo, la producción de objetos tiene necesariamente preeminencia porque permite la constitución, la reproducción del contenido vital de la sociedad: los individuos concretos. Y cuando la vida es lo primero, el restar tiempo de trabajo para esta actividad productiva y desviarlo a la destructiva es restar satisfacción de necesidades concretas (peor aun cuando es de manera intensiva como en el caso del capitalismo y en especial el de Estados Unidos que se caracteriza por ser una economía permanentemente en guerra).[2]

Así, la industria bélica de principios del siglo XXI, particular pero no exclusivamente la de Estados Unidos, viene mostrando los retoques más groseros de perfeccionamiento de valores de uso destructivos. Se trata de una creciente posibilidad de repensar las dimensiones y los tipos de esquizofrenias destructivas de las estructuras de poder capitalistas, específicamente y parafraseando a Mills, las de los Generales, que de manera fascineroza admiran las promesas de las nuevas tecnologías. Me refiero al desarrollo tecnológico bélico-industrial de armas convencionales y no convencionales, de baja intensidad o de destrucción masiva marcadamente sofisticadas (también llamadas de alta intensidad), entre otras. Por ejemplo: la cohetería balística continental, armas químicas, biológicas y nucleares; sistemas de posicionamiento global, tecnología de infrarrojos, lásers y microondas; sistemas de espionaje planetarios y equipos de contrainsurgencia.[3]

Aquí me referiré al caso de las armas biológicas y su relación íntima con el desarrollo biotecnológico, entre otras puntualizaciones, teniendo forzadamente que indagar, aunque en menor medida, el caso de las armas químicas.

Antecedentes del uso de Agentes quimicobiológicos

En la historia contemporánea, marcadamente desde la Primera Guerra Mundial (PGM) se registra el desarrollo y uso de agentes quimicobiológicos, en general, por parte de los Estados nacionales, específicamente los del Norte. Sin embargo, ya 400 años antes de Cristo, los espartanos utilizaban el *gas de dióxido de sulfuro* en los ataques a las ciudades de Atenas. Durante la PGM, los franceses utilizaron granadas de *gas lacrimógeno* contra los alemanes, quienes utilizaron de igual manera proyectiles con dicho gas. En abril de 1915 los alemanes usaron *gas de cloro (chlorine gas)* al atacar en Ypres a las tropas francesas e inglesas, produciendo al menos cinco mil muertes. La respuesta de los ingleses con el mismo agente se dio seis meses después en Loos. En 1917, los alemanes usaron el *gas mostaza* y el *fosgeno* en Verdun. El resultado: para finales de la PGM (1918) alrededor de una cuarta parte de los proyectiles tenían agentes químicos. Más de 100 mil personas murieron y hasta un millón resultaron heridas por el uso de gases.

De manera similar, el *gas mostaza* fue usado por las fuerzas inglesas durante la Guerra Civil de Rusia en 1919 y por los soviéticos en contra de las fuerzas chinas en 1930. Los militares españoles e italianos lo usaron en el norte de África —abisinos— en el periodo de entre guerras (1936), tal y como lo hizo Japón (1937-1943) contra soldados chinos durante la Segunda Guerra Mundial (SGM).

Más adelante en la línea del tiempo, en 1944, Alemania desarrolló el *gas nervioso* y el *sarin* con base en las investigaciones sobre insecticidas de los años de 1930. Para el final de la SGM, el Reino Unido había producido *gas sarin*, así como un poderoso gas nervioso llamado *soman*.

Así seguido se puede leer la literatura de otros sucesos en Yemen y otros lugares, no pudiendo aquí dejar de lado el de Estados Unidos cuando usó de manera masiva defoliantes (Agente Naranja,

Blanco y Azul) y gelificador abrasivo (napalm) en los ataques que efectuó en Vietnam, teniendo efectos humanos y ecológicos irreversibles. Igualmente cabe señalar las numerosas denuncias del gobierno cubano de los ataques quimicobiológicos que habría ejecutado Estados Unidos contra la población, plantaciones y ganado de esa isla.[4] También, de carácter más reciente, se pueden ubicar los sucesos entre 1980 y 1988 cuando Irak usó armas químicas contra Irán y contra los kurdos iraquíes (1987-1988).

Aunque el armamento químico es sumamente relevante, en el presente estudio nos centraremos en las armas biológicas ya que son las que se perfilan como las de mayor amenaza dentro de los escenarios de guerra de principios del siglo XXI. Ello se debe a que conforme avanza la biotecnología/ingeniería genética/nanotecnología, los potenciales usos destructivos de dichos agentes igualmente se incrementan (véase más adelante).

Dicho potencial destructivo ya era claro poco antes de mediados del siglo pasado. En 1932, el mayor Leon A. Fox del *Cuerpo Médico del Ejército de Estados Unidos*, visualizaba el poder del uso de químicos y agentes biológicos como armas de guerra. En un artículo de marzo de 1933 publicado en el *Military Surgeon* titulado “The use of Biologic Agents in Warfare”, presentó las limitantes tecnológicas del manejo controlado de agentes biológicos, pero reconocía el potencial a futuro de este tipo de armas, también conocidas como *armas no convencionales de destrucción masiva*.[5] No fue hasta la década de los cuarenta que se identificó marcadamente el desarrollo y producción de armas químicas y bacteriológicas de mayor envergadura.

Dado su gran desarrollo desde entonces, en enero de 1998, el teniente general Patrick Hughes, de la Defense Intelligence Agency, testificó que las armas químicas y biológicas tienen “una gran probabilidad de ser usadas en las próximas dos décadas”[6] (o sea hasta el año 2028). Lo anterior obliga a indagar a fondo, de manera seria y no alarmista, la problemática de principios de siglo XXI que trae consigo la creciente amenaza del uso de bioarmas, sobre todo en la profundización de acciones terroristas por parte de Estados nacionales y grupos internacionales.

TIPOS DE AGENTES: QUÍMICOS, QUIMICOBIOLÓGICOS/ ESPECTRO MEDIO, BIOLÓGICOS/ETNOBOMBAS

Los *agentes químicos* pueden ser clasificados con base en las características físicas y químicas. Las ventajas y desventajas aluden a su grado de letalidad (letal o no letal), su modo de operación (medio de ataque: cutáneo, pulmonar u oral), la velocidad de operación (tiempo de espera entre su exposición y la generación de efectos), su grado de toxicidad (relación entre cantidad del agente y el efecto generado), su persistencia (medida de permanencia activa en el área afectada) y la forma y estructura del agente (sólida, líquida o gaseosa). Como se indica en el siguiente cuadro, los agentes químicos se clasifican en primera, segunda, tercera y cuarta generación, no letales y de nueva generación.

Los *agentes biológicos*, según la Convención de Armas Biológicas (CBW) de 1972, incluyen microorganismos patógenos, como el de la viruela, y químicos venenosos producidos por microorganismos también llamados *toxinas*:[7] caso del ántrax.

Cabe señalar los virus del Ébola, Hantaan, Junin, Machupo, Marburg, Viruela, Chikungunya, Dengue, Encefalitis equina; las bacterias de la Peste, la Plaga Bubónica, la Salmonelosis y la Brucelosis; las toxinas del Botulismo y la Verotoxina, entre otros más. Su clasificación es la siguiente:

— Agentes vivos capaces de reproducirse: bacterias y hongos.
— Agentes vivos capaces de reproducirse solamente en una célula huésped: virus.
— Agentes no vivos incapaces de reproducirse, pero secretados por organismos vivos: péptidos y toxinas.
— Agentes no vivos incapaces de reproducirse sintetizados químicamente pero con estructuras similares a los anteriormente indicados.

Epectro de la amenaza de Agentes Químicos y Biológicos

Armas Químicas:

Primera Generación (PGM): fosgeno, gas de cloruro, cianuro de hidrógeno y de cloro, gas mostaza, etc.

Segunda Generación (1930): serie G de gas nervioso (GA/tabun, GB/sarin, GD/soman y GF).

Tercera generación (1950): series V de agentes nerviosos (VE, VG, VM, VS y VX).

Cuarta Generación: Novichock y agentes novedosos (novel agents).

No Letales: LACRIMÓGENOS como el orthoclorobenzilidina malononitrilo (CS), el cloroacetophenona (CN), el cloropicrin (PS) y el cianuro de bromobenzyl (BBC). AGENTES QUE CAUSAN VÓMITO como el adamsite (DM) y el diphenyl chloroarsine (DA).

Nueva Generación: químicos tóxicos industriales, farmacéuticos y agrícolas, resultado del avance de la biotecnología, entre otras técnicas.

Químicos de origen biológico:

Bioreguladores de primera generación: Psiocoquímicos como el lysergic acid diethylamide (LSD), el 3-quinuclidinyl benzilate (BZ) y el benactyzine.

Toxinas: saxitoxina —proveniente de un crustáceo—, mycotoxina y ricino —proveniente de la semilla de una planta- usado para bioasesinato en el caso del búlgaro disidente Georgi Markov en Londres en 1978. SEB (una de las siete enterotoxinas que produce una bacteria, también conocidas como 'superantigens')

Agentes de espectro Medio:

Toxinas como el ántrax y BIORREGULADORES de nueva generación (péptidos modificados genéticamente).

Organismos Biológicos:

Agentes Genéticamente modificados o alterados (virus y bacterias)

Tradicionales: bacterias, virus y rickettsia.

Nota: los agentes químicos de origen biológico y los de espectro medio, son considerados por algunos autores como los mismos. La diferencia, si es que existe, es que los primeros son sustancias extraídas de organismos y la segunda son esos organismos en forma inerte.

Fuente: Elaboración propia con base en: 1) G. S. Pearson. *The CBW spectrum*. ASA Newsletter 90: 7-8. 1990. 2) Dando, Malcom. *The new biological weapons*. Rienner. London, 2001. Pág. 12. 3) US Printing Office. *The biological and chemical warfare threat*, 1999, pp. 28-31.

Toda esta variedad o espectro de agentes quimicobiológicos son, en distintos grados, potencialmente devastadores de asentamientos humanos, ganado, vegetación, agua, y demás recursos naturales. Característica que se agrava cuando, como indica Brad Roberts:

> con el boom de las aplicaciones biotecnológicas, los Estados bien podrían usar esa tecnología para desestabilizar su economía al atacar sembradíos, ganado u otros recursos naturales de otro Estado considerado como adversario.[8]

En tal panorama, es importante indicar las características específicas de los agentes biológicos, que si bien les confieren desventajas, al mismo tiempo marcan grandes ventajas que en muchas ocasiones se colocan por encima de las cualidades de los agentes químicos. Lo anterior no significa que se esté menospreciando a estos últimos, ello depende del atacante, ya que los costos de su producción son distintos. Igualmente es contingente respecto a los escenarios de ataque, sean de carácter abierto o clandestino. A lo anterior hay que sumar la capacidad real de cualquier país que cuente con industria petroquímica o de fertilizantes para producir armas químicas, o que tenga complejos de investigación biomédica y/o de biotecnología para desarrollar bioarmas.

Según Kathleen Bailey, asistente del director de la *Agencia de Control de Armas y Desarme* de Estados Unidos, se estima que un arsenal biológico puede ser producido en un espacio de no más de cinco metros cuadrados y con una inversión de 10 mil dólares en equipo.[9] Por ello, lo alarmante para Estados Unidos es que las armas biológicas, catalogadas como "la bomba atómica de los pobres"[10] puedan ser desarrolladas por cualquier país a un costo muy bajo. Según un análisis comparativo, el costo por atacar con armas convencionales a civiles (desprotegidos) es de dos mil dólares por kilómetro cuadrado, 800 dólares con armas nucleares, 600 dólares con gases químicos y un dólar con el uso de armas biológicas.[11]

Por si fuera poco, las bioarmas se caracterizan por hacer uso de las sustancias más letales conocidas por el hombre en relación con su capacidad de destructividad y peso. Según un informe del Departamento de la Defensa de Estados Unidos de 1997, "las toxinas biológicas son cientos e incluso miles de veces más letales por unidad de peso que cualquier agente químico conocido".[12] Tales características se opacan ante la más importante de todas, sobre todo desde la perspectiva militar: las armas biológicas tienen diferentes tiempos para hacer efecto, lo que las hace *impredecibles y por lo tanto ejemplares para operaciones clandestinas y/o guerra de baja intensidad y de caracter táctico*. Por ello, como lo señala un documento publicado por la US *Printing Office* y que casualmente no está firmado por ninguna secretaría de ese gobierno, "(tales) características peculiares que las hacen difícil[es] de detectar e identificar en el tiempo y en el espacio [...] provee[n] a los países atacantes las bases de *negación plausible*".[13] Tales características, únicas de las bioarmas, las hacen altamente atractivas a los operadores clandestinos estatales o internacionales.

Por lo anterior, la tendencia actual de la investigación en bioarmas apunta a:

> producir microorganismos benignos modificados para que produzcan toxinas, veneno o biorreguladores; microorganismos alterados inmunológicamente capaces de burlar procesos de identificación, detección y diagnóstico estándar; microorganismos con resistencia a su dispersión por aerosol y con estabilidad ambiental de larga duración; microorganismos resistentes a antibióticos, vacunas estándar y terapéuticas, entre otras.[14]

Pero analizando los tipos de agentes biológicos para dar cuenta de sus características, específicamente las de gran potencial, el caso de los biorreguladores requiere de particular atención. Ello se debe a que son sustancias químicas (usualmente péptidos,[15] catalizadores o enzimas) que naturalmente constituyen y regulan el funcionamiento adecuado de los diversos sistemas que componen el organismo humano, desde procesos metabólicos, fisiológicos y probablemente neurológicos.[16] Así:

> el diseño de biorreguladores como armas biológicas se refiere al transtorno del sistema biorregulatorio —por ejemplo, a través de incrementar la concentración (dentro del organismo) de químicos biorreguladores, o a partir de introducir largas cantidades de una substancia que imite sus efectos.[17]

Lo militarmente atractivo es que su detección es extremadamente difícil ya que de manera natural esas sustancias se encuentran presentes en los organismos vivos, pero sus efectos podrían causar trastornos serios e incluso la muerte. Por ejemplo: desmayos, paros cardiacos, parálisis, hipertensión, hipotensión, o perturbaciones psicológicas.[18] Todo un festín para los servicios de inteligencia y grupos terroristas internacionales.

Sus efectos (biorreguladores de primera generación) ya han sido demostrados a escala masiva en ataques de carácter bélico-militar. Uno de los estudios más serios, *The Problem of Chemical and Biological Warfare*, del Instituto Internacional de Estocolmo para la Investigación para la Paz reportaba, en 1970, que:

> agentes químicos antiplantas (*mimics*) empezaron a atraer el interés militar durante la Segunda Guerra Mundial, pero no fue hasta que Estados Unidos se involucró en la guerra de Vietnam que se empezaron a usar en combate a una escala significativa. Ahí fueron usados para defoliar la vegetación. Con ello se lograba remover la cubierta natural que podía esconder al enemigo o destruir sus sembradíos, fuente de su alimento.[19]

Según datos de Westing,[20] tales químicos biorreguladores, como el agente naranja (*AN*) —producido por Monsanto—, el agente blanco (*AB*) y el agente azul (*AA*) fueron usados en Vietnam en cantidades de miles de litros.[21] Para la destrucción de selva y otra vegetación se usó un total de 40525000 litros de *AN*; 19623000 de *AB*; y 1996000 de *AA*. Para la destrucción de sembradíos se usaron 3813000 litros de *AN*; 212000 de *AB*; y 6185000 de *AA*. Aun son dramáticas las consecuencias ecológicas del uso de estos biorreguladores en Vietnam ya que destruyeron prácticamente todo tipo de vida en las zonas atacadas, identificando, al complejo ecosistema de manglares como el más devastado. Es decir, la consecuencia de su uso fue de orden mayor: la pérdida relativamente total de grandes áreas de diversos ecosistemas.[22]

Los biorreguladores de última generación involucran el desarrollo de punta de la biotecnología y especialmente de la interpretación del genoma humano. Con ello se incrementan las posibilidades del uso de biorreguladores que trastornen el sistema regulatorio del ser humano, manipulación que podría hacer posible *incluso atacar secuencias génicas específicas, ya sea de un grupo étnico (etnobombas)*[23] *o de un individuo en particular (bioasesinato), a través de la identificación de sus* SNP *(Single Nucleotic Poliformisyms)*.[24]

Según un artículo de Brad Roberts publicado en 1987:

> la biotecnología en la guerra biológica por el momento, permite el manejo adecuado de materiales biológicos, reduce el tiempo de su producción y el riesgo de su almacenamiento; además de que permite incrementar la capacidad de su manejo en el campo de batalla. En el largo plazo, posibilitará la creación de novedosos agentes altamente letales con capacidad de automutarse y con grados distintos de actividad que permitan su uso como armas de acción inmediata para su aplicación en el campo de batalla o para la guerra de baja intensidad con efectos retardados. Además, con el mapeo del genoma humano, combinado con la habilidad de manipular el material genético, surge la posibilidad de producir armas con blancos definidos, como serían razas específicas u otros grupos genéticos estipulados. Tales tecnologías también permitirán la producción de vacunas polivalentes efectivas contra un amplio rango de agentes biológicos.[25]

Agentes quimicobiológicos: negocio del complejo bélico-industrial

Como resultado de los acontecimientos registrados a partir del 11 de septiembre de 2001, la psicosis de escenarios bioterroristas aumentó. Desgraciadamente, para incrementarla, la información respecto a los agentes quimicobiológicos con potencial de ser usados, fue desvirtuada y manejada de manera irresponsable. Si bien es cierto que los escenarios de bioterrorismo son amenazantes y potencialmente peligrosos, las cualidades y características de dichos agentes permiten acotar los escenarios posibles de su uso. Me refiero no sólo en cuanto al tipo de agente, sino sobre todo en cuanto al atacante, ya que no cualquiera puede desarrollar y/o acceder a ciertas bioarmas, mismas que requieren de alta tecnología, ya sea para su producción o diseminación. Lo anterior llevó a que información filtrada en los medios de comunicación comercial fuera inmediatamente desestimada manipulada u olvidada. Por ejemplo, la que refiere a la posibilidad de que el ántrax identificado en Estados Unidos proveniese de un laboratorio de ese mismo país, mismo que, según la revista *Time*,[26] fue diseñado genéticamente para que resultara más virulento, al tiempo que se mejoró con un "aditivo" para que suspendiera más tiempo en el aire, ha sido constantemente desplazada o minimizada.[27] El resultado es la desatención de los posibles vínculos internos de los ataques bioterroristas, tema por demás delicado e importante, trátese de grupos terroristas de ultra derecha de Estados Unidos, como supone una de las hipótesis de la CIA y el FBI,[28] o bien, de otras fracciones de ese mismo país u otros Estados nacionales o grupos terroristas internacionales. No por nada, inmediatamente después de ventilarse esa información, el fiscal general, John Ashcroft, el portavoz de la Casa Blanca, Ari Fleischer, así como el ex consejero de seguridad ruso Alexei Yablokov, desvincularon la responsabilidad del posible origen estadounidense o ruso de dicho agente.[29] Sin embargo, es claro que, al menos una fracción del aparato de inteligencia de Estados Unidos, en el caso de tratarse de vínculos internos, buscará, como lo viene haciendo hasta ahora, darle un montaje tipo "Oswald" que desestime automáticamente cualquier conspiración interna. Me refiero a la hipótesis del "científico-terrorista solitario", aquel, que "resentido" por alguna razón con los laboratorios o complejos militares al que pudiese pertenecer o estar vinculado y que haya podido extraer y usar ese agente.[30] Pero también está la otra posibilidad, que igualmente se viene trabajando con los medios de comunicación y que atribuye los actos bioterroristas a la misma red que efectuó el atentado del 11 de septiembre de 2001, ello al señalar que los propios bioterroristas habían marcado las cartas con la frase "09-11-01 No nos pueden detener, tenemos este ántrax... Alá es grande."[31] Toda una ausencia de credibilidad en los escenarios que no quieren dar sobre dichos sucesos y que indudablemente sí han sido funcionales a la euforia patriótica que promueve, entre otras cosas, la aprobación inmediata de políticas de guerra en Estados Unidos.

ÁNTRAX —espora de bacteria conocida como *Bacillus Anthracis*—

Incubación: 1 a 6 días.
Duración de la Enfermedad: 3 a 5 días.
Dosis efectiva: 10 mil esporas o poco menos con el 90% de mortalidad si es inhalado y 20% si es ingerido o absorbido a través de heridas en la piel.
Síntomas: fiebre, fatiga y vómitos, seguidos de un ligero mejoramiento, y luego un retroceso severo, afecta el sistema respiratorio, causa *shock*, neumonía y muerte entre 2 y 3 días.

Fue aislado en 1863 por C. J. Davaine, pero la primera cepa pura la obtuvo Robert Koch en 1876. Hasta 1881 se produjo la primera vacuna efectiva contra tal enfermedad. Dado que el ántrax es una toxina que produce una bacteria, de lo que se trata es de una agente sin vida hasta que encuentra el medio propicio para desarrollarse. Tales características no permiten que el ántrax sea contagioso aunque sus efectos sean devastadores, sentido por el cual Ketan Desai, autor del best seller *Germs of War*, señala que, "...el ántrax no es una buena arma biológica... es difícil de producir masivamente y de dispersar de manera efectiva, además de que no es contagioso... una alternativa mejor sería la plaga o la viruela". La muerte por ántrax es causada por toxicidad y para que los tratamientos sean efectivos (antibióticos como el Ciprofloxacin y Doxycycline o la vacuna o antitoxina antraxis) tienen que ser aplicados antes de las primeras 12 horas de síntomas. Aunque, hay que señalar que *las nuevas variedades de cepas genéticamente modificadas* parecen ser lo suficientemente fuertes *para resistir a los antibióticos existentes, engañar a los detectores de material biológico e incluso presentan una doble enfermedad aún no detectable*. Por ejemplo, en la década de1980, Rusia, por medio de Biopreparat, su proyecto central de desarrollo de agentes biológicos para uso militar, logró desarrollar agentes más virulentos y resistentes a medicamentos. El proyecto Bonfire y Metol, parte del Biopreparat, lograron, en el caso del ántrax, diseñar una cepa capaz de resistir hasta cinco antibióticos distintos.

En los recientes casos de ántrax en EUA, lo que llama la atención es la posibilidad de que las esporas sean de un laboratorio biológico de alta seguridad (BL4) de Iowa. Se trata de esporas manipuladas y mejoradas, como las cepas rusas, lo que cancela la posibilidad de que se trate de contagios naturales o accidentales. Esto indica, si fuese ese el caso, la existencia de actores internos involucrados en el "escape" de dichas esporas, ya sea hacia manos de actores estadounidenses o externos.

Pero, independientemente del origen de las cepas de ántrax utilizadas y de los perpetuadores, algo que es fundamental apuntar, son los beneficiados de la "*sicosis biológica*". Sin duda alguna, los contratistas del departamento de la Defensa de Estados Unidos (DdD) y las empresas y corporaciones multinacionales (CMN) vinculadas al desarrollo biotecnológico de ese mismo país —farmacéuticas, químicas y afines— están reactivando su mercado a partir de abrir uno novedoso, existente en el ámbito militar, pero ahora trasladado una vez más al ámbito civil —únicamente posible en tiempos de guerra—. Me refiero, en este caso, al de las vacunas y medicamentos preventivos y de tratamiento de enfermedades causadas por agentes biológicos ante un supuesto ataque, real o inmaginario, así como al desarrollo de tecnología de biodefensa.

Por dar algunos ejemplos, el DdD tiene un solo contratista —legal— para la producción de la vacuna del ántrax de primera y segunda generación.[32] En contracorriente a las leyes del mercado, esa compañía, *BioPort Corporation*, tiene un solo cliente, el DdD, violando con ello la búsqueda de minimización de costos y cayendo en una tendencia opuesta, oficialmente auspiciada desde la década de 1960: la maximización de costos. Tal dinámica fue analizada, desde principios de la década de 1970, por Seymour Melman en su libro *Capitalismo del Pentágono*, quien la denomina "política de sobre costos (*cost overun*)".[33]

Además, *Bioport* ha violado 18 regulaciones de la Administración Federal de Drogas (FDA) desde 1999 y sólo ha producido 2.5

millones de vacunas, es decir poco menos de 500 mil tratamientos, cada una de seis dosis a lo largo de 18 meses, únicamente disponible para militares de ese país. Esto evidentemente deja desprotegida a la población civil al menos por varios años más.[34] Asimismo, la vacuna o mejor dicho la antitoxina,[35] en sí misma presenta problemas. Al parecer, se asocia al *Síndrome del Golfo*,[36] aunque no está confirmado y las autoridades militares lo niegan rotundamente. Lo que es cierto es que numerosos soldados han reaccionado negativamente a la vacuna, causándoles alergias, dolores de cabeza y otros males graves.

Aparte de Bioport, según datos recabados por Mooney,[37] entre otros, se pueden mencionar actores vinculados al DdD dentro de su programa de biodefensa (véase más adelante): *Cepheid*, empresa estadounidense ubicada en Sunnyvale, California, dedicada a la producción de sistemas de análisis e identificación de material genético en tiempo récord, a la cual el DdD le ha pedido el desarrollo de un detector de contaminantes biológicos por un monto inicial de 750 mil dólares. *Acambis*, otra empresa de ese país ha intensificado el desarrollo y producción de vacunas más efectivas contra la viruela y el virus del este del Nilo (pariente del *paludismo* que se propaga también por mosquitos). *Abgenix*, según acuerdo con el Instituto del Ejército de Estados Unidos para la Investigación de Enfermedades Infecciosas (USAMRIID), está desarrollando anticuerpos contra armas biológicas. *CombiMatrix*, a través de un *grant* otorgado por el DdD, ha vendido los derechos de uso del biochip de la empresa, el cual sirve para la detección simultánea de agentes químicos y biológicos. El *Hughes Institute*, en acuerdo con la Agencia Militar de Investigación Avanzada (DARPA), desarrolla contramedidas de biodefensa. *Ibis Pharmaceuticals* recibió un *grant* de la DARPA por 6.6 millones de dólares (mdd) para investigación en identificación de blancos moleculares —útiles para la fabricación de etnobombas y vacunas—. *Genelabs Technologies* desarrolla y produce vacunas a nivel de DNA y RNA viral por un monto inicial de 13.6 mdd provenientes de la DARPA. *Meridian Medical Technologies Inc.* acordó con el DdD producir inyectores automáticos de antídotos contra envenenamiento (se esperan ganancias de más de 15 mdd). *Phylos Inc.* recibió de la DARPA un "grant" por 1.6 mdd para el desarrollo de sensores de patógenos. *SIGA Pharmaceuticals* tiene un "grant" de la DARPA por 800 mil dólares para producir continuamente vacunas contra agentes como el ántrax o plagas. *Nanogen* acordó con la DARPA y el National Institute of Justice la creación de un laboratorio miniaturizado para el desarrollo de aplicaciones en biodefensa, por un monto inicial de 8 mdd. Asímismo, se suman a la lista *Bruker Daltronics* y *Avant Inmmunotherapeutics*, todas estadounidenses.

Entre dichos actores empresariales, íntimamente vinculados al complejo bélico-industrial, hay que incluir aquellas CMN igualmente involucradas, que siendo las más importantes en esa simbiosis cívico-militar, han y seguramente siguen participando en el desarrollo de agentes quimicobiológicos, así como en la producción de medidas de biodefensa. Lo anterior no es casual, ya que en la década de 1940, justamente quien impulsó y dirigió la unidad nodal del programa de armas quimicobiológicas (War Research Service) con su respectiva contraparte canadiense e inglesa, fue George W. Merck, presidente de Merck & Co. Inc., la CMN farmacéutica más grande del mundo según *Fortune*.[38] En tal sentido, además de Merck, es altamente probable, tan sólo por su propia historia —desde antes de la SGM—, el caso de contratistas del entonces Departamento de Guerra, ahora DdD, como Monsanto y Dow Chemical (responsables de la producción del Agente Naranja y el Napalm). Igualmente se identifica el caso de Procter & Gamble, contratista núm. 56 del DdD para 1997,[39] entre otros actores como institutos y centros de investigación y universidades. Cabe mencionar el MIT, la John Hopkins University, Sandia National Laboratory, Lawrence Livermore National Laboratory, Centers of Disease Control en Atlanta, el Department of Agriculture's Exotic Disease Laboratory, etc. Asimismo, hay que sumar las CMN productoras de antibióticos como la alemana Bayer[40] que produce el Ciprofloxacin, medicamento usado para "prevenir" el ántrax.

PROGRAMAS DE DESARROLLO DE ARMAS BIOLÓGICAS: FUNDAMENTO DEL BIOTERRORISMO

Más allá de hacer un análisis sobre los orígenes, causas y consecuencias del terrorismo y de ahí del bioterrorismo a causa de los sucesos que se desencadenaron en septiembre de 2001 en Estados Unidos, lo que correspondería a desviarnos del objetivo de este capítulo, es fundamental, sin embargo, dar cuenta, no sólo de los programas de investigación, desarrollo y fabricación de bioarmas por parte de algunos Estados nacionales, sino sobre todo, hacer presente que éstos son justamente fundamento del bioterrorismo, ya sea implementado por el Estado (el más importante de analizar), por parte de grupos internacionales vinculados a éste o independientes.

Dejando de lado los casos de bioterrorismo internacional, mismos que han sido contados, ya que primero fue necesario, a partir de la década de los setenta, la estandarización mundial del instrumental utilizado en los laboratorios biomédicos y sobre todo biotecnológicos, es conveniente indicar que el potencial de desarrollar agentes quimicobiológicos por parte de grupos internacionales aislados de los Estados nacionales es considerable y creciente (en relación directa con el avance de la biotecnología), sin embargo, su capacidad es relativamente limitada en comparación con la potencia con que cuentan o pueden contar los Estados nacionales o los grupos terroristas internacionales ligados a ellos. En tal sentido, nos adentraremos a indagar tal fenómeno que, como más adelante se explicita, se traslapa con el desarrollo biotecnológico civil, así como el de otras tecnologías afines, que por su propia historia son de carácter cívico-militar.

Según la *Fundación Heritage* y la *Universidad Nacional de la Defensa* en Washington, D.C.,[41] al menos alrededor de 13 países tienen programas de desarrollo de armas biológicas y químicas de importancia considerable, incluyendo investigaciones relacionadas con su diseminación como bombas aéreas, tanques aspersores y cabezas de misiles balísticos. De esos países, encabezando la lista están: primero que nadie, aunque no aparece listado, Estados Unidos. Seguido por los que reconoce ese país como potenciales agresores, entre los que están

Rusia y China,[42] y en menor medida se colocan Irán,[43] Iraq,[44] Libia,[45] Corea del Norte,[46] Israel,[47] Taiwán,[48] Syria,[49] India, y Vietnam. De igual manera se ubican Indonesia, Arabia Saudita, Sudáfrica y Tailandia como potenciales "poseedores" de armas químicas y/o bacteriológicas. Cabe señalar que en el listado de la Heritage Foundation y la Universidad Nacional de la Defensa, además de la ausencia de Estados Unidos, también está la de Canadá, Inglaterra, Alemania y Japón.

Tal omisión en los actores involucrados en Programas de Armas Biológicas, queda clara, en el caso de Estados Unidos, Inglaterra y Canadá si se recuerda que durante la SGM, éstos, en conjunto, desarrollaron bioarmas de tuleramia para su uso en el campo de batalla ya que paralizaría a toda una división dado el personal que requeriría el cuidado médico de cada soldado infectado. Igualmente, esa lógica por parte de lo programas de bioarmas alemanes quedó evidenciada a causa del "brote" de tuleramia en el verano de 1942 cuando el ejército nazi incursionaba en Stalingrado, suceso considerado un ataque biológico ejecutado por alguna de las partes, ya que el número de casos promedio en Rusia durante esa década era de 10 mil, pero en el año del acontecimiento (1942), el número de víctimas ascendió a 100 mil, descendiendo nuevamente a 10 mil en 1943. En este escenario, independientemente de lo sucedido, ambas partes, tanto los alemanes como los rusos, resultaron con bajas, lo que llevó a reconsiderar su uso, y no fue hasta la década de los setenta que los rusos, al igual que Estados Unidos y compañía, habían desarrollado y perfeccionado la tuleramia como bioarma efectiva.

También se sabe que los ingleses, desde la década de 1940, temiendo un ataque biológico nazi, bajo las órdenes de Winston Churchill, efectuaron pruebas sobre la propagación de ántrax en una isla de Escocia, ello como parte de su programa de armas biológicas que al parecer inició a principios de la década de los treinta. Tras la prueba, la isla fue puesta en cuarentena hasta que en 1986 el gobierno inglés la descontaminó. Igualmente se sabe de otras pruebas realizadas durante la guerra fría como las que se efectuaron con partículas no tóxicas similares al ántrax para su diseminación en el metro de Londres, las cuales se dispersaron a más de 15 kilómetros a la redonda.

En el caso de los japoneses, se puede señalar su programa de armas biológicas denominado *Unidad 731*. Los rumores de la existencia del programa, según los rusos, se remontan a la década de los treinta del siglo pasado, pero no fue sino hasta 1945 cuando los rusos invadieron Manchuria y confirmaron su existencia. La *Unidad 731* al mando del teniente general Shiro Ishii experimentaba con ántrax, disentería, cólera y plaga en prisioneros de guerra de Estados Unidos y la mancomunidad británica.[50] Según documentos captados por los rusos, el programa biológico japonés era mucho mayor que el de ellos y estaba organizado como un complejo industrial coordinado por una unidad central que delineaba las actividades y personal involucrado en el Programa, mismo que después funcionó como base para la conformación del *Biopreparat* (programa de bioarmas de la URSS).[51]

A pesar de lo llamativo de los casos anteriores, sin lugar a dudas los programas más agresivos en el desarrollo de agentes más virulentos y resistentes, y en el avance de tecnologías de diseminación, han sido de Estados Unidos y la URSS (ahora Rusia). Lo anterior no sólo se debe al empuje que la guerra fría le dio a los programas bélico-militares, sino también a la capacidad de ambos países, en ese momento, en cuanto a recursos materiales y humanos.

El programa de armas biológicas de Estados Unidos

Durante la Segunda Guerra Mundial (SGM), la investigación y desarrollo de armas biológicas se concentró en el fuerte Detrick en Maryland, para que fueran producidas en un complejo industrial cercano llamado Terre Haute (Indiana) que se dedicó a la producción de la espora de ántrax y a la fabricación de bombas de dicho agente. Equipado con 20 mil galones de fermentadores es capaz de producir, al mes, 500 mil bombas de dos kilos cada una. Al parecer, a pesar de un cuantioso pedido inglés de bombas-ántrax en 1944, la SGM terminó mucho antes de que pudiera ser entregado, e incluso supuestamente fabricadas. Después de la SGM, Terre Haute fue reconvertida a la producción de antibióticos (aunque en cualquier momento podría ser usada para fines militares) y reemplazada por un nuevo complejo de producción de armas biológicas, el Pine Bluff Arsenal ubicado en Arkansas. Pine Bluff comenzó sus actividades en 1954 y supuestamente operó hasta la declaración de Nixon en 1969 en la que se "aseguraba" el retiro de Estados Unidos en la investigación, desarrollo y producción de armas químicas y biológicas, misma que dio como resultado los Protocolos de las Convenciones de Armas Químicas en 1975 (CWC) y Biológicas en 1972 (CBW). Otro proyecto importante por sus dimensiones fue el de *"St. Jo"* que se dedicó a desarrollar y probar bombas de ántrax para su uso contra la Unión Soviética. 173 pruebas no infecciosas de aerosoles con 536 bombillas de 35 mililitros cada una, fueron realizadas secretamente en Minneapolis, St. Louis y Winnipeg. Años después se desarrolló y estandarizó el uso de un patógeno bacteriológico de la tuleramia, la brucelosis, la fiebre Q y el virus venezolano de la encefalitis equina, entre otros. De igual manera se hizo con los hongos para la destrucción de sembradíos de arroz chino y trigo ruso.

Supuestamente, a partir de 1969 Estados Unidos dejó de lado la carrera armamentista biológica y química, para que fuera moralmente posible presionar al resto de los países a la firma del Protocolo de Génova de la Convención de Armas Biológicas donde se prohibió, en 1972, el desarrollo y producción de bioarmas, así como el resguardo y acumulación de agentes biológicos con potencial bélico. Desde luego no cabe duda de que Estados Unidos nunca ha dejado de realizar tales actividades y que se puede constatar con la fuerte estructura con la que viene desarrollando investigaciones "contra bioterroristas" o de "biodefensa" desde 1998 cuando el Congreso aprobó tal actividad (véase más adelante).[52]

El programa de armas biológicas de la ex URSS

El programa ruso conocido como *Biopreparat* se creó en 1973, pero se remonta hasta la década de 1920. Reclutaba más de 25 mil científicos en 18 o más unidades, incluyendo seis plantas de producción y almacenamiento y un complejo central localizado en Siberia (uno de los que desarrolló cepas recombinantes de patógenos existentes y novedosos). Asimismo, contaba con áreas de prueba al aire libre. La más importante era la isla Rebirth donde se probaron numerosos agentes hasta 1992 cuando la URSS se desintegró y los archivos existentes fueron destruidos.[53]

Para conocer de cerca el *Biopreparat*, es obligado revisar el trabajo de Ken Alibek titulado *Biohazard,* quien siendo parte del mismo, coordinó, entre otra actividades, la unidad Obolensk en Siberia, integrándose a mediados de 1990 al complejo de biodefensa de Estados Unidos, tiempo en el que simultáneamente fundó una empresa biotecnológica en Virginia. En su texto, Alibek detalla los proyectos de bioarmas involucrados en el desarrollo, no sólo de agentes clásicos y contramedidas, sino también de otros materiales biológicos, tan virulentos o poco estudiados que ni siquiera existía o existe cura alguna. En ocasiones, indica el autor, en el momento en que se desarrollaba una vacuna más efectiva contra alguna enfermedad, *Biopreparat* ya estaba buscando la manera de hacer una cepa resistente a ésa.

Una característica llamativa, presente en la generalidad de los programas de bioarmas de los Estados nacionales, tal y como se ha descrito, es la dualidad cívico-militar con que operan. Por ejemplo, *Biopreparat* tenía unidades, como Ostensibly, conocidas durante la guerra fría a nivel internacional como corporaciones farmacéuticas rusas. Esa unidad, entre otras y junto con la KGB, obtuvieron cepas de diversos virus y bacterias de distintos países. Por ejemplo, una cepa altamente agresiva de la viruela (*Variola major*) fue obtenida por científicos rusos enviados a la India. El filovirus Marburg, pariente del ébola, fue enviado por los alemanes o estadounidenses al *Biopreparat*. Del mismo modo sucedió con el virus Junin (fiebre hemorrágica de Argentina) y el Machupo (fiebre hemorrágica de Bolivia).[54]

Alibek detenidamente evidencia, además de los proyectos que conformaban el *Biopreparat* (como lo son el Bonfire y Metol, responsables en el caso de Rusia, del desarrollo de cepas modificadas y más agresivas de viruela, plaga, peste, ántrax, etc. —caso del ántrax resistente hasta a cinco antibióticos o del agente doble: viruela/ébola—); también muestra las intrigas y contradicciones de las cúpulas de poder científicas, militares y gubernamentales de ese ex bloque. Si bien el autor resulta acrítico al momento de tratar el caso de Estados Unidos, el texto leído críticamente es de alto valor para entender mejor las dimensiones de los programas de bioarmas no sólo en la ex URSS sino en los distintos Estados nacionales.

Por último cabe mencionar, en el caso de Rusia, que todavía para 1992 Boris Yeltsin afirmaba que Rusia mantenía sus programas de investigación y desarrollo de armas químicas y biológicas, ello a pesar de la disolución formal de dichos proyectos y considerando la pérdida de una parte considerable de los científicos del *Biopreparat* quienes emigraron, con sentido de oportunidad para vender sus servicios, a Estados Unidos, Francia, Libia, Irak, Irán, Siria, Corea del Norte y del Sur, Israel, etcétera.[55]

El Tratado de Armas Biológicas de 1972

Estados Unidos ha venido cambiando su posición respecto a las políticas internacionales sobre armas quimicobiológicas. Ese comportamiento le permite, dentro del marco de la convención de Armas Biológicas (CBW), por un lado, tener la movilidad de impulsar investigaciones sobre agentes químicos y biológicos, a la vez que asegura el "secreto industrial" de sus CMN —como son la industria farmacéutica y química— que llevan investigaciones con tales agentes.

Por el otro lado, a través de acuerdos multilaterales y/o una ratificación de una CBW débil, Estados Unidos podría monitorear, vigilar y controlar en la mayor medida posible la investigación, uso y movilidad de agentes biológicos —con potencial para su uso bélico y civil— de sus competidores industriales o posibles "retadores hegemónicos". Al mismo tiempo Estados Unidos logra desarticular o anular los diversos tratados internacionales, piedras angulares de la estabilidad internacional en sus diversas temáticas y que limitan la actuación de los miembros firmantes. Por lo anterior, la decisión del gobierno de Bush de retirar unilateralmente a los negociadores de Estados Unidos de la CBW en su 24a. sesión el 23 de julio de 2001,[56] seguida de lo que sólo se puede calificar como "boicoteo" a la reunión de diciembre del mismo año y que aplazó cualquier negociación hasta la siguiente sesión programada para el 11 de noviembre de 2002,[57] revelan la intención de fondo de estimular una carrera armamentista en lo que se refiere a las armas químicas y biológicas, sin olvidar las demás áreas de armamento que involucra el desarrollo del escudo antibalístico, igualmente estimulado por el retiro unilateral de ese país del Tratado de Misiles Antibalísticos (AMB) de 1972.[58] La ausencia de Estados Unidos de la CBW y del resto de los acuerdos internacionales que no ha ratificado, apunta hacia una estrategia de acuerdos multilaterales que estimularía un *erosionamiento* radical de cualquier intento de política internacional que *regule en cierta medida y de manera efectiva*, para este caso, el control sobre proliferación de armas biológicas.

En dicho escenario, la discusión que dejó Estados Unidos sobre la mesa de la CBW se centró en las "armas biológicas clásicas" como el ántrax y la viruela, dejando fuera otros agentes resultado del desarrollo biotecnológico como son el uso de marcadores genéticos o biorreguladores, sin embargo y de manera increíble, la controversia fuerte no se centró en los puntos anteriores, sino en: 1) implementar los instrumentos necesarios para poder dar implícitamente el visto bueno al uso de agentes biológicos —guerra bacteriológica— para la lucha contra el narcotráfico, y 2) la aprobación de revisiones e investigaciones cotidianas y sorpresivas a las diferentes instalaciones del mundo con potencial para la fabricación de armas biológicas y el monitoreo de los programas de biodefensa.

En el primer caso, de fondo se trata de la extensión de los programas de guerra biológica de la Guerra Fría como mecanismos de salida y justificación para un futuro uso de dichas armas. No cabe la menor duda que si el *Fusarium oxysporum*, el *Plesopora papaveracease* y otros agentes biológicos, como los que se quieren usar en Colombia,[59] tuviesen como blanco otros cultivos que no fueran los de las plantas a partir de las cuales se producen narcóticos, serían considerados instantáneamente como armas biológicas.

En el segundo punto, la problemática más importante que se viene dando es que "algunos" Estados nacionales (como Estados Unidos) y sus CMN, específicamente las farmacéuticas, se oponen a las mencionadas visitas, bajo la justificación de la violación de la Seguridad Nacional y los Derechos de Secreto Industrial respectivamente. Esto responde a que tanto la industria militar como la farmacéutica y la química están desarrollando el uso de la biotecnología para manipular toxinas, bacterias y virus (ahora denominadas sustancias de uso dual),[60] ya sea para fines militares o médicos. La tecnología usada es esencialmente la misma, de ahí que se le categorize, de igual modo, como tecnología de uso dual.[61]

No es casual entonces que sea de imaginarse que empresas y CMN *estadounidenses, contratistas del* DdD, *realicen investigaciones de tipo dual.* Es decir, que tengan una división específicamente para el desarrollo de conocimiento y tecnología militar. En este sentido, el texto publicado por la *US Printing Office*, "The Biological and Chemical Warfare Threat", señala a propósito de las normas para el control de agentes patógenos, "la existencia de *compañías legítimas* (farmacéuticas o afines) que a su vez tienen programas de armas biológicas".[62] En tal caso, cabe señalar aquellos actores involucrados en ese tipo de investigación —de carácter "dual"— y que tienen contratos con el DdD, entre los cuales podríamos nuevamente mencionar por sus grandes dimensiones en el ámbito civil y seguramente militar, a Monsanto y Dow Chemical.

Iniciativa de biodefensa estadounidense

Paralelamente al fortalecimiento de las políticas internacionales, Estados Unidos, bajo la rúbrica de su seguridad nacional, viene justificando el fuerte presupuesto destinado a programas de investigación, desarrollo y producción de agentes biológicos para la fabricación de bioarmas, así como el dirigido a programas de supuestos estados de guerra química y biológica para la producción de vacunas, detectores de contaminantes biológicos y otra serie de contramedidas.

Todos bajo la máscara de la creciente posibilidad de *bioterrorismo* contra ese país, fenómeno que se profundiza con lo sucedido el 11 de septiembre de 2001. Al respecto, William Safire señalaba en su columna *Nuevo Día de Infamia* que:

> el próximo ataque probablemente no sea un jet secuestrado, cosa para la que ya estaremos preparados. Con toda probabilidad será un misil nuclear comprado por terroristas o un barril de gérmenes mortales.[63]

No por nada, Clinton propuso la primera partida presupuestal para la *Iniciativa de Bioterrorismo* (aprobada por el Congreso), destinando en 1999, ciento sesenta mdd. Para el 2000 ascendió en 44% al pasar a 230 mdd. Ambas cifras no cuentan los presupuestos realmente fuertes destinados a la investigación y que aparecen como presupuestos a agencias gubernamentales como el Departamento de Energía, el Instituto Nacional de Salud (NIH), entre otras.[64] Además habría que sumar el monto destinado al apoyo del complejo bélico-industrial de Estados Unidos, que involucra a los actores ya mencionados, otras CMN, laboratorios públicos y privados, así como a un gran número de universidades. Pero, a raíz de los ataques terroristas en Estados Unidos, hay que registrar el inusitado aumento en los recursos destinados a estas actividades.

Más allá del monto para combatir el bioterrorismo, la clave está en los lineamientos que promueve la aprobación de dicha Iniciativa, que sumándola a la posición de Estados Unidos en la CBW, lo que de fondo se viene justificando y legalizando, es la "reactivación" de la intensificación de su permanente carrera armamentista en esta esfera.

El Plan de Biodefensa de Estados Unidos se fundamenta en un estado hipotético de guerra biológica local, regional o mundial y de un supuesto ataque bioterrorista.[65] En el caso de un ataque bioterrorista, los estadounidenses han implementado cuatro programas: uno para la "*Detección de Eventos Inusuales*", otro de "*Investigación y Confinamiento de Contaminación Biológica*", uno más de "*Investigación eficaz de Laboratorios*" y finalmente uno que "*Coordine y Comunique*" en tiempo real a los tres anteriores, al Pentágono y demás agencias gubernamentales,[66] a las universidades y laboratorios privados, empresas y CMN vinculadas con este tipo de investigación bélica.

Al respecto, en 1999, el doctor Richard Alcorta recomendaba en una audiencia del senado de Estados Unidos que:

> en suma, los múltiples recursos del sector privado y público de Salud necesariamente requieren ser centralizados e integrados para un proceso efectivo de vigilancia, detección temprana, notificación en tiempo real a la comunidad epidemiológica, rápida contención y tratamiento crítico. Los diversos incentivos necesitan ser regulados por el Gobierno Federal a través de programas y mandatos de estandarización.[67]

Dentro de tales programas, los que aluden a la investigación y manejo directo de agentes biológicos son la piedra angular para entender de fondo lo que está en juego. Estados Unidos alega que como son cada vez mayores las posibilidades de agresores que hagan uso de armas químicas, pero sobre todo biológicas, se ve forzado a desarrollar crecientemente la investigación de dichos agentes para poder, en dado caso, producir las vacunas y equipo apropiados para contrarrestar dicho ataque. Lo anterior implica que para poder desarrollar la vacuna, primero es necesario investigar en detalle tales agentes, justamente el fundamento para la fabricación de armas biológicas. Con ello, de fondo Estados Unidos está promoviendo el desarrollo de las investigaciones y perfeccionando las técnicas para el manejo, manipulación e invención de nuevos genomas de agentes biológicos con un potencial uso militar. En este sentido, el Senador estadounidense Mikulski señaló en una audiencia del Congreso que: "el Ft. Detrick en Maryland es la instancia que liderea la investigación para desarrollar mecanismos de defensa contra tales armas (biológicas)".[68] Es decir, que la instancia encargada de desarrollar el Programa de Bioarmas de Estados Unidos supuestamente hasta 1969, ahora casualmente es la misma que coordina el Programa de Biodefensa.

La realidad de una amenaza de guerra biológica para Estados Unidos, aunque en términos humanos y ecológicos serían devastadores, no sólo en ese país sino en cualquier parte del mundo, en términos militares sería grave, ya que como señala Brad Roberts, "aun pequeños arsenales de armas biológicas pueden generar grandes efectos [...] dado su increíble potencial de destrucción masiva".[69] Ello a diferencia de los arsenales químicos o cualquier otro de carácter convencional.

No por nada, Estados Unidos viene tomando en serio la intensificación del aspecto tecnológico de la carrera armamentista,[70] incluyendo en especial el de armas químicas y biológicas, siendo de tal grado, que de hecho en el *Global '95 Wargame* en Newport, Rhode Island, celebrado en julio de 1995 sobresale la siguiente formulación:

> Los Estados Unidos considera el uso de armas biológicas o químicas como un acto inaceptable. Responderemos decisivamente ante cualquier uso de tales armas y tomaremos las acciones apropiadas para proteger los intereses de Estados Unidos, incluyendo las fuerzas militares estadounidenses, ciudadanos y territorios, de cualquier ataque quimicobiológico. Los Estados Unidos apoyará a sus aliados y Estados amigos bajo cualquier circunstancia. La respuesta de Estados Unidos ante cualquier ataque de esta naturaleza será abrumadora y resultará en las más graves consecuencias.[71]

Solamente tratar de imaginar lo que significa el término "abrumadora", nos llevaría a asumir que se trataría del uso de armas quimicobiológicas y/o nucleares-tácticas. En este sentido, es para tomar en cuenta que Bush hijo consideró el uso de esas armas como parte de su respuesta "abrumadora" al talibán sin contar o mostrar, en ese momento, las evidencias, aún nada convincentes, sobre los orígenes del atentado del 11 de septiembre de 2001.

Se trata de una "formulación" que desde una medición de los costos humanos y medio ambientales, resulta efectivamente horrorizante, por lo que es más que claro que el uso de agentes químicos y biológicos a nivel continental tendría efectos dramáticos e irreversibles. No es casual entonces, que se considere a las armas químicas y biológicas como de destrucción masiva a la par de la bomba atómica. Efectivamente tiene razón la Agencia de Defensa Química y Biológica de Estados Unidos (CBDA) al asegurar desde su limitado punto de vista que "la amenaza biológica se coloca como una de las de mayor envergadura ya que posee la capacidad de generar efectos catastróficos en un teatro de operaciones de fuerza".[72]

Epílogo

Es probable que el panorama actual sea expresión de una pérdida relativa de la hegemonía de Estados Unidos. En tal caso, lo que comienza a perfilarse es un proceso contradictorio y de larga duración (con potencialidad de ser social y ecológicamente dramático). Ello es posible porque ya están en pie retadores *potencialmente* importantes de la hegemonía estadounidense: caso probable de la Unión Europea si es que, entre otros factores centrales, logra coordinarse con China como actor angular en el juego de contrapesos de la balanza de la hegemonía mundial. Si tal contexto no fuese así, habría que ver si se trata de una crisis sistémica profunda con costos sociales agudos, de la cual la economía estadounidense, mediante distintos mecanismos, incluyendo la profundización de la dinámica de su economía de guerra y el desarrollo permanente de la tecnología de punta, podría salir fortalecida a partir de la capacidad que tiene el capital hegemónico de recuperarse de las crisis.[1]

Independientemente, en ambos escenarios, el desarrollo tecnológico de punta, en donde aún se coloca Estados Unidos como su principal impulsor, jugará un papel central, ya que de mantener esa posición dentro de un contexto de creciente competencia capitalista (con sus correspondientes crisis cíclicas), ese país aseguraría las ganancias extraordinarias generadas y los mecanismos subordinantes que tales o cuales tecnologías permitan (ya sean tecnologías productivas o destructivas —para la guerra—).

Aun así, trátese de pérdida relativa de la hegemonía estadounidense o de crisis sistémica profunda, hay que dar cuenta de que indiscutiblemente cada vez más se acrecientan los movimientos de masas.

Sean de carácter revolucionario como los de la periferia, menciónese los casos del EZLN y el ELN; o de perfil social como los ambientalistas, de "minorías" raciales, de mujeres, sindicales, de campesinos e indígenas, estudiantiles, de trabajadores y consumidores.

No es casual que, en respuesta, Estados Unidos active, entre otros mecanismos, un recrudecimiento de la diplomacia de guerra o de fuerza, de manera que la posible "pérdida relativa de su hegemonía", según su lógica, no pase a mayores. Háblese por ejemplo de la decisión de aumentar drásticamente el gasto militar, para que entre otras cosas, se gestione lo que los *generales* del Pentágono llaman "la guerra contra el terrorismo global", los programas de inteligencia y contraterrorismo y la construcción del escudo antibalístico. Ello, al tiempo que sirve como mecanismo de reconfiguración del poder hegemónico, es fundamento de profundización de la dinámica estadounidense de economía permanente de guerra. O sea, actualmente Estados Unidos viene profundizando, tal y como lo ha hecho estructuralmente desde fines de la Segunda Guerra Mundial, un mecanismo de relevantamiento continuo de su economía a partir de impulsar la industria, especialmente la militar a través del gran número de contratistas y subcontratistas que mantiene el Departamento de la Defensa. Es decir, necesita impulsar aún más su *economía permanente de guerra*, como respuesta a la crisis sistémica o frente a la posible reconfiguración de la correlación de fuerzas mundiales, que ya desde principios de la década de los noventa viene inquietando de manera marcada a ese país.

En este sentido, el documento de la CIA publicado en diciembre del año 2000[2] claramente dibuja las preocupaciones y lineamientos de Estados Unidos, panorama en el que no es casual que ese país presione fuertemente para la rápida conformación de su viejo proyecto geoestratégico del hemisferio y que ahora se le da a conocer con los nombres de *Área de Libre Comercio de las Américas* (ALCA) y *Plan Puebla Panamá* (PPP).[3] Esa prisa por su formación se debe, en primer lugar, a la urgencia por asegurar un área que haga uso del dólar frente otra que hace uso del euro. El caso de Cuba y Brasil prendió la alarma en el Congreso de Estados Unidos; ambos países tienen un porcentaje considerable de su comercio con la Unión Europea, lo que significa que se ven forzados a tener al menos una parte de su capital en euros. Para Estados Unidos implica que la fuerza del dólar es golpeada en su propio "espacio natural", o sea que se ve relativamente lastimada su hegemonía monetaria *continental*.

Además, una de las funciones del ALCA y del PPP es crear un traspatio subordinado a los intereses de Estados Unidos que le permita hacer frente a la Unión Europea y permita que la economía del este de Estados Unidos (cerca de 80% de la base industrial de ese país) pueda ser "trasladada" al Pacífico a través de corredores industriales a lo largo y ancho de México y Centroamérica, aprovechando "las ventajas comparativas" de estos países, como su fuerza de trabajo y recursos naturales baratos.[4] En el caso de estos últimos, frente a una creciente crisis energética de Estados Unidos, a la par de una crisis ecológica, de agua y recursos naturales, el ALCA y el PPP, correlacionados con la conformación de "corredores biológicos" (Corredor Biológico Mesoamericano —CBM— y Corredor Biológico [de América] del Sur —CBS—), se presentan como el tesoro de Moctezuma puesto a los pies del "invasor" estadounidense, que cuenta además con una vasta proyección de fuerza militar sobre las áreas ecológicas relevantes como las del sur-sureste de México, Centroamérica y la Amazonia colombiana y peruana,[5] resultado de un largo proceso de dominación militar de la región que es de esperarse se acentúe aún más.[6] No por nada en el mismo estudio de la CIA se recalca la importancia del petróleo y el agua de la región, así como de otros recursos estratégicos como la biodiversidad.

Lo anterior deja ver que Estados Unidos tiene una noción de lo que es y significa el espacio geográfico como fuerza productiva estratégica, donde lo estratégico claramente reside en su control, o sea en el juego de lo geoeconómico y lo geopolítico como expresión de los múltiples desplazamientos de poder capitalistas; en ese proceso también deja ver sus contradicciones como característica estructural del sistema capitalista de producción.

Justamente por esa razón es que la presente investigación tomó como eje articulador la perspectiva de lo geoeconómico y lo geopolítico, porque lo que evalúa es el actual contenido de las fuerzas productivas biotecnológicas como parte del universo de las fuerzas productivas en general. Este fenómeno se concreta, como se describió al retomar a Barreda,[7] en el actual proceso de rivalización y metamorfosis entre uno y otro patrón tecnológico, en el que además de los capitales propiamente biotecnológicos están aquellos que se denominaron contaminantes y que conforman el todavía actual patrón tecnológico. Esto claramente muestra que la correlación de fuerzas de los capitales involucrados en el desarrollo de la biotecnología y demás tecnologías de punta está siendo determinada según la dinámica geopolítica y geoeconómica que imponen las distintas estructuras de poder, identificables, como diría Mills, en las élites de los Estados nacionales, las CMN y de los generales; desde luego, siempre regidos bajo el velo de la ganancia y sus intereses privados y mediatos.

Actualmente, en el patrón tecnológico en formación se identifican cuatro frentes: la electroinformática, los nuevos materiales/nanotecnología, las nuevas energías y la ingeniería genética/biotecnología.

Así, considerando que la biotecnología, de manera específica y contrastante, hace uso de la diversidad biológica planetaria (constantemente devastada) y que se perfila como dominante al menos en las próximas décadas, se puede apuntar y afirmar que, en efecto, tal tecnología viene a redefinir los espacios naturales y sociales del planeta como reales fuerzas productivas capitalistas, reformulando su carácter estratégico (económico, político y social) y con ello redefiniendo la renta de la tierra, porque las nuevas tecnologías que hacen uso de esa riqueza tienen un impacto en diversas y cada vez mayores áreas productivas e improductivas.

Así, la biodiversidad entendida como una nueva veta de riqueza a explotar por la industria biotecnológica fue analizada desde la perspectiva del *espacio* no sólo en cuanto a su ubicación geográfica y su estado (condiciones ecológicas, políticas y sociales), sino sobre todo para dar cuenta de la importancia estratégica de su ubicación como fundamento definitorio del emplazamiento de los capitales que realizan actividades de biopiratería e investigación biotecnológica en el orbe. En otras palabras, el análisis del espacio geográfico como punto de partida para revelar las estructuras geoeconómicas y geopolíticas de la biodiversidad y la biotecnología resultó esencial porque justamente en él es donde se juegan las correlaciones de poder de las distintas estructuras capitalistas involucradas en tal negocio.

El carácter geopolítico, que se refiere al estudio de la influencia de factores como la geografía, la economía y la demografía sobre la política y específicamente sobre la articulación de la política exterior de los distintos Estados, así como el *geoeconómico*, que tiende más a centrarse en las estrategias de actores no estatales, es decir, de la corporación multinacional, permitió entender los actuales procesos de apropiación de la biodiversidad y su conocimiento, así como de la lógica propia del desarrollo biotecnológico. Además dejó ver las estructuras de poder de los capitales biotecnológicos en confrontación relativa con los capitales contaminantes, y sus contradicciones internas, en gran medida generadas por los intereses y particularidades de cada uno de ellos, que además son crecientemente estimuladas por la búsqueda de ganancias extraordinarias que promete la investigación y desarrollo de la biotecnología.

En dicho panorama, los capitales biotecnológicos, en su afán por obtener de manera inmediata tales ganancias extraordinarias y respaldados por las políticas estatales de donde son originarios (donde el grueso son estadounidenses), han presionado directa e indirectamente a los ENP para el diseño de sistemas de saqueo (biopiratería) y apropiación (propiedad intelectual) de la biodiversidad. Como se muestra en la presente investigación, el resultado ha sido la conformación y creciente perfeccionamiento de lo que se denominó como los Sistemas Mundiales de Biopiratería y de Propiedad Intelectual (biopatentes).

El primero incluye actividades de *saqueo* en espacios de alta concentración de biodiversidad, como gran parte de los territorios periféricos. En especial bajo la forma de áreas naturales protegidas y los nueve corredores biológicos que se identificaron (biodiversidad *in situ*). También se suman los jardines botánicos y bancos de germoplasma (biodiversidad *ex situ*).

El segundo alude al empuje por parte de organismos e instituciones nacionales e internacionales, entre otros actores, como el Departamento de Defensa de Estados Unidos, la OMC o el ICBG —International Cooperative Biodiversity Group—; para homogenizar, subordinar e integrar las principales oficinas de patentes del planeta, a modo de un sistema internacional único que tenga como centro la Oficina de Patentes de Estados Unidos o en su caso la de la Unión Europea, de manera que haga válida la propiedad privada sobre los recursos bióticos planetarios en un solo movimiento.

En este sentido, ambos sistemas (que se complementan) permiten que los ENC y sus CMN, se apropien privadamente de los recursos bióticos y su conocimiento milenario, y que han conservado tradicional y colectivamente las comunidades indígenas y campesinas de la periferia. Así, por ejemplo, no es casual el diseño y establecimiento del Corredor Biológico Mesoamericano, entre otros hechos, como un proyecto que se perfila claramente como la versión medio ambiental del Plan Puebla Panamá, ya que de fondo busca el saqueo de la biodiversidad y su conocimiento para ser puestos al servicio de los intereses de Estados Unidos.

Dado que lo anterior es fundamento del avance biotecnológico, consecuentemente la investigación se centró en estudiar la esencia y dinámica propia de esa tecnología, que analizada desde la perspectiva de la vida, o sea desde la búsqueda del beneficio de cada uno de los miembros que componen la humanidad, permitió identificar la lógica de fondo con que el capitalismo viene desarrollándola. Así, no se pretende únicamente hacer una *crítica* a la *forma* del uso *del desarrollo biotecnológico*, o lo que es lo mismo de sus aplicaciones, que desde luego es fundamental puntualizar; más a fondo, se muestra que el desarrollo tecnológico, como necesidad capitalista estructural de contrarrestar la tendencia decreciente de la tasa de ganancia, responde esencialmente a la dinámica inmediatista de generación de un plus de valor que permita redinamizar la acumulación de capital, lo que posibilita que los capitales y Estados nacionales involucrados mantengan o accedan a una posición hegemónica. Lo anterior niega de raíz que el desarrollo tecnológico, o biotecnológico en este caso, se mueva ante todo bajo la lógica de beneficiar e incluso salvar a la humanidad. Mencionada idea, totalmente insostenible en un escenario de producción capitalista, es la que vienen pregonando los capitalistas inmiscuidos en el desarrollo de la biotecnología bajo el *slogan* que diseñaron y que alude a que se trata del "humanamente necesario avance de la *Industria de la Vida*".

Para madurar la reflexión anterior, se analizan y describen las estructuras geoeconómicas y geopolíticas que caracterizan el desarrollo biotecnológico y sus actores, y que son justamente sintetizadas en lo que se denominó como *biorred* (red industrial biotecnológica). El hilo de este acercamiento se teje a partir de identificar y describir la *red industrial* de los ENC como fundamento principal del avance tecnológico y entonces biotecnológico, porque la *biorred* y la *red industrial*, ambas con sus distintos matices de complejidad y que trazan las pinceladas que caracterizan a los diferentes actores que las componen, dejan por demás claro lo estratégico del *espacio* y del *desarrollo tecnológico/biotecnológico*, concluyendo que hasta la fecha, la red industrial (que incluye la I&D tecnológico) más potente corresponde aún a la que ha construido Estados Unidos desde principios de la Primera Guerra Mundial, incluso por encima de la de la Unión Europea; no se diga de la de Japón, país que tiene un espacio territorial muy reducido y que de entrada limita el establecimiento de grandes redes de investigación y desarrollo tecnológico, refiérase al número de investigadores y complejos o instalaciones públicas y privadas.

Una vez realizado el análisis anterior y recuperando la ya mencionada *crítica al desarrollo tecnológico capitalista,* así como la aproximación a las estructuras de poder de los capitales biotecnológicos, profundiza de manera puntual en lo que se considera entre los especialistas como los principales frentes del desarrollo biotecnológico, definidos a partir de considerar que son los nichos biotecnológicos que mayores ganancias generan o que prometen redituar.

Por un lado, me refiero a los frentes productivos que se sintetizan en la biotecnología aplicada al campo (industria agroquímica fundamentalmente), la industria farmacéutica y el Proyecto Genoma Humano (íntimamente vinculado al anterior y al frente improductivo biotecnológico). Por el otro, hago referencia al frente improductivo de la biotecnología que se centra en la investigación, desarrollo y diseño de armas biológicas y otros dispositivos de control y represión social.

Ambos frentes, productivo e improductivo, resultan de gran importancia para el capitalismo, específicamente al indagar las estructuras estatales y corporativas que fuertemente los vienen desarrollando. La investigación logra demostrar cómo es que esos Estados nacionales y sus CMN, en primer lugar y de manera ventajosa como sucede en el caso de Estados Unidos, cada vez más se proyectan como piezas claves en el control de las mencionadas ramas productivas e improductivas que estratégicamente reconfigura y potencia el desarrollo biotecnológico, sobre todo en cuanto al poder geoeconómico y geopolítico que les permite concentrar y que atenta contra la seguridad nacional (en cuanto a alimentos, medicinas) de los Estados nacionales y específicamente sobre los periféricos.

Sin embargo, ante ello falta indicar que cuando se vuelve evidente el hecho de que la tecnología capitalista no se desarrolla para repartir los "beneficios de la modernidad" entre todos los miembros del sujeto social, o sea para la *reproducción del hombre*, y que más bien busca incrementar los recursos de la acumulación del capital a partir del sometimiento y empobrecimiento cada vez más agudo del proletariado, indudablemente y sin poder dejar de lado la contraparte de las mencionadas composiciones de poder capitalistas, fue y resulta fundamental dar cuenta, de manera simultánea, del papel que juega la estructura social: su fuerza y potencialidades, sus limitantes y contradicciones.

En este tenor, después de una revisión al respecto no cabe duda que, por un lado, hay una interconexión entre el desarrollo tecnológico y el espacio físico mundial, pero también de la compleja estructura social por el otro (valorización, explotación, reproducción, lucha de clases). Así, un análisis complejo que no mistifique la fuerza del capitalismo como un poder imperial "totalmente dominante", pero que tampoco minimice la importancia y la fuerza social, implica de fondo ver al poder como una *relación* social, no como algo estático y jerarquizado de modo organizacional y permanente.[8]

Hay que señalar, como Petras[9] lo hace, que el propio capitalismo imperial de Estados Unidos (así como el del resto de los Estados Nacionales centrales y periféricos), está sustentado en un conjunto de relaciones inestables y cambiantes con un vasto ordenamiento de fuerzas heterogéneas. El poder de las ideas, incluyendo las de la clase dominante imperial y las de la oligarquía periférica —*junior partners* de la primera—, está inmerso en esta relación conflictiva de clases.[10] Esa relación de poder sin duda alguna se basa no sólo en las relaciones económicas, políticas y sociales, también en la violencia del Estado, pero nunca es "totalmente dominante", ni siquiera en los regímenes totalitarios, que ciertamente resultaron más destructivos, autoritarios y expoliadores.[11]

Por lo tanto, Veraza indica:

> en la medida en que el capitalismo logra sintetizar, unificar y subordinar la producción para valorizarse y desarrollarse, de modo que lo hace transformándose, no permaneciendo estáticamente, pero sí permaneciendo en sus transformaciones según un modo determinado, el límite general del *movimiento clasista* reside en la consolidación del capital global frente al proletariado global, cuyos miembros para ello deben ser más conscientes de la relación clasista y de la explotación como rasgo definitorio y cualitativo del capitalismo.[12]

Así, ante las innegables victorias capitalistas y retrocesos de la izquierda que deben ser tomados en cuenta, los luchadores sociales no podemos caer en la trampa de dramatizar las pérdidas de la izquierda como derrotas históricas profundas e irreversibles. Ello nos llevaría a fracasar como resultado de nuestra miopía frente a las nuevas y cada vez más numerosas luchas revolucionarias que internacionalmente están surgiendo, resistiendo y vinculándose (véase el caso del EZLN). Tal ceguera no puede ser por otra cosa que falta de compromiso e inacción, o como resultado de una cerrazón que lleva a pensar que el único pasaje sin retorno son las políticas neoliberales en un panorama en el que éstas son "el único *show* por ver".[13] Asimismo, tampoco se puede caer en la horrorización frente a la ostentación de opulencia y poder de una minoría, que tiene como contraparte la profunda miseria de la mayoría. El "horror" del neoliberalismo, apunta Petras, "evoca la indignación ante las bárbaras prácticas del imperialismo, sin embargo esta indignación generalmente viene acompañada de un lloriqueo cuando se trata de articular una alternativa".[14]

En contracorriente, a partir de una visión que interconecte los procesos que definen nuestra historia en el tiempo y en el espacio, hay que dar cuenta del creciente internacionalismo de los movimientos sociales, que con sus limitantes y sobre todo con sus potencialidades, se evidencia hoy en día en las acciones conjuntas Norte-Sur. Háblese de movimientos sindicales, de organizaciones comunitarias, ambientalistas, de campesinos e indígenas, estudiantiles o de luchas de género. Señálese los millones de campesinos, estudiantes, trabajadores y consumidores que han luchado desde la India, Francia, Alemania, España, Italia, Estados Unidos, América latina, y muchos otros lugares del mundo contra las semillas y alimentos genéticamente modificados, dejando claro el desacuerdo con las CMN y los ENC que las promueven y que ha resultado exitosamente en un retroceso del agresivo avance de CMN como Monsanto. De igual manera, las protestas en África, Europa y AL contra el monopolio de las CMN farmacéuticas en la producción de medicamentos forzó a Aventis y Rhône-Poulenc a retractar su demanda contra el gobierno de Brasil y Sudáfrica. Tampoco se puede dejar de mencionar a los miles que confrontan los regímenes clientelares del globalismo (que no es otra cosa que capitalismo imperial) y que han hecho presencia en Seattle, Washington, Melbourne, Praga, Niza, Cancún, Génova y muchas otras ciudades. Sin olvidar, entre otros casos más, el papel que han jugado ONG como RAFI y GRAIN, así como el de numerosos intelectuales, en la crítica al irresponsable desarrollo de la biotecnología.

Si bien el alcance, profundidad y consistencia de estos movimientos varía según la región y el momento histórico, todos comparten una oposición común: la dominación capitalista. Tal convergencia de lucha está ligada a desafíos estructurales contra el capitalismo, por lo que es necesario ampliar la *conciencia social colectiva*[15] de carácter revolucionario, que dé cuenta de las contradicciones de la relación de poder entre proletariado y capitalistas para que, a partir de una organización colectiva totalizadora, se pueda brindar y construir una alternativa socialmente justa y ecológicamente armónica.

Ante las fuertes campañas de propaganda para promover la ciencia ligada al control y la explotación de la naturaleza y del proletariado, que vienen montando los ENC y las CMN que se hacen llamar errónea y contradictoriamente la *industria de la vida*, y que intentan vender la idea de que la biotecnología ofrece la supuesta salvación del mundo; la izquierda, entendida como toda aquella persona que en una u otra medida está en contra de la dominación que ejerce la clase capitalista, debe seguir contraatacando, exponiendo la naturaleza irresponsable, subordinante, manipuladora, negligente, elitista y destructiva de la biotecnología.

Así, *esta investigación* alude a *desenmascarar la naturaleza capitalista del desarrollo tecnológico como parte de la propia lógica de acumulación de capital y no como parte de la propia esencia del desarrollo tecnológico* per se. Por ello, contra el abrazo insensato de las CMN y sus científicos al desarrollo de las fuerzas productivas y destructivas plasmadas en la actual revolución tecnológica, la izquierda, de manera cada vez más clara y consciente, debe traer al centro de la discusión, tal y como lo ha comenzado a hacer, la importancia de las relaciones sociales de producción como definitorias del significado, contenido y consecuencias del desarrollo tecnológico. Sin olvidar que éstas se basan en una relación primaria del hombre con la naturaleza; esto es necesario para trazar un nuevo rumbo social y ecológicamente positivo y colectivamente definido. Marx lo escribe de manera totalmente clara:

> sólo un cierto conjunto de relaciones técnicas son aptas para cumplir las determinaciones sociales clasistas que marcan al capitalismo. Así, no todas las versiones de tecnología desarrollada y controlada por el

> capital, son apropiadas para ser usadas por la revolución social, pero tampoco son todas rechazables. Ello se fomenta en que la relación social del capitalismo, debe apoyarse y tomar cuerpo, expresarse e imprimirse en la materia y demás, estar en acuerdo relativo, pero forzoso con un conjunto de necesidades, capacidades y actividades sociales naturalmente determinado.[16]

En este contexto, el papel de los intelectuales comprometidos con y en dicho proceso de transformación, complejo y por demás significativo, resulta importante y necesario como uno de los ingredientes del quehacer de la izquierda y la lucha por la *conciencia social total*. Refiérase al importante trabajo en la formación de estudiantes u otros intelectuales, así como de los distintos tipos de organizaciones sociales. Contexto en el que se inserta la pelea contra el "empirismo abastracto"[17] para la recuperación de una formación interdisciplinaria, que incluya el análisis de la crítica a la economía política, del espacio geográfico, de la sociología, la ecología, la historia, entre otras áreas. Háblese de la discusión y avance teórico-político sobre las dinámicas globales que operan a nivel regional y nacional y que están deteriorando la situación de dichos espacios; de reflexiones, opciones o soluciones ante las perspectivas y panoramas posibles en el futuro; de la búsqueda de espacios de correlación política; entre otras acciones.

El presente libro ha pretendido contribuir a tal proceso, el cual sin lugar a dudas debe de dar cuenta de las características sobresalientes de nuestra época y el problema de cómo se está haciendo en ella la historia, sin caer en la desesperación y el aislamiento de una doctrina acerca de lo aparentemente (para algunos) invencible e irreversible de la derecha dominante. Es decir, dentro de este marco de referencia, se trata de un aporte a la crítica y discusión contemporánea en una de sus múltiples dimensiones: Lo que nos depara en el siglo XXI: mitos y falsas promesas de la industria biotecnológica.

Notas

Introducción

1. Veraza U., Jorge, "Presentación", en Miguel Ángel Adame Cerón, *Éxtasis, misticismos y psicodelias en la posmodernidad*. Ediciones Taller Abierto, Editorial Itaca, México, 1998, pp. 14-15.
2. Andrés Barreda desarrolló inicialmente esta idea, abriendo nuevos horizontes en el análisis del actual desarrollo tecnológico. En tal sentido, se recupera la construcción analítica que él hace sobre la conflictividad entre uno y otro tipo de capitales: actores principales en el proceso de metamorfosis del patrón tecnológico. Por lo anterior, se hará referencia a Barreda en la medida en que sea necesario para fortalecer o anotar coincidencias con su estudio. Véase Barreda, Andrés. *Atlas Geoeconómico y Geopolítico de Chiapas*. Instituto de Estudios Latinoamericanos, UNAM, México, 2000.
3. Es fundamental, para esta investigación y para todo aquel interesado en *la lucha por la conciencia*, que el concepto de *conciencia colectiva* sea entendido como la *conciencia social total,* en la que es imposible pensar en uno mismo sin pensar en los demás. Si bien es cierto que la conciencia colectiva es totalmente diferente a la conciencia individual, en efecto no se puede llegar a ella si no es a partir de esta última, la cual y como nunca antes en la historia, el capitalismo se ha encargado de reconfigurar y segmentar, y que finalmente la contrapone a la colectiva. En este contexto, es importante señalar que la conciencia colectiva si bien no se mantiene constante a lo largo de la historia del hombre, y que ésta es modificada paralelamente con los cambios de las sociedades; la conciencia colectiva siempre es la misma para el conjunto social y nunca pierde su carácter colectivo. Por lo anterior cualquier acto criminal es aquel que se contrapone a la conciencia colectiva, lo que sin duda alguna es la esencia misma del capitalismo y que es concretizado en las relaciones de clase y poder que establecen los capitalistas a los proletarios. Para una visión sociológica profunda ver la construcción textual de Durkheim sobre la conciencia colectiva reproducida por, Bierstedt, Robert. *Emile Durkheim*, pp. 64-84. Dell Publishing Co. New York, 1966.

1. El espacio geográfico: un acercamiento general que discute su configuración estratégica

1. En este mismo contexto, Lacoste señala: "La geografía sirve, de entrada para hacer la guerra, [...] no sólo para dirigir operaciones militares, sirve también para organizar los territorios no sólo en previsión de las batallas que habrá que librar contra tal o cual adversario, sino también para controlar mejor a los hombres sobre los cuales ejerce su autoridad el aparato de Estado [...] es decir, el espacio es un saber estratégico, un poder" (Lacoste 1975: 7).
2. Los Sistemas de Información Geográfica (GIS) son redes de información que, en conjunto, forman una base de datos en constante crecimiento y perfeccionamiento, con el fin de construir mapas más sofisticados que permitan visualizar el espacio con todas su características (cartográficas, hidrográficas, sociales económicas y políticas, etnias, fuerza de trabajo ocupada, guerrilla, emplazamiento de las distintas industrias, ubicación de los recursos naturales, entre otras).
3. Lacoste dice: "En el momento en que, sobre todo, evidencia la inutilidad de la geografía, el discurso geográfico ejerce su función embaucadora más eficaz, pues la crítica de sus afirmaciones *neutras* e *inocentes* parece superflua" (*ibid*.: 9).
4. Véase Quaini 1985: 16.
5. *Ibid*.: 20.
6. *Idem*.
7. *Ibid*.: 14.
8. El título de este apartado retoma el mismo que Andrés Barreda propone en su ensayo sobre el espacio geográfico: "El espacio como fuerza productiva estratégica en *El Capital* de Marx", en Ceceña (coord.) 1995.
9. Marx 1980, I, 2: 72-73.
10. Alude a todas la tecnologías que hacen uso de la biodiversidad, como la ingeniería genética/biotecnología, la nanotecnología y nuevos materiales (véase apartado sobre "El actual proceso de metamorfosis entre dos patrones tecnológicos").
11. "No es la unidad de los hombres vivos y activos con las condiciones naturales inorgánicas de su intercambio material con la naturaleza, y por consiguiente su apropiación de la naturaleza, lo que necesita una explicación o lo que es resultado de un proceso histórico, sino la separación de estas condiciones inorgánicas de la existencia humana de esta existencia activa, una separación que sólo se activa plenamente en la relación entre trabajo asalariado y capital" (Marx 1968, II: 114; véase también Quaini 1985, 4: 91).

12. Andrés Barreda muy atinadamente discute con Lacoste y Quaini, y señala sus avances y limitaciones; dice que si bien Lacoste describe correctamente que la geografía es un instrumento de poder y por ende un saber estratégico, reprocha a Marx su escasa preocupación por una reflexión geográfica/espacial, añadiendo que mantiene una postura dual cuando presenta de manera determinista el tema geográfico. En contracorriente, es necesario aclarar que Marx, tal como Andrés Barreda lo puntualiza cuando se refiere al espacio global del mundo, está midiendo el espacio de juego de las contradicciones, la madurez y la caducidad del sistema, contexto en el que sobresale el modo en que el desarrollo de las fuerzas productivas se emplazan en el espacio mundial, organizando este mismo territorio como una gran fuerza productiva técnica (Barreda , "El espacio geográfico como fuerza productiva estratégica en *El Capital* de Marx", en Ceceña (coord.) 1995: 132-133).
13. Veraza 2000: 276-281, capítulo I, apartado 5: "La territorialización de la nación, condición para someter la nación proletaria a la capitalista".
14. Jorge Veraza aclara en primer lugar que la razón por la cual la nación es necesariamente territorializada es que el capitalismo requiere siempre territorio para emplazar las máquinas mediante las que explota a la fuerza de trabajo. La apropiación privada del territorio por el capital es entonces la base de la nación burguesa. En el mismo contexto, para Veraza, la complementariedad territorial "no pretende negar la obvia necesidad de los seres humanos de habitar con los pies puestos sobre la tierra. Pero ésta no necesariamente debe ser objeto de apropiación privada, territorialmente segmentada" (*ibid.*: 277).
15. *Ibid.*: 278-279.
16. Barreda *op. cit.*: 129-179.
17. Lo que resaltando la importancia de los actuales medios de comunicación y de transporte, el desarrollo de nuevos materiales (*composites* —compuestos de varios materiales—), cerámicas, espumas metálicas, plásticos, material genético).
18. Lacoste *op cit.*: 10, 17-22.
19. Brown 2000, especial atención al capítulo 7, de O'Meara, Molly, "Harnessing Information Technologies for the Environment" (pp. 121-141).
20. Mooney 1999: 84.
21. Corbley 1996 y Gilbert 1998.
22. Specht 1996, también publicado en septiembre de 1999 en www.conservation.org.
23. Véase el caso específico en el capítulo 6 con el nombre "Proyecto ICGB/zonas áridas"; también véase "Bioactives Agents from Dryland Biodiversity of Latin America, Project Reports". Universidad de Arizona, Departamento de Agricultura, invierno de 1998, en: (http://ag.arizona.edu/OALS/ICBG/reports/1998winter.html).

24. La geografía tradicional ortodoxa insiste en ver lo económico y lo político como asuntos separados, lo que da origen a la terminología de geopolítica, por un lado, y de geoeconomía por el otro. Peor aún, se ha llegado a señalar de manera absurda: "recientemente, dada la globalización, la geoeconomía se está colocando por encima de la geopolítica", cuando de fondo ambas están íntimamente vinculadas (Haggman, Bertil. "Geopolitics, the United States, the Eurasian Transcontinental Block, and China", Lund University, Suecia, en: www.algonet.se/jman/bertil/).
25. Tal y como Jorge Veraza señala: "según los emplazamientos humanos que luego dieron origen a las naciones capitalistas, cada una posesiona unas ventajas naturales e históricas determinadas a partir de las cuales compiten con las demás —fenómeno de la renta de la tierra capitalista—." (Veraza 2000: 279).
26. Acertadamente Andrés Barreda y Ana Esther Ceceña señalan en su libro *Producción Estratégica y Hegemonia Mundial* (1995), que pensar la problemática actual desde lo estratégico y lo hegemónico (plano en el que se define el liderazgo de lo económico, lo cultural reproductivo, lo militar, y lo geográfico o lo geopolítico y geoeconómico) permite tener una visión profunda de los procesos que la definen.
27. Saxe-Fernández 1977.
28. *Ibid*.: 9.
29. Friedrich Ratzel (1844-1904) formuló los conceptos básicos de la geopolítica moderna, combinando la política y la antropología con el pensamiento geográfico. Introdujo la idea de que el Estado tenía que agrandarse en el espacio, "expanderse o morir en las fronteras vivientes, las cuales son dinámicas y sujetas a cambiarse" (Ratzel 1897).
30. Rudolf Kjellen (1864-1922), considerado el fundador formal de la geopolítica, presentó los lineamientos básicos de geopolítica en su libro *Introduction to Swedish Geography* (1900, publicado en la Universidad de Gothenburg, Suecia). Otra publicación central de su pensamiento geopolítico es *The State as a Living Form* (1916).
31. Houshofer (1869-1946) fundó en 1922 el Instituto de Geopolítica en Munich, Alemania. Fue presentado a Hitler por su estudiante Rudolf Hess, cuando siendo uno de sus consejeros más cercanos (tenía el carnet número 3 del Partido Nacional-Socialista) comenzó a pensar la expansión nazi en Europa a partir de la geopolítica. *Mein Kampf* ya introduce el pensamiento geopolítico de Haushofer, quien visitó a Hitler en la prisión de Landsberg, y retoma numerosas de sus ideas publicadas por él. Actualmente, algunos geopolíticos niegan la conexión entre Hitler y Haushofer con el argumento de que estuvo en los campos de concentración alemanes para fines de la guerra y que su hijo Albrecht fue ejecutado por su participación en los movimien-

tos civiles contra Hitler. A pesar de estas afirmaciones, es innegable que sus investigaciones fueron apoyadas por el Reich dado que fue justamente entre 1925 y 1945 cuando Haushofer produjo la mayor parte de sus análisis, además de la evidente influencia del Instituto de Geopolítica Alemán en el pensamiento hitleriano. Entre las publicaciones más sobre salientes de Haushofer están: *La Geopolítica de los Océanos Pacíficos* (1925), *Construcción de la Geopolítica* (1928), *Política Mundial Actual* (1934) y numerosos artículos de la *Revista de Geopolítica*.

32. Hallford John Mackinder (1861-1947), geógrafo inglés, fue director de la London School of Economics y miembro del Parlamento de 1909 a 1922. En sus publicaciones (*The Geographical Pivot of History* y *The Round World and the Winning of Peace*) construye la idea de que Euroasia —antes el imperio mongol— que estaba dominada por Rusia, era lo que colocaba a esta última en una posición hegemónica en el mundo. Desde aquí, Mackinder desprende varias tesis sobre el carácter estratégico del control de los espacios geográficos terrestres europeos como factor clave de la hegemonía mundial.
33. Alfred T. Mahan (1840-1914), almirante de la fuerza naval de EUA y autor de *The influence of Sea Power upon History* (1890), es la contraparte de Mackinder; pensaba que la hegemonía mundial estaba determinada por el control de los océanos (factor que explicaba la hegemonía mundial de Inglaterra), por lo que Estados Unidos debería de buscar incrementar su poder marítimo.
34. Nicholas Spykman (1893-1943), autor de *The Geography of the Peace*, pensaba que Mackinder puso demasiado énfasis en lo estratégico del control de Euroasia, por lo que a partir de describir la sucesión de la hegemonía inglesa a la norteamericana, propuso como piedra angular de la hegemonía mundial, el concepto de *rimland* (borde continental) como punto entre el poder geopolítico territorial y oceánico. Preocupado por la conservación de la hegemonía norteamericana, después de la Segunda Guerra Mundial, recalcó la importancia de contener el comunismo para que no llegara al *rimland* y tuviera la posibilidad de expanderse, instaurándolo como cuestión de primer orden para la geopolítica de EUA
35. Para una referencia más extensa sobre la estrategia norteamericana, véase: Friedman y Meredith 1991: 19-27.
36. Saxe-Fernández 1977.
37. En dicho informe, la CIA muestra una gran preocupación por Rusia, China y la Unión Europea, aunque "asegura que EUA mantendrá su hegemonía hasta el 2025". En el caso de China, claramente advierte el potencial poblacional de ésta como ventaja sobre EUA (p. 35). Véase CIA, *Global Trends 2015: a dialogue about the future with nongovernment experts*, en www.cia.gov.
38. Saxe-Fernández 1977: 45-46.

39. *Ibid.*: 45.
40. Hitchens 2001.
41. John Saxe-Fernández señala: "el imperialismo es el marco de referencia de dominación en el que ocurre la globalización", en donde "las estructuras nacionales, desde las que operan las multinacionales de mayor peso en un aparato productivo mundial hiperconcentrado y excluyente [...] en sus fundamentos, las operaciones multinacionales continúan mostrando diferencias sistemáticas según sea su origen nacional". (Saxe-Fernández "Globalización e Imperialismo", en Saxe-Fernández (coord.) 1999). En este mismo sentido cabe citar a James Petras, quien aunque tiene con Saxe-Fernández algunas diferencias de matiz, retoma de él este mismo fenómeno a partir de analizar la estructura del capital transnacional:

> la corporación multinacional *global*, en realidad mantiene sus vínculos con el estado-nación, poniendo en evidencia su estructura nacionalmente centralizada. Así, en tanto estas corporaciones mantienen actividades productivas en varios países y dividen sus operaciones y producción en múltiples locaciones, el control sobre éstas y las ganancias se encuentran centralizados dentro de estados nacionales específicos. La expansión y el control de las corporaciones multinacionales no ha modificado su añejo y perdurable vínculo con el estado-nación, ni sus operaciones internacionales han transformado su carácter centralizado. Por lo anterior, el carácter imperial (no global) de la expansión del capital multinacional y el predominio de las corporaciones estadounidenses en la "nueva" economía se vuelve evidente en los datos recientemente publicados por el *Financial Times*. Un examen de las 500 principales corporaciones del mundo demuestra el ascenso del poder imperial estadounidense. De las primeras 500, 244 (48%) son de propiedad estadounidense; 173 (35%) son europeas y sólo 58 (12%) son asiáticas (46 de las cuales son japonesas). En tales circunstancias, la "globalización" no es sino una ideología que mistifica la estructura real del poder y la dominación, en donde principalmente Estados Unidos viene aumentando y complejizando su expansión política, económica y militar (Petras 2001).

42. Modelski, George, *The Long Cycle of Global Politics and the Nation State.*
43. Gray, Colin S., *The Geopolitics of Nuclear Area*; *The Wartime Influence of Sea Power*; y *The Geopolitics of Superpower.*
44. Wallerstein, Immanuel, *After Liberalism (Después del Liberalismo)*; y *The Capitalist Economy.*

2. El desarrollo tecnológico capitalista: una mirada a la revolución tecnológica de fines del siglo XX y principios del XXI

1. El proceso de expropiación de los medios de producción de los trabajadores por parte de los capitalistas, en el que los primeros son concentrados en grandes fábricas a la par de que se desmantelan los talleres artesanales propiamente feudales y se desprende por vez primera una segmentación —división— del trabajo, es conocido en la teoría marxista como proceso de *susbsunción formal de los medios de producción por el capital.*
2. Una vez instalada la subsunción formal de los medios de producción por el capital, éste se ve obligado a desarrollarlos técnicamente en sus tres modalidades: el mecanismo motor, el mecanismo de transmisión y la máquina herramienta. Este proceso es reconocido por la teoría marxista como la *subsunción real de los medios de producción por el capital.*
3. Marx denomina plusvalor absoluto al producido mediante la prolongación de la jornada laboral; por el contrario, el que surge de la reducción del tiempo de trabajo necesario, y del consiguiente cambio en la proporción de magnitud que media entre ambas partes componentes de la jornada laboral, es denominado plusvalor relativo (Marx 1980, I, 2: 383; capítulo X. "Concepto de Plusvalor Relativo").
4. Cuando el desarrollo de las fuerzas productivas técnicas (de punta) logra producir mercancías con un costo individual menor al socialmente determinado por el nivel tecnológico general, aquel capitalista que desarrolle la tecnología de punta venderá dichas mercancías por encima de su valor individual; pero para arrebatar el mercado a los demás productores, lo hará por debajo de su valor social. Esta diferencia de valor es justamente la plusvalía extraordinaria que sólo puede explotar el capitalista que tiene tecnología de punta. Sin embargo, cuando esta tecnología empieza a ser copiada por el resto de los capitalistas (se socializa), el tiempo de trabajo socialmente necesario se desplaza a un nuevo nivel, por lo que el capital que originalmente desarrolló la tecnología se ve obligado a desarrollar aún más la técnica para poder mantener esa explotación de plusvalía extraordinaria. En este sentido se puede entender por qué el capitalismo se vuelve adicto a desarrollar cada vez más la tecnología y la razón de ser de la disputa por el control de la tecnología de punta —patentes y derechos de autor— (Marx 1980, I, 2: 385).
5. La teoría de las crisis de Marx señala que con su retorno periódico, éstas plantean, en forma cada vez más amenazante, la cuestión de la existencia de toda la sociedad burguesa. En estas crisis recurrentes, se destruye sistemáticamente no sólo una parte considerable de mercancías, sino incluso de las mismas fuerzas productivas. Tal análisis marxiano muestra lo bien que la

sociedad puede sortear las crisis y catástrofes. De una parte, por la destrucción obligada a una masa de fuerzas productivas; de otra, por la conquista de nuevos mercados y la explotación más intensa de los antiguos. Las crisis pueden aniquilar a personas y grupos que, de acuerdo con las definiciones del mercado, son relativamente débiles e ineficientes, pueden abrir espacios vacíos a las nuevas inversiones y desarrollos; pueden obligar a la burguesía a innovar, a expandirse y a combinarse de manera más amplia e ingeniosa que antes; así pueden actuar como fuentes inesperadas de fortaleza y resistencia capitalista. Tal vez sea cierto, como dice Marx, que estas formas de adaptación sólo preparan crisis más extensas y violentas. Pero en contracorriente, hay que señalar que la capacidad burguesa de hacer rentables la destrucción y el caos, como parte estructural del sistema capitalista de producción, también va formando a hombres y mujeres que, en completo desacuerdo con la lógica del capital, sintetizan y abren crecientemente la posibilidad de la revolución.

6. Justo porque el fin del desarrollo de la técnica no es mejorar la calidad y capacidad de ésta para la reproducción humana y del planeta, sino garantizar el crecimiento de la tasa de ganancia y la redinamización de la acumulación de capital; la esencia misma de la tecnología no es ni puede ser otra que la del capitalismo. En este contexto, el carácter benéfico de la técnica sólo se puede medir a partir del impacto cualitativo que tiene en el hombre y el planeta, así como en la reproducción de ambos.
7. "Hay varios factores que propician el freno al desarrollo de las fuerzas productivas, complejizando todavía más el proceso de la difusión espacial del desarrollo técnico [por ejemplo] [...] el hecho de que los capitalistas de vanguardia que impulsan las revoluciones técnicas, también, paradójicamente, programan el freno relativo de las mismas (caso de la obsolescencia programada, el de retraso deliberado de la automatización en determinados sectores de la fábrica, etc.) sea con el fin de evitar momentáneos enfrentamientos con la fuerza de trabajo, de neutralizar caídas en la tasa general de ganancia, etc. También nos referimos al hecho de que los capitalistas constantemente buscan detener la difusión social del progreso técnico entre otros capitalistas intentando preservar el mayor tiempo posible las condiciones ventajosas que les confiere el monopolio de la tecnología de punta." (Barreda 1995).
8. Echeverría, Bolívar "Modernidad y Capitalismo", en: Echeverría 1995: 140.
9. Arizmendi 1998: 22-23.
10. Al respecto véase trabajos anteriores como Veraza 1984 y 1997: 5-34; asimismo, Echeverría 1995.
11. Arizmendi 1998: 22.
12. Marx señala que los profesionales, intelectuales y artistas modernos, en la medida en que son miembros del proletariado, no viven sino a condición de

encontrar trabajo y lo encuentran únicamente mientras su trabajo acrecienta capital. Estos obreros, obligados a venderse al detalle, son una mercancía como cualquier otro artículo de comercio, sujeta, por lo tanto a todas las vicisitudes de la competencia, a todas las fluctuaciones del mercado.

13. Berman 1999: 112-118.
14. Véase el concepto durkheimniano sobre conciencia colectiva en la introducción de este trabajo.
15. La descripción de la primera, segunda y tercera revolución tecnológica presentada aquí corresponde a una síntesis del trabajo de Arizmendi (1998: 18-59). También publicado en versión actualizada en Corona y Hernández 2000.
16. *Idem*.
17. Si bien Veraza no hace un estudio monográfico de la historia del capitalismo, la idea central de relacionar las crisis capitalistas y revoluciones tecnológicas se encuentra en algunos de sus trabajos. Véase: Veraza 1984 y 1992.
18. Veraza considera que la crisis de 1848 es definitoria de la geopolítica mundial capitalista y es la que reactiva desde 1850 el proceso que llevará a la Segunda Revolución Tecnológica de fines del siglo XIX y principios del XX (consúltese Veraza 1992).
19. Para recuperar la vigencia del invaluable trabajo de Jorge Veraza, es importante señalar: "la subsunción real del mundo levanta e impone una reestructuración de las civilizaciones a partir de universalizar nuevos sistemas tecnológicos diseñados, recodificados e intervenidos internamente por el proceso de valorización; industrializando opresivamente el sistema de naciones hasta abarcar la totalidad geoeconómica del planeta". Para Veraza, la subsunción real del consumo por el capital constituye un desarrollo potenciante e ineludible de la subsunción real del trabajo por el capital. Tal desarrollo lleva a la recodificación capitalista más allá de la esfera productiva, y con ello, de la tecnología como valor de uso para intervenir en la globalidad de bienes materiales modernos (véase Veraza 1994).
20. En una publicación del Instituto Nacional de Estudios Estratégicos de la Universidad de la Defensa de los Estados Unidos, se señala que el desarrollo de la tecnología de punta pensada e impulsada por la industria militar, hecho que se describe y justifica a lo largo de dicha publicación, "necesita ser insensible al estrés ambiental, a la variación de la temperatura y la radiación" (Libicki 1989: 12).
21. Veraza 1994, apartado titulado "Subordinación Real del Consumo bajo el capital y enajenación de las necesidades".
22. Véase capítulos 11-14 de este trabajo.
23. Según Barreda (1999).

24. El documento es resultado de un proyecto conducido por el Acquisition and Technology Policy Center del RAND National Defense Research Institute (NDRI) y financiado por el National Intelligence Council (NIC). Véase: Philip S. Antón, Richard Silberglitt y James Schneider, *The Global Technology revolution: Bio/Nano/Materials Trends and Their Synergies with information technology by 2015,* RAND, 2001, en: http://www.cia.gov/nic/pubs/.
25. Oliver 2000, Barreda 1999, Arias 1990 y Arizmendi 1998: 19, por señalar algunos.
26. Véase, para una profundización de la conformación de la red industrial, el capítulo 10. Para una descripción detallada del desarrollo biotecnológico, sus aplicaciones y crítica, véase capítulos 11-14.
27. British Petroleum invirtió en 1997 más de 1 millardo de dólares en energía solar y otras energías.
28. Royal Dutch Shell anunció tan sólo para 1997 un gasto de 500 millones de dólares para el desarrollo de energías alternas —fotoceldas—. Asimismo, Shell explora en Uruguay el potencial de la energía de biomasa proveniente del crecimiento de los bosques (bioenergía).
29. Rural Advancement Foundation International, http://www.rafi.org.
30. Las petroleras como Shell, Mobil, Chevron, British Petroleum, Elf y Texaco, entre otras, formaron una asociación para la conservación del ambiente a la cual llamaron International Petroleum Industry Environmental Conservation Association (IPIECA), que publicó un informe de los proyectos de bioprospección que han realizado las distintas empresas petroleras, las ONG involucradas en el estudio biológico y las distintas figuras que han participado o están participando. Curiosamente todos los proyectos se ubican en zonas altamente biodiversas e incluyen como principal eje articulador a las comunidades rurales e indígenas de la región (rasgo profundamente marcado en el caso de Arco en la selva tropical de Ecuador). Ello coincide con la forma en que se mueven las empresas y organizaciones específicamente biopiratas (véase tercera parte). Por mencionar algunos casos: 1) BP/ Antártida Central. Recolecta información sobre especies no conocidas o en vías de extinción que viven en condiciones extremas. 2) Shell/ Gamba y Rabi, África. Investiga la diversidad vegetal llevando un inventario botánico, el cual es realizado por la Universidad de Wageningen —Finlandia—, y WWF (World Wide Found for Nature). 3) Chevron/ Papua, Nueva Guinea. Involucrados: WWF, ICDP (Integrated Conservation and Development Plan). 4) Elf / Costa del Mediterráneo. Investiga la diversidad biológica marina con científicos de la Universidad de Aix-Marseille III. 5) Mobil/ Isla Newfoundland, Canadá. Investiga y colecta muestras biológicas y químicas. 6) Shell/ Camisea, Perú. Incluye a CI —Conservation International—, WWF y IUCN). 7) Texaco / An-

gola. Hace estudios de ADN mitocondrial de especies marinas —específicamente de ballenas— con el apoyo de IWC (International Whaling Comision). 8) Chevron gasta cientos de miles de dólares en investigación y preservación del hábitat salvaje mediante apoyos a universidades e investigaciones del gobierno de los Estados Unidos, así como en investigaciones del Parque Nacional Yosemite (IPECA 2000).

31. El World Wide Fund for Nature, IUCN, World Concervation Monitoring Center y Conservation International aparecen en lista de las ONG que en una u otra medida están al servicio de la bioprospección mundial (véase capítulos 5-7).
32. Véase Robbins-Roth 2000: 14.
33. Los combustibles fósiles constituyen cerca de 75% de la energía producida mundialmente. De este porcentaje, la mayor parte del petróleo (44%) se emplea en motores de combustión interna destinados al transporte. El grueso del carbón (49%) se emplea en la generación de energía eléctrica, el gas se emplea por igual en la industria (27.5%), en el comercio y en las casas (27.5%) y en la generación de electricidad (24%). La mayoría de la electricidad tiene usos industriales (54%) y doméstico-comerciales (46%). Es decir, el destino general del petróleo, carbón y gas tiene tres grandes rutas: 1) generación de energía calórica, 2) electricidad y 3) motores de combustión interna. (Barreda "Los energéticos como límite de desarrollo capitalista", en Barreda y Ceceña (coords.) 1995: 178-179). Como muestra del ritmo de consumo de éstos en términos globales, basta señalar que para 1992 el consumo mundial de energía en millones de toneladas equivalentes de petróleo (mtep) fue del orden de los ocho mil millones (tres veces más que en 1971), y se estima que en el 2010 sea de entre 10 500 y los 11 500 mtep. En este contexto vale señalar la importancia de Estados Unidos como el gran despilfarrador de crudo; consume alrededor de 25% del crudo mundial. (Saxe-Fernández 2000: 7A).
34. Según un reporte del Intragubernamental Panel on Climate Change (IPCC) de la ONU, "es obligatorio limitar inmediatamente en 60% el consumo mundial de petróleo, gas y carbón, de no hacerlo tanto en el consumo productivo como improductivo, permitiendo una transición más lenta hacia otras fuentes de energía mundial, exigirá en las próximas dos décadas reducciones en una escala mucho mayor" (IPCC 1997). Véase el capítulo 4, apartado referente a *Sobrecalentamiento*.
35. Los recientes estudios sobre el nivel de las reservas de petróleo convencional del planeta, realizados por C. Cambell y J. Laherrere y publicados en la revista *Scientific American* de marzo de 1998, nos indican, con un orden de 50% de probabilidad, la existencia de alrededor de 850 mil millones de barriles (mmdb), una cifra poco superior a los 800 mmdb que ya se han extraído de la corteza terrestre. Esta cantidad se basa en la observación de que los descu-

brimientos globales de nuevos depósitos de petróleo convencional llegaron a su punto máximo en 1960 y desde entonces han declinado de manera constante. Se informa que, durante la década de los noventa, las empresas petroleras han descubierto un promedio anual de siete mmdb y han extraído más de tres veces esa cantidad, lo cual ha generado un déficit de unos 16 mmdb, que no sólo no es contabilizado, sino que la cifra total disponible aumentó en 11 mmdb. Según los autores: "el petróleo convencional es finito y la industria ya localizó cerca de 90%". En este sentido, se considera la existencia de enormes depósitos de petróleo "no convencional", como las arenas bituminosas, sin embargo la explotación de este tipo de crudo no es ni técnica ni ambientalmente viable, no sólo porque implicaría una gran inversión en la tecnología adecuada que separe el petróleo de los metales pesados y el sulfuro con el que viene mezclado, también porque dicho proceso es aún más contaminante que la extracción del petróleo convencional (Cambell y Laherrere 1998).

Tan sólo para el caso de Estados Unidos, a menos que estuviera dispuesto a pagar cien dólares o más por barril, simplemente carece de capacidad para agregar mayor volumen a su reserva de petróleo. Según cálculos técnicos dados a conocer por el Senado de ese país (Senate Subcommittee on Energy Regulation and Conservation, *National Oil Securyty Policy*, junio de 1987), los primeros 500 millones de pies de perforación permitieron la explotación de 70% de todo el petróleo y gas natural descubiertos hasta ahora y se estima que 80% de toda la perforación históricamente realizada se ha encaminado a la extracción de 30% restante de las reservas, es decir, que con cualquier parámetro comparativo, "los recursos de petróleo y gas natural de EUA han sido ya ampliamente explorados y explotados. Lo que queda de esos recursos es marginal no sólo por sus significativamente limitadas dimensiones, sino también porque esas reservas son capaces de ser incrementadas de manera muy reducida (p 470)" (Saxe-Fernández, Eduardo 2001).

36. La biomasa incluye cualquier material orgánico, planta o animal: es un término general que comprende la bioenergía almacenada en los desperdicios orgánicos, su transformación en energía útil y su uso final. La transformación de estos materiales puede ser tan simple como cortar árboles y quemarlos, o tan compleja como tomar caña de azúcar u otros cultivos y convertir sus azúcares en combustibles líquidos (véase Carless 1995: 173-197).
37. Brown 2000.
38. La referencia central de este apartado correspondiente a la electroinformática se basa parcialmente en el trabajo que hace Ana Esther Ceceña titulado "Proceso de automatización y creación de los equivalentes generales tecnológicos", en: Ceceña 1998.

39. Recientemente se están diseñando los primeros biochips, mediante compuestos orgánicos/inorgánicos; logran superar las características de los actuales no sólo en tamaño, sino también en velocidad y capacidad.
40. Según Dan Goldin, administrador de la NASA, actualmente se están desarrollando sistemas neuro-electrónicos basados en compuestos biológicos y aditamentos electrónicos que funcionen imitando procesos biológicos. La NASA está comprometida en un sistema neuro-electrónico de navegación para la nueva generación de aviones F15 de EUA. En ese sentido, dice Goldin, la biotecnología cambiará los sistemas convencionales de cómputo en el área del *hardware* como en la de *software* (Congreso Internacional de la Organización Internacional de Biotecnología (BIO) celebrada en Seattle en mayo de 1999, citado en Robbins-Roth 2000).
41. Íntimamente ligada al desarrollo de los nuevos materiales, tal es el caso de la investigación de los sistemas "mesoscópicos" en el Centro de Nanofabricación en la Universidad de Cornell (EUA) y en la Universidad de Nagoya (Japón), así como en otros centros e institutos de investigación del mundo. La investigación se está centrando en el desarrollo de circuitos que puedan conducir cientos de microamperes de electricidad a través de un solo átomo. Con estas características en tan poco espacio, la velocidad de un microprocesador Pentium 300-MHz podría incrementarse hasta mil veces.
42. Las investigaciones en la Universidad de Syracuse (EUA), respecto de la capacidad de las moléculas de almacenar información reemplazando los transistores de silicón equivalentes, han revelado su facilidad en el almacenamiento de imágenes, lo que incrementa la capacidad asociativa de razonamiento necesaria para establecer redes neuronales artificiales. Así, rompiendo la lógica lineal de las actuales computadoras digitales, los procesadores proteicos abren la posibilidad, en conjunto con la biotecnología, de crear inteligencia artificial enfocada sobre todo en la construcción de *cyborgs* (véase capítulo 3, nota 10).
43. Entre los capitales japoneses involucrados en electrónica se ubican: NEC, Fujitsu, Hitachi, Matsuchita, Toshiba, Mitsubishi, Phillips y Sony.
44. Entre los capitales estadounidenses implicados en la informática se encuentran: Intel, Sun Micro-Systems Inc. American Telephone and Telegraph, Texas Instruments, Hewlett-Packard Co., International Bussiness Machines (IBM), etc. Es importante señalar que estos capitales —tanto estadounidenses como japoneses— también están involucrados en el desarrollo de electrónicos, semiconductores, telefonía y comunicaciones satelitales, entre otros.
45. Si bien la nanotecnología no sólo tiene aplicaciones en la "construcción de nuevos materiales", la más fuerte hasta el día de hoy se ubica en tal sector, razón por la cual se ha colocado su presentación dentro de este apartado (tam-

bién podemos mencionar la de sus usos en la industria de la electroinformática, la medicina y aparatos fotográficos y de precisión, entre otros).

46. Véase Stix 2001: 26.
47. *Idem*.
48. *Idem*.
49. *Idem.*, énfasis agregado.
50. Véase por ejemplo: Stix 2001: 28; Drexler 1986: 11; Mooney 1999: 43.
51. Véase el programa de nanobiotecnología de la Universidad de Cornell y W. M. Keck por un monto inicial de 1.2 millones de dólares iniciado a mediados del año 2000. (www.unisci.com/stories/20002/0503005.htm). Algunas de las espectativas del proyecto son: 1) la construcción de micro-farmacias inteligentes móviles que envíen drogas en el lugar y cantidad necesaria en su viaje dentro del cuerpo; 2) aparatos pequeños que ayuden o mejoren el sentido auditivo y visual; 3) nanosuperficies que produzcan artificialmente islotes pancréaticos para revertir el efecto de la diabetes, Parkinson o Alzheimer (UniSci, Nanobiotechnology Gets Boost With New Keck Program, junio de 2000).
52. Véase capítulo 12.
53. Nadal 2001: 25.
54. Stix 2001: 28.
55. *Ibid.*: 29.
56. Véase http://unisci.com/stories/20011/0313016.htm.
57. Véase Stix 2001: 29.
58. Kurzweil, Ray, "The Age of Spiritual Machines. When computers Exceed Human Intelligence", en Mooney 1999: 45.
59. Nadal 2001.
60. Antón S. Philip, Silberglitt Richard y Schneider, James, *The Global Technology revolution: Bio/Nano/Materials Trends and Their Synergies with information technology by 2015*, en la página de internet de la CIA: http://www.cia.gov/nic/pubs/.
61. Véase Whitesides y Love 2001: 41.
62. Drexler 1986: 171-190, sobre todo el apartado sobre "Engines of Destruction".
63. Edwards 2000: 4.
64. US National Nanotechnology Initiative, *National Nanotechnology Investment in the FY 2002 Budget Request by the President*, julio de 2001, en: http://www.nano.gov/2002budget.html.
65. Véase *Nanoscience and Technology: strategic research area*, del US Airforce, Army, Navy y DARPA, en: http://www.nanosra.nrl.navy.mil.
66. Robert Freitas Jr., del Institute for Molecular Manufacturing (Palo Alto, CA. EUA) en su libro *Nanomedicine* (1999), describe cómo el desarrollo de la nanotecnología, basado en la "manufactura molecular" de materiales, ya está

impactando en áreas como la medicina al fabricar nanosensores y nanorrobots que permitan intervenciones precisas a nivel molecular.

67. Véase Oliver 2000, 7: 89-113.
68. *Ibid.*: 108.
69. Gerngross y Slater 1999.
70. Véase capítulo 8.
71. El desarrollo de la ingeniería genética/biotecnología está potenciando el desarrollo de la electroinformática; aunque falta un gran trecho para que ésta pierda su centralidad, es importante señalar que, al mismo tiempo que esto sucede, la biotecnología va ganando terreno sobre la electroinformática. En este sentido, en la actualidad la industria de la información (la que se concreta en la electroinformática) maneja cerca de 12% del producto mundial bruto, ubicándose por debajo de la industria armamentista (datos de Cuauhtémoc Valdiosera Reyes presentados en la mesa redonda de la Dirección General de Bibliotecas de la UNAM: "La Industria de la Información", citado en *La Jornada*, 4 de julio de 2001, p. 42).

3. El espacio geográfico como banco de genes, una fuerza productiva estratégica

1. Este capítulo retoma en gran medida el orden lógico del estudio de Andrés Barreda sobre "Biodiversidad como recurso estratégico", consúltese: Barreda 1999: 61-77.
2. El concepto de biodiversidad, en palabras de Víctor Manuel Toledo, se refiere a la variedad de paisajes, ecosistemas, especies y genes, incluyendo los procesos asociados. Cuatro son los niveles de su conservación, el primero alude a los ecosistemas, el segundo a los hábitats, el tercero a la variedad de especies salvajes y el cuarto a la de especies domesticadas. (Toledo 2000).
3. Marx en sus Manuscritos del '44 dice: "El derecho del terrateniente se deriva, en sus orígenes, del robo (Say, t. I. pág. 136) [...] y exigen una renta incluso por el producto natural de la tierra (Smith, t. I, pág. 100)" (Marx 1982: 583).
4. Marx, "La transformación de la Plusganancia en renta de la tierra" (1984, III, 8: 815).
5. Entiéndase como un esquema de doctrina de análisis de un argumento formal, que consiste de una premisa mayor, una menor y una conclusión que puede usarse para probar una conclusión que sigue de una o de varias premisas conocidas mostrando lo que se deriva de ellas.
6. Marx, "Génesis de la Renta Capitalista de la Tierra" (1984, XLVII: 996-997).

7. Véase capítulo 2, apartado titulado "La modernización tecnológica capitalista"; también Marx, "La tasa de Ganancia" y "Relación entre la Tasa de Ganancia y la Tasa de Plusvalor" (1989: 47-82).
8. 1988 (Wilson), 1992 (Terry Erwin del Instituto Smithsoniano) y 1997 (Mittermeier de Conservation International). Véase Mittermeier y Myers 1999.
9. World Watch Institute (WWI), "Turning the tide to save the Oceans", 20 de marzo de 1999, www.worldwatch.org/alerts/990320.html. Bryant, Peter J., *Biodiversity and Conspiration,* en: http//:darwin.bio.uci.edu, publicación exclusiva de internet de la Escuela de Ciencias Biológicas de la Universidad de California; véase página de internet de la universidad para consultar sus publicaciones.
10. El concepto original de *cyborg* (contracción en inglés de "organismo cibernético") se ha ido modificando y perdiendo al ir aplicando el término a metáforas múltiples, pero sobre todo en la crítica al postmodernismo. Así pues, la idea de *cyborg* nace en la cibernética, un campo de investigación definido por primera vez por Norbert Wiener en 1948 y publicado por la Universidad de Cambridge hasta 1962 en su libro *Cybernetics: or control and communication in the animal and machine*, y que ya incluía la discusión de su aplicación en máquinas y sistemas vivos, sin embargo no discutió el margen físico de las máquinas y los organismos. Fue hasta 1960, diez años después, que dos científicos de la NASA, Manfred Clynes y Nathan Kline, adoptaron el término de *cyborg* y sugirieron la alteración del cuerpo humano con máquinas para perfeccionar la industria espacial (véase Clynes y Kline 1960).

    Hoy en día, las investigaciones en cibernética y robótica son centrales para la NASA, sobre todo la referente a la inteligencia artificial.
11. Barreda 1999: 68.
12. En los *Grundrisse*, Marx examina la teoría maltusiana y observa que el error de Malthus consiste en considerar la multiplicación del hombre (desarrollo demográfico) y la reproducción de los medios de subsistencia —vegetales— como procesos naturales puros y, por lo tanto, de un modo abstracto, que no se apoya en las leyes naturales ni en las leyes históricas determinadas, y que en definitiva prescinde de las leyes históricas de los movimientos de población; éstas en cambio son la historia de la naturaleza del hombre, siendo *leyes naturales*, pero solamente *leyes naturales del hombre* para un determinado desarrollo histórico, con un desarrollo de las fuerzas productivas determinado por este mismo (Marx 1997: 113).

    En este sentido, "no hay nada mejor que pueda aclarar el concepto marxiano de las leyes históricas que operan *naturalmente* en la historia y, viceversa, de leyes naturales que operan históricamente en la naturaleza, que la crítica marxiana a la teoría maltusiana de la población [...] Marx niega ante todo que pueda tener valor científico alguno una ley general de la población no sólo común tanto a la historia de la naturaleza como a la historia de la sociedad humana, sino también válida en todas las fases de la historia natural y humana" (Quaini 1985: 64). Marx dice: "de hecho, todo modo de producción histórico particular tiene sus propias leyes de población particulares históricamente válidas. Una ley abstracta de población sólo rige, mientras el hombre no interfiere históricamente en esos dominios, en el caso de las plantas y los animales." (Marx 1980: 786).

13. Mittermeier, Myers *et al.* 1998: 516-520.
14. Myers 1988.
15. Véase el apartado sobre el papel de las áreas protegidas en la era de la biotecnología: un banco de genes *in situ*.
16. Especies que solamente se encuentran en una región dada del planeta y que tienen características únicas según el medio que las rodea.
17. A través de CI (Conservation International), donde Mitermeier es el presidente, reciben patrocinio de empresas como General Motors, Ford, McDonalds, Intel-Microsoft y otras corporaciones multinacionales.
18. Mittermeier y Myers 1997. Una investigación patrocinada por Lorenzo Zambrano (CEMEX) como parte de una tríada de publicaciones referentes a la temática. La segunda, titulada *HOTSPOTS*, fue publicada en 1999; y se espera publicar la tercera en unos años y se titularía "Major Tropical Wilderness Areas".
19. Basado en los cinco primeros países en diversidad en cinco grupos de vertebrados (aves, mamíferos, reptiles, anfibios y peces dulceacuícolas), dos grupos de invertebrados (mariposas y cicindélidos) y plantas superiores, y los cinco primeros países en endemismos en cuatro grupos de vertebrados (aves, mamíferos, reptiles y anfibios), dos grupos de invertebrados (mariposas y cicindélidos) y plantas superiores. Se da al primer lugar cinco puntos en cada categoría de diversidad y endemismos; al segundo, cuatro puntos; al tercero, tres; al cuarto, dos; y al quinto lugar un punto.
20. Característica que la biotecnología está buscando en las estructuras genéticas de las distintas formas de vida de estas regiones, de manera que pueda ser insertada en las de los transgénicos. Así, la industria agrícola mundial podría dar salida a la crisis de agua dulce, regando los cultivos con agua salada; o bien, abriendo la posibilidad de sembrar en suelos altamente erosionados con un gran contenido de sales.
21. En los océanos se concentra cerca de 20% de las reservas de petróleo en el mundo y cerca de 5% del gas natural. Están disueltos en ellos, en forma de nódulos, diversos minerales, como el cobre, el zinc, hierro, molibdeno, aluminio, estaño, níquel, vanadio, magnesio, titanio, cobalto, plata, cadmio,

tungsteno, cromo, plomo, mercurio y oro. Aproximadamente las reservas marinas de cobre son suficientes para los próximos seis mil años; las de níquel para los próximos 150 mil años y las de aluminio para los siguientes veinte mil años. Un caso llamativo es el del uranio, el cual se calcula que las reservas terrestres están en 2 590 000 toneladas, mientras que las marinas (con presencia constante hasta los 400 metros de profundidad) asciende a los cuatro mil millones de toneladas. En el lecho oceánico también hay algunas sales, como cloruro de sodio (sal común 86%), de magnesio, calcio y potasio, entre otras, lo que permite la formación de carbonatos, bromuros y sulfatos de alto valor comercial. En este esquema, los altos costos y la tecnología necesaria para explotar estos recursos, así como las disputas mundiales sobre su propiedad, complican su uso (véase Merino y Vidal 1999).

22. Doumenge 1972.
23. Chadwick 1999.
24. Bacterias que soportan una gran presión atmosférica —presente en las profundidades oceánicas donde viven—, así como son resistentes a temperaturas extremas.
25. Escobar-Briones 2000.
26. Lacoste 1977: 8.
27. *Idem.*
28. Véase *ibid.*: 119-127.
29. Lacoste se refiere a tal fenómeno cuando habla de la necesidad de pasar de los mapas a los mapas de la crítica, para que, entre otras acciones, se pueda "cartografiar la implantación de las empresas para burlar su movilidad, desenmascarar la ordenación del territorio, desemboscar las fabricaciones con fines represivos de espacios reales o inmaginarios, localizar las tensiones futuras, alzar una topología de la dominación (etc.) [...] Esta geografía, al informar la práctica de los militantes y ser informada por ella, permitiría a los grupos dominados situar mejor al enemigo, conocer y elegir mejor el terreno [...] no se trata de reformar la geografía, sino de dirigirla contra nuestros enemigos" (Lacoste 1977: 155-156).

4. La crisis ecológica mundial, una contradicción de la lógica capitalista de desarrollo

1. Fragmento de Arizmendi 1998.
2. Lo anterior se refiere a que es importante no separar, como muchos ecologistas lo han intentado, las contradicciones de la naturaleza/territorio de las contradicciones de la sociedad/fuerza de trabajo, proceso que expresa la uni-

dad de la relación del hombre con la naturaleza, el cual no sólo transforma a esta última, sino que en el proceso mismo el hombre se transforma a sí mismo. Es decir, no se puede dejar de lado la devastación y la enfermedad de la fuerza de trabajo en relación con la destrucción de la naturaleza como características propias del modo de producción capitalista. "En *El Capital*, Marx describe la incapacidad del capitalismo de restituir al planeta lo extraído, puntualizando que 'el distinto tipo de apropiación determina distintas condiciones económicas en la explotación del mismo objeto natural: solamente con esta metodología podemos pues medir la aportación de los distintos modos de producción a la destrucción o conservación de los recursos naturales'." (Quaini 1985: 195).

3. Tanto los clásicos, como la economía ecológica y algunas corrientes del propio desarrollo sustentable ven lo ecológico desde la crematística y otorgan precio al valor de uso de la naturaleza. Ello pierde de vista, entre otros aspectos, el histórico proceso de la relación hombre-naturaleza, que justamente el capitalismo ha venido desmontando y que ahora intenta "salvar" con su muy peculiar forma, a través de la "recuperación" del conocimiento precapitalista como base para la apropiación de la naturaleza bajo la modalidad de biopiratería.
4. Arizmendi R., Luis, "Modernidad y mundialización: en torno a la subsunción formal y real del mundo por el capital", en Corona y Hernández 2000: 162.
5. De acuerdo con la sugerencia de John Saxe-Fernández, el concepto de potencia hegemónica con primacia global o de HEGEMONÍA está centrado en la propuesta de Immanuel Wallerstein, quien apunta que el surgimiento de una constelación histórica, en la que una gran potencia domina de manera desequilibrada el juego de poder al punto que logra imponer las reglas del juego y sus intereses en las esferas de la economía, la política y lo diplomático/militar. Este dominio tiene como base el logro de ventajas comparativas en tres dimensiones: la agroindustria, el área comercial y de bienes de capital (tecnología) y la de servicios financieros.

   Esta postura coincide con Wallerstein, sobre todo cuando él señala que es resultado de la Primera y Segunda Guerra Mundial: "EUA pudo institucionalizar muy rápidamente esa ventaja, es decir, crear una hegemonía que le permitió controlar o dominar prácticamente todas las decisiones importantes en los foros políticos y económicos del mundo [...] su hegemonía era además ideológica e incluso cultural (Wallerstein 1998: 14-15).
6. Bellamy Foster 2000.
7. Gore 1993: 1-16 y 29-35.
8. Arizmendi en Corona y Hernández 2000: 163.
9. Véase apartado referente a *Nuevas Energías*.
10. Arizmendi *ibid.*: 165.

11. Recuperando y ampliando a Arizmendi, *idem.*
12. Director del Interdisciplinary Climate Systems en el National Center for Atmospheric Research de EUA.
13. Brian Huntley es director del área de investigación sobre Cambio Climático del Centro de Investigaciones Ambientales (Enviromental Research Centre) de la Universidad de Durham en Gran Bretaña (Brian.Huntley@Durham.ac.uk).
14. Véase Arizmendi *ibid.*: 175.
15. Un número de la revista *Scientific American* justamente se enfoca en estos fenómenos meteorológicos (el Niño y la Niña) como consecuencia del calentamiento global. En el artículo "Global Warming: The Hidden Health Risk" se relaciona el calentamiento global y estos fenómenos meteorológicos con la ola de sequías e inundaciones que dejaron a su paso, acompañadas de enfermedades infecciosas como la malaria, el dengue o el cólera. En este sentido, la Cruz Roja calificó la última década del siglo XX, como la década de los superdesastres por cambios climáticos (Ginebra, 24 de junio de 2000); y según datos de esta misma organización, tan sólo en 1998 ocurrieron 311 catástrofes naturales frente a 179 en 1997, casi el doble en el transcurso de un año (Epstein 2000).
16. Primordialmente la triada conformada por EUA, la UE y Japón. La categoría también incluye a países desarrollados como Canadá, Australia, Nueva Zelandia y África del Sur.
17. Las cifras para otros países: Rusia, 68.4 Gt; China 57.6; India, 15.5; Ucrania 21.7; Kazajstán, 10.1; México 7.8 (Kluger 2001).
18. La Tierra es capaz de absorber alrededor de 3 GT (miles de millones de toneladas) de carbono al año, mientras que la emisión es del orden de 7 500 millones de toneladas. Así, la capacidad está ampliamente rebasada con aproximadamente 4.5 GT anuales de bióxido de carbono (Gay 2000).
19. Citado por Arizmendi (Corona y Hernández 2000: 174).
20. Huntley, B. "Studying Global Change: the contribution of quaternary palynology", citado por Arizmendi en *ibid.*: 175.
21. *Ibid.*: 166.
22. Es en extremo importante destacar que, históricamente, los países industrializados han sido los principales responsables de la acumulación existente de CO_2, y sus emisiones per cápita son muy elevadas. En este panorama, en los últimos cincuenta años Estados Unidos se ha caracterizado por ser el principal emisor de gases invernadero, cuya economía genera anualmente 5 230 millones de toneladas de CO_2. Si bien, China se ubica en segundo lugar con 3 100 millones de toneladas, sus emisiones per cápita revelan enormes diferencias: 19.5 contra 2.5 toneladas en Estados Unidos y China, respectivamente. Según el *Electronic Telegraph* del 30 de marzo de 2001, EUA, con sólo

4% de la población mundial genera 25% de gases invernadero (http:///www.telegraph.co.uk). En este contexto, el actual presidente de Estados Unidos, George W. Bush, a escasos meses de haber asumido el mando, endosó el más radical programa de desregulación del sector energético y rechazó el Protocolo de Kyoto, invalidando los de por sí reticentes compromisos adquiridos por EUA en la Cumbre de 1997 para limitar las emisiones de gases con efecto invernadero, como el dióxido de carbono, en 5.2% por debajo de los niveles de 1990 para el año 2012. Así, en nombre de una estrecha y sesgada interpretación de "nacionalismo económico", en la que el interés nacional se concibe en función primordialmente de los intereses de la industria del gas y el petróleo, el presidente Bush expresó que su decisión de abandonar el protocolo de Kyoto se debe a que su gobierno "cooperará con los demás, pero primero y de manera prioritaria en función de los intereses de nuestro país" (*Time*, 9 de abril de 2001: 26). El extremismo y la irresponsabilidad de Bush en torno a este delicado asunto fueron resaltados en un comentario de la revista *The Economist*, que dice: "las presuntas incertidumbres de la ciencia climatológica no justifican las acciones del Sr. Bush [...] Es notorio que aun empresas de tanto peso como Ford, British Petroleum y Royal Dutch/Shell, todas opositoras de Kyoto, desde entonces han modificado su posición apoyando ahora sus objetivos generales, si no es que también sus metas específicas. Ello es así porque reconocen que el consenso abrumador entre los científicos especializados en el clima es que el calentamiento global es algo real, que sus efectos serán eventualmente dañinos o aun catastróficos y que la evidencia del papel del hombre sobre el clima es lo suficientemente fuerte para ameritar algún tipo de medidas ahora" ("Global Warming", en: *The Economist*, 7 de abril de 2001: 74). Por lo anterior, podemos esperar que el consumo de combustibles fósiles (justamente el negocio de la familia Bush) no se reduzca, al contrario, lo más probable es que al menos en los próximos cuatro, si no es que ocho años, el ritmo de consumo de energía se mantenga en la misma proporción que el crecimiento de la industria de ese país. Ello es posible, gracias al apoyo de la parte más agresiva y oscurantista de los grandes empresarios, quienes lo ayudaron a ganar las elecciones.

23. Arizmendi en Corona y Hernández 2000: 175.
24. Es de esperarse que estos fenómenos se concentren en las zonas periféricas, que concentran la mayor parte de la población mundial.
25. Véase Haines 1996: 162-166, 168.
26. *Ibid.*: 166-168.
27. Veraza 2000: 277. No es casual entonces que, a nivel mundial, los primeros en la lucha por el medio ambiente, desde la década de los setenta del siglo pasado, hayan sido y sean los indígenas (como el EZLN), campesinos y produc-

tores agrícolas (como los Sin Tierra), pescadores (como los del Amazonas) y mujeres negras (como las de EUA), entre otros (véase Goldman 1998).

28. Basado en el informe del PNUMA. Véase Dowdeswell 1993. Para información detallada, véase la página de internet del PNUMA (www.rolac.unep.mx/ozono/index.htm o www.unep.org).
29. European Ozone Research Coordinating Unit / SOLO, *The Northern Hemisphere Stratosphere in the 2000/01 Winter*, verano de 2001, en: http://www.ozone-sec.ch.cam.ac.uk/. Véase también: http://www.nilu.no/projects/arctic2001/; http://www.env.leeds.ac.uk/slimcat; http://strat-www.met.fu-berlin.de/; http://www.iup.physik.uni-bremen.de/gomenrt2001/; http://nadir.nilu.no/quilt/index.php/.
30. Véase en la página del PNUMA (www.rolac.unep.mx).
31. *Ibid*.: 8-9 Apartado 2, "La Amenaza".
32. Arizmendi en Corona y Hernández 2000: 163.
33. Información proveniente de: Salvador Arias, "Ruralidad en el marco de la Industrialización, la Biotecnología y la Beoeconomía", Foro de Directores de Proyectos Financiados por la Comunidad Europea en América Central. Seminario "Cambios, realidades y perspectivas en el tema: población, territorio y economias rurales", Panamá, 20 al 23 de septiembre de 2000.
34. Véase: ONU/Banco Mundial/World Resources Institute 2001: 87-102.
35. Para un análisis detallado del carácter estratégico del agua y su privatización en el mundo y México, véase: Barreda 1999: 130-167.
36. *Ibid*.: 130.
37. IPCC, "The Regional Impacts of Climate Change: an assessment of vulnerability", ONU, 1997; y "Climate Change 2001: impacts, adaptation and vulnerability", ONU, 2000, en: www.usgcrp.gov/ipcc.
38. Véase Robin Clarke, *Water. The international Crisis*, en Barreda 1999: 138.
39. Shiva, Vandana, "Monsanto's expanding monopolies from Seed to Water", en: www.zmag.org/spanish/0003mons.html., viernes 30 de julio de 1999.
40. Según su análisis, para el año 2010, cerca de 2.5 miles de millones de personas en el mundo recurrirán a comprar agua potable, y por lo menos cerca de 30% de la población de China, India, México y Estados Unidos tendrá problemas de acceso a este recurso. Monsanto, tan sólo con sus negocios en México y la India, planea tener una entrada de cerca de 420 millones de dólares, con una ganancia neta de 63 millones de dólares para el año 2008. Para concretar su proyecto, Monsanto se ha asociado con Eureka Forbes/TATA, una empresa que controla cerca de 70% de la tecnología UV para potabilizar el agua. En el mismo sentido ya compró una empresa japonesa que se dedica a desarrollar tecnología de electrólisis y también ha mostrado gran interés en comprar WHI (Water Health International) (*ibid*.: 2).

41. La OMC en las negociaciones de los GATS (Acuerdo sobre Comercio y Servicios) ha estado buscando liberar ciertos servicios, como los de salud, asistencia social, educación y servicios municipales, entre los cuales destaca puntualmente el del agua.
42. Por ejemplo, algunos proyectos del BM relacionados con el agua son: Kamataka Rural Water Supply and Sanitation Project (P050653) en India, Rural Water and Sanitation Project (P036977) en la república de Kyrgyz, Water Sector Reform Assistance Project (P065937) en Colombia, Inland Water Ways Project (P056199) y Liao River Basin Project (P051859) y el Water Conservation Project (P056516) en China, Rural and Small Towns Water Supply and Sanitation Project (P049924) en Ecuador, Ceara Integrated Water Resources Management Project (P006449) y el Water Sector Modernization Project (P043420), en Brasil, etc. Véase www.worldbank.org.
43. Según la propia empresa Monsanto, ésta tiene gran interés en participar en conjunto con la Corporación Internacional de Financiamiento (IFC por sus siglas en inglés) del Banco Mundial, de manera que las inversiones necesarias para acceder a las reservas de agua ya no provengan de los gobiernos, anulando de esta manera que sea de mala calidad o accesibilidad. Esto obviamente se inscribe dentro de la misma lógica "globalizadora" con la que se ha operado para privatizar el petróleo y otros sectores estratégicos en el mundo, sobre todo en la periferia (*ibid.*: 2).
44. *Idem.*
45. Correctamente, Armando Bartra señala en su artículo "La Renta de la Vida": "la vida está en los ecosistemas y los sociosistemas, lo otro es la industria de la muerte" (Bartra 2000: 3).
46. Myers 1984.
47. Lammertink *et al.* 1997.
48. ONU 2000.
49. Mittermeier y Myers 1999.
50. La destrucción del medio ambiente no es un fenómeno exclusivo del capitalismo, sin embargo, sí lo es su forma (intensidad, velocidad y esencia).
51. Según el informe anual del estado del mundo 1999, el ritmo natural de extinción es de una a diez especies por año determinado por la evolución de las especies más fuertes, mientras que el ritmo de extinción actual se calcula al menos en mil especies por año —cerca de una especie por hora— (Brown 1999). Reflexiones acerca de Leakey y Lewein 1997.
52. *Ibid.*: 265
53. "Biodiversidad. La frágil red", en *National Geographic*, vol. 195, núm. 2: 46-47, febrero de 1999.

54. Según el reporte del estado del planeta, de la ONU, las flotas pesqueras sobrepasan en 40% la capacidad de los océanos (ONU 2000).
55. Véase "Alarma en el mundo: nos estamos quedando sin peces", en: *Muy Interesante*, edición especial "Mares y océanos del mundo", diciembre de 1999: 33.
56. *Ibid.*: 34.
57. Macpherson, Enrique. "El Océano Global", en *Muy Interesante*, edición especial, "Mares y océanos del mundo", diciembre de 1999: 14.

5. HACIA UN SISTEMA MUNDIAL DE BIOPIRATERÍA

1. Véase Barreda 1999.
2. Uso el término "corporaciones multinacionales" (CMN) para referirme a las corporaciones de base nacional que operan internacionalmente y que se diferencian de las "empresas", quienes se entenderán como actores con proyección exclusivamente nacional. En ello sigo la sugerencia de John Saxe-Fernández, quien retoma a Grahame Thompson y Paul Hirst y diferencia a las CMN de las "transnacionales". Las "transnacionales serían aquéllas con un capital genuinamente sin arraigo (*footloose* —Hirts y Thompson— o *stateless* —Doremus—), sin una identificación nacional específica y con un cuerpo administrativo internacionalizado y al menos potencialmente capaces de localizarse y relocalizarse en cualquier lugar del globo para obtener las ganancias más altas y seguras. En contraste, las CMN operan desde una madre patria, un Estado nación, que las regula, las protege internacionalmente y las subvenciona. Ellas representan abrumadoramente la mayoría; existen muy escasos ejemplos de verdaderas *stateless corporations*.

   En otras palabras, las transnacionales no tendrían una base nacional, como las CMN, pero servirían a los mercados globales por medio de operaciones globales. Consecuentemente éstas, a diferencia de las CMN, no estarían controladas o constreñidas por las políticas de Estados nacionales específicos, estarían fuera de toda regulación a excepción de las normas acordadas a nivel internacional. Así, los gobiernos nacionales no podrían efectivamente adoptar políticas regulatorias especificas, diferentes de aquéllas que contrastan con esos estándares, en detrimento de las operaciones de las corporaciones transnacionales dentro de sus fronteras. En este contexto, habría que explicar que la vinculación Estado-empresa/CMN es fundamental, especialmente en la proyección de poder imperial sobre las economías más débiles y sobre las clases vulnerables, tanto de los Estados nacionales centrales como de la periferia. Por lo anterior, resulta falsa la creencia de que se ha gestado un poderoso e integrado mercado global (de mercancías y de capitales) que se autorregula y que rápidamente está haciendo obsoletas las fronteras nacionales, pero además en el que las corporaciones multinacionales se han erigido como un actor autónomo en las relaciones económicas internacionales. Este discurso ofrece una interpretación equivocada, ya que no toma en cuenta que virtualmente todas las grandes corporaciones internacionales que operan en el mundo, lejos de ser *stateless corporations*, operan desde una base nacional, desde un marco de referencia altamente funcional a los intereses privados nacionales, en estrecha relación con un Estado (caso formidable de EUA) que las regula y las protege, que las subsidia de diversas maneras, ya sea por medio de un alto gasto público, por la vía de intensas relaciones bélico-industriales o por medio del despliegue de instrumentos de proyección diplomático-militar y económico-institucional, como el Banco Mundial, el FMI o el BID (Saxe-Fernández 2000). Para una conceptualización sobre CMN y *stateless corporations*, véase Thompson y Hirst 2000: 2-12; asimismo, Doremus *et al.* 1998: 12-20. Para un análisis detallado sobre empresas y corporaciones multinacionales, Sutclife y Glyn 1999.

3. Actualmente para hacer válida una patente en todo el mundo, las empresas necesitan solicitarla en cada uno de los sistemas de patentes —nacionales— del planeta, sujetándose a distintas reglamentaciones y aprobaciones.
4. Flitner 1998: 156-157.
5. Búsqueda de sustancias y estructuras genéticas con potencial comercial. Generalmente se refiere al rastreo de biodiversidad como parte de investigaciones científicas, pero hoy en día esto se complejiza y aparece como parte de las prospecciones petroleras, mineras, proyectos de conservación ecológica, proyectos de recuperación de las culturas indígenas y su conocimiento —específicamente medicinal—.
6. Mooney 1999.
7. Ribeiro 2000.
8. *Ibid.*
9. Toledo 1998: 11.
10. Idea construida originalmente por Jorge Veraza en su texto "Karl Marx y la Técnica: desde la perspectiva de la vida" (1984) y más tarde desarrollada por Andrés Barreda (1999).
11. Es conveniente señalar el trabajo clásico de C. Wright Mills en su libro *La élite del poder*, en donde, a lo largo de su crítica a la estructura de poder de la sociedad norteamericana, se refiere a esa lógica de la clase capitalista totalmente irresponsable, cuando afirma: "Los hombres poderosos contemporáneos pueden, por lo tanto, mandar sin ningún pretexto ideológico; las decisiones políticas se toman sin el beneficio de la discusión o las ideas, y los más altos círculos de los Estados Unidos han llegado a encarnar el sistema

norteamericano de irresponsabilidad organizada [...] Esta insensatez de los poderes constituye la verdadera alta inmoralidad de nuestro tiempo; pues se asocia con ella esa irresponsabilidad organizada que es, hoy por hoy, la característica más importante del sistema norteamericano de poder corporativo" (1987: 314 y 317).

12. Me refiero a las contradicciones internas que caracterizan al capitalismo, cuya "salida" a dicha crisis tendrá que tener esa lógica. Ello no significa que resulte ser la única salida. También está la que la clase proletaria construya, para cuyo caso resulta central conocer y reconocer la forma en la que se mueven las primeras, para entonces poder reformular y edificar todo el modelo civilizatorio. En este contexto, es necesario puntualizar la irracionalidad y contrariedad del capitalismo de principios del siglo XXI. Hoy, la sabiduría convencional nos dice que la globalización es una novedad, sin embargo, el capitalismo nace internacionalizándose, surge globalizándose desde hace casi cinco siglos. Lo cierto es que se ha reconfigurado y complejizado a lo largo de su historia. Recientemente, la "novedosa economía del *laissez faire*" no es otra cosa que la recuperación de la teoría neoclásica arreglada a las actuales condiciones históricas del capitalismo para redinamizar la acumulación de capital. Este proceso se puede identificar no por la desaparición del Estado, sino por una reorientación del mismo. Por un lado, los Estados nacionales centrales han impulsado la "desregulación", y por otro, los Estados periféricos, hegemonizados por la oligarquía (históricamente ligada a las clases dominantes de los Estados nacionales centrales y a las CMN) han venido permitiendo e incluso estimulando las políticas económicas pensadas por el centro para el sur. Lo anterior no se debe a una "necesidad técnica" —por así decirlo— del sistema, sino a una opción política que da fuerza a la clase capitalista sobre la trabajadora. Ante esto, si tenemos presente que aquélla sólo vive a costa de explotar al trabajador, queda claro que, como lo indica W. Tabb: "lo que le da fuerza es la debilidad ideológica y organizativa de la Izquierda Internacional [...] la lógica del sistema es la misma que desde el siglo XIX, y la necesidad de que la clase trabajadora se una es cada vez mayor y urgente. Es tiempo de una mayor claridad en nuestra crítica de la base trabajadora que se le ha llamado *libre mercado*, pero que en realidad es poder de clase" (Tabb 1997).

13. Cabe señalar la importancia que tiene el precapitalismo para la construcción de una sociedad que no se base en la producción de valor, sino que se centre en la generación de valores de uso que satisfagan las necesidades sociales y permitan con ello la reproducción de la humanidad (no la reproducción del capital, como sucede bajo la lógica del sistema capitalista), porque, justamente a partir de rescatar la esencialidad del primero, se puede construir este úl-

timo. Lo anterior no significa en ningún momento que las comunidades indígenas y campesinas —quienes conservan características precapitalistas como su lenguaje, su cultura, su conocimiento— sean estructuras aisladas al capitalismo; corresponden a formas de vida que han sido absorbidas y adaptadas por el capital. Son en primer lugar, pero acompañadas también de los que somos proletarios (obreros, asalariados, las llamadas clases medias), base de la existencia de la clase capitalista (véase Veraza 1984).

14. Consúltese *ibid.*
15. El conocimiento acumulado y profundo de las comunidades indígenas, no sólo de una especie individual sino de la compleja interrelación entre las especies y el ecosistema más amplio, hace de su conocimiento algo invaluable.
16. La fórmula para el éxito de Shaman es la siguiente: si se descubre que tres comunidades diferentes utilizan la misma planta para propósitos medicinales, esta compañía considera a dicha planta para ser objeto de investigación adicional. La fórmula ha permitido que cerca de la mitad de las plantas recolectadas por los investigadores de Shaman arroje resultados positivos en las evaluaciones preliminares.
17. Por mencionar algunos: separaciones cromatográficas (GS-MS, HPLC-PDA, HPLC-MS y preparados: HPLC, TLC y LC), espectroscopia atómica (ICP-AES, AAS), espectroscopia molecular (NMR —MHZ—, ^{1}H, ^{13}C, 1D Y 2D), espectroscopia de la masa (EI, CI, ESI, HRMS), extracción de sustancias activas (extracción por solventes, SPE, SPME y SFE)
18. RAFI 1997: 6. Además, hay que considerear, tal y como se indica en un documento de esta misma ONG y la asociación civil Casifop: "desde mediados de los ochenta, los analistas de la industria farmacéutica advirtieron que cada planta medicinal de las selvas tropicales que se extinga podría representar pérdidas en ventas de más de 200 millones de dólares para la industria farmacéutica" (Casifop/ETC 2000).
19. Dichos mecanismos, hoy más que nunca, vienen cobrando una gran importancia para el desarrollo de las nuevas tecnologías, herramientas mediante las cuales el capital viene construyendo un sistema legal de patentes a nivel planetario (como la forma más refinada de estos mecanismos), que le permita "recuperar" o mejor dicho robar el conocimiento milenario que aún conservan las comunidades agrícolas e indígenas.
20. Según RAFI hasta la fecha no existe un solo caso en el que se haya *pagado* regalías por bioprospección y conocimiento indígena a las comunidades en todo el mundo (www.rafi.org).
21. Véase capítulo 9.
22. Barreda 1999. Véase también Barreda 2000.
23. RAFI 1996a.

24. En este contexto resulta interesante apuntar que, de los recursos bióticos *ex situ* e *in situ* del planeta, cerca de 83% de la biodiversidad *in situ* y de su conocimiento está concentrado en la periferia, mientras que sólo 17% está en los centros capitalistas. En relación contraria, la biodiversidad *ex situ* se concentra en 75% en los centros capitalistas y el resto en la periferia.
25. Véase el apartado "El papel de las áreas protegidas en la era de la biotecnología".
26. Los bancos de germoplasma son instalaciones que almacenan y conservan la variabilidad genética, representada por células germinales o semillas, disponible para una población particular de organismos. Aunque son importantes, son un pobre reemplazo del mantenimiento de la diversidad genética *in situ* (*vid infra*).
27. McEwen 1997.
28. RAFI-USA (Rural Advancement Foundation International) http://www.rafi.org.
29. Desde 1974 se comenzó a estructurar una red mundial de bancos de germoplasma, a través de la IPGRI (International Board for Plant Genetic Resources), que hoy en día ha venido impulsando esta red —desde la revolución verde y con la ayuda del propio Banco Mundial y evidentemente bajo la tutela de Estados Unidos—. Incluye 16 centros de investigación, programas de investigación universitarios, unidades de almacenamiento gubernamentales y el propio CGIAR.
30. Las plantas vasculares (del latín *vasculum* —vaso pequeño—) son aquellas que tienen celdillas de figura tubular y que componen lo que en biología se llama la membrana vascular.
31. RAFI 1996a.
32. Bartra 2000.
33. Se refiere a la dinámica y ritmo propio de la naturaleza, así como a sus mecanismos de corrección o autorregulación. Véase Morin 1980.
34. Según estimaciones, existe una posibilidad de 10200 de que se pueda construir una molécula orgánica en laboratorio. Cada una de ellas tiene un rango de 10128 para conformar un compuesto químico, el cual puede o no tener potencial comercial. Con estas estadísticas, los científicos se han especializado en técnicas y desarrollo de equipo que les permita producir nuevos compuestos potencialmente comerciales o ya existentes pero en mayores cantidades, a partir de bibliotecas de estructuras moleculares. En este contexto, con el avance de la biotecnología en la identificación en tiempo record de las estructuras moleculares de cualquier muestra analizada, las CMN farmacéuticas y químicas pueden construir compuestos activos a partir de la búsqueda de dicha estructura en distintas partes del planeta —ya sea en otras especies o variedades—, y buscar la mejor fuente para su patente y, en su caso, de explotación. Tal es el caso de una sustancia llamada *taxol* y que es

usada como agente anticancerígeno; primero fue identificada en Madagascar, después la misma estructura molecular fue encontrada en Filipinas y finalmente en un banco de germoplasma en Inglaterra. Por todo lo anterior, hoy en día el negocio también lo son los bancos de información sobre las estructuras moleculares de las sustancias activas potencialmente comerciales, conocidos como Bibliotecas o Colecciones de químicos originales (*Novel Chemical Libraries*). Podemos encontrar involucradas empresas como Array Biopharma (Colorado, EUA), ComGenex International (California, EUA) con más de diez mil estructuras; Diversa (EUA), vinculada al Instituto Nacional de Salud a través de la Universidad de Georgia; CombiChem Inc. (California, EUA), vinculada a Dupont; Maxygen Inc. (California, EUA), vinculada a Glaxo Wellcome; y el Affymax Research Institute, Versicor Inc. (Massachusetts, EUA) vinculada a Sepracor Inc., entre muchas otras. (Fuente: Robbins-Roth 2000: 97-104).

35. Desde la cosmovisión indígena, la relación del hombre con la naturaleza es de reciprocidad; el repertorio del conocimiento ecológico tiene carácter local, colectivo, diacrónico y holístico. La transmisión de este conocimiento se da a través del lenguaje, por lo que la memoria es la fuente intelectual más importante en las comunidades indígenas del planeta. El propio cuerpo de este conocimiento es la expresión del saber personal, pero que a la vez es creado colectivamente como producto histórico y cultural (por lo que éste se restringe generalmente al espacio geográfico inmediato). Así, la existencia indígena se basa en los cambios ecológicos generados por su relación con la naturaleza, mientras que la sociedad capitalista se basa en los cambios económicos de los mercados (de la tasa de ganancia). De esta manera, la relación de las comunidades indígenas con la naturaleza mantiene dos rasgos esenciales: por un lado favorece la reparación de los hábitats y su heterogeneidad, a la vez que conserva e incrementa la variación genética (véase Toledo 2000).
36. *Ibid*.: 1181 y ss.
37. El genetista David Marsh describe esto como: "un escenario *win-win* [...] se trata de un mecanismo triple para salvarla, estudiarla y usarla, en donde todos los componentes se refuerzan mutuamente" (véase Flitner 1998:158).
38. Fundaciones como CI han reclutado ONG como la John D. Catherine, T. MacArthur, W. Alton Jones, David and Lucille Packard, Margot Marsho Biodiversity, Alfred Jurzy Kauski, Mulago y Weeden Foundation. Al mismo tiempo trabaja en conjunto con IUCN (World Conservation Union) y WWF (World Wide Fund for Nature). Todas estas fundaciones y ONG constituyen el tejido a través del cual CI lleva a cabo sus proyectos de bioprospección.
39. Término de Barreda (1999).
40. Véase capítulo 2.

41. Lista de elaboración propia con base principalmente en datos ofrecidos en Castillo 2000, en la página de CI y en folletos del Grupo Ecológico Sierra Gorda y Asociación Sierra Madre.
42. "La ONU destinó 4.7 millones de dólares para financiar proyectos y conservación de la reserva de la biosfera de Los Tuxtlas que abarca poco más de 155 mil hectáreas (8 municipios) consideradas como el último reducto de selva alta en el hemisferio norte del continente americano" ("Destina la ONU 4.7 millones de dólares para protección de la selva de Los Tuxtlas", en *La Jornada*, 13 de julio de 2001, p. 35).
43. Ya desde 1999, a partir de mostrar el replanteamiento del ambientalismo bajo la lógica del neoliberalismo concretizado en "los nuevos *grupos de capital ambiental*", Barreda denunciaba ejemplarmente la complicidad de Conservation International al señalar su vinculación al negocio de la biotecnología. Ello significa que CI se perfila como uno de los nuevos grupos de capital ambiental más influyente y poderoso del orbe en dicho campo. Tal denuncia es retomada y reforzada en el presente apartado (véase: Barreda 1999).
44. Belice, Bolivia, Botswana, Brasil, Colombia, Costa Rica, Ecuador, Estados Unidos, Fiji, Filipinas, Ghana, Guatemala, Guyana, Indonesia, Japón, Madagascar, México, Nueva Caledonia, Panamá, Papua Nueva Guinea, Perú, Islas Salomón y Surinam.
45. Fuente: Barreda 1999.
46. Diez cosas que nunca imaginó acerca del Banco Mundial. Banco Mundial, 2001. Pág. 5. Disponible en internet: www.worldbanck.org.
47. Involucrado en proyectos mundiales con CI, así como en proyectos específicos en lugares como la Reserva de Montes Azules, en Venezuela, en el Refugio de Fauna Silvestre Cuare, en República Dominicana, con la Red Dominicana de Varamiento, con Living Planet Campains Fudreising (EUA), en Colombia en el proyecto de Diversidad Biológica en el Chocó, entre otros.
48. Conservation International 1999.
49. El término de "corredores" fue usado por primera vez, con un sentido estrictamente biológico, por Simpson en 1936 en su estudio de dispersión entre continentes. Ya en 1949 Leopold indicaba que muchos animales, por razones desconocidas, no aparecen como poblaciones separadas; pero no fue sino hasta 1962, cuando Preston recomendaba por primera vez "corredores biológicos entre reservas", que aparece el concepto de "corredor biológico" más cercano al concebido actualmente. Recientemente, algunos estudios realizados en EUA, en gran parte llevados a cabo por CI y el Instituto Smithsoniano, aunque enfocados principalmente en el manejo del paisaje y no en problemas de mayor magnitud, han sentado las bases tanto de un precedente legal como del supuesto entendimiento de "un enfoque más integral", lo que ha

sido modelo para el diseño de los *corredores biológicos a nivel mundial* de hoy en día. Esta nueva "idea" fue presentada públicamente por CI justo unos meses antes de la firma del Corredor Biológico Mesoamericano.

50. Según un documento del Banco Mundial referente al Corredor Biológico Mesoamericano, "el concepto programático de corredor biológico se refiere a la vinculación de ecosistemas naturales, comunidades indígenas, pueblos y tierras cultivables a lo largo de ocho países, del sureste de México a Panamá" ("The Mesoamerican Biological Corridor as a Vector for Sustainable Development in the Region: the role fo International Financing", texto presentado en el seminario Sustainable Natural Resource Management at the Regional Level, Madrid, enero de 2001).
51. Conservation International ha visualizado nueve regiones en el mundo de alta diversidad biológica. Aunque sólo las muestra como corredores altamente amenazados, hay que agregar a éstos las zonas megadiversas aún no clasificadas por CI como críticas, pero que colindan con las primeras. De esta forma, se presenta en el mapa anexo los nueve corredores biológicos, esencialmente presentados por la propia ONG en sus publicaciones *Hotspots* del año 2000 y *Megadiversity* de 1998 (ambos escritos por Myers y Mittermeier-Goettsch).
52. Ya en 1999 Barreda señalaba: "en la actualidad ya se han desarrollado tres propuestas científicas de ONG y de gobiernos para interconectar corredores a lo largo de las Montañas Rocallosas, a lo largo de todo el Istmo centroamericano y a lo largo de la cordillera de los Andes, en América del Sur." (Barreda 1999: 109). A tal denuncia hay que sumar los restantes seis corredores planeados para el resto del mundo aquí presentados.
53. "Protegerán México y siete países 768 mil kms de bosques y selvas", en: *La Jornada*, 18 de octubre de 2000, p. 46.
54. El GEF (Fondo para el Medio Ambiente Mundial) fue establecido en 1991 y formalmente (re)constituido en 1992 en la Cumbre de la Tierra en Río de Janeiro. Cuenta con las aportaciones de 166 países y es el mecanismo financiero de la Convención de Diversidad Biológica, del Cambio Climático y del Protocolo de Cartagena sobre Bioseguridad. Es decir, es un mecanismo financiero que casualmente protege de manera selectiva la diversidad biológica mundial y que a la vez legaliza o restringe los avances biotecnológicos provenientes de ella. Durante la segunda replaneación de las actividades del GEF en 1998, tan sólo 36 países centrales aportaron cerca de 2.75 millardos de dólares para 650 proyectos en más de 140 países. La próxima replaneación del GEF será en el 2002, año al que habrá que poner atención. (Hamilton 2000).
55. El programa incluye 31.10 millones de dólares para el fortalecimiento institucional de las áreas protegidas, 15.65 para las áreas protegidas de Los Tux-

tlas, la Chinantla y la Montaña de Guerrero (PAIR), 6.733 millones de dólares para la Sierra Gorda y 7.5 millones para otras tres zonas más. Lo más alarmante del programa es que, paralelamente, se financian proyectos de bioprospección y apropiación de la diversidad genética. (Castillo 2000.)

56. Senate Committee on Banking and Currency, "Bretton Woods Agreement", Washington, D.C., 1946.
57. www.gefweb.org.
58. Véase, Delgado-Ramos, Gian Carlo, "Responde investigador a director del proyecto corredor biológico", *La Jornada*, Correo Ilustrado, p. 2, 16 de diciembre de 2001.
59. Diez cosas que nunca imaginó acerca del Banco Mundial, Banco Mundial, 2001, p. 5 disponible en internet: www.worldbank.org.
60. Todos los fondos están regulados por el FMI (World Bank 2000: 1 y 6). Disponible en la página de internet del GEF. También están los documentos del CBM por estado de la República Mexicana y por país centroamericano
61. *Ibid.*: 8.
62. *Ibid.*: 5-6.
63. Bartra 6.
64. Algunas características del plan (Puebla Panamá) sugieren que favorecerá a los capitales estadounidenses y propiciará un saqueo todavía mayor de los recursos estratégicos. (Andrés Barreda citado por Javier Molina, en: "El Puebla-Panamá favorecerá a EU: experto", *La Jornada*, 21 de junio de 2001). En este sentido, el Plan Puebla Panamá (PPP) forma parte de un programa integral que combina el intervensionismo político, económico y militar, pero se presenta como un plan de pacificación, desarrollo y creación de empleos. Es una manifestación genuina del capitalismo contemporáneo; forma parte de un proyecto de alcance geoestratégico continental e imperial de EUA, en el que participan sectores del capital financiero, consorcios multinacionales y las oligarquías de los países del área mexicano-centroamericana. El PPP no es un proyecto nuevo y su autoría intelectual no está en México, sino en Washington. Forma parte del viejo plan geoestratético del TLC y opera hoy como caballo de Troya del ALCA. El gobierno de Vicente Fox participa de manera subordinada (no podría ser de otra manera) a los intereses de la Casa Blanca, Wall Street y las CMN con casa matriz en EUA (Fazio 2001). La función destinada a Fox es la de "enganchador". Ambos, el PPP y el CBM "coinciden" espacialmente y se complementan de manera tal que preparan a Mesoamérica a un proceso de subordinación político, económico, militar y medio ambiental (entendido como la supeditación de los recursos bióticos bajo los intereses de EUA).
65. World Bank 2000: 5-6.

66. *Idem.*
67. Véase nota 37 del presente capítulo.
68. World Bank 2000: 9 y anexo 2.
69. Véase actividades programadas en la región del CBM, en: World Bank, anexo 2: 10.
70. *Ibid.*: 7.
71. *Ibid.*: 17.
72. El corredor Sian Ka' an Calakmul en Campeche, de 723 185 hectáreas; el corredor Selva Maya-Zoque, en Chiapas, de 331 200 hectáreas; el corredor Sian Ka' an Calakmul en Quintana Roo, 528 148 Has.; el corredor Sierra Madre del Sur con 119 177 Has.; y el corredor Norte de Yucatán, de 47 840 Has. (World Bank 2000, anexo 11).
73. *Ibid.*: 19.
74. *Ibid.*: 17-19.
75. Entre las ONG involucradas en el CBM-México están Conservation International, Pronatura, Ecosur, UNORCA y Trópica Rural Latinoamericana, entre otros (World Bank 2000: 28).
76. *Ibid.*: 14-15.
77. Lo anterior llama la atención sobre todo cuando la Conabio ha mostrado su verdadera cara como vendedora de los recursos bióticos nacionales (*vid infra* caso de UNAM/DIVERSA).
78. *Ibid.*: 4-5.
79. *Ibid.*: 5, 14-15.
80. El secretario de la SEMARNAT, Víctor Lichtinger, afirmó el 6 de julio de 2001: "muy pronto la Semarnat hará un trabajo efectivo en la política de vida silvestre: se quitarán los obstáculos y se le informó que próximamente se entregará un reglamento de la vida silvestre [...] para enfocarlo al aprovechamiento de la flora y la fauna" (*La Jornada*, 7 de julio de 2001: 14).
81. *Idem.*
82. *La Jornada*, 12 de noviembre de 2001: 18.
83. World Bank 2000: 5, 19-20.
84. Véase Schaefer 2001: 10-12.
85. En este sentido, Yves Lacoste señala que la importancia de ver al espacio como territorio se basa en que tal visualización posibilita ordenarlo de manera tal que permita actuar con la mayor eficacia. En este sentido —dice Lacoste— la actual proliferación de discursos que versan sobre la ordenación del territorio, en términos de armonía, de búsqueda de mejores equilibrios, sirve sobre todo para ocultar las medidas que permiten a las empresas capitalistas, especialmente a las más fuertes, aumentar sus beneficios, dando cuenta de que esta ordenación no tiene como objetivo único la obtención del máxi-

mo beneficio, también es el de organizar estratégicamente el espacio económico, social y político, de manera que el aparato del Estado esté capacitado para sofocar los movimientos populares. Por ello, hoy importa más que nunca estar atentos a la función estratégica de la geografía, ya que crecientemente va adquiriendo una amplitud y nuevas formas, debido al desarrollo de la tecnología productiva y destructiva (Lacoste 1975: 15).

86. El *Forest Stewardship Council* (FSC) tiene su sede en Oaxaca y se dedica a "certificar" en más de cuarenta países la explotación de recursos forestales y, asombrosamente, también los no forestales. Entre ellos están la goma, la castaña, chicle, diversas resinas, fibras y hongos (www.fscoax.org).
87. Véase "BM Proposed Global Environment Facility Grant in the amount of US$7.5 million to the United Mexican States for an Indigenous and Community Biodiversity Conservation Project". Reporte del Banco Mundial núm. 21150-ME, en: http://www.gefweb.org/Documents/Project_Proposals_for_Endorsem/.
88. *Ibid.*: 11.
89. *Ibid.*: 7, 74-81.
90. *Ibid.*: 48, 74-81.
91. *Ibid.*: 30.
92. *Ibid.*: 11, 47, 52-53.
93. Están involucrados actores como el BM/GEF, la Central American Commission for Environment and Development, la Universidad de Miami, Florida; el WWF, la Wild Life Conservation Society, entre otros (para más detalles, consúltese *Conservation and Sustainable Use of the Mesoamerican Barrier Reet System (MBRS)*. BM/GEF, 17 de abril de 2001, disponible en internet: http:// www. gefweb.org/documents.
94. Se trata de un proyecto del BM/GEF canalizado a través del PNUD y ejecutado por la Semarnap/Proders. Con fecha de cierre en febrero de 2000, opera en Cerinantla, Oaxaca; Los Tuxtlas, Veracruz; y la zona de la Montaña de Guerrero. Cuenta con un fondo total de 77 365 065 dólares. Están involucradas secretarías como la Semarnap/Proders, Sagar, Sedesol, Sedena la SEP y el INI; ONG como Grupo Mesófilo, Methodus, ERA, PAIR, entre otras. Fundaciones que aportan fondos como la Rockefeller, Kellogg y MacArthur. (Véase *Integrated Ecosystem Management in 3 Priority Ecoregions*. PNUD/GEF, 28 de febrero de 2001, disponible en internet: http://www.gefweb.org/documents). Tan sólo la zona de Los Tuxtlas recibirá aproximadamente 9 millones de dólares anuales, una región considerada como el "último reducto de selva alta en el hemisferio norte del continente" de más de 155 mil hectáreas, *La Jornada*, "Anuncian inversión productiva para preservar Los Tuxtlas", 18 de diciembre de 2001, p. 33.

95. *Ibid.*: 17. También consúltese: http://www.gefweb.org
96. Otra forma como las autoridades locales de los distintos Estados nacionales periféricos ven este fenómeno es la de pensar a la bioprospección, como la forma en la que la biodiversidad puede ser generadora de recursos para su conservación. Esta idea (de autoconservación) pone al frente de la discusión la crítica situación de la biodiversidad escondiendo el verdadero trasfondo de los proyectos de bioprospección que ni remotamente se mueven con la lógica de conservar la biodiversidad mundial, sino de saquearla.
97. Es importante señalar que la *globalización* de la biodiversidad requiere la globalización de la investigación científica (en este caso sobre todo de la biotecnología), por lo que mundialmente ésta es cada vez más influida por el sector privado. El 46% de las empresas biotecnológicas apoya la investigación de las universidades; 33 de los 50 estados de Estados Unidos tienen centros universidad-industria para la transferencia de biotecnología. En Canadá, el Expert Panel on the Commercialization of University Research —integrado por empresas importantes de ese país entre las que cabe mencionar el Natural Science and Engineering Research, el Life Sciences and Health Care y AgriSciences— está promoviendo que el desarrollo tecnológico generado en las universidades canadienses pase al sector privado. Un ejemplo por excelencia es el acuerdo entre la CMN Novartis y la Universidad de Berkeley en California (Department of Plant and Microbial Biology). En noviembre de 1998, firmaron un acuerdo de cinco años por un monto de 25 millones de dólares, el cual especifica que Novartis no puede determinar el tipo de investigación que se hará, pero tendrá derechos de negociar una licencia exclusiva en una fracción de todas las innovaciones desarrolladas por dicha universidad (aunque los fondos para los proyectos no provengan de los 25 millones pagados por Novartis).
98. Ya no sólo la periferia es maquiladora de bienes como: ropa, automóviles, microcomponentes; ahora también se está convirtiendo en "biomaquiladora" —en términos de ingeniería genética—. El término de "biomaquila" es introducido por la asociación civil mexicana CASIFOP y la ONG internacional RAFI. En un documento publicado en el 2000, señalan que en este panorama: "avanzan nuevas figuras de biomaquila, bioplantaciones y sobre todo bioprivatizaciones de los recursos genéticos" (CASIFOP/ETC 2000).
99. El caso idóneo de robo de la naturaleza y de su conocimiento, según Michel Flitner, es el celebrado entre el Instituto Nacional de Biodiversidad de Costa Rica (INBIO), las empresas farmacéuticas Merck de EUA y Sharp & Dohme de Costa Rica: "En este contrato INBIO se encargó de entregar miles de muestras de plantas, animales y microbios de todo el país incluyendo las áreas protegidas. Cualquier producto desarrollado a partir de éstos puede ser

patentado y comercializado exclusivamente por Merck & Co. [...] Ésta a cambio pagó 1.1 millones de dólares a INBIO para que capacitara a su equipo de búsqueda. Alrededor de treinta hombres y mujeres costarricenses provenientes de las universidades de dicho país fueron usados por el INBIO como recolectores o *parataxonomistas*. A ellos se les enseñó a recolectar muestras y a hacer pre-exámenes a las muestras provenientes de las áreas protegidas". Lo grave del acuerdo INBIO/Merck, concluido en 1991, es que "ha sido tomado como modelo para montar nuevos contratos dentro del negocio del robo de la naturaleza" (Flitner 1998).

100. Me refiero a todos los sujetos desposeídos de medios de producción y que, por lo tanto, bajo su calidad de asalariados —sea de cualquier nivel— y desempleado (ejército industrial en activo y de reserva, respectivamente), compone lo que en la teoría marxista se conceptualiza como *clase proletaria* o *sujeto social proletario*; a ello se suma la consideración de que la historia de todas las sociedades hasta nuestros días es la historia de las luchas de clases. En palabras de Marx: "por burguesía se comprende a la clase de los capitalistas modernos, que son los propietarios de los medios de producción social y emplean trabajo asalariado. Por proletarios se comprende a la clase de trabajadores asalariados modernos que, privados de medios de producción propios, se ven obligados a vender su fuerza de trabajo para poder existir". Así, "nuestra época, la época de la burgesía se distingue, sin embargo, por haber simplificado las contradicciones de clase. Toda la sociedad va dividiéndose, cada vez más, en dos grandes campos enemigos, en dos grandes clases, que se enfrentan directamente: la burguesía y el proletariado" (Marx y Engels 1955, I: 19-31).

En este contexto además hay que puntualizar el supuesto "paradigma" que abre la "clase media". Para ello, retomando la conceptualización de Marx citada, rescato el trabajo de C. Wright Mills sobre el estudio de la "clase media" o en sus palabras de la "clase de cuello blanco". Mills en su libro *La élite del poder* señala: "las clases medias no constituyen una base independiente de poder. En el aspecto económico están en la misma situación que los trabajadores asalariados, sin propiedades. En el político, su situación es peor, pues no están organizados" (Wright Mills 1987: 246-247). Así, el supuesto "paradigma de la clase media", ampliamente abordado por autores contemporaneos como Mills, William Dobrine (véase *Class in Suburbia*) o Arthur Vidich (consúltese *The New Middle Class*), da cuenta del fetiche que genera tal nivel de vida —y que desde luego está por encima del que es más explotado y del desempleado—. En cualquier momento, según las contradicciones y movimientos de las verdaderas clases de poder capitalistas, la "clase media" en creciente extinción, y que está inversamente relacionada con la radicalización de la lógica del capitalismo (y sus crisis), de un día para otro da cuenta que en efecto es parte del proletariado (nunca dejó de serlo). Sin embargo, la importancia de la llamada "clase media", sobre todo la que se sintetiza en los intelectuales, artístas, políticos y demás sujetos que producen y se comunican de una u otra forma, es central por el papel que puede llegar ocupar en el juego de la balanza de las contradicciones y las luchas de clase (y que lo ha demostrado a lo largo de la historia y específicamente la del sistema capitalista), ya que al no estar tan sumida en la asfixia de la subsistencia tiene la posibilidad (según su grado de conciencia de clase o social) de representar un papel central en el escenario de la oposición proletaria contra el capitalismo: la revolución. Entendida esta última como el cambio radical de la forma de establecer las relaciones sociales, partiendo de las de producción y con ellas modificando la relación del hombre con la naturaleza.

101. Subcomandante Marcos (principal representante del movimiento zapatista en Chiapas, México), entrevista que sostuvo con el periodista Julio Scherer García y transmitida por Televisa el 10 de marzo de 2001. Para consulta hemerográfica véase *La Jornada*, 11 de marzo de 2001: Para información sobre el movimiento zapatista véase: www.ezln.org.

102. Como bien señalan en un documento la asociación civil CASIFOP y la ONG RAFI, la nueva modalidad de los grandes biopiratas son multinacionales y actores de distintos Estados nacionales con una entidad legal que les permite hacer este tipo de actividades abierta y libremente: "en efecto, en la época de la piratería en altamar, la Corona inglesa comenzó a dar permisos de saqueo a otras naves, a quienes lo hicieran a favor de la Corona. Éstos se llamaron corsarios, y hacían lo mismo que los demas piratas, pero tenían un permiso de las autoridades para ello, a quienes entonces, debían rendirles cuenta de sus ganancias. Así el famoso pirata conocido en todo el mundo como Drake, se pasó a llamar Sir Francis Drake en Inglaterra y ser un personaje 'respetado' [...] por ello, este tipo de bioprospectores, en vez de piratas deberían ser llamados corsarios" (CASIFOP/ETC 2000).

6. La biopiratería en México

1. CASIFOP/ETC 2000.
2. Según Mittermeier, México se ubica en el quinto puesto en diversidad biológica, precedido por Brasil, Indonesia, Colombia y Australia. Le siguen: Madagascar, Perú, China, Filipinas, India, Ecuador y Venezuela. Véase el cuadro presentado en el capítulo 3 (Mittermeier 1998).

3. Los países con mayor diversidad cultural (con base en el conteo de lenguajes endémicos), según Harmon, en orden descendente son: Papua, Nueva Guinea, Indonesia, Nigeria, India, Australia, México, Camerún, Brasil, Zaire, Filipinas, Estados Unidos, Vanuatu, Tanzania, Sudán, Malasia, Etiopía, China, Perú, Chad, Rusia, Islas Salomón, Nepal, Colombia (Harmon 1996, 15: 89-108).
4. Cloud, J., y V. M. Toledo, citado en CASIFOP/ETC 2000: 1.
5. CASIFOP es una asociación civil con sede en la Ciudad de México que, entre otras actividades, hace investigaciones de relevancia contemporánea, como la situación de la economía mundial, recursos estratégicos o reproducción de la fuerza de trabajo. RAFI (ahora ETC Group) es una ONG con sede en Canadá.
6. "México alberga 41 complejos raciales de maíz y miles de variedades. El banco de germoplasma sostenido por el Centro Internacional de Mejoramiento del Maíz y del Trigo (CIMMYT) en México tiene 10 965 muestras de las cuales hay 3 532 que corresponden a variedades mexicanas" (Nadal, A., "El caso del maíz mexicano en el NAFTA, variabilidad genética y liberalización comercial", citado en CASIFOP/ETC 2000: 4).
7. Véase Ramamoorthy *et al.* 1993; Lara 1998.
8. Véase CASIFOP/ETC 2000: 3.
9. CASIFOP/ ETC 2000. Según este mismo documento, la labor de denuncia y protestas de pueblos indígenas y organizaciones de la sociedad civil ha servido para sacar a la luz la magnitud de este saqueo. En México, señala el documento, destacan CASIFOP (Centro de Análisis Social, Información y Formación Popular), ETC Group (Action Group on Erosion and Technology Concentration) —www.biodiversidadla.org y www.rafi.org—, el CECCAM (Centro de Estudios para el Cambio en el Campo Mexicano) —www.ceccam.org.mx—, el Centro de Investigaciones Económicas y Políticas de Acción Comunitaria (CIEPAC) —www.ciepac.org—, el COMPITCH (Consejo de Médicos Parteras Indígenas Tradicionales de Chiapas), entre los más importantes. Igualmente cabe señalar a intelectuales como Alejandro Nadal, del COLMEX; Silvia Ribeiro, de RAFI-México; Armando Bartra, Ana de Ita, Andrés Barreda de CASIFOP, entre otros. Véase también Barreda 1999. A nivel mundial cabe también bosquejar "el quien es quien en la denuncia y lucha contra la biopiratería", proceso en el que, gracias a la interrelación de los actores se han venido aclarando conceptos y problemáticas de lucha. En ese escenario RAFI se ha colocado en el centro desde fines de la decada de los noventa del siglo pasado. Igualmente se puede identificar a GRAIN, ONG que se ha enfocado geográficamente en Europa, aunque también en cordinación con REDES-AT (Red de Ecología Social-Amigos de la Tierra Uruguay), en America del Sur. Ambas ONG han venido trabajando por su parte y en con-

junto para el caso de América latina. Además, podemos identificar organizaciones campesinas e indígenas como la de Vía Campesina y el movimiento de Los Sin Tierra, entre otras; además de académicos y luchadores sociales, como Vandana Shiva (India) y Joan Martínez Alier (España).

10. Toda la información acerca de este proyecto proviene del documento de CASIFOP/ETC 2000: 9 y 12.
11. El proyecto de ICBG-Zonas Áridas figura como uno de los primeros seis proyectos del ICBG (International Cooperation Biodiversity Group). El ICBG se formó en 1992 en el Instituto Nacional de Salud de Estados Unidos (NIH) y la Fundación para la Ciencia, la USAID (US Agency for International Development) y más tarde se suma la Fundación Internacional Fogarty (brazo derecho del NIH). Estos proyectos, con un costo únicamente para el ICBG de al menos 3.5 millones de dólares por año, son: 1) ICBG-Zonas Áridas que incluye además de México, Argentina y Chile. Colabora la Universidad de Arizona, el G.W. Hansen's Disease Center de Louisiana, el Instituto Nacional de Tecnología Agrícola de Argentina, la Universidad de Patagonia (Argentina), la Universidad Pontífice Católica de Chile, la UNAM, los Laboratorios Wyeth-Ayerst y American Cyanamid Company (ambas propiedad de American Home Products). 2) El ICBG-Maya (doctor Brent O. Berlín) busca extractos a partir del conocimiento etnobotánico de Chiapas. 3) ICBG-Surinam y Madagascar (doctor David G. Kingston), en donde están involucrados el Jardín Botánico de Missouri, Conservation International, la empresa farmacéutica Bredrijf Geneesmiddlelen Voorzierning Suriname, Bristol Myers Squibb, el Virginia Polytechnic Institute, el Centro Nacional de Investigación Farmacéutica (Madagascar), la Compañía de Distribución de Medicinas (Surinam) y DowElanco Agrosciences. 4) ICBG-Andino (Perú) busca en las selvas tropicales de los Andes nororientales extractos activos con cualidades farmacológicas. Involucra a la Universidad de Washington, algunos socios del Museo Natural del Perú, la Universidad de Cayetano, el Jardín Botánico de Missouri y Searle (Monsanto). 5) ICBG-Costa Rica busca insectos tropicales y otros invertebrados con potencial farmacológico e involucra a la Universidad de Cornell (EUA), el INBIO (Instituto Nacional de Biodiversidad de Costa Rica), y Bristol Myers Squibb (EUA). 6) ICBG-Camerún y Nigeria (doctor Brian G. Schuster) incluye al Walter Reed Army Institute of Research (EUA), la Universidad de Yaoundé (Camerún), la Universidad Pace de Nueva York, la Universidad de Utah, la Universidad de Minnesota, la Universidad de Jos y el Centro de Desarrollo Etnomédico y Farmacéutico (ambos de Nigeria), la Universidad de Dschang (Camerún), el Instituto Smithsoniano (EU) y Shaman Pharmaceuticals (EU); todos éstos buscan extractos de plantas tropicales provenientes de las selvas de Camerún y Nige-

ria. Además de los casos anteriores, está el de ICBG-Panamá (doctor Phyllis D. Coley), que busca insectos y hongos, involucra a el Instituto Smithsoniano de Investigación Tropical, la Escuela de Farmacología de Panamá, el Instituto Gorgas Memorial de Investigación en Salud en Panamá, Monsanto y Conservation International. Asimismo, el caso de ICBG-Vietnam (doctor Djaja Soejarto), en donde están vinculados la Universidad de Illinois, Chicago; el Parque Nacional de Vietnam Cluc-Phuong, el Instituto de Investigaciones de Plantas Medicinales (Laos) y la empresa Glaxo-Wellcome Research & Development (información proveniente de la página de Internet del Departamento de Agricultura de la Universidad de Arizona: http://ag.arizona.edu/OALS/ICBG/reports). Una de las generalidades de los distintos proyectos de ICBG es que todos incluyen a científicos o comunidades indígenas, para que maquilen y "compartan" su conocimiento sobre la biodiversidad local.

12. CASIFOP/ETC 2000: 11.
13. *Ibid.*: 12
14. "La investigación puede fácilmente ligarse a las necesidades económicas y sociales, como es el caso de la bioprospección en busca de nuevos fármacos y agroquímicos para uso humano, desarrollo de agentes de control biológico y el manejo sustentable de bosques, a través de la comprehensión y utilización de sus componentes de hongos" (*ibid.*: 17).
15. "Según el supervisor científico y co-firmante del proyecto, Ignacio Chapela profesor asistente todavía en 1996 del Departamento de Ciencia Ambiental de la Universidad de Berkeley y Director científico del proyecto sobre el Complejo Micologico de la Sierra Norte de Oaxaca, los hongos son organismos biológicos estratégicos pero desconocidos, mediadores de diversos procesos de equilibrio en la biósfera y la tecnósfera: en las áreas de conservación del medio ambiente, la salud, los procesos agroforestales y la producción agroindustrial de alimentos. De ahí que [...] este proyecto [...] pueda ser considerado como un programa ubicado en la frontera del conocimiento" (*ibid.*: 17).
16. *Ibid.*: 11.
17. Departamento de Agricultura de la Universidad de Arizona: http://ag.arizona.edu/OALS/ICBG/.
18. Véase CASIFOP/ETC 2000: 18.
19. *Ibid.*: 18.
20. Para mayores detalles, consúltese la página del proyecto ICBG-Zonas Áridas en el sistema de la Universidad de Arizona: http://ag.arizona.edu/OALS/ICBG/bio-home.html.
21. CASIFOP/ETC 2000: 8.

22. *Ibid.*: 23.
23. *Ibid.*: 24.
24. Textual: *Dr. Robert Bye's department has expanded its horizons to the point where their ideas and their capability to realize those ideas are cutting edge. They strive to achieve what others have not yet achieved. This is technology transfer!* (Departamento de Agricultura de la Universidad de Arizona: http://ag.arizona.edu/OALS/ICBG/reports/1998winter.html. Las negritas son mías).
25. Probablemente, también a su vez esté abriendo sus puertas al proyecto, permitiendo el libre acceso a las muestras contenidas en el mismo.
26. CASIFOP/ETC 2000: 11 y 15.
27. *Ibid.*: 13.
28. *Ibid.*: 10.
29. Académico en antropología y director del Centro de Estudios de América latina y el Caribe de la Universidad de Georgia. Es también encargado del proyecto de ICGB-Maya.
30. Véase Berlin y Berlin 1996 y Berlin 2000.
31. *La Jornada*, 6 de noviembre de 2001: 30.
32. Véase CASIFOP/ETC 2000: 8.
33. *Ibid.*: 13. Este jardín botánico —conocido mundialmente como Kew Garden— cuenta con una base de datos análoga a la que existe en el Jardín Botánico de la UNAM (llamada Bio-D), en donde se sintetiza toda la información recabada por el ICBG-ZA en México (*ibid.*: 14 nota).
34. Véase, entre otros, los artículos de Alejandro Nadal publicados en el diario *La Jornada*: "UNAM-Diversa: disfraz de transferencia tecnológica" (11 de octubre de 1999), "Patentes: el acuerdo UNAM-Diversa" (18 de octubre de 1999), "UNAM-Diversa: ¿Dueños de recursos genéticos?" (11 de marzo de 1999), "UNAM-Diversa: el saqueo de los recursos genéticos" (28 de septiembre de 1999) y "UNAM-Diversa: convenio fuera de la ley" (4 de octubre de 1999).
35. CASIFOP/ETC 2000: 13.
36. Delgado 2000: 6-7. "[...]caso de la tacpolimerasa que trabaja a 80 grados o la proteasa que también ayuda a resistir el calor. La búsqueda de enzimas que permiten resistir la alta concentración de azufre es interés de la industria petroquímica que necesita de componentes para acelerar la refinación del petróleo, cuando éste presenta altas concentraciones de azufre" (CASIFOP/ETC 2000: 19).
37. "La empresa Diversa desarrolla tecnologías llamadas de 'evolución de las enzimas' que mediante la modificación de la secuencia genética que las genera, logra el mejoramiento de las mismas. Las enzimas cuando se emplean industrial o farmacológicamente, al salir de su contexto celular original, pierden

eficiencia bioquímica. El método tradicional de mejoramiento de éstas, explorando algunas de sus variantes posibles, era lento y poco eficiente. La fuerza técnica de Diversa consiste en haber creado la novedosa tecnología conocida como evolución directa, la cual está integrada por dos procesos: la mutagénesis por saturación del sitio del gen (GSSM) —que permite acelerar y ampliar el espectro de todas las variantes posibles de estas enzimas— y el reemplazamiento de genes. Mediante un cambio de lugar de los nucleótidos dentro del propio gen, Diversa aumenta el número de sustituciones y tipos de variaciones de secuencia de los aminoácidos, lo que le ayuda a identificar con rapidez todas las posibles variaciones de una misma enzima. Lo cual brinda a la empresa la posibilidad de identificar cual es la versión modificada de la enzima que mejor responde a la necesidad técnica deseada" (*ibid.*: 19).

38. Conferencia pública realizada por CEECCAM, RAFI y CASIFOP; "¿Biopiratería o Bioprospección?: biodiversidad, derechos indígenas y campesinos", México, D.F. 14 de septiembre de 2000. Soberón señaló entonces: "el contrato se diseño a propósito para que sólo se realizarán investigaciones en las partes federales de las reservas de la biósfera". Lo que no dijo es que según los permisos que firmó Leonel Lozano Dominguez, director de concertaciones de la SEMARNAP, los investigadores de la UNAM que trabajan para Diversa pueden moverse libremente dentro de las Áreas Naturales Protegidas —incluyendo las de la biósfera, sin específicar nunca que sólo se trata de las partes federales—. Aun así, como bien señaló Nadal en la misma conferencia, si el gobierno federal tiene los derechos sobre los recursos naturales en regiones federales, éste nunca formó parte del convenio, por lo que Diversa tiene la total libertad de saquear los recursos sin la más mínima restricción e incluso normatividad o acuerdo de regalias con el gobierno federal. Es decir, el actor principal en las negociaciones quedó fuera de la jugada. Quien supuestamente es el administrador de los recursos de la nación para los beneficio del país y su población, al quedarse fuera del convenio, entregó los recursos del país bajo los intereses de Diversa y demás involucrados en el negocio. Pero hay que señalar que el papel que asumió el gobierno federal sí fue el de avalar el contrato, incluso hizo el simulacro de "analizar y opinar" acerca de éste, porque la Conabio contrató a Alberto Széleky como el abogado que analizaría el convenio, dando supuestamente una posición independiente a la de los negociadores mexicanos directamente involucrados: la UNAM. Increiblemente, Széleky era al mismo tiempo el abogado de la UNAM (según confirmó Jorge Soberón en la mencionada conferencia). Saque usted sus conclusiones, sumándoles, el señalamiento con el que Jorge Soberón remató esa conferencia: "como funcionario público, mi deber es, que el siguiente (contrato) que hagamos sea mucho mejor". Ante tal comportamiento de So-

berón, al igual que el de otros funcionarios y científicos de las ciencias duras y sociales, habría que indagar desde la sociología, su conversión y complicidad en los procesos de venta de los recursos bióticos del país, entendidos como actos bio-oportunistas; habría que tratar de resolver interrogantes como: ¿por qué están traicionando al país, primero "inocentemente" y luego conscientemente?, ¿cómo comienzan a acceder a la cúpula de poder de México, entendida como la zona de decisiones sobre los recursos bióticos nacionales? y ¿cómo éstos se conectan con la cúpula de poder estadounidense y de otros ENC y sus CMN, jugando con las reglas y lineamientos de relaciones de poder en favor de los intereses de ésa?

39. "El director del Instituto de Biotecnología de la UNAM y uno de los seis firmantes del contrato entre la UNAM y Diversa, señala que el objetivo consiste en realizar actividades de bioprospección que permitan recolectar muestras —iniciando con la recolección de 50 a 100 en las reservas de la Biósfera de los pantanos de Centla y El Vizcaíno— de entornos ambientales extremos salinos, alcalinos y tropicales, en agua y suelo, en diversas áreas naturales del país. Tan sólo en los pantanos tropicales de Centla, en el sureste de México, Diversa espera encontrar un porcentaje grande de enzimas extremófilas, pues todavía se desconoce cerca de 90% de los microorganismos del suelo del país" (CASIFOP/ETC 2000: 22).
40. http://www.celera.com/company/research.cfm.
41. *Ibid.* Véase además www.cs.sandia.gov/projects/celera.htm y www.cs.sandia-.gov/partners.htm.
42. Tal y como en México CASIFOP/RAFI lo han señalado: "con todo este tipo de compensaciones avanzan nuevas figuras de biomaquila, bioplantaciones y sobre todo bioprivatizaciones de los recursos genéticos y los conocimientos" (CASIFOP/ETC 2000: 26).
43. Véase Nadal, Alejandro. "UNAM-Diversa: convenio fuera de la ley", en: *La Jornada*, 4 de octubre de 1999.
44. Declaración de Xavier Soberón. "La genética de nuestro entorno". IBT de la UNAM, en: *La Jornada*, 15 de junio de 2000; citado en CASIFOP/ETC 2000: 19.
45. Hecho que fue denunciado por representantes de la comunidad Amador Hernández (*La Jornada*, suplemento *Ojarasca*, Diciembre de 2000: 3).
46. CASIFOP/ETC 2000: 21.
47. Una postura importante de revisar es la de Adelfo Regino, indígena chiapaneco, misma que expresa no sólo la cosmovisión indígena respecto a la Propiedad Intelectual, sino también las preocupaciones y líneas de acción que podrían tomar los indígenas y la sociedad en conjunto. Véase Adelfo Regino, "Lo comunitario: una gran laguna en las leyes", *La Jornada Ojarasca*, diciembre de 2001, p. 3.

48. Fuente: Mooney 2000: 9.
49. Para un análisis detallado, véase el capítulo 11.
50. En una nota reciente se lee al respecto: "la sesión extraordinaria de la Comisión de las Naciones Unidas para la Agricultura y la Alimentación (FAO) sobre Recursos Genéticos llegó al compromiso internacional en el que se establece que los derechos de los agricultores quedan subordinados a las leyes nacionales sobre patentes, por lo que se mantiene en riesgo que sean registradas por corporaciones, afirmó Grain [...] También se acordó la autorización de patentes sobre material derivado de vegetales [...] El texto final que se enviará a la Cumbre Mundial de la Alimentación aún no está definido y deberá tenerse listo para el mes de noviembre del 2001 [...] Ahí se analizarán temas sobre el predominio de las patentes, derechos de propiedad intelectual relacionados con el comercio y sobre seguridad alimentaria y ambiental de todas las naciones (*La Jornada*, 4 de julio de 2001: 43).
51. Véase *La Jornada*, 5 de marzo de 2001: 6.
52. Véase Bartra 2000: 6-7.

7. HACIA UN SISTEMA MUNDIAL DE PROPIEDAD INTELECTUAL: EL CASO DE LAS BIOPATENTES

1. Véase US Department of Commerce 1997: 82.
2. Novedad, utilidad y no-obviedad. *Ibid*.: 12.
3. Véase Hirst 1992: 21.
4. En 1986 el presidente de EUA, Ronald Reagan, colocó junto a los representantes de la industria farmacéutica de ese país a Daniel Amstutz, un ejecutivo de primer orden de Cargill Company, como una de las figuras centrales en las negociaciones de la Ronda de Uruguay (Dawkins 1997).
5. Este artículo señala: "los miembros podrán excluir así mismo de la patentabilidad las plantas y animales excepto los microorganismos y los procedimientos esencialmente biológicos, que no sean procedimientos no biológicos o microbiológicos. Sin embargo, los miembros otorgarán protección a todas las variedades vegetales mediante patentes, mediante un sistema eficaz sui generis o mediante una combinación de aquéllas y éste. Las disposiciones del presente apartado serán objeto de examen cuatro años después de la entrada en vigor del Acuerdo sobre la OMC". Lo que hace confuso al articulo es que en ningún momento señala los parámetros de definición del "sistema eficaz sui generis". También permite la patente de los genes y procesos microbiológicos, además de otorgar un sesgo implícito en favor de los fitomejoradores y biotecnólogos, ya que carece de mecanismos para asegurar el "reparto

equitativo de las ganancias; ello se percibe más como un factor de exacerbación del robo de la naturaleza del planeta (véase Rodríguez y GRAIN 2000).

6. Los miembros que sobresalen en la Ronda de Uruguay son Bristol Myers, DuPont, General Electric, General Motors, Hewlett Packard, IBM, Johnson and Johnson, Merck, Monsanto, Pfizer, Rockwell y Time-Warner.
7. Más bien la contribución de la periferia al subsidio de la investigación y desarrollo (I&D) de los centros capitalistas aumentará, en un esquema de derechos de propiedad intelectual más sofisticado que consolidaría el abismo tecnológico existente entre ambas regiones (norte y sur), en términos de un escaso acceso a la tecnología de vanguardia en el desarrollo de tecnología específicamente de punta (*High-Tech*), así como en la disposición de información científica por parte de la periferia.
8. Basado en diversas fuentes, específicamente en datos de ETC Group (antes RAFI). Véase www.rafi.org o www.etcgroup.org. Para consultar o buscar patentes (sobre todo aquéllas solicitadas y aprobadas en Estados Unidos) consúltese la base de datos de la United States Patent and Trade Mark Office: www.uspto.gov.
9. Los algodones de pigmentación natural fueron originalmente seleccionados, domesticados y mejorados por comunidades agrícolas indígenas de América a lo largo de cinco mil años, donde esta innovación es usada hoy en día.
10. Oficina Europea de Patentes, Publicación No. 0301749B1, del 2 de marzo de 1994. Para mayores detalles, véase Mooney y Shand 1994.
11. Wrage 1994: 2.
12. Véase RAFI, "¡Japón se llevó el yacón!", *Genotype*, 24 de hagosto de 2001, disponible en internet: www.etcgropup.org.
13. Véase RAFI, "La tormenta de 'El nuña'", 20 de marzo de 2001, disponible en internet: www.etcgroup.org.
14. En diciembre de 2001, Larry Proctor, propietario de la patente de frijol Enola, demandó legalmente a 16 empresas de semillas y a productores de Colorado por no pagar regalías del grano que comercializan. Ello a pesar de que Proctor admitió en una apelación por "su" patente en 1997 que "...este producto era parte de una bolsa de frijoles que compró en Sonora, México, en 1994". Actualmente la patente ha sido "congelada" debido a que los abogados de Proctor la modificaron. La respuesta de la Oficina de Patentes ha sido fusionar los procedimientos de examen con los de una eventual concesión de patente renovada, lo cual retrasa la decisión final. Véase Angélica Enciso, "Dueño de Patente de frijol mexicano demandó a productores de Colorado", *La Jornada*, 19 de diciembre de 2001, p. 40.
15. El USAMRIID (United States Army Medical Research Institute of Infectious Diseases) comprende alrededor de 25 laboratorios, seis de ellos son clasifica-

dos como de máxima seguridad —grado BL4 (Biosecurity Level 4)—; de estos últimos no existen más de una docena en el mundo. La clasificación de Biosecurity Level (BL) se refiere principalmente en el caso de BL1 al manejo de muestras biológicas para prácticas de laboratorio en universidades, el BL2 alude al uso de muestras biológicas con cierto grado de manipulación que requieren cuidado —caso de los laboratorios comerciales y algunas investigaciones de formación universitaria—, el BL3 implica el manejo de materiales biológicos semi-infecciosos, generalmente para investigaciones de institutos privados y algunos públicos, que están vinculados a grandes universidades, como algunos institutos de patología de distintas universidades en el mundo. El BL4 hace uso y manipula muestras biológicas altamente agresivas, infecciosas e inestables. Generalmente son investigaciones llevadas a cabo por instituciones militares específicamente para la producción de armas y en algunos casos con fines médicos. Se trata de materiales como toxinas (Ricin, Saxitoxin, *Staphylococcus* enterotoxina B y otras), cepas virales (encefalitis equina venezolana, VIH, ébola) y bacteriológicas (*Bacillus anthracis* —ántrax—, *Yersinia pestis* —peste bubónica—, entre otras). Véase Pearson 1998: 2-5.

16. Véase capítulo 14.
17. Fuente: RAFI 1996a.
18. *Ibid.*
19. *American Journal of Tropical Medicine Hyg.*, núm. 52(2): 155-158. Febrero de 1995.
20. *Proc. National Academic Science*, núm. 91(3): 1124-1127. Febrero de 1994.
21. *Japanese Journal of Cancer Research,* núm. 84(12): 1215-1218. Diciembre de 1993.
22. *Neurology*, núm. 42(11): 2210-2212. Noviembre de 1992.
23. *Japanesse Neurology Science*, núm. 87(1): 121-138. Octubre de 1988.
24. RAFI 1996a.
25. Datos que, según Pat Mooney de RAFI, son subestimados dado que generalmente las patentes son secretas hasta que son aprobadas. Los tres millones tan sólo corresponden a tres empresas: Celera, Human Genomic Science e Incide Corporation (RAFI, "Gene Giants, Masters of universe?", abril de 1999, en: www.rafi.org).
26. Human Development Report 2000, UNDP, citado en Mooney 1999: 79.
27. *Ibid.*: 82.

8. HISTORIA Y DESARROLLO DE LA BIOTECNOLOGÍA

1. Engels 1961: 72-73.
2. McKell 1992: 15.
3. Donde faltaría precisar, como veremos adelante, que se trata de fines capitalistas y entonces sí, humanos (Walgate 1990).
4. Isaacson 1999: 24-25.
5. Véase capítulos 3 y 5.
6. Suárez 1989: 77.
7. Stent, G. S. y R. Calendar, citados en *ibid.*: 78.
8. *Ibid.*: 79.
9. Suárez: 84.
10. Véase capítulo 11.
11. Para la historia narrada por un protagonista, léase: Watson 1981. Para un caso de actualidad véase "Scientist Accused of Thef", en: *The Washington Post,* 10 de mayo de 2001.
12. Véase: Suárez 1989: 74-77.
13. La información proporcionada por la base de datos del American Museum of Natural History sobre La Revolución Genómica (*The Genomic Revolution*) indican que, entre otros ejemplos, hay una semejanza genética entre el hombre y el chimpancé en 98%, con el ratón 90%, con el pez cebra 85%, con la mosca de la fruta 36%, con el arroz 15% y con las bacterias 7% (para más información consúltese la página del museo: www.amnh.org). Además, según la información dada a conocer en la presentación del mapa del genoma humano por parte de la empresa Celera Genomics y el PGH el 12 de febrero de 2001 en Washington, D.C., la estructura genética de los seres humanos reveló ser similar en 99.99%, y es el restante 0.01% el que delimita sus características individuales que son heredadas. Además, 95% del genoma consiste en genes que han permanecido inactivos por millones de años y que al parecer contienen huellas de enfermedades virales padecidas en el pasado por los seres humanos (*La Jornada*, 13 de febrero de 2001: 13).
14. El material genético está empacado en cromosomas: almacena una enorme cantidad de información en un volumen muy reducido: cada millón de "letras" ocupan un espacio lineal de 3.4 × 105 nm (0.034 cm) y ocupa un volumen total de 106 nm (10-15 cm^3). Véase cuadro anexo.
15. Véase capítulo 13, apartado "El hombre genéticamente capitalista, la esencia del Proyecto Genoma Humano".

9. CRÍTICA A LA BIOTECNOLOGÍA:
¿UNA INDUSTRIA DE LA VIDA O DE LA MUERTE?

1. Marx 1980, XIII: 453, nota 88.
2. Jorge Veraza ya en 1987, señalaba: "todas las fuerzas productivas limitadas, escasas, a la vez que sintetizan dialécticamente la escasez, anticipan y apuntan significativamente al momento en que se cohesionarán en el fluir ilimitado y perderán su piel limitada; y lo hacen manifiesta o latentemente" (Veraza 1984: 74).
3. Veraza 1987: 123-124.
4. *Ibid.*: 129.
5. *Ibid.*: 133.
6. *Ibid.*: 139-152.
7. *Ibid.*: 53-54, 63-64.
8. Marx 1997, II: 594.
9. Veraza 1987: 123-124.
10. En el capítulo 4 se hace referencia a este fenómeno.
11. Véase Club de Roma 1985.
12. De hecho, hoy en día no sólo hay repercusiones directas a la humanidad, como las miles de personas con altos índices de radioactividad, también se cree que parte de las razones por las cuales el cáncer ha proliferado recientemente es justamente el incremento de los niveles de radiación en el planeta. Véase Gould y Goldman 1991. Especial referencia a los capítulos 8 ("Infant Mortality and Milk"), 9 ("Cancer in Connecticut") y 10 ("Radiation and AIDS").
13. Wright Mills 1987: 324-327.
14. Para una descripción más detallada de la tendencia decreciente de la tasa de ganancia y la contradicción entre masa y tasa de ganancia, así como para referencia bibliográfica, véase capítulo 2.
15. En una plática, Jorge Veraza, parafraseando a Marx en el *Manifiesto Comunsita*, hace una parodia entre este fenómeno y lo que sucede, en la literatura, al "aprendiz de brujo", quien a pesar de saber muy poco, hace conjuro; sin embargo, luego, cuando las cosas se salen de control, se da cuenta que no tiene idea de cómo deshacerlos, lo que lo hace ver que realmente sabía muy poco; hasta que el brujo remedia lo que el aprendiz hizo, las cosas vuelven a la normalidad. Pero, cuando se salen las cosas de control a los capitalistas, no hay brujo que deshaga sus actos irresponsables ni las consecuencias desastrosas que desataron al adoptar el papel del aprendiz en el proceso de *aplicación* de nuevas tecnologías desarrolladas.
16. El caso de la Universidad Nacional Autónoma México (UNAM) es ejemplar, en cuanto a la subordinación de los planes de estudio y agendas de investiga-

ción. Si se revisa la página electrónica del College Board, esta institución junto con el BID están vinculados con esta institución mexicana para la formación de fuerza de trabajo "apta para los procesos de globalización" (que de fondo significa "capacitados para la maquila"). Para ello sólo basta ver la lista de usuarios de su servicio o incluso de los que son miembros del College Board para América latina (http://www.collegeboard.org/ptorico/latinam/somos/html/instusua.html). En el mismo sentido, según el coordinador de Ciencias de la UNAM, la abrumadora mayoría de los fondos destinados a la investigación básica proviene del CONACYT, que al parecer recibe buena parte de sus recursos de préstamos altamente condicionados del BM y el BID (entrevista con René Drucker en Radio Universidad). En cuanto a las agendas de investigación de los institutos de la UNAM, se sabe que hay grandes montos de dinero que son asignados por parte de empresas e incluso por parte de BM, el FMI y BID para que se lleven a cabo ciertos proyectos. Tal es el caso, mencionado de la empresa norteamericana Diversa y el Instituto de Biotecnología de la UNAM o de American Cynammid y la Facultad de Química/Jardín Botánico de la UNAM. Para un análisis más extenso sobre la subordinación de la educación pública a los ENC y las CMN, véase Saxe-Fernández 2000.

17. Desde luego hay diferencias de matiz en cada uno de los países. Por ejemplo, en el caso de la industria espacial, los brasileños, aunque subordinados tecnológicamente, están formando cuadros de técnicos para la futura construcción de satélites a partir de estudiar los adquiridos en el exterior. Argentina intentó desarrollar un programa nacional de desarrollo e investigación coheteril, sin embargo culminó en la cancelación del proyecto. México, al igual que el resto de los países latinoamericanos, es el ideal visto desde los ojos de EUA, porque está totalmente supeditado, dejando en sus manos el desarrollo de la tecnología, además de su producción y manejo; tan sólo es necesario sacar la "chequera" con fondos provenientes de los préstamos altamente condicionados para que EUA se haga cargo.
18. Saxe-Fernández, Eduardo 2001: 86.
19. Véase el reciente caso del expresidente mexicano Ernesto Zedillo, quien inmediatamente después de dejar su cargo, en diciembre de 2000, fue premiado (el 23 de febrero) por la Union Pacific por haber desregulado el sector ferrocarrilero al integrarlo como parte de la mesa directiva de dicha empresa. Zedillo sólo por sentarse seis veces al año y "dar su opinión" recibe un "sueldo" de 75 mil dólares anuales. Igualmente, Zedillo fue premiado por Procter & Gable, ya que él fue directo responsable de sanear las deudas que esa empresa tenía en México en dólares, a través de un programa gubernamental dependiente del Banco de México (FICORCA) donde Zedillo era el director. Más recientemente, fue nombrado asesor del director general de la

OMC (6 de julio de 2001). No es de extrañarse pues que no sólo Zedillo, sino innumerables figuras de la élite mexicana, sin olvidar a Salinas de Gortari (el presidente latinoamericano que más doctorados *Honoris Causa* ha recibido de las universidades norteamericanas), han sido premiados por CMN y ENC.

20. Saxe-Fernández, Eduardo 2001: 84.
21. Véase en detalle este caso, el de la industria farmacéutica y la salud humana en el capítulo 12, Proyecto Genoma Humano en el 13, y el de la producción de nuevas generaciones de armas bioquímicas y bacteriológicas en el 14.
22. Existe un considerable cuerpo de evidencia de que se trata de una crisis estructural. En un artículo, Nadal señala: "por primera vez desde 1974, de manera simultánea los tres principales motores de la economía mundial dejaron de ser una fuente de dinamismo. Las economías de EUA, Japón y la Unión Europea se encuentran sincronizadas en una fase recesiva o de desaceleración de sus principales indicadores [...] es posible que la economía mundial esté ingresando en la primera gran cesión global" (*La Jornada*, 4 de julio de 2001). Al respecto véase entre otros a: Sweezy 1978: 61; Arrighi 1982 y Wallerstein 1982.
23. En un documento clasificado del Departamento de la Defensa de EUA publicado en el *New York Times* (8 de marzo de 1992), se asegura que el papel de ese país en la "era post-fría" es el de asegurar que ningún retador emerja del oeste de Europa, Asia o la desmembrada Unión Soviética. El documento alude a "un planeta dominado por un superpoder, cuya posición puede ser perpetuada mediante la construcción de un comportamiento y suficiente poder militar para amedrentar a cualquier nación o grupo de naciones que intente retar la primacia americana".
24. Véase Libicki 1989: 1.
25. Datos correspondientes a Melman, Seymour, *Profits Without Production*, citado en Saxe-Fernández 1998, I, 7: 212.
26. *Ibid.*: 213-214.
27. *Ibid.*: 214.
28. En el informe de la Secretaría de la Defensa, de marzo de 2000, titulado "National Defense Budget Estimates for FY2001", se publica el monto destinado al gasto social y económico, desde 1945 hasta estimaciones del 2005. En este rubro se suman los gastos en: Ciencia General y Tecnología (excepto programas espaciales), Recursos Naturales y Medio Ambiente, Energía, Agricultura, Comercio y Crédito Hipotecario, Transportación, Desarrollo Comunitario y Regional, Educación, Entrenamiento, Empleo y Servicios Sociales, Salud, Pensiones, Administración de Justicia, Gobierno en General y Asistencia Fiscal.

29. CIA, "The World Factbook 2000", en: http://www.odci.gov/cia/publications/factbook/index.html.
30. Melman, S., citado en Saxe-Fernández 1998, I, 7: 219-220.
31. Véase Veraza 1984: 105.
32. Wright Mills 1987: 327-329.

10. LA BIOTECNOLOGÍA Y SU ALINEACIÓN COMO INDUSTRIA ESTRATÉGICA: EL CASO DE LA BIORRED

1. Libicki 1989: 2.
2. En 1995 Andrés Barreda y Ana Esther Ceceña publicaron *Producción estratégica y hegemonía mundial*, donde desarrollan y puntualizan qué y cuáles son las industrias estratégicas de fines del siglo XX. Aunque ambos coordinadores coinciden en ese libro, para 1998 Ana Esther Ceceña, en su libro *Tecnología como instrumento de poder* se enfocó más en la electroinformática como la tecnología estratégica de punta más importante de fines del siglo XX (Ceceña 1998). Al mismo tiempo, Andrés Barreda en su *Atlas Geoeconómico y geopolítico de Chiapas* optaba, a diferencia de Ceceña, por considerar a la biotecnología como la central, delineando el carácter estratégico de esta tecnología en la producción y hegemonía mundial. Tal trabajo, aunque forma parte de un estudio de caso del estado de Chiapas y que además comprende una diversidad de temas, introduce de manera genérica los argumentos eje que clarifican la importancia del desarrollo de la biotecnología dentro de la dinámica del capital de principios del siglo XXI (Barreda 1999). El presente capítulo reconoce la importancia de desarrollar más a fondo y de manera puntual el trabajo introductorio de Barreda, dando cuenta del carácter estratégico de la biotecnología tanto en la producción productiva como la improductiva.
3. Este fenómeno ya fue descrito en el capítulo 6. Asimismo véase Muñoz 2001: 33.
4. Libicki 1989.
5. Ceceña y Barreda, "La producción estratégica como sustento de la hegemonía mundial. Aproximación Metodológica", en Ceceña y Barreda (coords.) 1995: 44.
6. La otra cara de la moneda es la ausencia de un complejo industria-universidad-Estado, que desarrolle tecnología, desde y para la periferia. Esto es fundamento constante para que los ENC incrementen la subordinación hacia los ENP, estimulando la dependencia tecnológica. Este hecho, por ejemplo, se ha dado a partir de las estructuras internacionales de las CMN, quienes se encar-

gan de que la transferencia sea controlada, subordinada y de manera tal que no contradiga los intereses del Estado nacional que las cobija.

7. Ostry y Nelson 1995: 35.
8. NSF 2001, 1: 62-64.
9. *Ibid.*: 70-87.
10. *Ibid.*: 63.
11. Me refiero a la estructura de poder existente entre el sector militar y el civil, específicamente para el caso de esta investigación, en la construcción de la red industrial nacional y la toma de decisiones en ella, donde lo civil incluye CMN, universidades e institutos de investigación.
12. Wright Mills 1987: 13-16. La interpretación millsiana ha recibido mayor constatación empírica, por ejemplo en la serie de trabajos presentados por Sarkesian 1972, II.
13. NSF 2001, 1: 70.
14. *Ibid.*: 135, 166 y 178.
15. *Ibid.*: 178.
16. *Idem.*
17. *Ibid.*: 64.
18. Al respecto Pablo González Casanova señala: "el análisis de la contrarrevolución, de su cultura política y de las condiciones sociales en que opera, es imprescindible para comprender mucho de lo que pasa hoy en AL y el mundo entero. Las técnicas sociales han evolucionado hasta adquirir un grado considerable de precisión, no solamente entre los grupos y partidos revolucionarios, sino entre los partidarios del *statu quo*, de la reacción y la contrarrevolución" (González C. 1968: II-IV). Para un análisis más detallado véase Saxe-Fernández, "Ciencia Social y contrarrevolución preventiva en América latina" en Stavenhagen, Saxe-Fernández y Sotelo 1975: 53-111.
19. Department of Defense "100 Companies. Receiving the largest dollar volume of Prime Contract Awards", Fiscal Year 1997. Directorate for Information Operations and Reports (DIOR). Washington Headquarters Services.
20. Thompson y Hirts 2000: 98. El promedio de internacionalización de I&D, entre los primeros nueve países centrales, es de 39 por ciento.
21. Melman 1970: 101.
22. Ex CEO: Ex Chief Executive Officer.
23. Véase el estudio de Roherty (1970: 88). El carácter totalitario de esta transformación administrativa no puede pasar inadvertido.
24. "La operación de mayor envergadura del gobierno —dice Seymour Melman, profesor emérito del Departamento de Diseño Industrial de Columbia University— es el manejo de su economía militar por medio de una administración central. Más de 37 mil firmas industriales o divisiones de esas fir-

mas y más de 100 mil subcontratistas operan bajo el control de una oficina de administración federal con cerca de 50 mil empleados. Probablemente se trata de la administración industrial centralizada y estatal de mayor envergadura del mundo" (Melman 1987: 82).

25. Mecanismo legal de propiedad intelectual que otorga derechos exclusivos bajo patente a las partes involucradas en el contrato.
26. Véase adiciones a los CRADAS en la National Competitiveness Technology Transfer Act (1989) y la National Cooperative Research and Production Act (1993), en NSF, 1: 98. El resultado de estas políticas, según datos del NSF, ha sido el aumento del número de CRADAS. En 1987 eran sólo 34, pero para 1996 habían incrementado a 3 688 (*ibid.*: 98-99).
27. Melman 1970.
28. Melman realiza un interesante trabajo sobre la simbiosis entre el aparato industrial norteamericano y el Pentágono. De esta manera, a lo largo de su libro demuestra cómo es que EUA se encuentra permanentemente en una política económica de guerra (Melman 1970 y 1987).
29. Cuando se pidió a Markus Raskin, autor crítico y ex miembro del Consejo de Seguridad Nacional durante el gobierno de Kennedy, una definición de seguridad nacional, ironizó: *National Security is bussiness, bussiness is National Security* (citado por John Saxe-Fernández, en el Seminario sobre Seguridad Nacional, organizado por la Facultad de Ciencias Políticas y Sociales, México, 1976).
30. Según Melman, el Departamento de Defensa no cuenta con suficientes recursos administrativos para gastar el amplio y creciente presupuesto que le asigna el Congreso. Esta acumulación de partidas no ejercidas es llamada *backlog* (Melman 1970).
31. Textual: *In the councils of government we must guard against the acquisition of unwarranted influence, whether sought or unsought by the military-industrial complex. The potential for the disastrous rise of misplaced power exists and will persist*, presidente Dwight D. Eisenhower, 17 de enero de 1961. Washington, D.C.
32. Melman 1970: 25.
33. Ostry y Nelson 1995: 24 y 25.
34. En el caso de los Estados Unidos, conviene recordar que Clinton giró instrucciones al aparato de inteligencia para que diera prioridad al "monitoreo", "vigilancia" y "espionaje" de las áreas de alta tecnología y no sólo el comercio, la inversión extranjera y los movimientos financieros internacionales "de la competencia", como tareas —y presumiblemente "misiones"— de la "posguerra fría", o mejor aún, de la "paz fría" por ser una expresión dramáticamente nítida de la lucha hegemónica inter-capitalista, en lugar de los esfuerzos antes dedicados al espionaje y las operaciones encubiertas contra la

URSS y Europa central. Este giro, además de ofrecer una "racionalización" para mantener la existencia de organismos típicos de la guerra fría como la CIA —con fabulosos presupuestos cercanos a los 30 mil millones de dólares—, politiza y coloca en el "área de la seguridad nacional" la competencia y conflictividad inter-capitalista en un área tan crucial como lo es el de la innovación tecnológica (véase Saxe-Fernández 1998, I, 7: 222). Como ejemplo, solo hay que mencionar el caso de Echelon, que significa un escalón en términos militares, pero hoy se enfoca más en gobiernos, organizaciones y negocios. Éste es un sistema laberíntico con equipos de inteligencia artificial que intercepta señales de satélite, microondas, celulares, cable submarino y fibra óptica, en cualquier parte del mundo, y constituye la más densa red global de espionaje en la historia. EUA nunca ha reconocido su existencia en forma oficial, pero en la década pasada decenas de reportes de investigación revelaron que se trata de un programa de la Agencia Nacional de Seguridad (NSA); ésta tiene su cuartel general en Fort Meade, cerca de Washington, con 38 mil empleados y un presupuesto estimado en trece mil millones de dólares. Según un reporte de inteligencia francesa, las grandes CMN estadounidenses de *software* instalan "puestas traseras", a través de las cuales la NSA puede espiar a los usuarios de al menos 90% de las computadoras del orbe. Con esta tecnología la NSA puede espiar al servicio de las grandes CMN. En 1990, la revista alemana *Der Spiegel* afirmó que la NSA interceptó mensajes sobre un contrato de telecomunicaciones por 200 millones de dólares entre Indonesia y la constructora japonesa de satélites NEC Corp. El entonces presidente Bush (padre) usó esa información para convencer a los indonesios de repartir el contrato entre NEC y la estadounidense AT&T. En 1994, captaron las llamadas de funcionarios brasileños y la firma francesa Thompson-CSF, y usaron la información para desviar un contrato de 1 330 millones de dólares hacia la estadounidense Raytheon, que es una de las principales contratistas de Echelon. (Moheno 2001). Recientemente, en una nota de *The Washington Post* (11 de mayo de 2001: A18) se señalaba: "los oficiales de inteligencia de EUA, negaban la capacidad de la NSA [...] pero afirmaron que en efecto sí se ha interceptado en el pasado para 'nivelar el campo de juego' cuando la evidencia mostraba que firmas extranjeras habían caído en prácticas corruptas, tales como el soborno, para obtener contratos". Véase también *La Jornada* del 8 de julio de 2001: 6; el libro de James Bamford, *Body of secrets* (Doubleday, 2001); y *Erosion of Individual Privacy-Echelon Subchapter* en: http://www.mega.nu:8080/ampp/echelon.html.

35. Véase "Globalización e Imperialismo" en Saxe-Fernández 1999: 9-68.
36. En una nota, el periódico norteamericano *The Washington Post* (10 de mayo de 2001) informaba que EUA acusa a Japón de pirataje tecnológico, ya que dos

especialistas japoneses encargados del Lerner Research Institute, una unidad del Cleveland Clinic Foundation, sabotearon sus propias investigaciones en EUA y robaron muestras de células y material genético parte de una investigación contra la enfermedad de Alzheimer. Luego fueron entregadas al Japanese Research Institute, donde hasta antes de que EUA tomara acciones legales (agosto de 2000), los científicos trabajaban. Otro ejemplo es el de tres hombres que fueron arrestados por haber robado secretos de la Lucent Technologies Inc. para pasárselos a China. En este contexto EUA, consciente de la competencia intracapitalista ya había previsto el pirataje tecnológico por parte de especialistas (y no especialistas), por lo que en 1996 el Congreso aprobó el Acta de Espionaje Económico, que protege a corporaciones y laboratorios de los competidores extranjeros y sus leyes.

37. Consúltese Doremus *et al.* 1998: 22-83.
38. Los microarrays, también conocidos como "ADN chips" o "biochips", son una herramienta diseñada para el análisis rápido de las diferencias mínimas en los códigos genéticos. Su funcionamiento se basa en la introducción de colecciones de "pruebas génicas" en un portaobjetos o chip, donde puedan ser expuestas muestras de ADN "desconocido". Un marcador fluorescente indica que alguna de las pruebas coincide con la muestra de ADN desconocido, es decir, que ésta se ha hibridado o asociado con su contraparte de G, C, T, o A, previamente contenidas en el chip. De esta manera, los microarrays permiten estudiar los genomas en movimiento, expresando genes a lo largo del tiempo. Los científicos pueden observar cómo los genes de prenden y se apagan a través de repeticiones de distintos procesos. Toda esta información es crecientemente introducida en biochips de nueva generación con una capacidad cada vez mayor para hacer distintas pruebas altamente sofisticadas dada su librería de información contenida en éste. Las empresas y CMN involucradas en su desarrollo y producción ya ofrecen chips optimizados para usos específicos, por ejemplo para pruebas "escogidas" por los consumidores. Por ejemplo, Incyte Pharmaceuticals Inc., ubicada en Palo Alto (al igual que casi todas las que se dedican al negocio dada su cercanía a Silicon Valley), ha anunciado que en los próximos años ofrecerá un biochip con toda la información del genoma humano. Asimismo, Motorola, mejor conocida por el desarrollo de celulares, ha creado una división con científicos de Alabama y Arizona para desarrollar microbiochips baratos para el diagnostico de infecciones bacteriales, sustituyendo los actuales, lentos y costosos análisis de laboratorio basados en pruebas de cultivos bacteriales y que son hechos por hospitales y laboratorios clínicos. Actualmente, algunas de las empresas/CMN involucradas en el desarrollo de biochips son: Affymetrix Inc., CipherGen Inc., Clontech Laboratories Inc., GeneTrace Systems Inc., Hyseq Inc., Illumina

Inc., Incyte Pharmaceuticals Inc., Beckman Coulter Inc., Molecular Dynamics Inc./Amersham Pharmacia Biotech, Nanogen Inc., Protogene Laboratories y Sequenom Inc., todas ubicadas en el área de Silicon Valley. También, fuera de esta región, vale la pena enlistar a Motorola Inc. (Illinois), Genometrix Inc. (Texas), Genosys Biotechnologies Inc. (Texas), Luminex Corp. (Texas), NEN Life Scienses (Massachusetts), Millenium Pharmaceuticals Inc. (Massachussets), AlphaGene Inc. (Massachussets), entre otras más. Los objetivos de las actuales empresas y CMN que desarrollan los microarrays son la reducción de la densidad y tamaño, incremento del número de pruebas contenidas en un solo biochip, aumento de la velocidad, precisión (a través de pruebas repetitivas —espectroscopia—) y aplicaciones específicas (según el paciente o comprador —hospitales, clínicas especializadas—). Véase Robbins-Roth 2000: 73-81. Para una descripción sobre nuevos materiales y sensores inteligentes, véase capítulo 2, apartado titulado "Los nuevos materiales".

39. Mooney 1999: 25-26. También, para las cifras de 1990, véase Thomas 1993: 23.
40. El cálculo de RAFI en el 2001 es de un dólar, sin embargo, la OCDE anunciaba en 1995 que éste era en ese momento de 50 centavos de dólar (véase Mooney 1999: 25-26; OCDE 1995: 7).
41. Entre 1980 y 1994 las alianzas de patentes de alta tecnología aumentaron de 12 a 24% y hoy en día significan más de la mitad del PIB de los países de la OCDE (Human Development Report 2000, citado en Mooney 1999: 79).
42. Véase Goldstein 1989: 122-129, apartado "El impacto del nuevo complejo académico-industrial norteamericano sobre AL".
43. Citando a Pat Mooney, de RAFI (textual): *Mega-mergers are already transforming the once-diverse Life Industry into a handful of homogeneous Gene Giant.* (Mooney 1999: 83).
44. Sutcliffe y Glyn 1999.
45. Si bien se puede discutir la metodología de definición, clasificación y medición de las corporaciones, tal y como lo hacen Glyn y Sutcliffe, no se puede dejar de lado las estructuras de poder corporativas que trascienden el ámbito industrial y se extienden a lo financiero, político/internacional e incluso militar. Para Glyn, las CMN estadísticamente se definen como aquéllas que tienen más de seis filiales en el exterior (según el Informe Mundial de Inversión de la Harvard Business School) y tienen más de 10% de sus acciones (UCTAD-United Nations Conference on Trade and Development). Dentro de esta clasificación, en 1969 había siete mil CMN, y hoy en día hay 44 508. En el mismo sentido, si se mide la participación de las CMN en la economía mundial no por su volumen de ventas, sino por su contribución al valor de la producción, según metodología y cálculos de Glyn y Sutcliffe, para el caso de las primeras cien corresponde: 5% en el total de stock de capital y 5% del vo-

lumen de producción mundial, donde faltaría añadir que si bien sólo controlan *directamente* sólo ese 5% —en ambos rubros—, también logran un cierto dominio *indirecto* de la producción en el caso de los productores intermedios o suministradores de materias primas, al tener ellos el poder de compra que les confiere la facultad de favorecer a tales o cuales entes.

46. Instituciones ampliamente dominadas en su estructura de toma de decisiones, por Estados Unidos y los ENC, ya que se rigen no por el principio de "un país un voto", sino por el de "un dólar un voto".
47. Saxe-Fernández 1991: 123.
48. Mooney 1999.
49. Kaplan, Robert D. "Was Democracy Just a Moment", citado en *ibid.*: 75.
50. *Trillions* en inglés. Corrigan 1999: 16. El mismo artículo señala que en 1998 tal cifra era de 2.5 billones. Citado en Mooney 1999: 75.
51. Véase *ibid.*: 76.
52. Human Development Report 1999. UNDP, citado en *ibid.*: 77.
53. *Bussiness this Week*, citado en *ibid.*: 77.
54. *Idem*.

11. El agro biotecnologizado

1. Robinson 1996.
2. Anteriormente mencionado, McNamara, antes de ser presidente del BM, fue secretario de la Defensa en la gestión de Kennedy y Lincon B. Johnson; asimismo fue ex presidente de Ford Motors Co.
3. Véase Bell y GRAIN 1999: 2.
4. *Ibid.*: 2-3.
5. FAO 1999.
6. Desde 1982, el papel del Banco Mundial (BM) en México y en el resto de la periferia ha sido instaurar un régimen acreedor a ultranza, a raíz de la crisis de ese año, por medio de mecanismos diseñados a llenar los "boquetes" presupuestales generados por el desvío masivo del gasto público al servicio de deuda y a otros gastos no productivos, como los famosos rescates. Después de cada crisis y cada rescate, se aumenta la dependencia y la urgencia de los gobiernos sobre los préstamos altamente condicionados por parte de los mencionados organismos institucionales. Los programas auspiciados por el BM indican la implantación de una línea de condicionalidad que literalmente ha devastado la economía nacional, y de manera especialmente aguda al sector de granos. A partir de 1982, el gobierno mexicano aplicó el paquete de condicionalidad acreedora, es decir, la reducción del gasto público, la orien-

tación precisa de los subsidios, la reforma fiscal, la restricción del crédito, la privatización de la mayor parte de las empresas estatales, la liberalización comercial, la devaluación, la abolición de barreras a la inversión extranjera y la aplicación de topes salariales. En 1988, el BM otorga un préstamo al sector agrícola "ME2918", con el cual establece los lineamientos para impulsar una regresión histórica, cuyos objetivos, en palabras del mismo programa, fueron: 1) quitar subsidios para globalizar los alimentos, así como reorientar los restantes subsidios alimentarios para los pobres; 2) reducir la intervención del gobierno en los mercados agrícolas, para que por la vía de eliminar los precios de garantía de granos (especialmente los del maíz y frijol), el mercado ahora determine el precio; 3) abolir los controles de exportación y las restricciones cuantitativas en productos claves; 4) reducir el papel de las paraestatales agrícolas, como la CONASUPO; 5) liberalizar el comercio agrícola; 6) quitar los subsidios a los insumos; 7) aumentar la eficiencia de la inversión pública; 8) descentralizar y recortar personal en la secretaria de agricultura. Una primera evaluación del programa, hecha por el mismo BM sobre los resultados, indica que efectivamente logró poner estos préstamos e influir dentro de la estructura gubernamental, impulsando a los llamados reformadores, especialmente en la dirección de propiciar cambios al artículo 27 constitucional (para lo cual había resistencia dentro y fuera del gobierno), para finalmente aprobarlos en diciembre de 1991 (Saxe-Fernández, XXI Seminario de Economía Agrícola, noviembre de 2000. IIES).

7. FAO 1999.
8. Aparentemente surgió como resultado de la manipulación humana de las cadenas alimenticias animales. Proveniente en un comienzo de ovejas británicas de *scrapy* (encefalopatía espongiforme), pasó al ganado vacuno a través de los alimentos balanceados elaborados con vísceras de las ovejas enfermas, y de allí a los seres humanos que, a partir de 1995, consumieron la carne bovina. En enero de 1996 el secretario de Salud del Reino Unido señaló la posibilidad de contagio humano de este mal. Sin embargo dos meses después tuvo que informar al Parlamento de una variante desconocida de este mal ("la enfermedad Creutzfeldt-Jacob") y reconocer que su origen pudo ser el padecimiento bovino de la vaca loca. Hasta la fecha han muerto tan sólo en el Reino Unido más de 84 personas, pero se han detectado casos del síndrome en el ganado de Irlanda, Francia, Bélgica, Holanda, Alemania, Canadá y en muchísima menor medida en EUA. La crisis de las vacas locas es el precio que ha tenido que pagar el viejo continente —por lo pronto— por haber transformado a seres herbívoros en carnívoros, resultado de la búsqueda de una mayor rentabilidad, al fomentar una alimentación artificial en la desbocada competencia por el mercado. Alimentar al ganado vacuno con proteínas

animales acelera su nivel de crecimiento significativamente y permite que su producción de leche sea mayor. Es un asunto de economías de escala (véase Hernández Navarro 2000: 20).

9. El fenómeno de desterritorialización de los campesinos se presenta tanto en los ENC como en los periféricos; en consecuencia, miles de agricultores y trabajadores han perdido su tierra o su trabajo como resultado del *boom* de la agroindustria. Esto se concreta en la excesiva mecanización e informatización de la agricultura, el uso de agroquímicos y la aplicación de alteraciones biotecnológicas, y ha resultado en la necesidad de disminuir la mano de obra e incrementar los niveles de inversión requeridos para subsistir como productores, por lo que los campesinos se han ido a la quiebra y han tenido que vender su tierra a las agroindustrias. Actualmente, en EUA sólo 3% de la población económicamente activa trabaja en la agricultura, cuando al principio del siglo este porcentaje era de 36%. Entre 1980 y 1986 235 mil granjas salieron del negocio de la producción; se estima que para principios del siglo XXI cincuenta mil empresas agrícolas controlarán 75% de la producción de este sector. Este proceso está presente en todos los ENC con algunas diferencias y la tendencia es resultado, en parte, de los altos costos de inversión que requiere mantenerse en la industria agrícola; esto impone restricciones a la libre entrada a este negocio y, por el contrario, se da un proceso de concentración, donde las grandes CMN y hasta los fondos de pensiones controlan la propiedad de la tierra y la industria agrícola del siglo que comienza.
10. Oliver 1999: 172.
11. El CEO de Dupont hace esta aseveración cuando en su libro dice: "la carrera entre las CMNs bioagrícolas no es una carrera económica solamente, más bien es una carrera por la vida" (*ibid.*: 177).
12. Altieri y Rosset 2001: 10.
13. Tal postura ya estaba circulando fuertemente dentro de las audiencias del Senado de EUA desde el 2000 como resultado de su difusión masiva en los medios de comunicación a nivel mundial desde finales de 1999 por parte de las CMN involucradas en el negocio de las semillas y los agroquímicos; difusión que, como se señaló, después ha sido respaldada por el BM y la ONU. Según un artículo de Marc Kaufman publicado en *The Washington Post* el 11 de julio de 2000, citado en una audiencia del Senado de EUA, se indica que según un reporte del NSF y otras siete académias del mundo —la Royal Society of London, así como las de Brasil, China, India, México, entre otras— las consideraciones del desarrollo de transgénicos se centran en las necesidades urgentes de los campesinos de los países periféricos. Tal Informe concluye, entre otras cosas, que "sin la tecnología de modificación genética será imposible alimentar a los pobres del mundo en el futuro sin destruir el medio

ambiente" (Commitee on Foreign Relations, *The Role of Biotechnology in Combating Poverty and Hunger in Developing Countries*, 12 de julio de 2000: 24). También consúltese: Committee on Health, Education, Labor, and Pensions, *The Future of Food: biotechnology and consumer confidence*, Government Printing Office. Washington 2000; PNUD, *Desarrollo Humano 2001*, ONU, 2001. Para una visión sintética respecto de la problemática de los transgénicos presente en el informe, véase: Ribeiro 2001.

14. *Idem*.
15. *Idem*.
16. En un artículo de la revista *Scientific American* se muestra que CMN como Monsanto, Cargill y Dow Chemical están desarrollando variedades de maíz y otras plantas modificadas genéticamente para la producción de plásticos, aceites y otros productos de uso industrial. La crítica se centra en el alto contenido energético que implica extraer tales productos de las plantas, que en algunos casos es igual o mayor a la producción directa de los mismos, pero derivados del petróleo (véase Gerngross, Tillman y Slater 2000: 37-41).
17. Grace 1998: 135.
18. En los años sesenta, Rachel Carson, en su libro *Silent Spring*, fue la primera en llamar la atención de los peligros del uso excesivo de herbicidas y plaguicidas; sin embargo fue censurada por las poderosas corporaciones químicas. Los científicos que trabajaban para ellas denunciaron sus advertencias como alarmistas y falsas. Con el tiempo las consecuencias de la contaminación por plaguicidas y herbicidas se hicieron demasiado evidentes para poder ser ignoradas. El caso de los bioinsecticidas, bioherbicidas y plaguicidas biológicos insertados como mecanismos propios de la planta mediante su modificación genética es el mismo. Hoy en día los críticos son tachados de alarmistas y falsos: ¿Por qué creer nuevamente en las aseveraciones de las CMN que difunden a todo pulmón la neutralidad e incluso la seguridad de tales modificaciones genéticas?
19. *La Jornada*, 15 de octubre de 2001 y *Milenio*, 13 de octubre de 2001.
20. Tayabali y Seligy 2000.
21. Concepto ideado por RAFI para referirse a tecnologías, que a través de modificar la estructura genética de las semillas permiten una serie de manipulaciones en sus funciones vitales que son diseñadas para fines comerciales. RAFI clasifica la tecnología *terminator* en tres rubros: la Generación I (*terminator* y *terminator/traitor*, ideal para la industria semillera y química), II (ideada para la de alimentos procesados) y III (*nutriceuticals*) *vid infra* (Mooney 1999: 85 y 88).
22. *Ibid*.: 40.

23. Pulsar, parte de la CMN Savia, cuyo dueño es Alfonso Romo (íntimo amigo de Vicente Fox), es la quinta empresa semillera del mundo y la primera en hortalizas y frutas con 20% del mercado mundial.
24. ISAAA, Global Review of Commercialized Transgenic Crops: 2000. núm. 23-2001, disponible en internet: ww.isaaa.org.
25. RAFI, "Semillas Transgénicas: ¿Sólo un frenazo o ya cayeron al vacío?, Geno-Types/RAFI, 21 de enero de 2001.
26. Comunicado de prensa de Monsanto, "Informe del último cuatrimestre de 1999" e "Informe general del año de Monsanto", citado en *ibid.*
27. *Ibid.*
28. Comunicación personal de RAFI con Richard Leech, Wood Mackenzie, citado en *ibid.* Wood Mackenzie lanza revisiones globales y pronósticos sobre semillas modificadas genética, farmacéutica y biotecnológicamente, así como en salud animal. Para más información, consúltese www.woodmac.com.
29. Tayabali y Seligy 2000.
30. Mooney 1999: 84.
31. *Ibid.*: 94.
32. El acuerdo mundial es que todos los países reduzcan los subsidios al campo para globalizar este sector; sin embargo, los países periféricos están reduciendo sustancialmente sus subsidios, mientras que EUA y la Unión Europea (quien se coloca como la segunda región que mantiene altos subsidios al campo en el mundo) "recortan" estos subsidios a los que tenían en 1986, año que casualmente es el más alto de la historia de ambas regiones.
33. Vía Campesina, "Propuesta de la Vía Campesina sobre los Derechos del Agricultor/a", Tegucigalpa, febrero de 1999.
34. Fritscher 1999.
35. AgroBio México es una asociación "civil" de las grandes empresas que controlan la producción mundial de semillas trasngénicas: Novartis, Monsanto, Savia (Pulsar), Aventis y DuPont. Funciona como un grupo de cabildeo en favor de la agricultura genéticamente modificada. Estas compañías controlan 75% de las patentes agrobiotecnológicas en el mundo (Hernández Navarro 2001: 19). Véase también: www.agrobiomexico.org.
36. "Los alimentos del futuro", en: *El Financiero*, suplemento especial, 3 de noviembre de 1998.
37. *Idem.*
38. *Idem.*
39. Romo vendió la división de empaques de Savia por 285 millones de dólares y Seguros Comercial América por 1.2 millardos de dólares (venta de 43% de las acciones que tenía). Con ello podrá pagar los 370 millones que debe Pulsar y los 1.3 millardos que adeuda Savia. Según cálculos de Romo, Seminis

se convertirá en una CMN con ingresos de 2 millardos en el mercado mundial de vegetales (*Business Week*, 11 de junio de 2001: 29). Véase también *La Jornada*, 5 de junio de 2001: 20.

40. Consúltese www.rafi.org.
41. *Ibid*.: 1.
42. *Ibid*.: 1.

12. CMN FARMACÉUTICAS, BIOTECNOLOGÍA Y SALUD HUMANA

1. Veraza U., Jorge, "La Subsunción Real del Consumo bajo el Capital en la Postmodernidad y los *Manuscritos de 1844* de Karl Marx", Seminario de *El Capital*, Facultad de Economía, UNAM, México, 1994.
2. Flores y Ocampo en su trabajo descifran el significado de los patrones de alimentación como lógica de la subsunción del consumo por el capital; al respecto resulta central aclarar que: a partir de la sobreproducción de granos a mediados del siglo XIX, cuando la dieta general estaba basada en cereales, verduras, leguminosas, tubérculos, frutas y en última instancia la carne, se hizo necesario dar salida a ese excedente de granos. La "solución" fue su uso en alimentar al ganado y la invención de cereales procesados (que irónicamente perdieron las cualidades del grano original, por lo que fue necesario añadir vitaminas y demás suplementos). Así, consecuentemente la dieta se transformó y la nueva estructura alimenticia puso en el centro a la carne, y necesariamente para compensar energéticamente se colocó al azúcar. En segundo plano, se colocaban los cereales refinados y hojuelas (aparece la industria de procesamiento de cereales) y, de manera que se compensara el alto grado de azucares, se hizo necesario ubicar después el consumo de sal. En el último plano quedaban las frutas, las grasas y los vegetales. El resultado en la salud ha sido una pérdida del consumo necesario de fibras necesarias para la limpieza del estómago y tracto digestivo. El alto consumo de grasas, azúcar y sal también ha repercutido en problemas de la circulación de la sangre, entre otras consecuencias (Flores, Gonzalo, y Nashelly Ocampo "Mercado mundial y medios de subsistencia. Producción, comercio y consumo de alimentos estratégicos 1960-1990", UNAM, Facultad de Economía, 1994). También véase Dufty 1985. Para una consulta alternativa sobre alimentos estratégicos en la producción y el consumo mundial contemporáneos dentro del proceso de subordinación alimentaria mundial, véase Flores, Ocampo y Barreda, "El proceso de subordinación alimentaria mundial", en Ceceña y Barreda (coords.) 1995: 286-357. Actualmente, de manera irracional, un campesino necesita vender cincuenta kilogramos de maíz para comprar un paquete de

250 gramos de Cornflakes, o 45 kilos de papas para obtener una bolsa de papas fritas procesadas. En el mismo tenor, en 1990, el precio de las hojuelas de cereales había aumentado 6%, mientras que el de los granos con que eran elaborados cayó 11 por ciento (Dawkins 1997).

3. Al respecto, consúltese, por mencionar algunos: obras de Micho Kushi, como: *La verdad desconocida del cáncer*, *El orden del Universo* y *El camino natural de la Curación*. Asimismo de E. Alfonso, *Curso de Medicina Natural*; de Ataru Ohashi y Tom Monte, *Como leer el Cuerpo*; de Daniel Reid, *El Tao de la Salud*; y del doctor Deepak Chopra, *La Perfecta Salud*.
4. Robins Research International 1990: 4.
5. Citado en *ibid.*: 15.
6. Steinsleger 2000: 18.
7. Según un informe de la ONU, "en 1998, los gastos globales en investigación en salud fueron de 70 mil millones de dólares, pero sólo 300 millones se destinaron a vacunas contra el Sida y unos 100 millones a la investigación sobre malaria [...] de 1,223 nuevas medicinas comercializadas en todo el mundo entre 1975 y 1996, sólo 13 habían sido desarrolladas para tratar enfermedades tropicales" (*La Jornada*, 9 de julio de 2001: 38).
8. CIA, "Global Trends 2015: a dialogue about the future with nongovernment experts", diciembre de 2000, en: www.cia.gov/publications/globaltrends 2015/index.html.
9. Mooney 1999: 92.
10. *Idem.*
11. *Idem.*
12. *The New York Times*, 15 de abril de 1997.
13. Mooney 1999: 95.
14. Walker 1999 12.
15. Oliver 2000: 159.
16. Respecto del Proyecto Genoma Humano, véase el capítulo 13.
17. Véase el capítulo 13, apartado sobre "Discriminación genética".
18. Robbins-Roth 2000: 165.
19. Según el BioWorld Financial Watch, el valor total las biodrogas en fase de precomercialización aumentó de menos de un millardo de dólares en 1991 a 1.4 millardos en 1993, alcanzando 3.7 millardos en 1998. La contraparte de este fenómeno es una caída de la productividad de las CMN farmacéuticas. En 1996, el mejor año de productos farmacéuticos, se aprobaron 53 productos, para 1997 sólo fueron 37 y en 1998 se redujo en 29 productos (*ibid.*: 163 y 165).
20. M. Dibner, "Institute for Biotechnology Information", en: www.biotechn-info.com. Asimismo, Mooney 1999: 94.
21. Robbins-Roth 2000: 168.

22. *The Washington Post*, 10 de mayo de 2001: E5.
23. También véase el capítulo 10, apartado sobre la "biorred".
24. *Financial Times*, 8 de mayo de 2001: 1 y 15.
25. *Ibid*.: 1.

13. EL PROYECTO GENOMA HUMANO (PGH)

1. Barrón Meza 2001: 1.
2. Cook-Deegan 1994.
3. De éstos, la mayor parte de los recursos es absorbida por EUA seguido por el Reino Unido Alemania, Suiza, Canadá, Francia, Japón, Rusia, Australia, Nueva Zelanda, Dinamarca, Holanda y China. Sólo EUA, Reino Unido, Francia, Alemania y Japón concentraban dos terceras partes de la investigación, quedando la abrumadora mayoría en manos de EUA (Davies 2000: 32).
4. Los centros públicos de secuenciamiento de EUA son: Sanger Centre, Washington University, Baylor College of Medicine, Joint Genome Institute (DOE), Whitehead Institute/MIT, University of Washington, Genome Therapeutics. Todos concentran, incluso de manera repetitiva, la investigación de los cromosomas 1, 2 , 3, 5, 6, 7, 9, 10, 11, 12, 13, 15, 17, 18, 19, 10, 22, X, Y (*ibid*.: 164).
5. *Idem*.
6. La estrategia ETS se refiere a la selección al azar de fragmentos de ADN para su mapeo, luego las piezas son ensambladas como una unidad. Ello permite el trabajo simultáneo de muchas máquinas secuenciadoras y equipos de trabajo, que no necesariamente tienen que restringirse al estudio completo de ciertos cromosomas, ni a limitantes de distancia y tiempo.
7. Véase el capítulo 12.
8. *La Jornada*, 13 de febrero de 2001: 40; y 14 de febrero de 2001: 43.
9. PGH: www.ncbi.nlm.nih.nih.gov/genome/guide/human.
10. Las consecuencias de la declaración hizo caer las acciones de Celera de 290 dólares cada una a cien dólares. Creig Venter, CEO de Celera Genomics, declaraba días después: "nosotros estamos en el mismo negocio, como ellos, nosotros estamos tratando de recibir nuestro pago". Con ello Venter justificaba la cadena de patentes que había hecho Celera, las cuales para ese mismo mes (abril de 2000) ascendían a más de 6 500 patentes de genes y más de 2.5 millones correspondientes a SNP (véase Davies 2000: 205-208).
11. *Ibid*.: 205. Para una descripción de las distintas funciones de cada gen hasta ahora descubiertas, consúltese: Shreeve 1999: 50-51; o véase, "Decoding the Human Body", en: *Newsweek*, Special Report. 10 de abril de 2000: 36-39.

12. *Newsweek*, 10 de abril de 2000: 47.
13. RAFI 2000: 8.
14. *Ibid.*: 9.
15. *La Jornada*, 7 de abril de 2001.
16. Véase el capítulo 7.
17. RAFI 2000: 17.
18. *Ibid.*: 17-18.
19. *Ibid.*: 20.
20. SNP Consortium Press Release, "Consourtium of Pharmaceutical Companies and The Wellcome Trust Fund Creation of Public Database of Gene Markers", citado en *ibid.*: 25.
21. *Ibid.*: 26.
22. El 17 de junio de 1998, Venter declaraba en una audiencia del Congreso de EUA, Subcomité de Energía y Medio Ambiente, que el gobierno de ese país debería aumentar el gasto en el PGH, añadiendo lo que fue luego el *slogan* de todos los investigadores y actores involucrados, "la adquisición de la secuencia es sólo el principio", aludiendo que la segunda fase correspondería a la interpretación del genoma (Davies 2000: 153).
23. Venter asegura que, "en 10 años, cada bebé nacido en este país (EUA) tendrá su repertorio genómico determinado. Los padres podrán obtenerlo en un DVD —o cualquiera que sea el medio de ese momento— antes de que dejen el hospital" (*ibid.*: 216).
24. Según el doctor Faraz Naqvi, de la Fundación de Biotecnología RCM, "la base de datos de Venter será la más completa que la de sus competidores, todas las compañías que desarrollan drogas tendrán que pasar principalmente por Celera [...] es como controlar la puerta de entrada a Internet" (*Business Week*, 12 de junio de 2000: 48).
25. Venter señaló: "mi más grande preocupación es que la capacidad de la computación no mantenga lo suficientemente rápido su paso de desarrollo para mantenerse a nuestras necesidades de cálculo" (*Newsweek*, 10 de abril de 2000: 46).
26. Uno de los avances más recientes al respecto fue la clonación y diseño génico de un mono, al cual se insertó un gen de las aguamalas, que les da la coloración verdosa. El proyecto del "diseño" de Andi, como se llamó al mono, fue dado a conocer hasta que fue logrado a principios del mes de enero de 2001 (véase Lemonick 2001: 34-36).
27. *La Jornada*, 27 de noviembre de 2001: 10.
28. Léase, U.S. Senate, Comité on Comerce, Science and Transportation, "Hearing on Human Cloning", 2 de mayo de 2001.
29. *El País*, 16 de agosto de 2000.

30. *The Economist*, 14 de abril de 2001: 22; y *La Jornada*, 27 de noviembre de 2001.
31. U.S. Senate, "Hearing on Human Cloning", 2 de mayo de 2001.
32. Meyer 2000.
33. *Idem*. Según la revista *Time* (febrero de 2001: 26), investigadores de Corea del Sur aseguran que ellos ya habían clonado un embrión humano, pero fue destruido antes de inseminarlo en una madre receptora.
34. *La Jornada*, 10 de marzo de 2001; asimismo véase el ya citado artículo en *Time*, febrero de 2001.
35. *La Jornada*, 10 de marzo de 2001.
36. *La Jornada*. 27 de noviembre de 2001.
37. Véase el capítulo 12.
38. Según el American Council of Life Insurance (ACLI), "las compañías aseguradoras deberían tener permiso para usar información genética para asignar categorías de riesgo de potenciales subscriptores de pólizas [...] para que en su caso se puedan reservar el derecho de rechazar casos de alto grado de riesgo" (Oliver 1999: 238). Asimismo: Rifkin 1998: 162.
39. Según Richard Oliver, existen hasta la fecha más de 200 casos conocidos de discriminación genética, pero al respecto, Craig Venter (CEO de Celera) considera que esto nunca podría usarse seriamente (Oliver 1999: 160-174); para una descripción de casos véase Rifkin 1998: 162; y Andrews y Nelkin 2001: 84-88.
40. Para consultar casos al respecto, véase: Kevles 1995: 278).
41. Véase Silver 1997: 4-7.
42. Véase Davies 2000: 216. También Oliver 1999: 239.

14. La llamada "Industria de la Vida" y su íntima vinculación con la industria bélica: el caso de las armas biológicas

1. Para una teorización puntual del trabajo improductivo en positivo y que ha sido retomada parcialmente en este capítulo, véase: Veraza 1984: 104-109.
2. Véase *idem*.
3. US Department of Defense 2001. También véase O'Hanlon 2000.
4. Desde 1962 Cuba ha acusado ante las Naciones Unidas y otras instancias internacionales a EUA de doce ataques biológicos. La última acusación, ante la ONU en 1997, fue la primera recibida bajo la Convención de Armamento Biológico; en ella se acusa a EUA de diseminar desde aviones fumigadores *Thrips palmi*, un insecto destructor de plantas.
5. Regis 2000.

6. Citado en: Pincus 1998.
7. Una toxina es veneno producido por un organismo vivo, y es definida como una sustancia que lastima la salud o causa la muerte al ser introducida al organismo. Es decir, por definición, una toxina es aquella sustancia que no es parte natural del cuerpo que daña (Dando 2001: 24).
8. Brad Roberts, "Between panic and complacency: calibrating the chemical and biological warfare problem" en Johnson 1997: 23.
9. Cole 1996.
10. Término usado por el líder iraní Rafsanjani en 1998, citado en Carus 1995: 9.
11. Perry Robinson, Heden y Schreeb, *The Problem of chemical and Biological Warfare: CB Weapons Today*, citado en Pearson 1998.
12. US Department of Defense 1993: 50.
13. US Printing Office 1999: 1 (énfasis agregado).
14. *Ibid.*: 13.
15. Los péptidos son precursores de las proteínas (constituidas por aminoácidos), su rango de actividad cubre un abanico de actividades en todo el sistema, desde procesos mentales (endorfinas), hasta diversos aspectos de la salud, el control del estado de ánimo, de conciencia, de la temperatura del cuerpo, del sueño, de las emociones. Tan sólo un pequeño desbalance en las cantidades de estas sustancias puede causar consecuencias serias, inducir miedo, fatiga, depresión o incapacidad (citado en Dando 2001: 37-38).
16. Véase *ibid.*: 11, 18, 24-30, 37-43.
17. *Ibid.*: 24.
18. US Printing Office 1999: 3.
19. *Idem*. Véase Perry Robinson 1991, vol. 1 "The Problem of Chemical and Biological Warfare".
20. A. H. Westing, *Herbicides in War: the long term ecological and human consequences*, citado en Dando 2001: 27.
21. Los tres agentes están constituidos por mezclas diferentes del agente 2, 4-ácido diclorofenoxiacético (2, 4-D) o del 2, 4, 5-ácido triclorofenoxiacético (2, 4, 5-T) y otras sustancias. El agente naranja es una mezcla de 50% de 2, 4-D y el restante 50% de 2, 4, 5-T.
22. Véase SIPRI 1980.
23. Pat Mooney sugirió en 1999 retomar el término de "etno-bombas" (*ethnobombs*) propuesto originalmente en 1998 por la British Medical Association para referirse a aquéllas que, haciendo uso de la biotecnología, "programan" biológicamente agentes que tienen blancos definidos de acción. Señala el caso de las etnobombas para el aniquilamiento de razas humanas específicas, crecientemente posible conforme aumentan las colecciones mundiales de líneas celulares humanas y conforme se descifra el genoma humano. Malcom

Dando indica al respecto: "la biotecnología cambiará por completo el entendimiento de cómo funciona el sistema nervioso humano y su vinculación con el sistema endocrino e inmunológico, en donde los mensajeros químicos juegan un papel central. El uso militar de esta nueva neurociencia puede proveer novedosas técnicas de manipulación del comportamiento humano a través de químicos. La combinación del desarrollo de punta de nuevas tecnologías resultaría en el uso de "blanqueo étnico" (*ethnic targeting*) de toxinas y bioreguladores.

24. Variaciones únicas que contiene cada genoma humano y que singularizan genéticamente a cada individuo.
25. Brad Roberts, "Between Panic and Complacency: calibrating the chemical and biological warfare problem", en Johnson 1997: 18 y 20 (las negritas son mías).
26. *Time*, 5 de noviembre de 2001: 27. Véase también: Jeffrey Carpenter, "On the Trail", en: http://www.abcnews.go.com…living/DailyNews/anthrax011010.html.
27. Además, señaló el New York Times, según *La Jornada*, "…la concentración de esporas (de ántrax) es más alta que cualquier otra reserva conocida públicamente que haya sido producida por otros gobiernos, y muy superior a la que los expertos creen que los terroristas puedan hacer… el NYT sostiene que la Oficina Federal de Investigaciones ha comenzado a indagar laboratorios gubernamentales y de contratistas como una posible fuente de ántrax, además de que está interrogando a gente del ejército y de laboratorios no militares para encontrar posibles pistas." ("La Guardia Nacional en la frontera con Canadá", *La Jornada*. 4 de diciembre de 2001. p. 31).
28. Véase Margasak, Larry, "US marshals catch anthrax hoax suspect" *The News*, 6 de diciembre de 2001, p. 11.
29. Associated Press. "Investigators link anthrax letters". *The News*, 7 de diciembre de 2001, p. 9.
30. *La Jornada*, 28 de octubre de 2001: 3.
31. *La Jornada*, 17 de octubre de 2001: 7.
32. *ABCNews*, "Antrax Vaccine: country's only manufacturer. Why you can't have it", en: http://abcnews.go.com…20/2020_011010_bioport_anthrax.html.
33. Véase Melman 1974.
34. *ABCNews*, 10 de octubre de 2001, *op. cit.*
35. Las forma típica de producir antitoxinas es inyectar la toxina en un animal (generalmente caballos) para que éste produzca los anticuerpos necesarios para atacarla. El problema que representan las antitoxinas para la salud humana es que se trata de proteínas animales introducidas en el organismo, por lo que generalmente producen reacciones en el sistema inmunológico, entre otras.

36. Alrededor de 50 mil, de 700 mil soldados norteamericanos enviados al Pérsico en 1991, fueron afectados por el "Síndrome del Golfo", resultado de la decisión del Pentágono de inocular a los soldados con "una vacuna experimental". Las consecuencias han sido reacciones alergénicas y otros síntomas o incluso males graves, también se ha transmitido generacionalmente ya que los hijos de los afectados han nacido con serias malformaciones como la ausencia parcial o total de órganos internos o problemas respiratorios (Alberto D'Onofrio, "El Síndrome del Golfo", en: http://www.sudnews.it/sindromedelgolfo/).
37. Mooney 1999: 31.
38. Alibek 1999: 232. Merck se coloca para el año 2001, según *Fortune*, en la primera posición en ventas y ganancias del 2000, alcanzando cifras de 40 363 mdd y 6 822 mdd, respectivamente. (*Fortune*, 23 de julio de 2001: F-20.)
39. US Department of Defensa 1997: 9.
40. Bayer es una CMN alemana con múltiples negocios y alianzas, muchas de ellas con capitales estadounidenses. Por ejemplo, en el otoño de 1998 se posesionó de mil cien millones de dólares en acciones de Chiron (Emeryville, CA). En abril de 1999 adquirió 14% de Millennium Pharmaceuticals, una de las empresas biotecnológicas más dinámicas de EUA. En el verano de 2001 compró la división agrícola de Aventis (Aventis CropScience S.A.), una alianza con Aventis y Shering, por 6 600 millones de dólares. En mayo de 2001 Bayer se asocia con DuPont (EUA) en sus divisiones de polímeros y nuevos materiales (*ChemicalWeek*, 7 de abril de 1999, 3 de octubre de 2001 y 30 de mayo de 2001).
41. Véase: Johnson 1997 y Anderson 1998.
42. Se cree que desarrolla, produce y ha adquirido armas químicas y biológicas desde 1980 (véase US Army Control and Disarmament Agency 1996b).
43. Tiene la infraestructura necesaria para el desarrollo y producción considerable de armas biológicas. Hasta donde se sabe, ha intentado adquirir muestras de mycotoxin (véase Pearson 1998).
44. El programa iraquí al parecer inició en 1975 y la información más reciente confirma que aún estaba funcionando en 1991. Trabaja con ántrax, toxinas de botulismo, *Clostridium perfringens*, aflatoxina, mycotoxina, ricino y virus de la viruela del camello. Irak produjo hasta ese año 19 mil litros de la toxina botulínica, 8 500 litros de bacilo del ántrax y 2 200 litros de aflatoxina. Desarrolla bombas aéreas, vehículos a control remoto para diseminar agentes biológicos, cohetes y misiles (véase Pearson 1998).
45. Tiene un complejo farmacéutico de investigación en Rabta y otro subterráneo de producción en Tarhunah. Con estos complejos y otros no conocidos está planeando desarrollar o ya desarrolla armas biológicas (véase US Army Control and Disarmament Agency 1996b: 6).

46. Tiene centros especializados en investigaciones sobre enfermedades como ántrax, cólera y peste bubónica. Hay evidencias de que ha realizado pruebas en algunas de sus islas (véase Secretary of Defense 1996).
47. Se sabe que desarrolla agentes como el ántrax, toxina botulínica, tularemia, plagas, encefalitis equina venezolana y de la fiebre-Q. Es de los pocos países que no ha firmado el Protocolo de la Convención de Armas Biológicas (BWC) (véase US Department of Defense 1993: 65 y 82).
48. No se conocen programas de producción de armas biológicas, sin embargo participa en cooperación con EUA, Japón, Francia y otros ENC en investigaciones biotecnológicas, lo que ha resultado en una base tecnológica taiwanense de considerable capacidad para su producción (véase Pearson 1998).
49. Israel ha acusado a Siria de desarrollar agentes biológicos, específicamente para la contaminación de agua. Firmó el BWC en 1975, pero no lo ha ratificado (*ibid.*).
50. Alibek 1999: 36.
51. *Idem.*
52. Consúltese: Meselson 2000 y Alibek 1999: 233-269.
53. Véase *ibid.*: 38.
54. *Ibid.*: 111-115.
55. Anderson 1998: 15; Alibek 1999: 233-269.
56. *La Jornada*, 26 de julio de 2001. También véase Pearson, Dando y Sims, *The US Rejection of the composite protocol: a huge mistake based on illogical assessments*, en: http://www.brad.ac.uk/acad/sbtwc/evaluation/evalu22.pdf.
57. En los últimos minutos de las 3 semanas que duró la reunión de la Convención de Armas Biológicas, efectuada en noviembre-diciembre de 2001 y con un acuerdo de más de 200 páginas, los delegados de Estados Unidos declararon "terminadas" las negociaciones debido, una vez más, a la supuesta necesidad de tiempo para desarrollar un sistema de inspección de actividades en busca de violaciones, pero que no ponga en manos de "enemigos o rivales" información estratégica como la que se refiere a los secretos industriales. Tal postura, se entiende como "boicot" de cualquier intento por construir un sistema internacional que regule de alguna manera el desarrollo y producción de agentes y armas quimicobiológicas; sobre todo si se considera la "facilidad" de las palabras del subsecretario de Estado de Estados Unidos, John R. Botton: "...la propuesta de dar por terminadas las negociaciones se dio porque éste es el último día, y es cuando uno realmente negocia. Ya habíamos previsto semanas antes que así sería." (Higgins, Alexander, "Biowar Meeting Delayed". *The News*, 8 de diciembre de 2001, p. 10).
58. *La Jornada*, 26 de julio de 2001.

59. En Colombia se pretende usar agentes biológicos para el combate al narcotráfico en medio de una guerra verdadera. Serían utilizados en el conflicto armado interno como parte de un paquete de ayuda externa, predominantemente militar estadounidense, en el que inclusive EUA reconoce que no se puede separar el esfuerzo antinarcóticos de la guerra civil contrainsurgente. Geográficamente, su uso ha sido propuesto en la zona sur del país, área controlada por la guerrilla colombiana, con el propósito de quitar a este grupo insurgente una fuente de ingresos para su guerra contra el gobierno de ese país (véase Harmond 2001). En tal contexto no se puede olvidar el peligro de dicho bombardeo biológico, que no sólo destruiría a la amapola, coca y mariguana, sino también otras especies emparentadas e incluso a las que no lo están si es que mutan, lo que es altamente probable dadas las condiciones húmedas y cálidas de la región, que resultan aptas para su proliferación. Actualmente se sabe que el *fusarium* —no mutado— "ataca la salud humana causando alteraciones de piel (queratitis, oncomicosis y micetomas) y artritis, con una alta incidencia de mortandad. Igualmente, provoca el marchitameinto vascular de plantaciones de plátano, café, algodón, maíz y otros" (Petrich 2001: 5).
60. "Virtualmente todo el equipo, tecnología y materiales necesarios para la producción de agentes biológicos son de uso dual" (US Printing Office 1999: 1).
61. *Idem*.
62. Textual: *The US initiated the requirement for end-user certificates on certain pathogenic organisms, but even this measure can be circumvented by otherwise legitimate companies acting on the behalf of BW programs* (*ibid*.: 8).
63. Citado en: *La Jornada*, 19 de septiembre de 2001: 6-7.
64. En 1997, el gobierno de EUA destinó 52.6 millones de dólares (mdd) para el programa "Domestic Preparedness", que incluye las principales ciudades de ese país para prepararlas contra atentados terroristas. En mayo de 1998, el presidente Clinton aprobó 420 mdd para crear una reserva de vacunas y antibióticos preventivos. En el año 2000 se gastó 1 400 mdd para crear un sistema de respuesta ante cualquier estado de emergencia, sobre todo para proteger edificios, detectar la presencia de agentes biológicos y producir vacunas y antibióticos. Al presupuesto anterior se suman, ese mismo año, cerca de 400 mdd para el desarrollo de tecnología de detección de agentes y para nuevas vacunas. Todos las "medidas" anteriores evidentemente han resultado inútiles, lo que muestra, por un lado, los "boquetes" en los aparatos de inteligencia de ese país, pero sobre todo, por otro lado, invita a sospechar que se trata de una pantalla para justificar la existencia de complejos dedicados a la investigación de agentes biológicos supuestamente para proteger a EUA de ataques bioterroristas y no para la producción de bioarmas.

65. El Departmento de Defensa (DdD) publicó a principios del 2001 la lista de los principales contratistas con los que tiene proyectos específicamente militares. En cuanto al "Programa de Vacunación contra Agentes Biológicos", se encuentra la DynPort, LLC (Reston, VA. EUA). Para el desarrollo de "Sistemas de Detección de Agentes Biológicos", la Intellitec (Deland, FL. EUA), Battelle (Columbus, OH. EUA) y MIT Lincon Laboratories (Lexington, MA. EUA). Para la "Producción de Detectores de Agentes Químicos", la Bea Systems (Austin, Tx. EUA), Graseby Dynamics, Ltd (Wattford, Reino Unido). Para el diseño de un "Sistema de Reconocimiento por sensores de partículas radiactivas y agentes químicos y biológicos", empresas como la General Dynamics (Detroit, MI. EUA), TRW (Domínguez Hills, CA. EUA) y Henschel Wehrchnik (Kassel, Alemania), entre otros programas (US Department of Defense 2001: 34, 90-92, 228, 260-264 y 277-280).
66. Destacan el NIH, el USAMRIID (US Army Research Institute for Infectious Deseases), el DdD, los CDC (Centres for Diesease Control and Prevention), el FEMA (Federal Emergency Management Agency), la FDA (Food and Drug Administration), el Pentagon's Mision and Special Operations Directorate, Army's Research Laboratory, el Army Chem/Bio Defense Command, entre otras.
67. Véase US Senate 1999: 43. Cabe añadir que, en esa misma audiencia, las recomendaciones finales de la sesión referentes a medidas de acción, eran entre otras: "Identificar y categorizar la capacidad de análisis biológico de los laboratorios, no sólo públicos, también de los hospitales, consultorios médicos, universidades y negocios comerciales". De igual manera: "Mejorar la infraestructura y los sistemas de comunicación entre el sector público de salud y los laboratorios privados" (*ibid.*: 75).
68. Audiencia del Senado de EUA sobre bioterrorismo en *ibid.*: 21.
69. Brad Roberts, en Johnson 1997: 16.
70. Ello explica el recorte del gasto militar en tropas anunciado por Bush el 6 de mayo (véase *The Washington Post*, primera plana, 7 de mayo de 2001), a la par de un incremento en el gasto militar propiciado por los atentados del 11 de septiembre de 2001.
71. Jerome H. Kahan, "Deterrence and Warfighting in an NBC Environment" en Johnson 1997: 49.
72. *Idem.*

Epílogo

1. Para un análisis importante de la dialéctica de la crisis y la recuperación, que a partir de visualizar y entender la capacidad del capital hegemónico de sobreponerse a las crisis se conecte con la revolución social, véase: Veraza 1992 y 1999.
2. Véase en la página electrónica de la CIA: *Global Trends 2015: a dialogue about the future with nongovernment experts*. Diciembre de 2000.
3. Si bien cada uno tiene particularidades propias y se desglosan en dimensiones geográficas distintas, pero que se traslapan (el primero se extiende desde México hasta la Tierra del Fuego, Chile. El segundo, como su nombre lo indica, va del centro de México hasta Panamá), no hay que perder de vista que ambos constituyen la integración subordinada de América latina a los intereses de EUA y sus CMN.
4. Al respecto, para un estudio pormenorizado, véase: Barreda 1999.
5. Véase Saxe-Fernández 1975 y Saxe-Fernández en prensa.
6. Jaime Avilés, que bien resume tal intención, dice: "durante la visita de Fox a Washington [...] siguiendo las pautas de un guión escrito por la Casa Blanca y adaptado a las necesidades de la dramaturgia mexicana por Castañeda, Fox anunció que, en menos de dos meses, México abandonará el acuerdo de Río y renunciará a los principios políticos y económicos del Tratado Interamericano de Asistencia Recíproca (TIAR), que nunca suscribió en todos sus términos, porque con la orientación de la doctrina Estrada jamás hizo suyos los aspectos militares del pacto. En cambio, agregó Fox, México apoyará la iniciativa estadunidense de crear una fuerza militar hemisférica, lo que en pocas palabras significará la disolución de los ejércitos nacionales de Latinoamérica para dar paso a una organización castrense multinacional, dirigida y coordinada por el Pentágono. Si este proyecto avanza —y a él apuesta Castañeda todas sus cartas—, México sería invadido en forma incruenta por tropas de Estados Unidos, Argentina, Chile, Brasil [...] y soldados de diversas nacionalidades, bajo el mando simbólico de generales mexicanos, patrullarían las cañadas de Chiapas y vigilarían la construcción de la carretera transístmica entre Salina Cruz y Coatzacoalcos, para acelerar el paso de mercancías entre Asia y Europa a través de 'nuestro' territorio" (véase Avilés 2001).
7. Barreda 1999.
8. Al respecto Petras escribe: "un análisis del contexto actual requiere de un estudio fundamentado de las realidades objetivas y subjetivas, un tipo de análisis que se resiste a la tentación de magnificar la actual configuración de poder y minimizar la izquierda en lo que sería una especie de auto-flagelación (*mea-culpa*)". Véase Petras 2001: 8.

9. *Ibid.*: 33.
10. *Idem.*
11. *Ibid.*: 20-21.
12. Veraza 1987: 123-124.
13. Petras 2001: 37.
14. *Idem.*
15. Para una conceptualización durkheimiana de conciencia colectiva, véase la introducción a la presente investigación.
16. Marx 1997, II: 594.
17. Mills construye el concepto de "empirismo abstracto" para hacer una crítica a la inclinación de las Ciencias Sociales de mediados del siglo XX y que sin duda alguna aún es actual. Mills señalaba desde entonces: "ese campo se ha hecho técnico y cuantitativo, ateórico, segmentario y particularizado, especializado e institucionalizado, 'modernizado' y 'grupizado', en suma, como ciencia conductista característica, 'americanizada'(es decir, los científicos sociales *modernos*) [...] están poseídos por la inhibición metodológica". Si bien es cierto que "nada es por sí mismo inmune a la medición, [...] nadie tiene por qué aceptar esos procedimientos, cuando se les generaliza como los únicos de que puede disponerse". Así "con ideas tan restringidas de la teoría y de los datos, [...] lo que saqueamos de una información empírica como tal, es información, y lo que podamos hacer con esa información depende en gran parte de que en el curso de nuestro trabajo hayamos o no seleccionado nuestros estudios empíricos específicos como puntos de comprobación de contrucciones más amplias". Por todo lo anterior, "como estilo de ciencia social, el *empirismo abstracto* no se caracteriza por ninguna proposición o teoría importante. No se basa en ningún concepto nuevo de la naturaleza de la sociedad ni del hombre, ni sobre ningunos hechos particulares acerca de ellos" (Wright Mills 2000: 68-92).

Bibliografía

Alibek, Ken

1999 *Biohazard*, Delta Trade Paper Backs, Nueva York.

Altieri, Miguel A., y Peter Rosset

2001 "La falsa panacea de la biotecnología", en: *Este País*, núm. 120, marzo.

Anderson, James H.

1998 "Microbes and Mass Casualties: defending America against Bioterrorism", en: *Backgrounder*, The Heritage Foundation, mayo.

Andrews, Lori y Nelkin, Dorothy

2001 *Body Bazar*, Crown Publishers, Nueva York.

Arias Peñate, Salvador

1990 *Biotecnología, amenazas y perspectivas para el desarrollo de América Central*, DEI, San Salvador.

Arizmendi, Luis

1998 "Modernidad y mundialización: en torno a la subsunción formal y real del mundo por el capital", en: *Economía Siglo XXI*, núm. 1, otoño.

Arrighi, Giovanni

1982 "A crisis of Hegemony", en: Samir Amin *et al.*, *Dynamics of Global Crisis*, Monthly Review Press, Nueva York.

Avilés, Jaime

2001 "Isla Canela. Castañeda: canciller de venganzas", en: *La Jornada*, 15 de septiembre.

Barreda M., Andrés

1999 *Atlas Geoeconómico y Geopolítico de Chiapas*, UNAM, México.

2000 "Los incendios, coartada para la guerra", en: *La Jornada*, 10 de mayo: 6-7.

Barreda M., Andrés y A. E. Ceceña (coords.)

1995 *Producción Estratégica y Hegemonía Mundial*, Siglo XXI, México.

Barrón Meza, Miguel Ángel

2001 "El Regreso del Super Hombre", en: *Lunes en la Ciencia*, suplemento de *La Jornada*, 2 de enero.

Bartra, Armando

2000 "La Renta de la Vida", en *Ojarasca*, suplemento de *La Jornada*, Octubre: 3.

2001 "Mesoamérica.com: detrás del PPP", en: *Masiosare*, suplemento de *La Jornada*, 17 de junio: 6.

Bell, Janet, y GRAIN

1999 "Investing in Destruction", en: *The World Bank and Biodiversity* (www.grain.es).

Bellamy Foster, John

2000 "Capitalism's Environmental Crisis: is technology the answer?", en: *Monthly Review,* vol. 52, 7: 12, diciembre.

Benito Rey, Román (coord.)

1991 *La Integración Comercial de México a Estados Unidos y Canadá ¿Alternativa o destino?*, Siglo XXI-IIEs, México.

Berlin, Brent

2000 "Etnobotánica Médica y Desarrollo Sustentable: el caso del ICGB-Maya en los Altos de Chiapas", ponencia presentada el 30 de junio, UAM-Iztapalapa, México.

Berlin, B., y A. L. Berlin

1996 *Medical Ethnobiology of Highland Maya of Chiapas, México*, Princeton University Press, Nueva Jersey.

Berman, Marshall

1999 *Todo lo sólido se desvanece en el aire*, Siglo XXI, México.

Bierstedt, Robert

1966 *Emile Durkheim*, Dell Publishing, Nueva York.

British Medical Association

1999 *Biotechnology, Weapons and Humanity*, Harwood Academic Publications, Londres.

Brown, Lester R.

1999 *State of the World 1999*, The World Watch Institute, Nueva York.

2000 *State of the World 2000*, The World Watch Institute, Nueva York.

Cambell, Colin J. y Jean H. Laherrere

1998 "The end of Cheap Oil", en: *American Science*, marzo.

Carey, John

2000 "The Genome Gold Rush", en: *Business Week,* 12 de junio: 43-50.

Carless, Jennifer

1995 *Energía renovable*, Edamex, México.

Carus, Seth

1995 "Proliferation in the Middle East: a regional perspective", texto presentado en NDU Workshop, 19 de mayo.

CASIFOP/ETC Group (antes RAFI)

2000 "Biopiratería en México: la punta del iceberg", mimeo.

Castillo, Antonio

2000 "Las áreas naturales: ¿protegidas?", en: *Ojarasca*, suplemento de *La Jornada*, 15 de enero.

Caudell III, Lester

1997 "The Biological Warfare Treat", en: R. F. Bellamy (ed.), *Medical Aspects of Chemical and Biological Warfare: textbook of military medicine*, Borden Institute-Walter Reed Army Medical Center, Washington, D. C.

Ceceña, Ana Esther

1995 *La internacionalización del Capital y sus fronteras tecnológicas*, El Caballito, México.

Ceceña, Ana Esther (coord.)

1998 *La tecnología como instrumento de poder*, El Caballito, México.

Clynes, Manfred, y Nathan S. Kline

1960 "Cyborgs and Space", en: *Astronautics*, septiembre.

Club de Roma

1985 *Los límites del crecimiento*, FCE, México.

Cole, Leonard

1996 "The Specter of Biological Weapons", en: *Scientific American*, diciembre: 61.

Conabio

1992 *México ante los retos de la biodiversidad*, Conabio, México.

Conservation International

1999 *1999 Anual Report*, CI, Nueva York, 1999.

Cook-Deegan, Robert

1994 *The Gene Wars: Science, Politics and the Human Genome*. W. W. Norton & Company, Nueva York.

Corbley, Kevin

1996 "Remote Sensing Skies Filling with Satellite Plans", en: *Earth Observation Magazine (EOM)*, octubre.

Corona, Leonel, y Ricardo Hernández

2000 *Innovación tecnológica y medio ambiente*, IPN-UNAM-Plaza y Valdés, México.

Corrigan, Tracy

1999 "Cross-border M&A deals at record levels", en: *Financial Times*, 5 de abril.

Chadwick, Douglas H.

1999 "Coral en Peligro", en: *National Geographic*, enero: 32.

Chicurel, Marina

2000 "Live and let die", en: *New Scientist*, 29 de enero: 7.

Dando, Malcom

2001 *The New Biological Weapons*, Rienner, Londres.

Davis, S. D. *et al.*

1994 *Centres of Plant Diversity: a guide and strategy for their conservation*, vol. 1, WWF-IUCN, Gland.

Davies, Kevin

2000 *Cracking the GENOME*, The Free Press, Nueva York.

Dawkins, Kristin

1997 *Gene Wars: the politics of Biotechnology*, The Open Media Pamphlet Series, Nueva York.

Delgado Ramos, Gian Carlo

2000 "La biodiversidad como materia prima del desarrollo de la biotecnología y la piratería del conocimiento indígena", en: *La Jornada del Campo*, suplemento de *La Jornada*, 10 de abril: 6-7.

Doremus, P. *et al.*

1998 *The Myth Of the Global Corporation*, Princeton University Press, Nueva Jersey.

1998 "National Foundation of Multinational Corporate Activity (I y II)", en: *The Myth Of the Global Corporation*, Princeton University Press, Nueva Jersey.

Doumenge, François

1972 *Geografía de los Mares*, Ariel, Barcelona, 1972.

Dowdeswell, Elizabeth

1993 *Acción por el ozono*, PNUMA, Nairobi.

Drexler, Eric

1986 *Engines of Creation*, Anchor Books, Nueva York.

Dufty, William

1985 *Los Peligros del Azúcar Blanca*, Posada, México.

Echeverría, Bolívar

1993 *La contradicción entre valor y valor de uso*, Itaca, México.

1995 *Las Ilusiones de la Modernidad,* UNAM-El Equilibrista, México.

Edwards, Rob

2000 "Look before it leaps", en: *New Scientist*, 27 de mayo: 4.

Engels, Friedrich

1961 *Dialéctica de la Naturaleza*, Grijalbo, México.

Epstein, Paul R.

2000 "Global Warming: The Hidden Health Risk", en: *Scientific American*, vol. 283, núm. 2: 50-57.

Escobar-Briones, Elva

2000 "La Biodiversidad del Mar Profundo en México", en: *Biodiversitas*, año. 5. núm. 29.

FAO

1999 *Agricultura: Hacia el 2015/30, Estudio de Perspectivas Mundiales.* FAO, Roma.

Fazio, Carlos

2001 "El Plan Puebla Panamá, intervencionismo de EUA", en: *La Jornada*, 19 de marzo.

Flitner, Michael

1998 "Biodiversity: of local commons and global commodities", en: Goldman, M., *Privatizing Nature, political struggles for the global commons*, Rutgers University Press, Nueva Jersey.

Freitas, Robert

1999 *Nanomedicine*, vol. 1, "Basic Capabilities", Landes Bioscience, Texas.

Friedman, George y L. Meredith

1991 *The Coming War with Japan*, St. Martin's Press, Nueva York.

Fritscher Mundt, Magda

1999 "El Maíz en México: Auge y crisis en los noventa", en: *Estudios Agrarios*, núm. 14, noviembre-diciembre.

Garza Almanza, Victoriano

2001 "El águila y la mosca: bioterrorismo", *Lunes en la Ciencia*, suplemento de *La Jornada*, 24 de septiembre.

Gay, Carlos

2000 "El cambio climatico, el problema global más importante del futuro", en: *Gaceta UNAM*, núm. 3411, 13 de noviembre: 12, 13.

Gerngross, Tillman U. y Slater, Steven C.

1999 "How Green are green plastics?", en: *Scientific American*, julio.

Gilbert, Chuck

1998 "Evolution of GPS Data Collection for GIS", en: *EOM*, febrero.

Goldstein, Daniel J.

1989 *Biotecnología, Universidad y Política*, Siglo XXI, México.

González Casanova, Pablo

1968 "Aritmética contrarrevolucionaria", en: *Siempre*, núm. 340, suplemento.

Gore, Al

1993 *Earth in the Balance, ecology and the human spirit*, Plume, Nueva York.

Gould, Jay M. y B. Goldman

1991 *Deadly Decent, low – level radiation, high – level, cover up*, Four Walls Eight Windows, Nueva York.

Grace, Eric S.

1998 *La biotecnología al desnudo*, Anagrama, Barcelona.

Haines, Andrew

1996 "Las implicaciones para la salud", en: *El calentamiento del planeta: Informe de Greenpeace*, FCE, México.

Hamilton, Rogert

2000 "New resources to protect ecosystems", en: IDB *America*, septiembre-octubre: 6.

Harmon, D.

1996 "Losing species, losing languages: connections between biological and linguistic diversity", en: *Southest Journal of Linguistics*, vol. 15, núms. 1-2.

Harmond, Edward

2001 "Vinculando los Agentes Biológicos contra Cultivos Ilícitos a los Tratados Internacionales contra la Guerra Biológica", en: *El Uso de Armas Biológicas en la Guerra contra las Drogas*: 171-182, Génesis Ediciones, Quito.

Hartung, William

2001 "El dividendo de la Guerra", en: *La Jornada*, 6 de octubre.

Hernández Navarro, Luis

2000 "La locura de las vacas locas", en: *La Jornada*, 21 de noviembre: 20.

2001 "Maíz Frankestein", en: *La Jornada*, 5 de junio.

Herrera Silveira, Jorge y Cevallos Cambranis, Ezequiel

1998 "Manglares: ecosistemas valiosos", en: *Biodiversitas*, año. 4, vol. 5.

Hirst, Sally. I.

1992 "Biopatentes, Un Sentido de Orden", en: *Trends in Biotechnology*, vol. 10: 21, agosto.

Hitchens, Christopher

2001 "The Case Against Henry Kissinger. The making of a war criminal", en: *Harper's*, vol, 302, núm. 1809: 33-58, febrero.

Huntley, Brian, W.A. Watts y B. Zolitschka

1999 "Paleoclimate, chronology and vegetation history of the Weichselian Late-glacial: comparative analysis of data from three cores at Lago Grande di Monticchio, southern Italy", en: *Quaternary Science Reviews*, núm.18: 945-960.

IPCC

1997 *The Regional Impacts of Climate Change: an Assessment of Vulnerability* IPCC-ONU, Nueva York.

IPIECA

2000 *Biodiversity and the Petroleum Industry, a guide to the biodiversity negociations*, IPECA, Londres.

Isaacson, Walter

1999 "The Biotech Century", en: *Time*, 11 de enero: 24-25.

IUCN

1998 *Atlas of Tropical Forest*, IUCN, Nueva York.

Johnson, Stuart E.

1997 *The Niche Treat: Deterring the use of Chemical and Biological Weapons*, National Defense University, Institute for National Strategic Studies., NDU Press, Washington, D.C.

Kaplan, Robert D.

1997 "Was Democracy Just a Moment", en: *The Atlantic Monthly*. diciembre.

Kevles, Daniel J.

1995 *In the name of Eugenics: genetics and the uses of Human Heredity*. Harvard University Press, Cambridge.

Kluger, Jeffrey

2001 "A Climate of Despair", en: *Time*, vol. 157, núm.14: 20,21, 9 de abril.

Knight, Jonathan

2000 "Junk DNA helps females avoid double trouble", en: *New Scientist*, 17 de junio: 21.

Lacoste, Yves

1975 *La Geografía, una arma para la Guerra*, Anagrama, Barcelona.

Lammertink, M., Rojas, J., Casillas, F. y Otto R.

1997 *Situación y Conservación de los bosques antiguos de pino-encino de la Sierra Madre Occidental y sus Aves Endémicas*, CIPAMEX, México.

Lara, L., Bravo y Rodríguez

1990 *Pueblos indios, biodiversidad y política ambiental*, UNAM-INI, México.

Leakey, Richard y R. Lewein

1997 *La Sexta Extinción*, Tusquets Editores, Barcelona.

Lean,Geoffrey y D. Hinrichsen

1990 *Atlas of the Environment*, Prentice Hall, Nueva York.

Lemonick, Michael

2001 "Monkey Business", en: *Time*, 22 de enero: 34-36.

Libicki, Martín C.

1989 *What Makes Industries Strategic*, The Institute for National Strategic Studies, National Defense University, Washington, D. C.

Macpherson, Enrique

1999 "El Océano Global", en: *Muy Interesante*, edición especial "Mares y Océanos del Mundo", diciembre: 14.

Marx, Karl

1968 *Lineamientos fundamentales de la crítica de la Economía Política (1857-59),* tomo II, Siglo XXI, México

1980 *El Capital*, tomo I, vols. 1, 2, Siglo XXI, México.

1982 "La Renta de la Tierra", en: Marx y Engels, *Marx, escritos de juventud*, FCE, México.

1984 *El Capital*, tomo III, vol. 8, Siglo XXI, México.

1989 *El Capital*, tomos I, vol. 3 y III, vol. 6, Siglo XXI, México.

1997 "Población y Sobrepoblación", en: *Elementos fundamentales para la Crítica de la Economía Política (*Grundrisse*) 1857-1858,* Siglo XXI, México.

Marx, Karl y F. Engels

1955 *Obras escogidas en dos tomos*, tomo I, Progreso, Moscú.

McKell, Cyrus

1992 "A Primer on the New Biotechnology for Food Production", en: ONU, *ATAS. Advanced Technology Assessment System: Biotechnology and Development*, ONU, Nueva York.

Melman, Seymour

1970 *Pentagon Capitalism: The political economy of War*, McGraw-Hill Paperbacks, Nueva York.

1987 *Profits Without Production*, University of Pennsylvania Press, Pennsylvania, 1987.

Merino, Alfredo y J. R. Vidal

1999 "Los mineros del futuro vestirán trajes de buzo", en: *Muy Interesante*, edición especial "Mares y Océanos del Mundo", diciembre: 36-39.

Meselson, Matthew

2000 *Avertig the Hostile Explotation of Biotechnology*, Universidad de Harvard, Cambridge.

Meyer, Jean

2000 "¿Biofascismo?", en: *La Jornada*, 20 de agosto.

Miller, Kenton

1996 *Balancing the Scales: managing biodiversity at the bioregional level / Mibsp*, World Resources Institute, Washington, D.C.

Minagawa, H., T. Yoshida, Y. Itoyama, C. A. Mora, P. Albert y R. Mori

1992 "Neutralizing antibodies against HTLV-I in HTLV-I-associated myelopathy/tropical spastic paraparesis (HAM/TSP) patients and asymptomatic carriers", en: *Neurology*, núm. 42(11): 2210-2212, noviembre.

Mittermeier, R.

1998 *Países megadiversos*, CI-CEMEX, Tokio.

Mittermeier, R. y N. Myers

1997 *Megadiversity: Earth's Biologically Wealthiest Nations*, CEMEX-Agrupación Sierra Madre, Toppan Printing Co, Tokio.

1999 *Hotspots*. Cemex/Agrupación Sierra Madre. Toppan Printing Co. Tokio.

Mittermeier, R., N. Myers, J. Thomsen,
G.A.B. da Fonseca y S. Olivieri

1998 "Biodiversity hotspots and major tropical wilderness areas: approches to setting conservation priorities", en: *Conservation*

Biology. The Journal of the Society of Conservation Biology, núm. 12(3): 516-520, junio.

Moheno, Rubén

2001 "El espionaje oficial al servicio de las grandes corporaciones", en *Masiosare*, suplemento de *La Jornada*, 8 de abril.

Mooney, Pat Roy

1999 *The* ETC *Century: Erosion, Technological Transformation and corporate Concentration in the 21st. Century*, RAFI, Winnipeg.

2000 "La erosión cultural", en *Ojarasca*, suplemento de *La Jornada*, octubre: 9.

Mooney, Pat Roy y Hope Shand

1994 "Patente sobre la especie de soya transgénica otorgada a gigante trasnacional de la industria farmacéutica-W. R. Grace", en: *RAFI Communiqué*, marzo-abril.

Morell, Virginia

1999 "La Sexta Extinción", en: *National Geographic,* vol.195, núm. 2.: 43-56, febrero.

Morin, Edgar

1980 *El Método. La Vida de la Vida*, Cátedra, Madrid.

Myers, Norman

1984 *GAIA, an atlas of pet management*, Anchor Books, Londres.

1988 "Threatebed biotas: Hotspots in tropical forests", en: *The Enviromentalist,* núm. 10 (4): 243-256.

Muñoz, Alma E.

2001 "En México, los estudios genéticos se hacen con ratones", en: *La Jornada*, 14 de enero: 33.

Nadal, Alejandro

2001 "Nanotecnologías: pequeñas proezas, grandes promesas", en: *La Jornada*, 28 de junio: 25.

NSF

2001 *Science and Engineering Indicators 2000*, NSF, mimeo.

O'Hanlon, Michael

2000 *Technological Change and the future of warfare*, Brookings Institute, Washington, D. C.

OCDE

1995 *The global human genome program*, OCDE, París.

Oliver, Richard

2000 *The coming Biotech Age*, Mc Graw-Hill, Nueva York.

ONU

2000 *State of the Planet 2000*, ONU, Nueva York.

ONU, Banco Mundial y World Resources Institute

2001 *World Resources 2000-2001: People and Ecosystems, the fraying web of life*, mimeo, Nueva York.

Ostry Sylvia y Nelson, Richard R.

1995 *Techno-Nationalism and Techno-Globalism, conflict and cooperation*. The Brookings Institution, Washington, D. C.

Pearson, Graham S.

1998 "The Threat of Deliberate Disease in the 21st. Century", en: *Biological Weapons Proliferation: Reasons for Concern, Courses of Action*, Henry L. Stimson Centre Report No. 24.

Perry Robinson, J.

1991 *The Rise of CB Weapons*, Alquist y Wiksell, Londres.

Petras, James

2001 "La Revolución Informática, La Globalización y otras Fábulas Imperiales", en: J. Saxe-Fernández y J. Petras, *Globalización, Imperialismo y Clase Social*, Lumen. Buenos Aires.

2001 "Apuntes para entender las políticas revolucionarias de hoy", en: *James Petras en Argentina*, Instituto Falesiano de Artes Gráficas, Buenos Aires.

Petrich, Blanche

2001 "Las reservas Indias de Colombia, Botín de las Guerras Cruzadas", en: *Ojarasca*, suplemento de *La Jornada*, enero: 5.

Pincus, Walter

1998 "CIA Chief Calls Hostile States' Weapons Buildup Threat to National Security", en: *The Washington Post*, 29 de enero: A7.

PUND

1999 "Human Development Report" , mimeo, UNDP.

Quaini, Massimo

1985 *Marxismo y Geografía*, Oikos-Tau, Barcelona.

RAFI

1996a "Empresas farmacéuticas hacen ofertas por las colecciones de los Jardines Botánicos del Norte en un intento de eludir la Convención de la Biodiversidad", en *RAFI Communiqué*, julio-agosto.

1996b "Nuevas interrogantes acerca del manejo e intercambio de tejido humano en los Institutos Nacionales de Salud de Estados Unidos", en: *RAFI Communiqué*, marzo-abril.

1999 "Creators & Conservers of Diversity", mapa publicado en: *RAFI*.

2000 "Phase II for Human Genome Research", en: *RAFI Communiqué*, enero.

Ramamoorthy, T. P., R. Bye, A. Lot y J. Fa

1993 *Biological diversity of Mexico. Origins and distributions*, Oxford University Press, Oxford.

Ratzel, Friedrich

1897 *Geografía Política*, R. Oldenburg, Munich.

Regis, Ed

2000 *The Biology of Doom*, Owl Books, Nueva York.

Ribeiro, Silvia

2000 "Fausto Biotecnológico", en: *La Jornada*, 4 de noviembre.

2001 "PNUD 2001: al rescate de las multinacionales", en: *La Jornada*, 14 de julio.

Rifkin, Jeremy

1998 *The Biotech Century*, Penguin Putman Inc., Nueva York.

Robbins-Roth, Cynthia

2000 *From Alchemy to IPO, the business of biotechnology*, Perseus Publishing, Cambridge.

Robin, Clarke

1993 *Water. The international Crisis*, MIT Press. Cambridge.

Robins Research International

1990 *Living Health*, Robins Research International, Nueva York.

Robinson, R. A.

1995 *Return to Resistence: breeding crops to reduce pesticide resistence*, AgAccess, Davis.

Rodríguez, Silvia y GRAIN

2000 "Biodiversidad y los Derechos de Protección Vegetal", en: *Biodiversidad, sustento y culturas*, marzo.

Roherty, James M.

1970 *Decisions of Robert S. McNamara: a study of the role of the Secretary of Defense*, University of Miami Press, Miami.

Rothstein, M. A. (comp.)

1997 *Genetic Secrets: Protecting Privacy and Confidentiality in the Genetic Era*, Yale University Press, Yale.

Rzedowski, J. y T. Trujillo

1992 "Vegetación Potencial", en: *Atlas Nacional de México*, IV. 8. 2., Instituto de Geografía, UNAM, México.

Sarkesian, Sam C. (ed.)

1972 *The Military-Industrial Complex: a reassessment*. Sage Research Progress Series on War, Revolution and Peacekeeping, vol. II, Sage Publications, Beverly Hills.

Saxe-Fernández, Eduardo

2001 *The strategic failure of industralization, scientific and technological development in Latino America 1890s-1995*, tesis de doctorado. School of International Studies, University of Denver.

Saxe-Fernández, John

1975 *Proyecciones Hemisféricas de la Pax Americana*. Amorrortu, Buenos Aires.

1976 "Seminario sobre Seguridad Nacional", organizado por la Facultad de Ciencias Políticas y Sociales. México.

1977 "La Crisis Termonuclear", en: *Nueva Política*, vol. II, núms. 5-6, abril-septiembre.

1980 *Petróleo y Estrategia*, Siglo XXI, México.

1991 "Aspectos estratégico-militares inmersos en el proyecto de integración de América del Norte", en: Román, B. (coord.), *Integración Comercial de México, Estados Unidos y Canadá ¿Alternativa o destino?*, Siglo XXI, IIEs, México.

1998 *Geoeconomía y geopolítica del capital*, tesis de doctorado, FCPYS-UNAM, México.

Saxe-Fernández, John (coord.)

1999 *Globalización: crítica a un paradigma*, Plaza y Janés, México.

2000 "Globalización, Poder y Educación Pública", en: *Estado, universidad y sociedad: entre la globalización y la democratización*, tomo I, Centro de Investigaciones Interdisciplinarias en Ciencias y Humanidades, UNAM, México.

2000 "Ecuación Energética Global", en: *Excélsior*, 1° de diciembre: 7A.

2001 "Petróleo y Estrategia VI: Petroquímica, Gas, Electricidad", en: *Excélsior,* 2 de febrero.

en prensa *La compra-venta de México*, Plaza y Janés, México.

Saxe-Fernández, John, R. Stavenhagen e I. Sotelo

1975 *El futuro de América latina*, Ediciones Nueva Visión, Buenos Aires.

Schaefer, Brett D.

2001 "Priorities for the President: Reforming International Financial Institutions", en: *Heritage Foundation*, mimeo, Nueva York.

Secretary of Defense

1996 *Proliferation: Treath and Response*, Office of the Secretary of Defense, Washington, D. C.

Shreeve, James

1999 "Secrets of the Gene", en: *National Geographic*, vol 196, núm. 4: 50-51, octubre.

Silver, Lee M.

1997 *Remaking Eden: cloning and beyond in a Brave New World*, Avon Books, Nueva York.

SIPRI (Stockholm International Peace Research Institute)

1980 *Warfare in a fragile world: military impact on the human environment*. Taylor & Francis Ltd. Londres.

Specht, Jeff

1996 "Mapping Endangered Diversity", en: GIS *World*, marzo.

Steinsleger, José

2000 "Imperialismo Farmacéutico", en: *La Jornada*, 8 de noviembre: 18.

Stix, Gary

2001 "Little Big Science", en: *Scientific American*, septiembre.

Suárez Díaz M. Edna

1989 *Orígenes y repercusiones sociales de la Ingeniería Genética*, UNAM, Facultad de Ciencias. México.

Sutclife, Bob y Glyn, Andrew

1999 "Los indicadores de mundialización y sus interpretaciones erróneas", en: *Review of Radical Political Economics*, núm. 31, vol. 1.

Sweezy, Paul

1978 "La Crisis Global del Capitalismo", en: *Revista Mensual*, vol. 2, núm. 4: 61 ss., noviembre.

Tabb, William K.

1997 "Globalization is an Issue, The Power of Capital is the Issue", en: *Monthly Review*, vol. 49, núm. 2, junio.

Tayabali, Azam F. y Seligy, Verner L.

2000 "Human Cell Exposure Assays of Bacillus thuringiensis. Comercial Insecticides: Production of Bacillus cereus-Like Cytolytic Effects from Outgrowth of Spores", en: *Environmental Health*, vol. 108, núm. 10: 919-930, octubre.

Taylor, Robert

1996 "All Fall Down", en: *New Scientist*, 11 de mayo.

The White House, Office of the Oress Secretary.

2000 "National Nanotechnology Initiative: leading to the next industrial revolution", 21 de enero, mimeo.

Thomas, Lee F.

1993 *El Proyecto Genoma Humano*, Gedisa, Barcelona.

Thompson, G. y P. Hirst

2000 *Globalization in Question*, Polity Press, Londres.

Toledo, Alejandro

1998 "Hacia una economía política de la biodiversidad y de los movimientos ecológicos comunitarios", en: *Chiapas*, núm. 6: 11.

Toledo, Víctor M.

2000 "Indigenous Peoples and Biodiversity", en: *Enciclopaedia of Biodiversity*, vol. 1, Academic Press, Nueva York.

US Army Control and Disarmament Agency

1996a *Adherence to and Compliance with Arms Control Agreements*, Government Printing Office, Washington, D. C.

1996b *Threat Control through Arms Control*, Government Printing Office, Washington, D. C.

US Department of Commerce

1997 *General Information Concerning Patents*. U. S. Patent and Trade Mark Office, mimeo.

US Department of Defense

1993 *Proliferation of Weapons of Mass Destruction: Assessing the Risks*. Gubernamental Printing Office, Washington, D. C.

1997 *100 Companies. Receiving the largest dollar volume of Prime Contract Awards,* Directorate for Information Operations and Reports (DIOR), Washington Headquarters Services, Washington, D. C.

2001 *United States Army 2001: weapon systems*. Government Printing Office. Washington, D. C.

US Printing Office

1999 *The biological and chemical warfare threat*, US Printing Office, Washington, D. C.

US Senate

1999 "Bioterrorism: our frontline response, evaluating US public health and medical readiness", Audiencia del Subcomité en Salud Pública. Washington, D. C., 25 de marzo.

2000a "The Role of Biotechnology in Combating Poverty and Hunger in Developing Countries", mimeo, 12 de julio.

2000b "The Future of Food: Biotechnology and Consumer Confidence", mimeo., 26 de septiembre.

2001 "Hearing on Human Cloning", Comitee on Comerce, Science and Transportation, mimeo, 2 de mayo.

Varma, Arvind

2000 "Form From FIRE", en: *Scientific American*.

Veraza, Jorge

1984 "Karl Marx y la Técnica: desde la perspectiva de la vida", en: *Crítica de la Economía Política*, núm. 22/23.

1987 *Para la Crítica a las Teorías del Imperialismo*, Itaca, México.

1992 *Crisis y desarrollo capitalista actuales: De mayo a octubre de 1850*, UAM-DCSH, México.

1994 "La Subsunción Real del consumo bajo el Capital en la Posmodernidad y los manuscritos de 1844 de Karl Marx", Seminario de *El Capital*, Facultad de Economía, UNAM, México.

1997 *Lo comunitario más allá de la mercancía. Cuatro ensayos sobre el primer capítulo de El Capital de Karl Marx* (Serie para lectores de *El Capital*), Itaca, México.

1998 "Presentación", en: Adame, M.A., Éxtasis, misticismos y psicodelias en la posmodernidad, Itaca, México.

1999 *Revolución mundial y medida geopolítica de capital*, Itaca, México.

2000 *Perfil del Traidor: Santa Ana en la historiografía y en el sentido común*, Itaca, México.

Walgate, Robert

1990 *Miracle or Menace? Biotechnology and the Third World*. The Panos Institute, Londres.

Walker, Matt

1999 "Vive la difference", en: *New Scientist*, 17 de abril: 12.

Wallerstein, Immanuel

1982 "Crisis as Transition", en Samir Amin *et al.*, *Dynamics of Global Crisis*, Monthly Review Press, Nueva York.

1998 *Después del liberalismo*, Siglo XXI, México.

Watson, J. D.

1981 *La doble hélice*, Conacyt, México.

Whitesides M., George y Love, Christopher

2001 "The art of building small", en: *Scientific American*, septiembre.

World Bank

2000 "Mesoamerican Biological Corridor Project", Reporte núm. 23132 ME, noviembre.

World Conservation Monitoring Centre

1992 *Global Biodiversity: status of the earth's living resources*, WCMC, Londres.

Wrage, Karol

1994 "Patente Sobre Soya Transgénica Reclamada en los E. U. A.: Otra Amplia Patente sobre un Cultivo para Agracetus", en: *Biotech Reporter*, vol. 11, núm. 6: 2.

Wright Mills, C.

1987 *La Élite del Poder*, FCE, México.

2000 *La Imaginación Sociológica*, FCE, México.

Índice

AGRADECIMIENTOS 7

INTRODUCCIÓN 9

PRIMERA PARTE. Dos discusiones fundamentales: el espacio geográfico y el desarrollo tecnológico capitalista

1. El espacio geográfico: un acercamiento general que discute su configuración estratégica 19
2. El desarrollo tecnológico capitalista: una mirada a la revolución tecnológica de fines del siglo XX y principios del XXI 31

SEGUNDA PARTE. La biodiversidad como instrumento fundamental de la biotecnología: la coherencia capitalista de la biodiversidad

3. El espacio geográfico como banco de genes, una fuerza productiva estratégica 63
4. La crisis ecológica mundial, una contradicción de la lógica capitalista de desarrollo 79

TERCERA PARTE. La biopiratería y la propiedad intelectual como fundamento del desarrollo biotecnológico

5. Hacia un sistema mundial de biopiratería 103
6. La biopiratería en México 161
7. Hacia un sistema mundial de propiedad intelectual: el caso de las biopatentes 179

CUARTA PARTE. El carácter estratégico de la industria biotecnológica, su configuración geoeconómica y geopolítica
8. Historia y desarrollo de la biotecnología 195
9. Crítica a la biotecnología: ¿una industria de la vida o de la muerte? 213
10. La biotecnología y su alineación como industria estratégica: el caso de la biorred 233

QUINTA PARTE. Geoeconomía y geopolítica de los principales frentes del desarrollo biotecnológico
11. El agro biotecnologizado 257
12. CMN farmacéuticas, biotecnología y salud humana 285
13. El Proyecto Genoma Humano (PGH) 303
14. La llamada "Industria de la vida" y su íntima vinculación con la industria bélica: el caso de las armas biológicas 317

EPÍLOGO 345

NOTAS 357

BIBLIOGRAFÍA 431

La amenaza biológica
se terminó de imprimir en marzo de 2002
en los talleres de
Edamsa Impresiones , S.A. DE C.V. Av. Hidalgo 111
Col. San Nicolás Tolentino. Tel. 54 43 45 20

